“十四五”职业教育国家规划教材
“十三五”职业教育国家规划教材

植物保护技术

第3版

胡志凤　张淑梅　主编

中国农业大学出版社
·北京·

内容简介

本书是“十三五”职业教育国家规划教材，在编写体例上充分体现高等职业教育人才培养目标和就业岗位群对人才培养的能力需求特点。全书根据职业能力形成规律按基本技能、职业技能和专业技能（主要农作物、蔬菜、果树等病虫草害防治）三篇进行编写，主要农作物植保技术根据作物生长周期设计。全书分为15个典型工作任务、35个工作项目，包含约165张黑白插图、170余张重要植物病虫害彩色图片及课程PPT（通过扫描二维码获取）。有利于教师教学、学生学习和识别掌握。

每个工作项目设有技能学习目标、教学资源、原理与知识、操作方法及考核标准、练习及思考题等。以工作任务为主线，使“教、学、做”一体化。本书体例新颖、层次清晰，深入浅出，实用性、针对性和可操作性强，突出了农业职业综合能力培养。教材注重融合思政教育理念，实现了思政教学与专业教学有机结合。本书适用于高等职业院校农业技术类专业，也可供农业职业技能鉴定和科技工作者参考使用。

图书在版编目(CIP)数据

植物保护技术 / 胡志凤，张淑梅主编. -- 3版. -- 北京：中国农业大学出版社，2022.3（2024.10重印）

ISBN 978-7-5655-2716-6

Ⅰ.①植… Ⅱ.①胡…②张… Ⅲ.①植物保护-高等职业教育-教材 Ⅳ.①S4

中国版本图书馆CIP数据核字(2022)第017583号

书 名 植物保护技术 第3版

作 者 胡志凤 张淑梅 主编

策划编辑 郭建鑫　　责任编辑 郭建鑫

封面设计 郑 川 李尘工作室

出版发行 中国农业大学出版社

社 址 北京市海淀区圆明园西路2号　　邮政编码 100193

电 话 发行部 010-62733489，1190　　读者服务部 010-62732336

编辑部 010-62732617，2618　　出 版 部 010-62733440

网 址 http://www.caupress.cn　　E-mail cbsszs@cau.edu.cn

经 销 新华书店

印 刷 北京溢漾印刷有限公司

版 次 2022年3月第3版 2024年10月第4次印刷

规 格 185 mm×260 mm 16开本 20.25印张 500千字

定 价 59.00元

C第3版编写人员
ONTRIBUTORS

主　编　胡志凤　黑龙江农业工程职业学院

　　　　　张淑梅　黑龙江农垦科技职业学院

副主编　张新燕　河北旅游职业学院

　　　　　白　鸥　辽宁职业学院

　　　　　马　丽　河南农业职业学院

　　　　　程有普　天津农学院

编　者　袁水霞　河南农业职业学院

　　　　　孙　雪　黑龙江农业职业技术学院

　　　　　张晓桐　黑龙江农业职业技术学院

审　稿　孙文鹏　东北农业大学

C 第2版编写人员
ONTRIBUTORS

主　编　胡志凤　黑龙江农业职业技术学院
　　　　张淑梅　黑龙江农垦科技职业学院

副主编　张新燕　河北旅游职业学院
　　　　白　鸥　辽宁职业学院
　　　　马　丽　河南农业职业学院
　　　　程有普　天津农学院

编　者　袁水霞　河南农业职业学院
　　　　孙　雪　黑龙江农业职业技术学院
　　　　张晓桐　黑龙江农业职业技术学院

审　稿　孙文鹏　东北农业大学

第3版前言

PREFACE

党的二十大报告提出“坚持山水林田湖草沙一体化保护和系统治理，全方位、全地域、全过程加强生态环境保护”，并指出“教育、科技、人才是全面建设社会主义现代化国家的基础性、战略性支撑”。

《植物保护技术》自2011年出版以来，得到了广大职业院校师生的认可和好评。2018年本教材第2版入选“十三五”职业教育国家规划教材。2021年4月，习近平总书记对职业教育工作做出重要指示，指出在全面建设社会主义现代化国家新征程中，职业教育前途广阔、大有可为，职业教育的发展要围绕行业标准与企业发展、习惯养成和素质提升，推进人才培育模式的改革。职业教育的发展要围绕行业标准与企业发展、习惯养成和素质提升，推进人才培育模式的改革。注重专业引导和能力培养，注重成长的全面性和规划性，提升专业素养。据此精神，按照《“十四五”职业教育规划教材建设实施方案》对于教材内容更新的要求，本书又做了进一步的修订。

1. 重点章节新增了“科技阅读窗”，将思政教育元素融入专业课程教学。教材中简要地介绍了一些本领域内影响巨大的先进人物和一些植物保护方面的故事，并通过二维码配套更详细生动的介绍，相关内容有助于培养爱国主义精神、爱岗敬业精神，提高学生对植物保护专业学习的兴趣，提升自信心和自豪感。希望对学生有所启发，使其树立远大目标，为国家和人民而读书。正如习近平总书记勉励广大青年：“要坚定不移听党话、跟党走，怀抱梦想又脚踏实地，敢想敢为又善作善成，立志做有理想、敢担当、能吃苦、肯奋斗的新时代好青年，让青春在全面建设社会主义现代化国家的火热实践中绽放绚丽之花。”

2. 教材根据技术领域和职业岗位（群）的任职要求，参照相关的职业资格标准，改革课程体系和教学内容，强化学生实践能力的培养，按照植物保护技能内容，设置为基本技能（植物病虫害基本知识）、职业技能（农作物植保员国家标准相关内容）和专业技能（主要农作物、蔬菜、果树等病虫草害防治）三篇，全书设有15个典型工作任务、35个工作项目。每个工作项目后都设有相应的实践性教学内容，课时原则上占总课时的一半以上。

3. 重要的粮食作物按照作物生长阶段设置植保技术内容，使其在实际生产中更具有可操作性，有利于学生和基层农业人员查阅和掌握。

4. 对专业技能篇每个项目中的植物病虫害彩图内容进行了更新，提高了图片质量和病虫害重要特征的可读性，这对于帮助学生识别病虫害和指导农业生产具有很重要的意义。学生也可以借助这些多媒体资源，开阔视野，养成自主学习的习惯和提高信息检索的能力。

第3版教材编写分工如下：胡志凤编写前言、典型工作任务七、九和十，即水稻、玉米和大豆植保技术；张淑梅编写典型工作任务四和六，即植物病虫害的预测预报和植物病虫害综合治理；张新燕编写典型工作任务二和三，即植物害虫识别技术和植物病虫害标本的采集、制作与保存；白鸥编写典型工作任务十三，即甘薯、烟草及糖料作物病虫害防治技术；马丽编写典型工作任务八和十四，即小麦植保技术和果树病虫害防治技术；程有普编写典型工作任务五，即农药应用技术；袁水霞编写典型工作任务十二和十五，即棉花病虫害防治技术和蔬菜病虫害防治技术；孙雪编写典型工作任务一，即植物病害诊断技术；张晓桐编写典型工作任务十一，即马铃薯植保技术。全书由胡志风统稿。东北农业大学孙文鹏博士担任本书的主审。

本书在编写过程中参阅、参考和引用了大量的文献资料，在此向相关作者致以诚挚感谢。本教材编写工作得到了黑龙江农业工程职业学院、黑龙江农业职业技术学院、黑龙江农垦科技职业学院、河南农业职业学院、天津农学院、河北旅游职业学院、辽宁职业学院和东北农业大学的大力支持，在此表示衷心感谢。

由于编者水平有限，书中不妥之处在所难免，敬请读者提出宝贵意见，以便再版时修订完善。

编　者

2023 年 7 月

第2版前言

PREFACE

植物保护技术是高等农业职业技术教育类各专业的核心课程之一。2016年12月2日，李克强总理在推进职业教育现代化座谈会上强调“切实把职业教育摆在更加突出的位置”“加快培育大批具有专业技能与工匠精神的高素质劳动者和人才”，据此精神，按照中国农业大学出版社“教材要与岗位技术标准对接，着力培养学生就业创业能力”的要求，本书的编写目标是培养高素质、高技能的专门人才。

本教材编写实施工学结合，根据技术领域和职业岗位(群)的任职要求，参照相关的职业资格标准，改革课程体系和教学内容，强化学生实践能力的培养，按照植物保护技能内容，设置为“基本技能(植物病虫害基本知识)、职业技能(农作物植保员国家标准相关内容)和专业技能(主要农作物、蔬菜、果树等病虫草害防治)”三篇，全书设有15个典型工作任务、35个工作项目。每个项目按技能目标、教学资源、原理、知识、操作方法及考核标准、练习及思考题等模式编写，有利于理论、实训一体化，每个项目的练习及思考题都可以通过扫描旁边的二维码，获取参考答案。粮食作物植保技术按照作物生长阶段设置植保技术项目，这样在实际生产中更具有可操作性。通过学情调查，在教材专业技能篇每个项目的后面插有农业生产中主要发生的植物病虫害彩图二维码，共包含彩图170张，这对于学生识别和指导农业生产具有很重要的意义。

我国幅员辽阔，不同地区的病虫草害种类和发生规律差异很大。本书更适合北方地区，尤其东北地区。因此，各院校可根据当地的实际情况，选择相关项目内容组织教学。

本教材由胡志凤、张淑梅担任主编，由张新燕、白鸥、马丽、程有普担任副主编。编写分工如下：胡志凤编写前言、典型工作任务七、九和十即水稻、玉米和大豆植保技术；张淑梅编写典型工作任务四和六即植物病虫害的预测预报和植物病虫害综合治理；张新燕编写典型工作任务二和三即植物害虫识别技术和植物病虫害标本的采集制作与保存；白鸥编写典型工作任务十三即甘薯、烟草及糖料作物病虫害防治技术；马丽编写典型工作任务八和十四即小麦植保技术和果树病虫害防治技术；程有普编写典型工作任务五即农药应用技术；袁水霞编写典型工作任务十二和十五即棉花病虫害防治技术和蔬菜病虫害防治技术；孙雪编写典型工作任务一即植物病害诊断技术；张晓桐编写典型工作任务十一即马铃薯植保技术。全书由胡志凤统稿。

东北农业大学孙文鹏博士担任本书的主审，他在百忙中以深厚的学识和文字功底仔细审阅了全部书稿，提出了宝贵的意见。本书在编写过程中参阅、参考和引用了大量的有关文献资料，未在书中一一注明，敬请谅解。本教材编写工作得到了黑龙江农业职业技术学院、黑龙江农垦科技职业学院、河南农业职业学院、天津农学院、河北旅游职业学院、河南农业职业学院、辽宁职业学院和东北农业大学的大力支持。在此表示衷心的感谢。

本书围绕工学结合人才培养的要求，在编写形式上有创新，教材力求体现体例新颖、层次清楚，实用性、针对性、应用性和可操作性强，注重理论与实践操作的融合。由于编者水平有限，谬误在所难免，敬请读者提出宝贵意见，以便改正。

编　者

2017 年 11 月

目录
CONTENTS

基本技能篇

职业技能篇

专业技能篇

基本技能篇

典型工作任务一　植物病害诊断技术

典型工作任务二　植物害虫识别技术

典型工作任务一

植物病害诊断技术

项目 1　植物病害症状类型识别
项目 2　植物病原真菌形态识别
项目 3　其他植物病害的病原物形态识别
项目 4　作物病害的发生和发展

科技阅读窗

人类认识客观世界需要一个过程，一般经历两次飞跃：由实践到认识（在实践的基础上从感性认识到理性认识）和由认识到实践（用理性认识去指导实践）。只有通过由认识到实践的飞跃，理性认识才能得到检验和发展，同时，理性认识只有指导实践，才能达到改造世界的目的。人类对植物病害病原认识和对植物发病规律的掌握同样遵循这样的规律。

思政学习 1
植物病害病原认识的艰难历程

项目1 植物病害症状类型识别

一、技能学习目标

通过植物病害症状类型的观察，使学生能够认识植物病害的症状类型，能够描述植物病害的症状特点，为植物病害的田间诊断奠定基础。

课程学习1-1

二、教学资源

1. 材料与工具

各种植物病害症状类型的病害标本、新鲜标本、挂图、教学多媒体课件（包括幻灯片、录像带、光盘等影像资料）、放大镜及记载用具等。

2. 教学场所

教学实训场所（温室或田间）、实验室或实训室。

3. 师资配备

每20名学生配备一位指导教师。

三、原理与知识

（一）植物病害的概念和类型

1. 植物病害的概念

植物在生长发育和运输贮藏的过程中，由于遭受病原生物的侵染或不利的非生物因素的影响，使其生长发育受到阻碍，导致产量降低、品质变劣，甚至死亡的现象，称为植物病害。

凡是引起植物病害发生的因素称为病原。能够引起植物病害的病原分为生物因素和非生物因素两大类。由生物因素引起的病害称为侵（传）染性病害，又叫病理性病害；由非生物因素引起的病害称为非侵（传）染性病害，又叫生理性病害。

在植物病理学中，寄生于其他生物的生物叫寄生物，被寄生的生物叫寄主，能诱发病害的寄生物叫病原物（病原生物）。

植物病害发生的三要素是病原物、感病寄主和环境条件。病原物和感病寄主之间的相互作用是在环境条件影响下进行的，这3个要素的关系被称为植物病害的三角关系，也叫"病害三角"。

2. 植物病害的类型

（1）按病原类型分类　植物病害可分为侵染性病害和非侵染性病害。侵染性病害按病原物的种类分为真菌病害、病毒病害、原核生物病害、线虫病害和寄生性种子植物病害。非侵染性病害分为土壤水分失调引起的病害、温度不适宜引起的病害、营养失调造成的病害、有毒物质的污染引起的病害、植物的药害等。

（2）按寄主植物类别分类　植物病害可分为农作物病害、果树病害、蔬菜病害、花卉病害以及林木病害等。农作物病害又分为水稻病害、麦类病害、大豆病害、玉米病害等。这种分类方法便于制订某种植物多种病害的综合防治方案。

(3)按传播途径分类　植物病害可分为气流传播病害、土传病害、水流传播病害、种苗传播病害、昆虫介体传播病害等。这种分类方法有利于依据传播方式采取防治措施。

(4)按受害部位分类　植物病害可分为叶部病害、茎秆病害、花器病害、果实病害和根部病害等。

另外,还可以按照生育期、病害的流行速度和病害的重要性进行分类。如苗期病害、储藏期病害、流行病害、主要病害、次要病害等。

(二)植物病害的症状

症状是植物感病后在一定环境条件下,在生理上、组织上、形态上发生病变所表现的特征。植物病害的症状包括病状和病征。植物感病后本身的不正常表现称为病状,病原物在寄主植物发病部位的特征性表现称为病征(表 1-1-1)。

1.病状类型

(1)变色　变色是指植物的局部或全株失去正常的颜色。包括有均匀变色和不均匀变色,主要表现有褪绿、黄化、着色、花叶、斑驳、条纹等。

(2)坏死　坏死是指植物组织和细胞的死亡。因受害部分不同,而表现各种症状特征,主要表现有叶斑、叶枯、叶烧、疮痂、溃疡、立枯、猝倒等。

(3)腐烂　腐烂是指植物组织较大面积的分解和破坏,多发生于幼嫩多汁的部位。根据腐烂的部位分别称为根腐、茎基腐、花腐和果腐。也可根据腐烂的程度分为干腐、湿腐和软腐。

(4)萎蔫　萎蔫是指植物整株或局部出现的凋萎现象。萎蔫有生理性萎蔫和病理性萎蔫,生理性萎蔫是由于土壤缺水、高温、强光照引起的暂时性萎蔫,是可以恢复的;病理性萎蔫是病原物侵染导致的凋萎现象,如青枯、枯萎等。

(5)畸形　畸形是指植物受病原物侵染表现的增生性或抑制性的病变,使植株局部或全株出现的异常现象。主要有徒长、矮化、丛枝、丛根、肿瘤、卷叶、皱缩、变态等。

表 1-1-1　植物病害常见病状类型

症状类型	表现形式	发生特点	
变色	叶片等器官均匀变色	褪绿	由于叶绿素的减少而使叶片表现为浅绿色
		黄化	叶绿素的量减少到一定程度叶片变黄
		着色	植物器官增加了其他颜色,如红化或紫化
	叶片等器官不均匀变色	花叶	不规则的深绿、浅绿、黄绿或黄色部分相间而形成的杂色叶片,变色部分的轮廓清晰
		斑驳	斑驳与花叶不同的是变色部分轮廓不清晰
		条纹	单子叶植物在平行叶脉间出现的花叶症状称为条纹或条点
坏死	植物受害后引起局部细胞和组织的死亡	叶斑	叶片上的局部坏死
		叶枯	叶片上较大面积的枯死
		叶烧	叶尖、叶缘的坏死
		疮痂	坏死斑表面粗糙或稍有木栓化隆起
		溃疡	坏死部稍凹陷且周围的寄主细胞常木栓化隆起
		立枯	苗期茎基部的坏死,死亡后直立田间
		猝倒	苗期茎基部的坏死,迅速倒伏

续表 1-1-1

症状类型	表现形式		发生特点
腐烂	植物组织较大面积的分解和破坏	干腐	组织腐烂时解体较慢，腐烂组织中的水分能及时蒸发而消失，病部表皮干缩或干瘪
		湿腐	组织的解体很快，腐烂组织不能及时失水
		软腐	组织细胞中胶层受到破坏，腐烂组织的细胞离析，以后再发生细胞的消解，有时病组织表皮不破裂，用手触摸有柔软感或有弹性
萎蔫	维管束组织受害发生的凋萎现象	青枯	植物根茎维管束组织受到毒害或破坏，植株迅速失水，死亡后叶片仍保持绿色
		枯萎	植物根茎维管束组织受到毒害或破坏，引起叶片枯黄、凋萎
畸形	植物受病原物侵染表现的增生性或抑制性的病变	徒长	组织的局部细胞体积增大，但数量并不增多
		矮化	枝叶等器官的生长发育均受阻，各器官受害程度和减少比率相仿
		丛枝	植物主、侧枝顶芽被抑制，侧芽受到刺激大量萌发形成成簇枝条
		丛根	不定根大量萌发使根系过度分枝呈丛生状
		肿瘤	病组织的薄壁细胞分裂加快，数量迅速增多，使局部组织出现肿瘤
		卷叶	叶片卷曲
		皱缩	发病部位(包括叶片与果实)表面高低不平
		变态	病株的组织、器官发生形态改变的现象称为变态或变形，如花变叶、叶变花、扁枝、蕨叶

2. 病征类型

(1)霉状物　植物在发病部位产生各种颜色的霉层，如霜霉、绵霉、灰霉、赤霉、青霉及黑霉等。霉层是由病原真菌的菌丝体、孢子梗和孢子组成的，如大豆霜霉病、小麦赤霉病、玉米大斑病等。

(2)粉状物　是一些病原真菌的孢子和孢子梗聚集在一起表现出来的特征。根据粉状物的颜色分为白粉、锈粉、白锈、黑粉等。如小麦锈病、玉米瘤黑粉病、高粱丝黑穗病等。

(3)点状物　病原物在发病部位产生黑色、褐色的小点。通常为真菌的分生孢子器、分生孢子盘、闭囊壳、子囊壳等。如小麦白粉病、棉花炭疽病等。

(4)颗粒状物　颗粒状物是指病原物在发病部位产生的菌核。如向日葵菌核病、油菜菌核病等。

以上 4 种是植物病原真菌引起的病害的病征。

(5)脓状物　脓状物是指植物病原原核生物中细菌所引起的病害的病征。病部出现的脓状黏液在干燥后成为胶质的颗粒。如棉花细菌性角斑病等。

四、操作方法及考核标准

(一)操作方法与步骤

(1)结合教师讲解及对各种类型病害症状的仔细观察，分别描述植物病害病状和病征的类型。

(2)结合教师讲解叙述植物病原物的类群和植物病害的类型。

(3)根据温室和田间植物病害的症状类型观察及对实验室标本、幻灯片、挂图等的观察，选择不同症状类型的病害，将其症状类型填入表 1-1-2(要求至少描述 30 种病害)。

表 1-1-2　病害症状记录

病害名称	发病部位	病状	病征	备注

(二)技能考核标准

见表 1-1-3。

表 1-1-3　植物病害症状识别技能考核标准

考核内容		评分标准	标准分值	考核方法
基础知识考核(100 分)	1. 叙述病状的类型	根据叙述病状类型的多少酌情扣分	25	单人考核 口试评定成绩
	2. 叙述病征的类型	根据叙述病征类型的准确程度酌情扣分	25	
	3. 叙述植物病原物的类群	根据叙述植物病原物类群多少酌情扣分	25	
	4. 叙述植物病害的类型	根据叙述植物病害类型的准确程度酌情扣分	25	

五、练习及思考题

1. 带领学生结合植物病害标本采集进行植物病害类型、病状及病征类型的区别观察。
2. 举例说明植物病害的病状类型。
3. 举例说明植物病害的病征类型。
4. 侵染性病害和非侵染性病害有何重要区别？

参考答案 1-1

项目 2　植物病原真菌形态识别

一、技能学习目标

课程学习 1-2

通过实训，使学生了解植物病原真菌的形态特征及分类方法，识别植物病原真菌各亚门主要真菌的形态特征，为识别和防治病害打好基础。

二、教学资源

1. 材料与工具

植物病原真菌的玻片标本(包括真菌营养体及营养体的变态、无性孢子和有性孢子的形态、与植物病害有关的重要属)、植物真菌性病害标本或新鲜材料、显微镜、放大镜、载玻片、盖玻片、镊子、挑针、解剖刀、小剪刀、培养皿、贮水小滴瓶、乳酚油滴瓶、新刀片、新毛笔、徒手切片夹持物(木髓、新鲜胡萝卜、马铃薯)等。

2. 教学场所

教学实训场所(温室或田间)、实验室或实训室。

3. 师资配备

每 20 名学生配备一位指导教师。

三、原理与知识

真菌是真核生物,有固定的细胞核;典型的营养体是菌丝体;营养方式为异养,没有叶绿素,需要从外界吸收营养物质;繁殖方式是产生各种类型的孢子。

真菌大部分是腐生的,少数可寄生在植物、人类和动物上引起病害。植物病原真菌是植物上最重要的一类病原物。真菌引起的病害不仅种类多,危害性也大。绝大部分高等植物都有真菌危害,有的农作物受到几十种真菌的危害,如马铃薯、水稻、小麦等。因此,认识真菌的形态是鉴定植物病害的前提。

(一)真菌的一般性状

1. 真菌的营养体

真菌的营养体是指真菌营养生长阶段所形成的结构。真菌典型的营养体为很细小且多分枝的丝状体,称为菌丝体。单根的丝状体,称为菌丝。多根菌丝交织集合成团称为菌丝体。菌丝通常呈圆管状,管壁无色透明,菌丝体大多无色,但有些菌丝,尤其是老菌丝的原生质也含有多种色素,因此呈现不同的颜色。高等真菌的菌丝有隔膜,将菌丝分隔成多细胞,隔膜上有微孔,细胞间的原生质可以互相流通;低等真菌的菌丝一般无隔膜,通常认为是一个多核的大细胞(图 1-2-1)。菌丝一般由孢子萌发产生的芽管生成,以顶部生长并延伸。菌丝的每一段都存在生长能力,在适宜的条件下都可以继续生长。

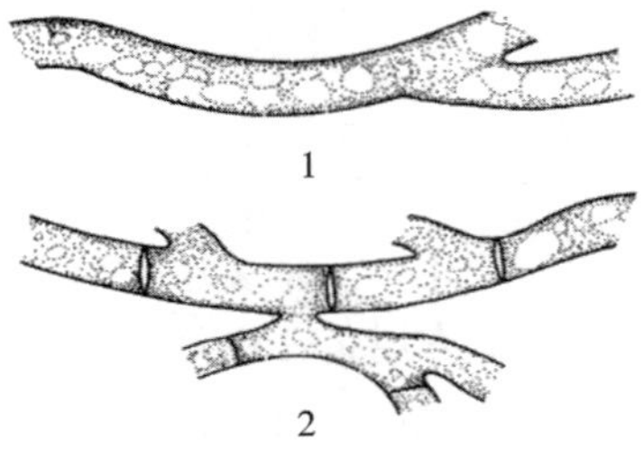

图 1-2-1 真菌菌丝体

1. 无隔菌丝 2. 有隔菌丝

真菌菌丝体是获得养分的机构,真菌以菌丝体侵入寄主的细胞间或细胞内吸收营养物质。生长在寄主细胞间的真菌,特别是活体寄生真菌,往往形成吸器(图 1-2-2),伸入寄主细胞内吸收养分和水分。

一种是菌丝体组成比较疏松的组织,但还能看到菌丝体的长形细胞,这种组织称为疏丝组织。另一种是菌丝体组成比较紧密的组织,菌丝体细胞变成近圆形或多角形,与高等植物的薄壁细胞组织相似,称为拟薄壁组织。真菌的菌丝体一般是分散的,但有时可以密集形成菌组织。真菌的菌组织还可以形成菌核、子座和菌索等变态类型。

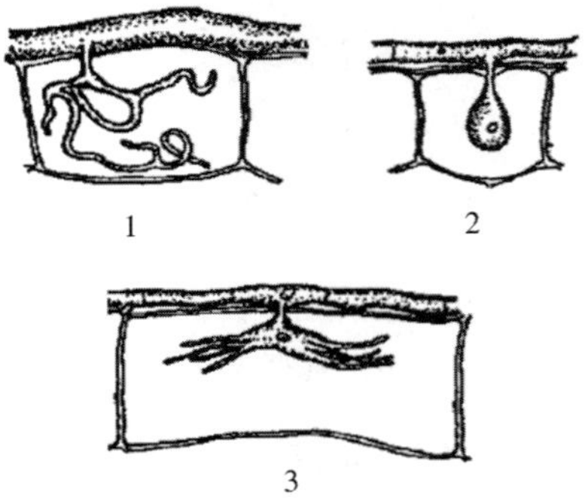

图 1-2-2 真菌吸器的类型

1. 分枝状 2. 球状 3. 掌状

菌核是由拟薄壁组织和疏丝组织形成的一种较硬的休眠体。其形状、大小不一，小的如菜籽状、鼠粪状、角状，大的如拳头状；颜色初期常为白色或浅色，成熟后呈褐色或黑色。菌核中贮藏有较丰富的养分，对高温、低温和干燥的抵抗力很强。因此菌核是真菌度过不良环境的一种休眠体。子座是由拟薄壁组织和疏丝组织形成的一种垫状物，或由菌丝组织与部分寄主组织结合而成。子座一般紧密地附着在基物上，在其表面或内部形成产生孢子的组织。子座也有度过不良环境的作用。菌索是由菌丝体平行交织构成的绳索状结构，外形与高等植物的根系相似，也称为根状菌索。高度发达的菌索，可分为由拟薄壁组织组成的深色皮层和由疏丝组织组成的髓部，顶端为生长点。菌索的粗细不一，长短不同，有时可长达几十厘米。它在不适宜环境条件时呈休眠状态；当环境条件适宜时，又可从生长点恢复生长。菌索的功能，除抵抗不良环境条件外，还有蔓延和侵入的作用。

2.真菌的繁殖体

真菌在生长发育过程中，经过营养生长阶段后，即进入繁殖阶段，形成各种繁殖体即子实体。真菌的繁殖方式分无性繁殖和有性繁殖两种，无性繁殖产生无性孢子，有性繁殖产生有性孢子。真菌的繁殖体是从营养体上产生的，大多数真菌只以一部分营养体分化为繁殖体，其余营养体仍然进行营养生长；少数低等真菌则以整个营养体转变为繁殖体。

(1)无性繁殖及无性孢子类型　无性繁殖是指真菌不经过性细胞或性器官的结合，直接从营养体上产生各种类型的孢子，这种孢子称为无性孢子。它相当于高等植物的无性繁殖器官，如块茎、鳞茎、球茎等。主要的无性孢子有下列几种(图 1-2-3)：

①游动孢子　游动孢子是产生于孢子囊中的内生孢子，有鞭毛，在水中能游动。孢子囊球形、卵形或不规则形，从菌丝顶端长出，或着生于有特殊形状或分枝的孢囊梗上。游动孢子球形、洋梨形或肾形，无细胞壁，具有1～2根鞭毛。产生游动孢子的孢子囊，又称游动孢子囊。

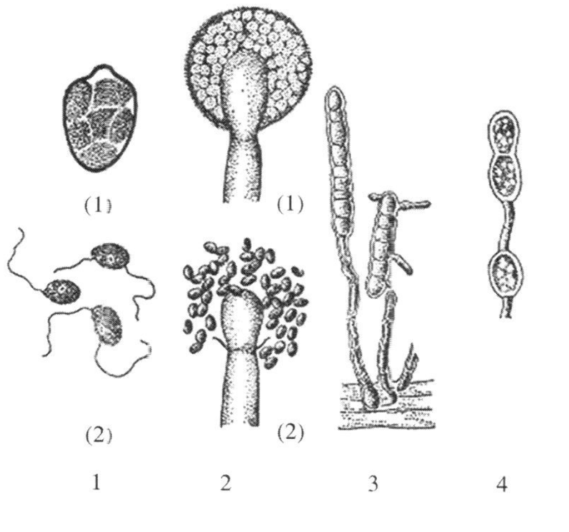

图 1-2-3　真菌的无性孢子

1.游动孢子(1)游动孢子囊　(2)游动孢子

2.孢囊孢子(1)孢子囊和孢囊梗

(2)孢子囊释放出孢囊孢子

3.分生孢子梗和分生孢子　4.厚垣孢子

②孢囊孢子　孢囊孢子也是产生于孢子囊中的内生孢子，没有鞭毛，不能游动，有细胞壁。孢子囊着生于孢囊梗上。有些真菌的孢囊梗顶端膨大成球形、半球形或锥形，这种突起物称为囊轴。孢子囊成熟时，囊壁破裂散出孢囊孢子。

③分生孢子　分生孢子是真菌最常见的一种无性孢子，它着生在由菌丝分化而呈短枝状或较长而分枝的分生孢子梗上，由于细胞壁的紧缩，孢子成熟时容易从孢子梗上分生而脱落。分生孢子的种类很多，它们的形状、大小、色泽、形成和着生的方式都有很大的差异。不同真菌的分生孢子梗，其分化的程度也不一样，有散生的、丛生的或聚生在一定的组织结构中。

④厚垣孢子　厚垣孢子又叫厚壁孢子。菌丝中个别细胞膨大，细胞壁变厚，细胞质浓缩，内含较多的类脂物质，后变为圆形厚壁的孢子，故又称为厚壁孢子。多由菌丝的中间或顶端细胞产生，有的表面具刺或瘤状突起，厚壁孢子抗逆性强，能抵抗不良的环境条件，具有越冬的功能。

(2)有性繁殖及有性孢子类型　真菌的有性繁殖是指真菌通过性细胞或性器官的结合而进行繁殖的一种方式。有性繁殖产生的孢子称为有性孢子。真菌有性繁殖的过程，要经过质配、核配和减数分裂三个阶段。多数真菌是在菌丝体上分化出性器官进行交配。真菌的性器官，称为配子囊。性细胞称为配子。常见的有性孢子有下列几种类型(图 1-2-4)：

①卵孢子　卵菌纲真菌产生的有性孢子为卵孢子，由两个异形的配子囊结合而形成。小的配子囊称雄器，大的配子囊称藏卵器，两者接触后，雄器内的细胞质和细胞核，经受精管进入藏卵器，通过质配和核配，形成细胞核为二倍体的厚壁卵孢子。

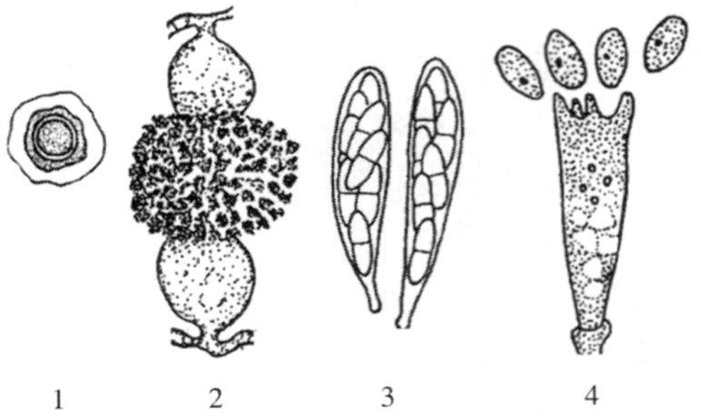

图 1-2-4　真菌的有性孢子

1.卵孢子　2.接合孢子　3.子囊孢子　4.担孢子

②接合孢子　接合菌亚门真菌产生的有性孢子为接合孢子，由两个同形的配子囊结合而形成。两者接触后，接触处细胞壁溶解，两个细胞的内含物融合在一起，经过质配和核配发育成细胞核为二倍体的厚壁接合孢子。

③子囊孢子　子囊菌亚门真菌产生的有性孢子为子囊孢子，由两个异形的配子囊雄器和产囊体结合而成。两者交配后，产囊体上长出许多丝状分枝的产囊丝，后由产囊丝发育为子囊。子囊内的两性细胞核结合后，通过一次减数分裂和一次有丝分裂，一般在子囊内形成 8 个细胞核为单倍体的子囊孢子。子囊圆筒形、棍棒状或球形，子囊孢子形状差异很大。

④担孢子　担子菌亚门真菌产生的有性孢子为担孢子，它们一般没有明显的两性器官的分化，直接由性别不同的菌丝相结合形成双核菌丝。双核菌丝顶端细胞膨大形成担子，或双核菌丝细胞壁加厚形成冬孢子。两性细胞在担子内或冬孢子内进行核配，再通过一次减数分裂，形成 4 个单倍体的细胞核，同时从担子顶端长出 4 个小梗，最后在小梗顶端形成一般为 4 个外生的、细胞核为单倍体的担孢子。担孢子圆形、椭圆形或香蕉形，担子大多为棍棒形。

上述有性孢子可分为两种类型：一类是两性细胞结合后随即产生细胞核为双倍体的厚壁休眠孢子，如卵孢子和接合孢子；另一类是两性细胞结合后产生细胞核为单倍体的薄壁非休眠孢子，如子囊孢子和担孢子，这类孢子形成时先行减数分裂，大多有一双核时期。上述两类有性孢子形成的过程，显示了低等真菌和高等真菌的重要差异。

(二)真菌的生活史

真菌从一种孢子开始，经过生长和发育，最后又产生同一种孢子的过程，称为真菌的生活史。真菌的营养菌丝体在适宜条件下产生无性孢子，无性孢子萌发形成芽管，芽管继续生长形成新的菌丝体，这是无性态，在生长季节中常循环多次。至生长后期进入有性态，从单倍体的菌丝体上形成配子囊或配子，经过质配形成双核阶段，再经过核配形成双倍体的细胞核，最后经过减数分裂，形成单倍体的细胞核，这种细胞发育成单倍体的菌丝体。

真菌生活史包括三个方面：发育过程有营养阶段和繁殖阶段；繁殖方式分无性繁殖和有性繁殖；细胞核的变化分单倍体阶段、双核阶段和双倍体阶段。

真菌生活史中可以形成无性孢子和有性孢子，有的真菌孢子不止产生一种，这种形成几种不同类型孢子的现象，称为真菌的多型性。如典型的锈菌在其生活史中可以形成 5 种不同类型的孢子。多型性一般认为是对环境适应性的表现。植物病原真菌不同类型的孢子，可以产生在同一种寄主上，这种只在一种寄主植物上就完成生活史的现象称单主寄生。同一病原真菌不同类型的孢子，发生在两种不同的寄主植物上才能完成其生活史的现象，称为转主寄生，如小麦锈菌。了解真菌的多型性和转主寄生现象能够正确识别病原和开展病害防治。

(三)真菌的分类

关于真菌的分类，学术界历来观点不统一，许多人提出了不同的分类系统。本书采用 5 界分类系统，将所有真菌归于真菌界中，真菌界下面分黏菌门和真菌门。黏菌门的真菌一般称为黏菌，它们的营养体是没有细胞壁的变形体或原质团，繁殖体产生有细胞壁的休眠孢子。真菌门的营养体是菌丝体，繁殖体产生各种类型的孢子。真菌门下分鞭毛菌、接合菌、子囊菌、担子菌和半知菌 5 个亚门。5 个亚门分类检索表如下：

1 无性态有能动细胞(游动孢子)；有性态
产生卵孢子 …………………………… 鞭毛菌亚门(Mastigomycotina)
1′ 无性态无能动细胞；有性态
2 产生接合孢子 …………………………… 接合菌亚门(Zygomycotina)
2′ 产生子囊孢子 …………………………… 子囊菌亚门(Ascomycotina)
2″ 产生担孢子 …………………………… 担子菌亚门(Basidiomycotina)
1″ 无性态无能动细胞和没有有性态 ……… 半知菌亚门(Deuteromycotina)

真菌各级的分类单元是界、门、亚门、纲、亚纲、目、科、属、种。种是真菌最基本的分类单元，许多亲缘关系相近的种就归于属。种的建立是以形态为基础，种与种之间在主要形态上应该有显著而稳定的差别，有时还应考虑生态、生理、生化及遗传等方面的差别。

真菌在种下面有时还可分为变种、专化型和生理小种。变种也是根据一定的形态差别来区分的。专化型和生理小种在形态上没有什么差别，而是根据致病性的差异来划分。专化型的区分是以同一种真菌对不同科、属寄主致病性的专化为依据。生理小种的划分是以同一种真菌对不同寄主的种或品种致病性的专化为依据。有些寄生性真菌的种，没有明显的专化型，但是可以区分为许多生理小种。生理小种是一个群体，其中个体的遗传性并不完全相同。所以，生理小种是由一系列的生物型组成的。生物型则是由遗传性一致的个体所组成的群体。

1. 鞭毛菌亚门(Mastigomycotina)

鞭毛菌亚门的真菌，大多数生于水中，少数具有两栖和陆生习性。它们有腐生的，也有寄生的，有些高等鞭毛菌是植物上的活体寄生菌。鞭毛菌的主要特征是：营养体是单细胞或无隔多核的菌丝体；无性繁殖形成游动孢子囊，其内产生有鞭毛的游动孢子；有性繁殖产生休眠孢子囊或卵孢子。重要的属有：

(1)绵霉属(*Achlya*)　营养体是发达的菌丝体；孢子囊呈聚伞状排列；游动孢子有一根尾鞭和一根茸鞭，有两游现象；藏卵器中形成一个以上的卵孢子。可引起稻田绵腐病等。

(2)腐霉属(*Pythium*)　孢囊梗与菌丝分化不明显;在菌丝上顶生或间生球状、棒状或姜瓣状的孢子囊,孢子囊萌发形成球状泡囊(图 1-2-5)。可引起瓜果腐烂病、植物的猝倒病等。

(3)疫霉属(*Phytophthora*)　孢囊梗与菌丝有差别,孢囊梗分枝在产生孢子囊处膨大,孢子囊球形、卵形或梨形,萌发时产生游动孢子或直接产生芽管,很少产生泡囊(图 1-2-6)。可引起番茄、马铃薯晚疫病等。

(4)霜霉属(*Peronospora*)　孢囊梗双叉状分枝,末端细。孢子囊近卵形,成熟时易脱落,萌发时直接产生芽管(图 1-2-7)。所致病害有白菜霜霉病等。

(5)单轴霉属(*Plasmopara*)　孢囊梗交互分枝,分枝与主干呈直角,小枝末端平钝。孢子囊卵圆形,顶端有乳头状突起,卵孢子黄褐色,表面有皱褶状突起。所致病害有葡萄霜霉病和月季霜霉病等(图 1-2-8)。

(6)假霜霉属(*Pseudoperonospora*)　孢囊梗假二叉状分枝,孢子囊椭圆形有乳状突。所致病害有瓜类霜霉病等(图 1-2-9)。

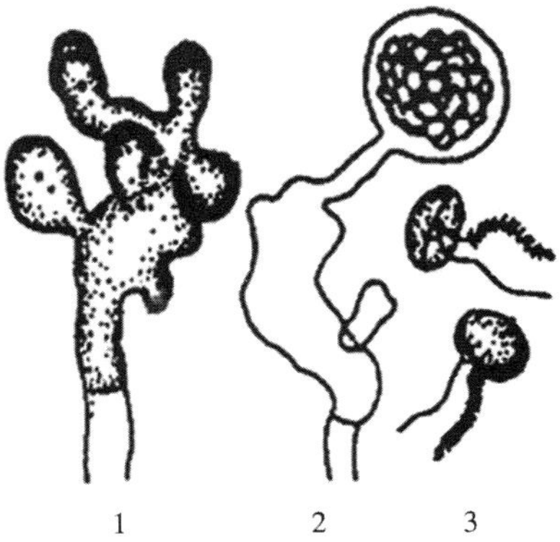

图 1-2-5　腐霉属

1. 孢子囊　2. 孢子囊萌发形成泡囊　3. 游动孢子

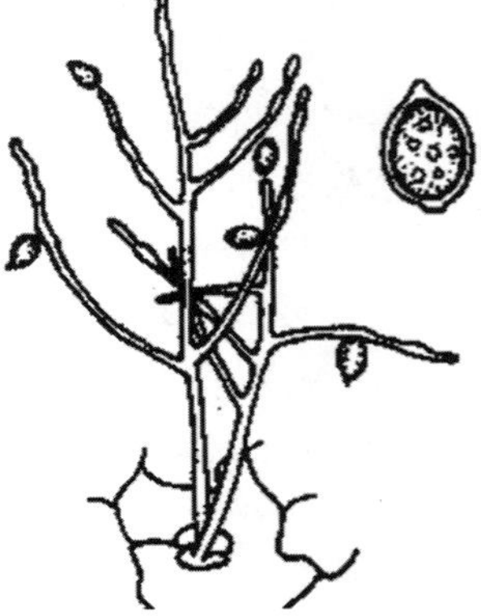

图 1-2-6　疫霉属

孢子囊梗和孢子囊

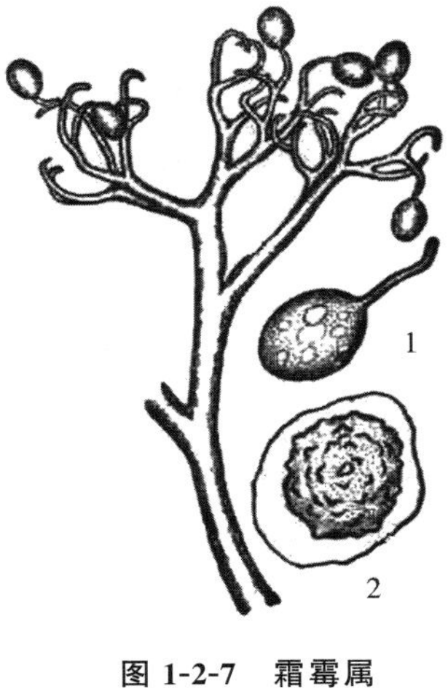

图 1-2-7　霜霉属

1. 孢子囊萌发　2. 卵孢子

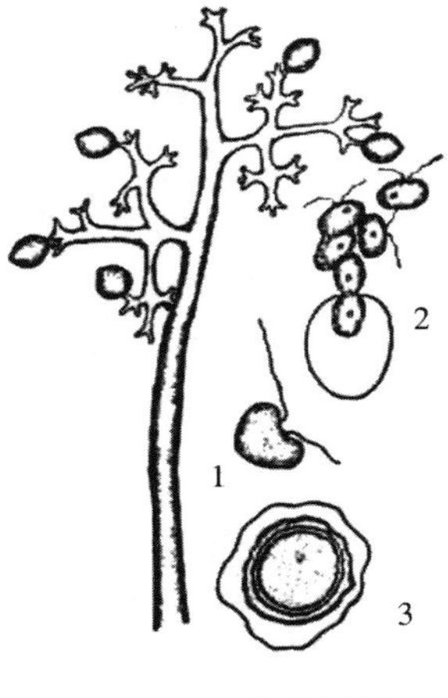

图 1-2-8　单轴霉属

1. 游动孢子　2. 从孢子囊溢出游动孢子　3. 卵孢子

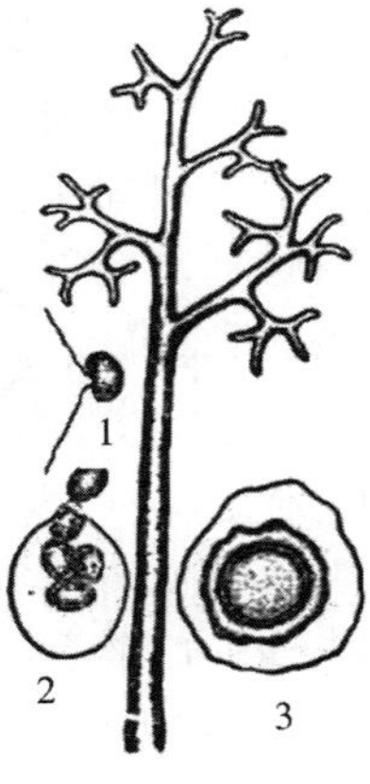

图 1-2-9　假霜霉属

1. 游动孢子　2. 游动孢子从孢子囊溢出　3. 卵孢子

(7)盘梗霉属(*Bremia*)　孢囊梗双叉状分枝,末端膨大呈碟状,碟缘生小梗,孢子囊着生在小梗上,卵形,有乳头状突起。所致病害有莴苣霜霉病等(图 1-2-10)。

(8)指梗霉属(*Slerospora*)　孢囊梗粗大,顶部不规则分枝,呈指状,孢子囊柠檬形或倒梨形。此属真菌寄生禾本科植物,如小麦、水稻及玉米霜霉病(图 1-2-11)。

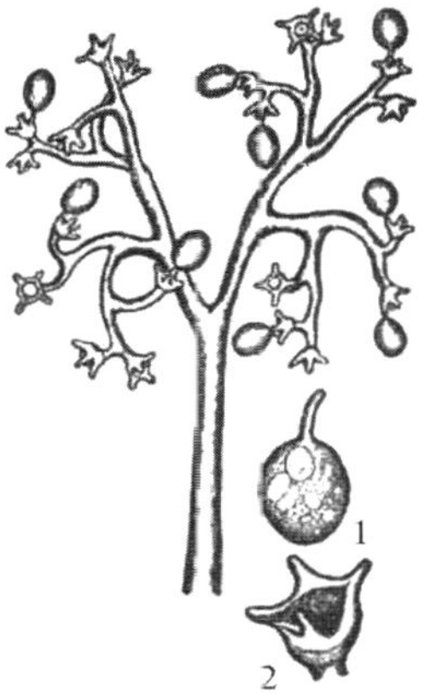

图 1-2-10　盘梗霉属

1. 孢子囊萌发　2. 末端膨大呈碟状

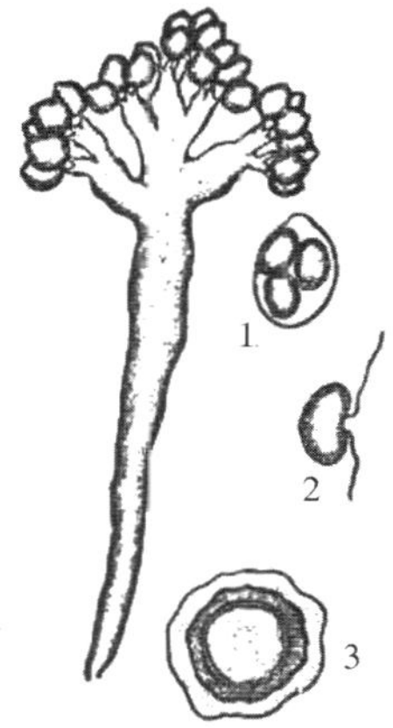

图 1-2-11　指梗霉属

1. 孢子囊　2. 游动孢子　3. 卵孢子

(9)白锈菌属(*Albugo*)　孢囊梗不分枝,短棍棒状,平行排列在寄主表皮下呈栅栏状,孢囊梗顶端串生圆形的孢子囊,卵孢子壁有饰纹(图 1-2-12),是专性寄生菌。可引起十字花科植物白锈病等。

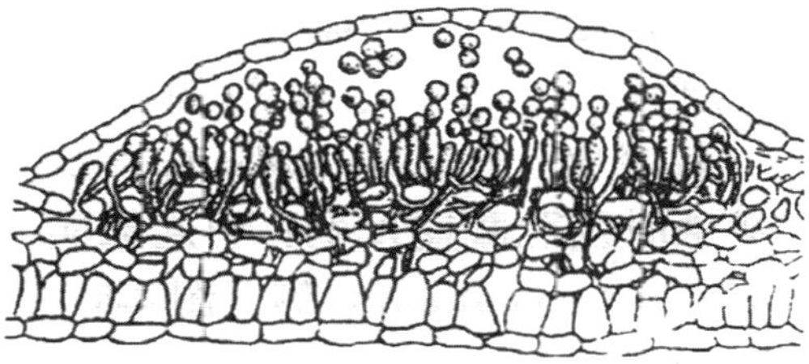

图 1-2-12　白锈菌属

2. 接合菌亚门(Zygomycotina)

接合菌绝大多数为腐生菌,广泛分布于土壤和粪肥中,少数为弱寄生菌,可引起果实贮藏期的腐烂。接合菌的主要特征是:菌丝体无隔多核,细胞壁由甲壳质组成;无性繁殖形成孢子囊,产生不能动的孢囊孢子;有性繁殖产生接合孢子。本亚门真菌与作物病害有关的是根霉菌。

根霉属(*Rhizopus*)　菌丝发达,分布在基物上和基物内,有匍匐丝和假根;孢囊梗从匍匐丝上长出,顶端形成孢子囊,其内产生孢囊孢子(图 1-2-13)。孢子囊壁易破碎,散出孢囊孢子,经气流传播。有性繁殖形成接合孢子,但不常见。可引起薯类、南瓜腐烂病等。

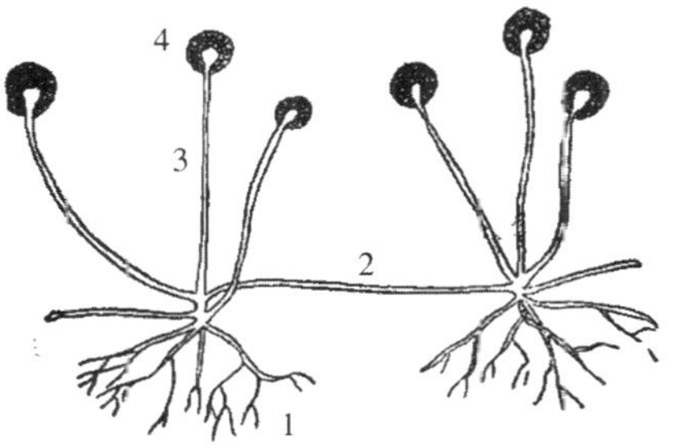

图 1-2-13　根霉属

1. 假根　2. 匍匐丝　3. 孢子囊梗　4. 孢子囊

3. 子囊菌亚门(Ascomycotina)

子囊菌亚门属于高等真菌,大多陆生,有些子囊菌腐生在朽木、土壤、粪肥和动植物残体上,有些则寄生在植物、人体和牲畜上引起病害。子囊菌的主要特征是:菌丝体发达,有隔膜;无性繁殖产生分生孢子;有性繁殖产生子囊和子囊孢子。子囊菌的菌丝体除白粉菌在植物体外生长扩展外,大多数子囊菌的菌丝体是寄生在植物体内。有性繁殖产生的子囊,可以裸生在菌丝体上或寄主组织表面,但多数子囊菌的子囊产生在子囊果中。真菌产生孢子的组织或结构,统称子实体。子囊菌的有性子实体,亦称子囊果。根据子囊果不同形态,分为 4 和类型(图 1-2-14):完全封闭呈球形的称闭囊壳；球形或瓶状，顶端有孔口的称子囊壳；盘状或杯状，顶部开口大的称子囊盘；子囊着生在子座的空腔内，称子囊座或子囊腔。子囊菌亚门根据子囊果的有无、子囊果类型、子囊在子囊果内排列情况及子囊数等特征进行分类。重要属有：

(1)外囊菌属(*Taphrina*)　子囊长圆筒形，子囊孢子芽殖产生芽孢子，裸生子囊层。可引起桃缩叶病等。

(2)白粉菌属(*Erysiphe*)　闭囊壳内有多个子囊；附属丝菌丝状，如二孢白粉菌引起烟草、芝麻、向日葵及瓜类等白粉病。

(3)单丝壳属(*Sphaerotheca*)　闭囊壳内产生一个子囊；附属丝菌丝状，引起瓜类、豆类等多种植物白粉病。

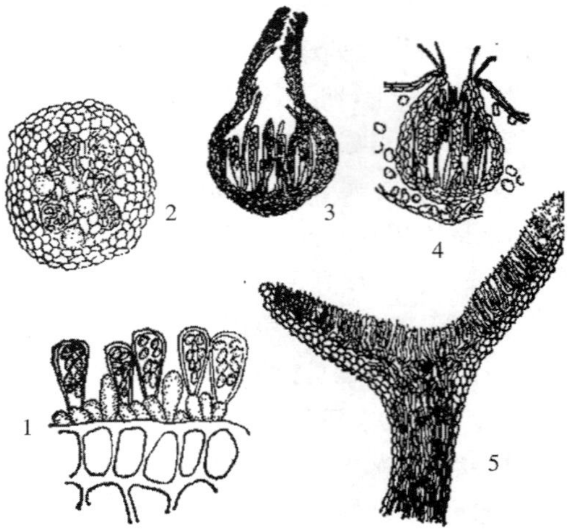

图 1-2-14　子囊果类型

1. 裸生子囊层　2. 闭囊壳(横切面)　3. 子囊壳　4. 子囊腔　5. 子囊盘

(4)长喙壳属(*Ceratocystis*)　子囊壳生于基物的表面，球形，具长喙，长喙是子囊壳 4～5 倍长，颈的顶端常裂成须状；子囊近球形，不规则地散生在子囊壳内；子囊孢子单胞、无色、形状各种各样(有椭圆形、帽形、针形、多角形等)，成熟后从孔口挤出，在孔口聚集成团。可引起甘薯黑斑病等。

(5)小丛壳属(*Glomerella*)　子囊壳产生在菌丝层上或半埋于子座内；没有侧丝；子囊孢子单胞、无色。可引起苹果、梨、葡萄等果树炭疽病、棉花炭疽病等。

(6)黑腐皮壳属(*Valsa*)　子囊壳埋生子座基部，有长颈伸出子座；子囊孢子香肠形，单胞(图 1-2-15)。可引起苹果、梨的腐烂病等。

(7)赤霉属(*Gibberalla*)　子囊壳球形至圆锥形，单生或群生于子座上；子囊棍棒形；子囊孢子纺锤形，有 2～3 个分隔，无色(图 1-2-16)。可引起禾本科植物赤霉病等。

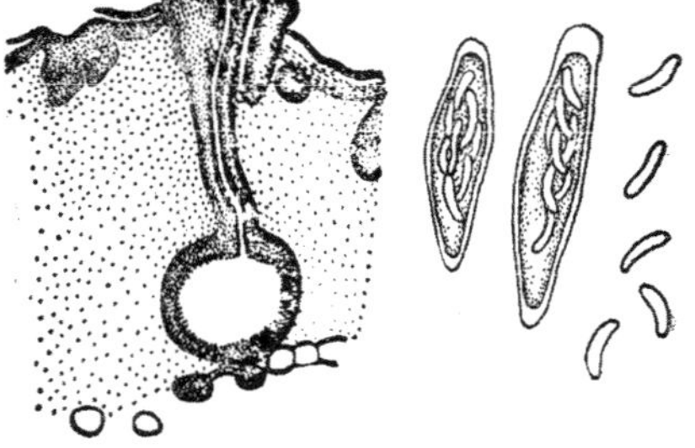

图 1-2-15　黑腐皮壳属

子囊壳、子囊和子囊孢子

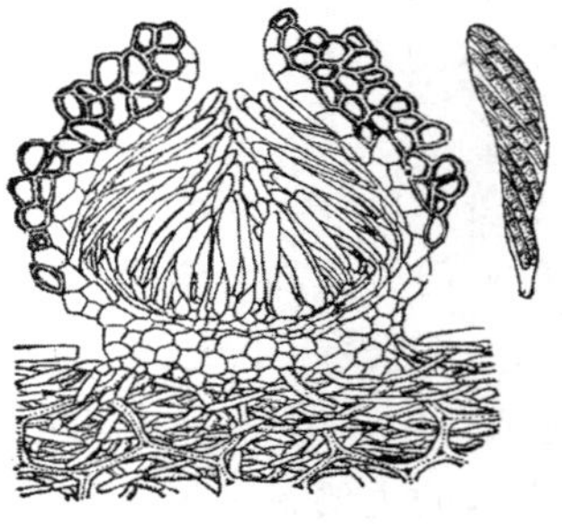

图 1-2-16　赤霉属

子囊壳和子囊

(8)顶囊壳属(*Gaeumannomyces*)　子囊壳埋于基质内，顶端有短的喙状突起；子囊孢子细线状，多细胞(图 1-2-17)。可引起禾本科植物全蚀病等。

(9)核盘菌属(*Sclerotinia*)　菌丝体形成菌核，菌核萌发产生具长柄的褐色子囊盘；子囊与侧丝平行排列于子囊盘的开口处，形成子实层；子囊棍棒形，子囊孢子椭圆形或纺锤形，单胞，无色（图 1-2-18）。可引起十字花科植物菌核病等。

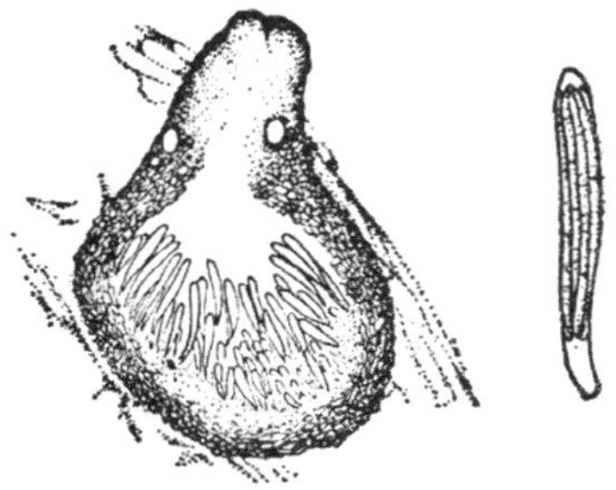

图 1-2-17　顶囊壳属

子囊壳和子囊

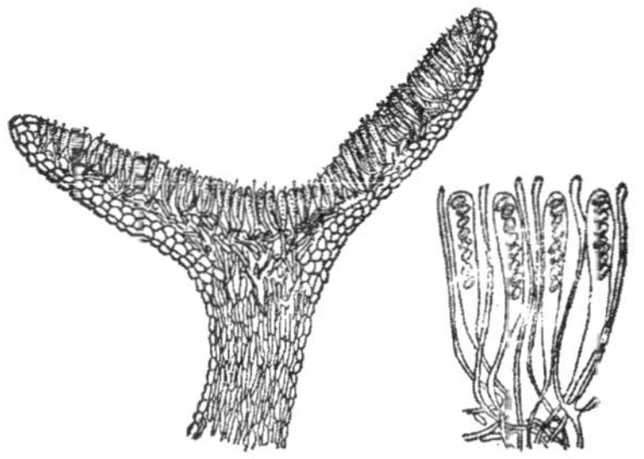

图 1-2-18　核盘菌属

子囊盘、子囊和侧丝

（10）球座菌属（*Guignardia*）　子囊顶壁厚；子囊孢子椭圆形或卵圆形，双胞大小不等（图 1-2-19）。可引起葡萄黑腐病等。

（11）球腔菌属（*Mycosphaerella*）　子囊座着生在寄主叶片表皮层下；子囊初期束生、后平行排列；子囊孢子椭圆形，无色，双胞大小相等（图 1-2-20）。可引起禾本科植物的黑霉病等。

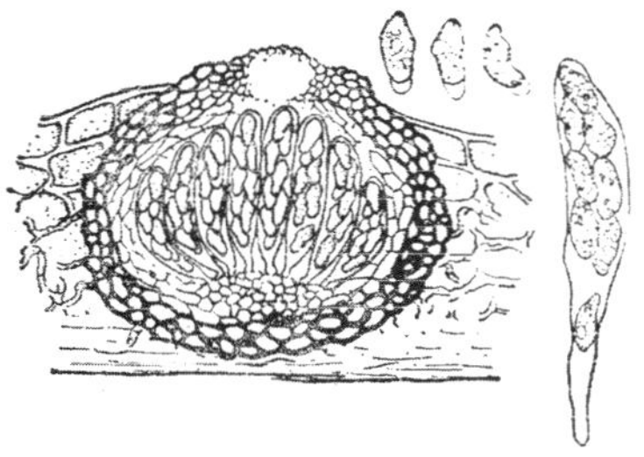

图 1-2-19　球座菌属

子囊腔、子囊和子囊孢子

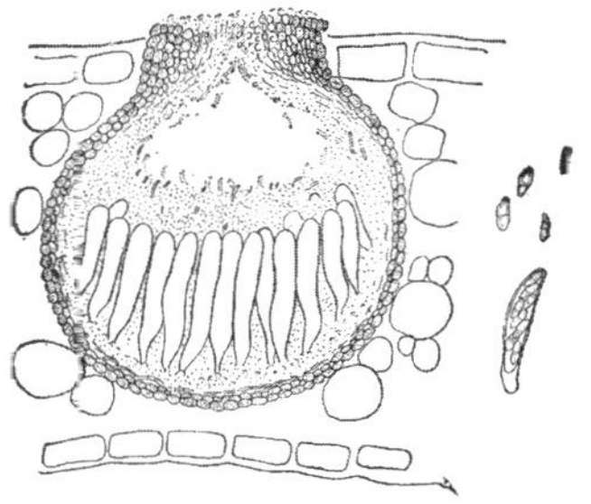

图 1-2-20　球腔菌属

子囊腔、子囊和子囊孢子

（12）黑星菌属（*Venture*）　假囊壳大多数在病残余组织的表皮层下形成，周围有黑色、多隔的刚毛，长圆形的子囊平行排列，成熟时伸长；子囊棍棒形，平行排列，其间有拟侧丝；子囊孢子椭圆形，双胞大小不等（图 1-2-21）。可引起苹果黑星病、梨黑星病等。

（13）旋孢腔菌属（*Cochliobolus*）　子囊孢子多细胞，线形，无色或淡黄色，互相扭成绞丝状排列（图 1-2-22）。可引起大麦、小麦根腐病等。

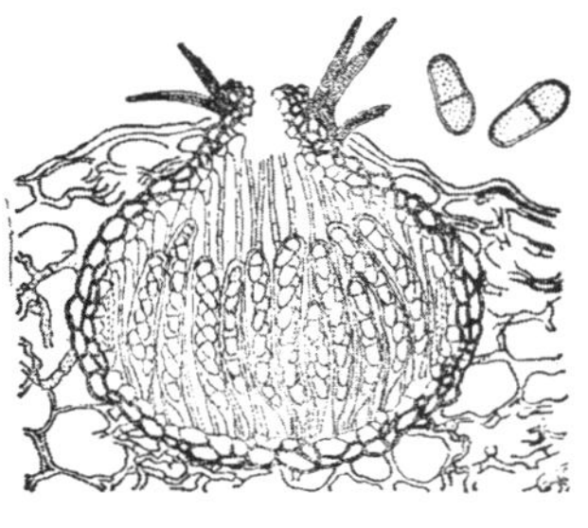

图 1-2-21　黑星菌属

具有刚毛的假囊壳和子囊孢子

图 1-2-22　旋孢腔菌属

假囊壳和子囊

4. 担子菌亚门(Basidiomycotina)

担子菌亚门是最高级的一类真菌，寄生或腐生，其中包括可供人类食用和药用的真菌。担子菌亚门的真菌营养体为发达的有隔菌丝。菌丝有两种类型，即单核的初生菌丝和双核的次生菌丝。许多担子菌在双核菌丝上形成一种锁状联合的结构。除锈菌和黑粉菌产生无性孢子外，大多数担子菌不产生无性孢子。高等担子菌的担子都着生在高度组织化的各种类型的子实体内，亦称担子果，担子散生或聚生在担子果上，担子上着生 4 个担孢子，如蘑菇、木耳等。低等的担子菌不产生担子果，如锈菌和黑粉菌，担子由冬孢子萌发产生，不形成子实层，冬孢子散生或成堆着生在寄主组织内。引起植物病害的担子菌主要是黑粉菌和锈菌。

(1)黑粉菌　主要以双核菌丝在寄主的细胞间寄生，后期在寄主组织内产生成堆黑色粉状的冬孢子，黑粉菌因此而得名。由它引起的植物病害，称黑粉病。冬孢子萌发形成先菌丝和担孢子，不同性别的担孢子结合后萌发形成双核菌丝再侵入寄主。黑粉菌种类很多(图 1-2-23)，可引起许多植物的病害。重要的属有：

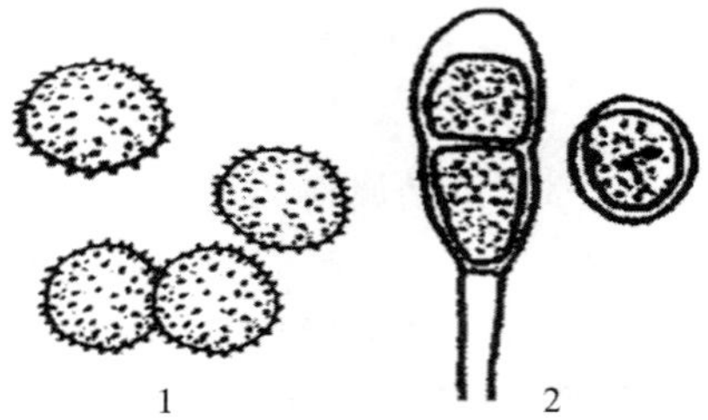

图 1-2-23　担子菌亚门真菌

1. 黑粉菌属的冬孢子

2. 柄锈菌属的冬孢子和夏孢子

①黑粉菌属(*Ustilago*)　在寄主的各个部位产生冬孢子堆，黑褐色，成熟时呈粉末状。冬孢子散生、单胞、球形或近球形，表面光滑或有饰纹。冬孢子萌发产生有隔担子，担孢子顶生或侧生。有些种的冬孢子直接产生芽管侵入，不产生担孢子。引起小麦散黑穗病、玉米瘤黑粉病、谷子黑穗病、甘蔗黑粉病等。

②轴黑粉菌属(*Sphacelotheca*)　由菌丝体组成的膜包被在粉状或粒状孢子堆外面，孢子堆中间有由寄主维管束残余组织形成的中轴。引起高粱和玉米丝黑穗病、高粱散黑穗病、高粱坚黑穗病等。

③腥黑粉菌属(*Tilletia*)　冬孢子堆通常在寄主子房内产生，少数产生在寄主的营养器官上。谷粒成熟后破裂，散发出黑色粉末状的冬孢子堆，有腥臭味。冬孢子萌发产生无隔担子，其顶端集生多个担孢子。引起小麦腥黑穗病、小麦矮腥黑穗病。

(2)锈菌　是活体寄生菌，以吸器伸入寄主细胞内吸取养分，不产生担子果。典型锈菌的生活史可经过 5 种不同的发育阶段，形成 5 种不同孢子类型：性孢子器及性孢子；锈孢子器及锈孢子；夏孢子堆及夏孢子；冬孢子堆及冬孢子；担子及担孢子。冬孢子主要起越冬休眠的作用，萌发形成担孢子，是病害初次侵染源；锈孢子、夏孢子是再次侵染源，起扩展蔓延的作用。锈菌种类很多，并非所有锈菌都产生 5 种类型的孢子，因此，各种锈菌的生活史是不同的。一般可分为四类：有规律地相继产生 5 种孢子类型的完全发育型锈菌；缺少夏孢子阶段的中欠型锈菌；缺少锈孢子和夏孢子阶段，冬孢子是唯一的双核孢子的冬孢型锈菌；未发现或缺少冬孢子的不完全锈菌。有些锈菌单主寄生，有些锈菌转主寄生。因锈菌在植物感病部位常看到黄色铁锈状物(孢子堆)故称锈病。锈菌种类很多，可引起许多植物的锈病。

①柄锈菌属(*puccinia*)　冬孢子堆产生在表皮下，大多突破表皮。单主或转主寄生。冬孢子双胞有柄，深褐色，椭圆形，棒状；性孢子器球形；锈孢子器杯状或筒状，锈孢子单胞、球形；夏孢子黄褐色，单胞，有柄，有刺。引起麦类秆锈病、小麦条锈病、小麦叶锈病、玉米锈

病、向日葵锈病、花生锈病等。

②胶锈菌属(*Gymnosporangium*)　转主寄生,无夏孢子阶段。冬孢子堆生于桧柏小枝的表皮下,后突破表皮形成各种形状的冬孢子角,遇水呈胶质状。冬孢子双胞、浅黄色、柄长、易胶化。性孢子器球形,生于梨、苹果叶片正面表皮下,锈子腔长筒形、群生、生自病叶反面、呈丝毛状。所致病害有苹果、梨锈病。

③单孢锈菌属(*Uromyces*)　冬孢子单胞,有柄,顶端壁厚呈乳突状。夏孢子堆粉状、褐色,夏孢子单胞、黄褐色、椭圆形、具微刺。所致病害有蚕豆锈病、菜豆锈病等。

5.半知菌亚门(Deuteromycotina)

半知菌亚门的真菌,很多是腐生的,也有不少种类是寄生的,引起多种植物病害。由于半知菌的生活史只发现无性态,未发现有性态,所以称为半知菌或不完全菌。当发现其有性态时,大多数属于子囊菌,极少数属于担子菌。因此半知菌和子囊菌的关系很密切。半知菌主要特征是:菌丝体发达,有隔膜;无性繁殖产生各种类型的分生孢子;有性态没有或没有发现。

半知菌的繁殖方式是从菌丝体上分化出特殊的分生孢子梗,由产孢细胞产生分生孢子,孢子萌发产生菌丝体。分生孢子梗分散着生在营养菌丝上或聚生在一定结构的子实体中。无性子实体有以下几种。

分生孢子器:球形或烧瓶状,顶端具孔口结构。器内壁或底部的细胞长出分生孢子梗,一般较短和不分枝,但也有的梗较长而分枝的。

分生孢子盘:为扁平开口的盘状结构,盘基部凹面的菌丝团上平行着生分生孢子梗,有的分生孢子盘上长有黑色的刚毛。

分生孢子座:垫状或瘤状结构,其上着生分生孢子梗的称为分生孢子座。

分生孢子梗束:数根分生孢子梗的基部联合在一起呈束状,顶部分开并着生分生孢子的称孢梗束,亦称束丝。

半知菌亚门真菌重要的属如下。

(1)镰孢霉属(*Fusarium*)　分生孢子梗无色,常下端结合形成分生孢子座,有时直接从菌丝生出,单生;一般可产生两种分生孢子:大型分生孢子镰刀形,小型分生孢子单胞或双胞,椭圆形或短圆柱形;有些种可产生厚垣孢子(图 1-2-24)。可引起瓜类枯萎病、番茄枯萎病等。

(2)葡萄孢属(*Botrytis*)　分生孢子梗分枝或不分枝,直立有分隔,顶端色渐淡,成堆时呈棕灰色,顶端簇生分生孢子;分生孢子椭圆形或近圆形(图 1-2-25)。可引起多种植物灰霉病。

图 1-2-24　镰孢霉属

1.大型分生孢子　2.小型分生孢子

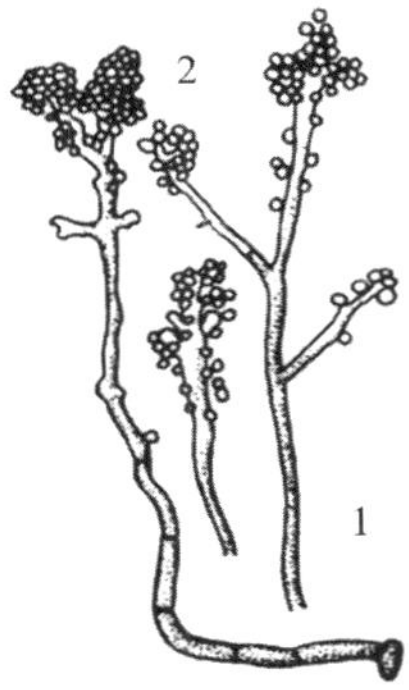

图 1-2-25　葡萄孢属

1.分生孢子梗　2.分生孢子

(3)粉孢属(*Oidium*)　分生孢子梗短小,不分枝;分生孢子单胞,圆形,串生(图 1-2-26)。可引起多种植物白粉病。

(4)轮枝孢属(*Verticillium*)　分生孢子梗直立,分枝,轮生、对生或互生;分生孢子单胞,圆形(图 1-2-27)。可引起棉花、大豆、马铃薯、烟草黄萎病等。

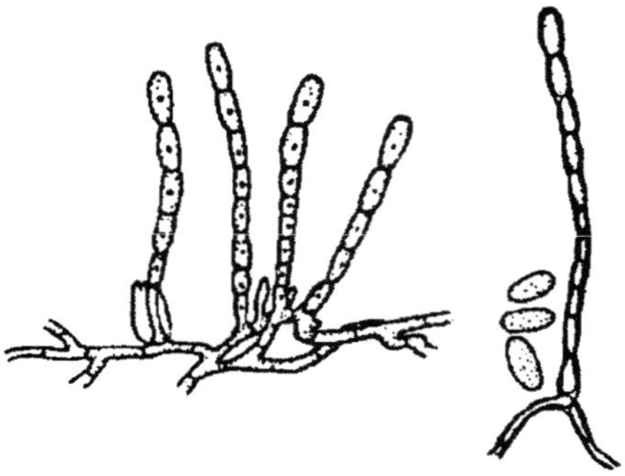

图 1-2-26　粉孢属

分生孢子梗和分生孢子

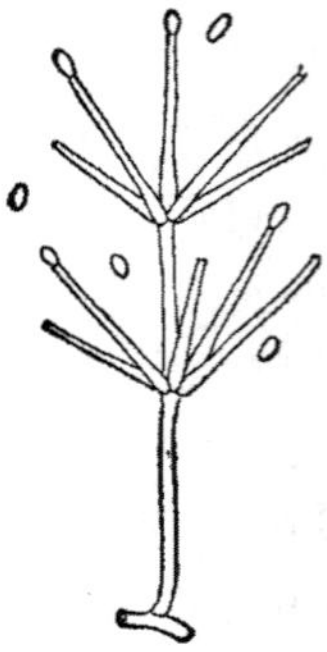

图 1-2-27　轮枝孢属

分生孢子梗和分生孢子

(5)梨孢属(*Pyricularia*)　分生孢子梗无色或淡褐色,细长,很少分枝,单生或丛生;分生孢子无色或橄榄色,单生,梨形或倒棍棒形,大多有两个隔膜(图 1-2-28)。可引起稻瘟病。

(6)尾孢属(*Cercospora*)　分生孢子梗黑褐色,丛生,不分枝,有时呈屈膝状;分生孢子线形、鞭形或蠕虫形,多胞(图 1-2-29)。可引起甜菜褐斑病、高粱紫斑病等。

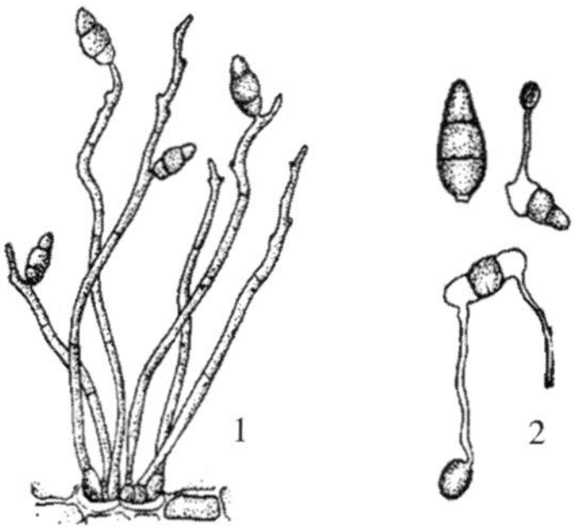

图 1-2-28　梨孢属

(仿 植物保护学.叶恭银.2006)

1.分生孢子梗及着生情况

2.分生孢子及其萌发

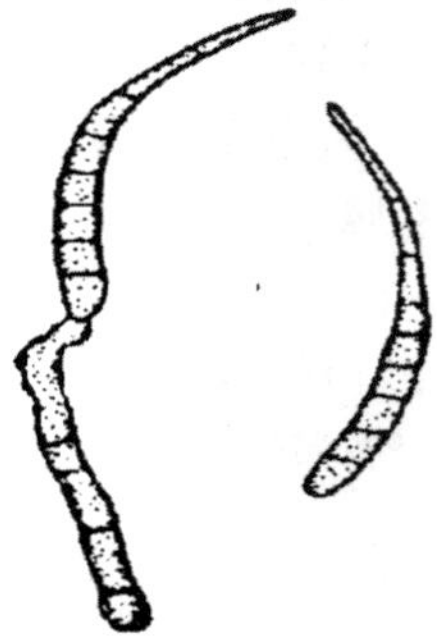

图 1-2-29　尾孢属

(仿 普通植物病理学.南京农学院.1979)

分生孢子梗和分生孢子

(7)平脐蠕孢属(*Bipolaris*)　分生孢子梭形,直或弯曲,脐点稍突出,平截状。引起玉米小斑病。

(8)突脐蠕孢属(*Exserohilum*)　分生孢子梭形、圆筒形或倒棍棒形,直或弯曲,脐点明显突出(图 1-2-30)。引起玉米大斑病。

(9)链格孢属(*Alternaria*)　分生孢子梗弯曲,褐色,孢痕明显;分生孢子单生或串生,褐色,卵圆形或倒棍棒形,有纵横分隔(图 1-2-31)。可引起马铃薯、番茄早疫病。

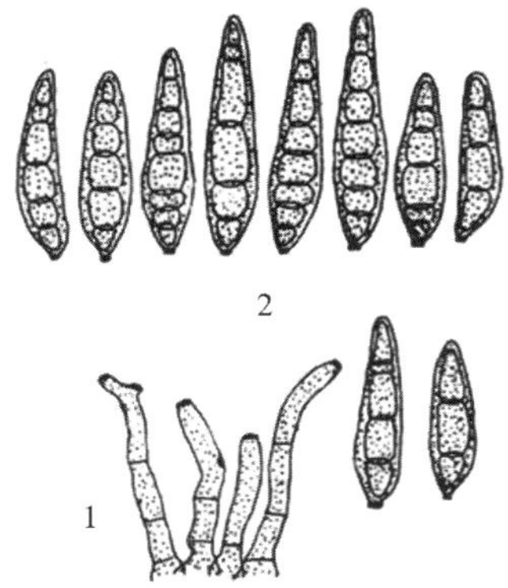

图 1-2-30 突脐蠕孢属

(仿 农业植物病理学.赖传雅.2003)

1.分生孢子梗 2.分生孢子

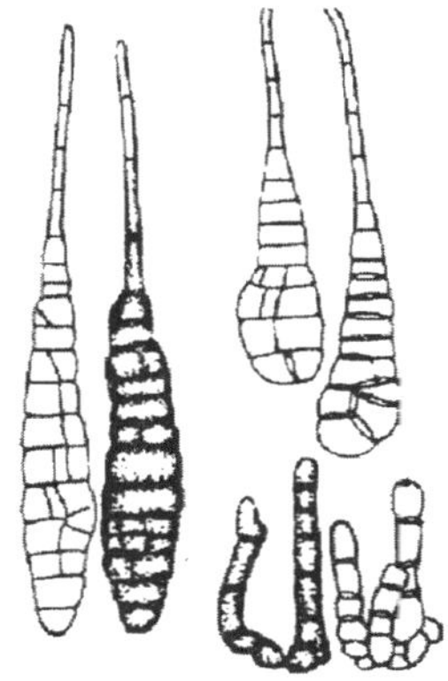

图 1-2-31 链格孢属

(仿 园艺植物保护技术.刘正坪.2005)

分生孢子梗和分生孢子

(10)炭疽菌属(*Colletotrichum*) 寄生在寄主的角质层或表皮层下形成分生孢子盘,分生孢子盘往往有黑色刚毛(图 1-2-32)。可引起瓜类炭疽病等。

(11)大茎点霉属(*Macrophoma*) 形态与茎点霉相似,但分生孢子较大,一般超过15 μm(图 1-2-33)。可引起苹果、梨的轮纹病等。

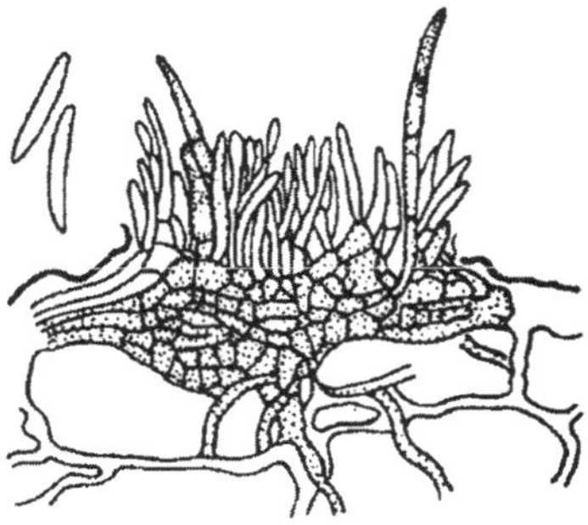

图 1-2-32 炭疽菌属

(仿 园艺植物保护技术.刘正坪.2005)

分生孢子盘和分生孢子

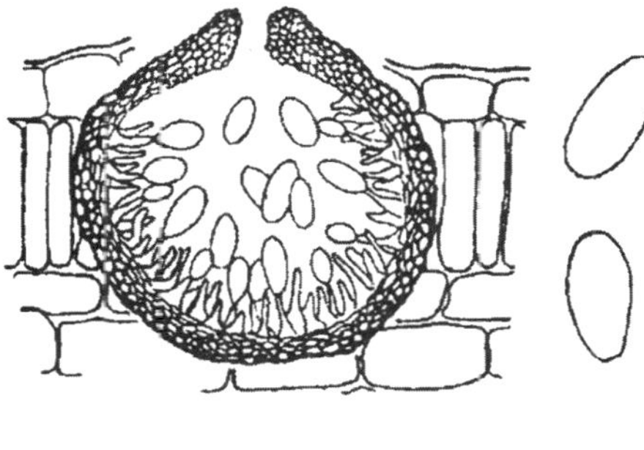

图 1-2-33 大茎点霉属

(仿 园艺植物保护技术.刘正坪.2005)

分生孢子器和分生孢子

(12)拟茎点霉属(*Phomopsis*) 分生孢子有两种类型:常见的孢子卵圆形,单胞,无色,能萌发;另一种孢子线性,一端弯曲成钩状,单胞,无色,不能萌发。可引起茄子褐纹病、柑橘树脂病等。

(13)小核菌属(*Sclerotium*) 产生菌核,菌核间无丝状体相连。可引起稻褐色菌核病、多种植物白绢病等(图 1-2-34)。

(14)丝核菌属(*Rhizoctonia*) 产生菌核,菌核间有丝状体相连。菌丝多为直角分枝,分枝处有缢缩。可引起多种植物立枯病、水稻纹枯病等(图 1-2-35)。

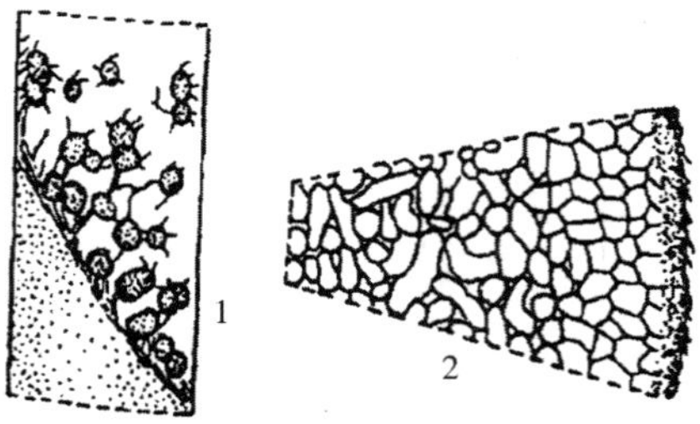

图 1-2-34　小核菌属

（仿 园艺植物保护技术. 刘正坪. 2005）

1. 菌核　2. 菌核剖面

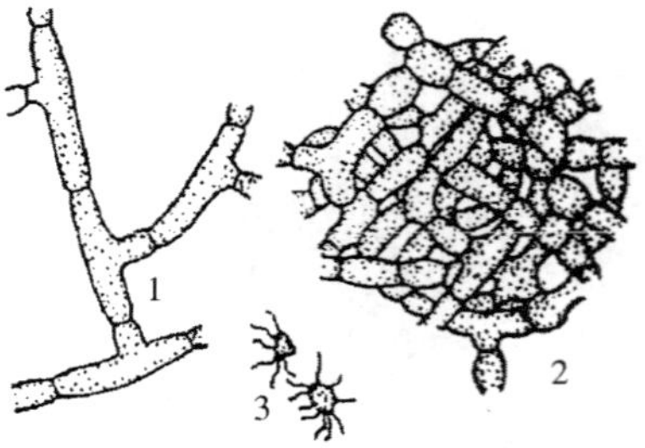

图 1-2-35　丝核菌属

（仿 园艺植物保护技术. 刘正坪. 2005）

1. 直角分枝的菌丝　2. 菌组织　3. 菌核

四、操作方法及考核标准

（一）操作方法与步骤

（1）观察实验室现有的植物病原真菌的玻片标本（包括营养体及营养体变态、无性孢子和有性孢子的形态）。

（2）结合教师讲解及病原菌的形态观察，描述与植物病害有关重要属的形态特征。

（3）采集新鲜标本，挑取或刮取着生在植物表面的病原真菌，采用水浸制片法观察植物病原真菌的形态，认识病原菌与植物病害之间的关系。

（4）采集新鲜标本，徒手做切片，水浸制片法观察寄生在植物组织内部的病原真菌的形态，认识病原菌与植物病害之间的关系。

（5）绘制观察到的病原真菌的形态，并且标出各部位的名称。

（二）技能考核标准

见表 1-2-1。

表 1-2-1　植物致病性真菌形态识别技能考核标准

	考核内容	评分标准	标准分值	考核方法
基础知识考核（60 分）	1. 说出无性孢子类型	根据叙述的无性孢子类型多少酌情扣分	10	单人考核 口试评定成绩
	2. 说出有性孢子的类型	根据叙述的有性孢子的类型多少酌情扣分	10	
	3. 说出真菌的变态结构	根据叙述的真菌的变态结构多少酌情扣分	10	
	4. 说出病原真菌 5 个亚门主要特征	根据阐述病原真菌 5 个亚门特征的准确程度酌情扣分	10	
	5. 说出 5 个致病真菌重要属的形态特征	根据阐述致病真菌重要属（5 个）的形态特征正确与否酌情扣分	20	

续表 1-2-1

考核内容		评分标准	标准分值	考核方法
技能考核（40 分）	1.真菌的玻片标本制作	根据真菌的玻片标本制作情况酌情扣分	20	单人操作考核
	2.植物病原真菌形态观察	根据植物病原真菌形态观察清晰程度酌情扣分	20	

五、练习及思考题

1.植物病原真菌的无性繁殖及有性繁殖产生的孢子类型有哪些？

2.鞭毛菌亚门主要特征及所致农作物病害有哪些？

3.子囊菌亚门主要特征及所致农作物病害有哪些？

4.担子菌亚门主要特征及所致病害有哪些？

5.半知菌亚门真菌的主要特征是什么？

参考答案 1-2

项目 3　其他植物病害的病原物形态识别

一、技能学习目标

课程学习 1-3

通过实训，使学生认识植物病原原核生物（细菌）的基本形态，植物病毒、植物病原线虫、寄生性种子植物的危害特征，掌握植物病原原核生物（细菌）的一般染色技术，掌握植物病原原核生物（细菌）的各代表属及所致植物病害的症状特点，了解植物病毒病的传播与病害发生的关系，认识重要的植物病原线虫和寄生性种子植物的形态特征，为防治打下基础。

二、教学资源

1.材料与工具

植物病原原核生物（细菌）病害标本或新鲜材料、带油镜头的显微镜、载玻片、酒精灯、火柴、接种环、挑针、蒸馏水洗瓶、废渣缸（或大烧杯）、滤纸、镜头纸、香柏油、二甲苯、革兰氏染色液、鞭毛染色液、小玻璃棒、纱布块等。

植物病毒病害标本或新鲜材料、植物线虫病害标本或新鲜材料、寄生植物病害标本或新鲜材料、植物线虫和寄生植物的玻片标本、显微镜、载玻片、盖玻片、解剖刀、小剪刀、新刀片、挑针、蒸馏水、小滴瓶、培养皿等。

2.教学场所

教学实训场所（温室或田间）、实验室或实训室。

3.师资配备

每 20 名学生配备一位指导教师。

三、原理与知识

(一)植物病原原核生物

原核生物是指含有原核结构的单细胞生物。一般是有细胞壁和细胞膜或只由细胞膜包围细胞质的单细胞微生物。它的遗传物质(DNA)分散在细胞质内,没有核膜包围。引起植物病害的原核生物称为植物病原原核生物。植物病原原核生物可以引起许多重要植物病害,如水稻白叶枯病、水稻细菌性条斑病、马铃薯环腐病等。

1. 植物病原原核生物的一般性状

细菌是引起植物病害最多的一类植物病原原核生物。一般细菌的形态有球状、杆状和螺旋状。植物病原细菌大多为杆状,个体大小差别很大,大多菌体大小为(0.5~0.8) μm×(1~3) μm。

细菌的革兰氏染色反应是细菌分类的重要性状,植物病原细菌革兰氏染色反应多为阳性(紫色),少数为阴性(红色)。

大多数的植物病原细菌有鞭毛。细菌鞭毛的有无、数量以及着生位置是细菌分类的重要依据。植物病原细菌细胞壁外有厚薄不等的黏质层,但很少有荚膜。植物病原细菌通常无芽孢。

细菌依靠细胞膜的渗透作用直接吸收寄主的营养。细菌以裂殖方式进行繁殖,突出的特点是繁殖速度很快,在适宜的环境条件下,每 20~30 min 繁殖一代。

植物病原细菌大多可以在普通培养基上培养,生长最适宜的温度为 26~30 ℃,耐低温,对高温敏感,通常 48~53 ℃处理 10 min,多数细菌死亡。植物病原细菌大多是好氧性,少数为兼性厌气性菌。一般在中性偏碱的环境中生长良好。

菌原体的形态、大小变化很大,表现为多型性。有圆形、椭圆形、哑铃形、梨形和线条形,还有的为分枝形、螺旋形等。菌体大小一般为 80~800 nm。

2. 植物病原原核生物的分类及主要类群

目前采用伯杰氏分类系统,将原核生物分为 4 个门,即薄壁菌门、厚壁菌门、软壁菌门、疵壁菌门。

(1)薄壁菌门　细胞壁薄,厚度为 7~8 nm,细胞壁中含肽聚糖量为 8%~10%。革兰氏染色反应阴性。重要的植物病原细菌属有:

①欧文氏菌属(*Erwinia*)　菌体短杆状,大小为(0.5~1.0) μm×(1~3) μm,革兰氏阴性。除一个"种"无鞭毛外,其他种均有多根周生鞭毛。兼性好氧,代谢为呼吸型或发酵型,无芽孢。营养琼脂上菌落圆形、隆起、灰白色。重要的植物病原菌有胡萝卜软腐欧文氏菌(*E. carotovora*)和解淀粉欧文氏菌(*E. amylovora*)。引起的植物病害有马铃薯黑胫病、玉米细菌性枯萎病、玉米细菌性茎腐病、白菜软腐病等。

②假单胞菌属(*Pseudomonas*)　菌体短杆状或略弯,单生,大小为(0.5~1.0) μm×(1.5~5.0) μm,鞭毛 1~4 根或多根,极生。严格好氧,代谢为呼吸型。无芽孢。营养琼脂上的菌落圆形、隆起、灰白色,有荧光反应,白色或褐色,有些种产生褐色素扩散到培养基中。该属现有 20 个种 59 个致病变种,植物病原菌主要是荧光假单胞菌组的成员。引起的植物病害有烟草角斑病、甘薯细菌性萎蔫病、大豆细菌性疫病等。

③黄单胞菌属(*Xanthomonas*)　菌体短杆状,多单生,少双生,大小为(0.4~0.6) μm×

(1.0～2.9) μm，单鞭毛，极生。严格好氧，代谢为呼吸型。营养琼脂上的菌落圆形隆起，蜜黄色，产生非水溶性黄色素。引起的植物病害有甘蓝黑腐病、水稻白叶枯病、大豆细菌性斑疹病等。

④土壤杆菌属（*Agrobacterium*）　土壤习居菌。菌体杆状，大小为（0.6～1.0）μm×（1.5～0.3）μm。鞭毛 1～6 根，周生或侧生。严格好氧，代谢为呼吸型。营养琼脂上的菌落圆形、隆起、光滑，灰白色至白色，质地黏稠，不产生色素。代表病原菌是根癌土壤杆菌（*A. tumefaciens*），其寄主范围极广，可侵害 90 多科 300 多种双子叶植物，尤以蔷薇科植物为主，引起桃、苹果、葡萄、月季等的根癌病。

(2)厚壁菌门　细胞壁厚，厚度为 10～50 nm，细胞壁中肽聚糖含量高，为 50%～80%，革兰氏染色反应阳性。重要的植物病原细菌属有：

①棒形杆菌属（*Clavibacter*）　菌体短杆状至不规则杆状，大小为（0.4～0.75）μm×（0.8～2.5）μm，无鞭毛，不产生内生孢子。好氧，呼吸型代谢，营养琼脂上菌落为圆形光滑凸起，不透明，多为灰白色。重要的病原菌有马铃薯环腐病菌（*C. michiganensis* subsp. *sepedonicum*），可侵害 5 种茄属植物。主要危害马铃薯的维管束组织，引起环状维管束组织坏死，故称为环腐病。

②链丝菌属（*Streptomyces*）　原来在放线菌中，但它们对氧气有不同的要求。凡厌氧性的类群仍保留在放线菌内，而好氧类群则放在链丝菌属中。营养琼脂上菌落为圆形、紧密、灰白色，菌体丝状、纤细、无隔膜，直径 0.4～1.0 μm，辐射状向外扩散，可形成基质内菌丝和气生菌丝。在气生菌丝即产孢丝顶端产生链球状或螺旋状的分生孢子。孢子的形态色泽因种而异，是分类依据之一。链丝菌多为土壤习居性微生物，少数链丝菌侵害植物引起病害，如马铃薯疮痂病菌（*S. scabies*）。

植物病原原核生物除以上介绍的外，还有薄壁菌门的木质部小菌属，软壁菌门的螺原体属、植原体属等。

3.细菌病害的症状

植物细菌病害的症状主要有斑点、腐烂、枯萎、畸形和溃疡。斑点主要发生在叶片、果实和嫩枝上，由于细菌侵染，引起植物局部组织坏死而形成斑点或叶枯。有的叶斑病后期，病斑中部坏死组织脱落而形成穿孔。植物幼嫩、多汁的组织被细菌侵染后，通常表现腐烂症状。这类症状表现为组织解体，流出带有臭味的液汁，主要由欧文氏菌属引起。有些病菌侵入寄主植物的维管束组织，在导管内扩展破坏了输导系统，引起植株萎蔫。常见是由青枯病假单胞杆菌引起的，棒形杆菌属也能引起枯萎症状。有些细菌侵入植物后，引起根或枝干局部组织过度生长形成肿瘤；或使新枝、须根丛生；或多种畸形症状。发生普遍而严重的土壤杆菌属引起多种植物的根癌病，假单胞杆菌属也可引起肿瘤。溃疡主要是指植物枝干局部性皮层坏死，坏死后期因组织失水而稍下陷，有时周围还产生一圈稍隆起的愈合组织。一般由黄单胞杆菌属引起。

4.细菌病害的诊断

植物病原原核生物（细菌）病害的病征不如真菌病害明显，通常只有在潮湿的情况下，病部才有黏稠状的菌脓溢出。叶斑病的共同特点是病斑受叶脉限制多呈多角形，初期呈水渍状，后变为褐色至黑色，病斑周围出现半透明的黄色晕圈，空气潮湿时有菌脓溢出。枯萎型的病害，在茎的断面可看到维管束组织变成褐色，并有菌脓从中溢出。切取一小块病组织，制成水压片在显微镜下检查，如有大量细菌从病组织中涌出，则为植物病原原核生物（细菌）性病害。根据这一症状特点，可对植物细菌病害做出初步诊断。若需进一步鉴定细菌的种类，除要观察形态和纯培养性状外，还要研究染色反应及各种生理生化反应，以及它的致病性和寄主范围等特性。

（二）植物病毒

病毒是一类比较原始、结构简单、严格细胞内寄生的非细胞生物，由核酸和保护性蛋白衣壳组成，又称分子寄生物。寄生在植物上的病毒称为植物病毒，寄生在动物上的病毒称为动物病毒，寄生在细菌上的病毒称为噬菌体。

植物病毒是仅次于植物病原真菌的一类重要的病原物。目前已命名的植物病毒达1 000 多种，其中许多是农作物上重要的病原物。

1. 植物病毒的形态、结构与成分

（1）植物病毒的形态和大小　高等植物病毒的主要形态为杆状、线状和球状等。杆状和短杆状的粒体有圆头的和截头的。线状病毒粒体有不同程度的弯曲，大小多为（10～13）nm×（480～1 250）nm；杆状病毒粒体刚直，不易弯曲，大小多为（15～20）nm×（130～300）nm；球状病毒也称为多面体病毒或 20 面体病毒，直径大多为 16～80 nm。此外，有的病毒由两个球状病毒粒体联合在一起，称为双联病毒。

（2）植物病毒的结构　植物病毒粒体是由核酸和蛋白质衣壳组成的。一般杆状或线条状的植物病毒，中间是螺旋状核酸链，外面是由许多蛋白质亚基组成的衣壳。蛋白质亚基也排列成螺旋状，核酸就嵌在亚基的凹痕处。因此，杆状和线状粒体是空心的（图 1-3-1）。球状病毒大多是近似 20 面体，衣壳由 60 个或其倍数的蛋白质亚基组成。蛋白质亚基镶嵌在粒体表面，粒体的中心是空的；但核酸链的排列情况还不清楚。

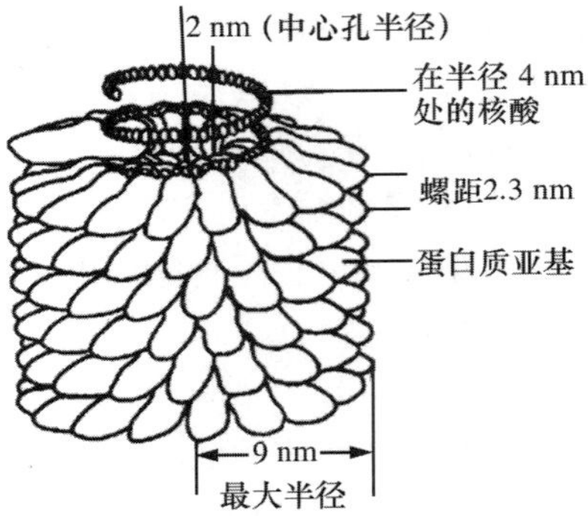

图 1-3-1　TMV 的模式结构图

（仿 园艺植物保护技术. 刘正坪. 2005）

（3）植物病毒的成分　植物病毒的主要成分是核酸和蛋白质，此外，还含有水分、矿质元素等，有的病毒粒体中还含有少量脂类或多胺类物质。不同病毒中核酸的比例不同，一般核酸含量占 5%～40%，蛋白质占 60%～95%。一种病毒粒体只含有一种核酸（RNA 或 DNA）。植物病毒的基因组核酸大多是 RNA。蛋白质衣壳具有保护核酸免受核酸酶或紫外线破坏的作用。病毒粒体的氨基酸有近 20 种。

2. 植物病毒理化特性

病毒作为活体寄生物，离开寄主细胞后，会逐渐丧失侵染力，不同种类的病毒对各种不同物理化学因素的反应有差异。

（1）稀释限点（稀释终点）　把病毒汁液用水稀释，使病毒汁液保持侵染力的最高稀释度叫作稀释限点。各种病毒的稀释限点差别很大，如烟草花叶病毒的稀释限点为 10^{-6}，菜豆普通花叶病毒的稀释限点为 10^{-4}。

（2）钝化温度（失毒温度）　把含有病毒的汁液放入不同温度中处理 10 min 后，使其失去致病力的最低温度称为钝化温度。病毒对温度的抵抗力较其他微生物高，也相当稳定。

一般病毒的钝化温度是 55～70 ℃，烟草花叶病毒的钝化温度是 90～93 ℃。

(3)体外存活期(体外保毒期)　即在室温(20～22 ℃)条件下，含有病毒的汁液保持侵染力的最长时间。大多数病毒的体外存活期为数天至数月。

(4)对化学因素的反应　病毒对一般杀菌剂如硫酸铜、甲醛的抵抗力都很强，但肥皂、除垢剂可以使病毒的核酸和蛋白质分离而钝化，因此常作为病毒的消毒剂。

3. 植物病毒的复制增殖

植物病毒作为一种分子寄生物，其增殖方式与真菌、细菌等一般微生物繁殖不同，是通过复制的方式进行的，即病毒进入寄主细胞后，改变寄主细胞代谢，利用寄主的物质和能量分别合成核酸和蛋白质组分，再组装成子代粒体。植物病毒复制场所在寄主细胞内，寄主提供复制的场所、复制所需的原材料和能量、部分寄主编码的酶以及膜系统，大多数病毒在寄主细胞质中复制，部分在细胞核内；病毒自身主要提供的是模板核酸和专化的聚合酶(复制酶或反转录酶)。

病毒增殖过程是病毒与寄主细胞相互作用的复杂过程，病毒一方面关闭寄主细胞基因调控系统，篡夺细胞 DNA 的指导作用；另一方面改变寄主细胞的结构和功能，为适应病毒复制服务。因此，病毒复制增殖过程是寄主细胞结构和功能进行重大改组的过程，也是病毒的致病过程。

4. 植物病毒的传播

植物病毒从一植株转移或扩散到其他植株的过程称为传播，而从植物的一个局部到另一局部的过程称为移动。

根据自然传播方式的不同，植物病毒传播可分为介体传播和非介体传播。介体传播是指病毒依附在其他生物体上，借其他生物体的活动而进行的传播及侵染，包括动物介体和植物介体两类。在病毒传播中没有其他生物体介入的传播方式称非介体传播，包括汁液接触传播、嫁接传播和花粉传播等。病毒随种子和无性繁殖材料传带而扩大分布的情况是一种非介体传播。

非介体传播有以下几种：

(1)机械传播　也称为汁液摩擦传播，是指病株汁液通过与健株表面的各种机械伤口摩擦接触进行传播。田间的接触或室内的摩擦接种均可称为机械传播。在田间病毒病的传播主要由植株间接触、农事操作、农机具及修剪工具污染、人和动物活动等造成。这类病毒存在于表皮细胞，浓度高、稳定性强。引起花叶型症状的病毒以及由蚜虫、线虫传播的病毒较易机械传播，而引起黄化型症状的病毒和存在于韧皮部的病毒难以或不能机械传播。

(2)无性繁殖材料和嫁接传播　不少病毒具有系统侵染的特点，在植物体内除生长点外各部位均可带毒，因而以块根、块茎、球茎和接穗作为繁殖材料就会引起病毒的传播。嫁接是普通的农事活动，嫁接可以传播任何种类的病毒、植物菌原体和类病毒病害。

(3)种子和花粉传播　病毒种传的主要特点是：母株早期受侵染，病毒才能侵染花器；病毒进入种胚才能产生带毒种子。由花粉直接传播的病毒数量并不多，现在知道的有十几种，多数危害木本植物。这些花粉也可以由蜜蜂携带传播。

介体传播有以下几种：自然界能传播植物病毒的介体种类很多，主要有昆虫、螨、线虫、真菌、菟丝子等。其中以昆虫最为重要。在传毒昆虫中，多数是刺吸式昆虫，特别是蚜虫、叶蝉、飞虱等更为重要。目前已知的昆虫介体有 400 多种，其中 200 多种属于蚜虫类，130 多种属于叶蝉类。

5.植物病毒病的危害特点

(1)植物病毒病害的症状

①变色　由于病毒的侵染，植物叶片不能正常合成叶绿素，因而表现褪绿、花叶、白化、黄化、紫(或红)化和碎色等，变色可发生在叶片、花瓣、茎、果实和种子上。花叶是最常见的变色类型，花叶和斑驳症状发生在花瓣上称碎锦。

②坏死或变质　前者指植物细胞和组织死亡，后者指植物组织的质地变软、变硬或木栓化等。最常见的坏死症状是枯斑，主要是寄主对病毒侵染后的过敏性坏死反应引起的，有的表现为条斑坏死或同心坏死。

③畸形　感病器官变小和植株矮小，几乎是所有病毒病害的最终表现。在叶片上常表现为皱叶、缩叶、卷叶、裂叶等症状。花器变叶芽，节间缩短，侧芽增生等。

植物病毒病只有明显的病状，不表现病征。这在诊断上有助于将病毒病与其他病原物所引起的病害区分开来，但往往易与非侵染性病害，特别是缺素症、药害和空气污染所致的病害相混淆。

(2)系统侵染　绝大多数植物病毒病害是系统侵染的。病毒能由侵入点扩展至全株，而表现全株性症状，以叶片、嫩枝表现得最为明显，有时也表现在果实上，常造成种子带毒，特别是花粉带毒。

(3)潜伏侵染　病毒侵入寄主体内暂时潜伏不活动，等到条件具备才开始活动，引起植物发病。受到病毒侵染而不表现症状的植物称作带毒者。植物病毒的潜伏侵染在栽培植物和野生植物上普遍存在。

(4)隐症现象　环境条件有时对病毒病害的症状有抑制或增强作用。如病毒引起的花叶症状，在高温条件下常受到抑制，而在强光照下则表现得更为明显。由于环境条件的关系，使患病植物暂时不表现明显的症状，甚至原来已表现的症状也会暂时消失，这种现象称为隐症现象。

(5)交叉保护　植物在自然条件下可以感染一种以上的病毒，它们相互作用的关系比较复杂，也影响症状的表现。两种有一定关系的病毒，如同一种病毒的不同株系侵染一种植物，这两个株系在植物体内就会发生干扰作用。最明显的干扰作用是交叉保护，即先侵染的病毒可以保护植物不受另一病毒的侵染，但通常是指同一病毒两个株系间，致病力弱的株系诱发对强毒株系的抗性。根据交叉保护现象，选择一种病毒的弱毒株系接种植物使它不受强毒株系的侵染，可以减轻病毒的为害，在防治上很有意义。

6.重要的植物病毒属及典型种

(1)烟草花叶病毒属(*Tobamovirus*)及烟草花叶病毒(TMV)　烟草花叶病毒属具有16个种和1个暂定种，典型种为烟草花叶病毒(TMV)。病毒形态为直杆状，自然传播不需要介体生物，靠植株间的接触(有时为种苗)传播；对外界环境的抵抗力强。TMV是研究相当深入的植物病毒典型代表，其体外存活期一般在几个月以上，在干燥的叶片中可以存活50多年；稀释限点为10^{-7}～10^{-4}，钝化温度90～93 ℃。引起的花叶病是烟草等作物上的十分重要的病害，世界各地发生普通，损失严重。

(2)马铃薯Y病毒属(*Potyvirus*)及马铃薯Y病毒(PVY)　马铃薯Y病毒属是植物病毒中最大的一个属，有179个种和暂定种，隶属于马铃薯Y病毒科，为线状病毒。马铃薯

Y病毒属主要以蚜虫进行非持久性传播，绝大多数可以通过机械传播，个别可以种传。大部分病毒的寄主范围局限于植物特定的科，如PVY限于茄科，MDMV（玉米矮花叶病毒）限于禾本科，大豆花叶病毒（SMV）限于豆科等；个别具有较广泛的寄主范围。PVY是一种分布广泛的病毒，其体外存活期2～4 d，钝化温度50～65 ℃，稀释限点为10^{-6}～10^{-2}（依株系而变）。该病毒主要侵染茄科作物，如马铃薯、番茄、烟草等。

（3）黄瓜花叶病毒属（*Cucumovirus*）及黄瓜花叶病毒（CMV） 黄瓜花叶病毒属有3个种，即黄瓜花叶病毒（CMV）、番茄不孕病毒（TAV）和花生矮化病毒（PSV）。典型种是黄瓜花叶病毒，为粒体球状。CMV在自然界主要依赖多种蚜虫为传毒媒介，以非持久性方式传播，也可经汁液接触进行机械传播，也有少数报道可由土壤带毒而传播。CMV的寄主十分广泛，寄主包括十余科的上百种植物。在病组织汁液中病毒粒体的钝化温度为55～70 ℃，稀释限点为10^{-6}～10^{-5}，而体外存活期为1～10 d。

7. 植物病毒病的诊断

植物病毒病的诊断包括两个方面：一是对发病植物标本初步检查和判断；二是对确定的病毒病标本做进一步的实验诊断，必要时还需做进一步的病原鉴定。实验室诊断包括：鉴别寄主；传染实验，不同植物病毒属具有不同的传播介体，确定病毒的传播介体可以作为病原鉴定的一个证据，同时也为防治提供依据；显微镜观察，在光学显微镜下观察到内含体，在电镜下观察病毒粒体；血清学技术；核酸杂交；病毒的物理化学特性。

（三）植物病原线虫

线虫又称蠕虫，是一类低等的无脊椎动物，通常生活在土壤、淡水、海水中，其中很多能寄生在人、动物和植物体内，引起病害。危害植物的称为植物病原线虫或植物寄生线虫，或简称植物线虫。已报道的植物寄生线虫有2 000多种。它对全世界农业生产有很大影响，每年造成上千亿美元的损失。

1. 植物病原线虫的一般性状

（1）植物病原线虫的形态和结构 植物病原线虫多为不分节的乳白色透明线形体，大多为雌雄同形，少数为雌雄异形，雌虫洋梨形或球形；植物病原线虫长0.3～1.0 mm，个别种类可达4 mm，宽0.03～0.05 mm。

线虫虫体通常分为头部、颈部、腹部和尾部。头部位于虫体前端，包括唇、口腔、口针和侧器等器官。唇和侧器都是一种感觉器官。口针位于口腔中央，是吸取营养的器官。颈部是从口针基部球到肠管前端之间的一段体躯，包括食道、神经环和排泄孔等。腹部是从后食道球到肛门之间的一段体躯，包括肠和生殖器官。尾部是从肛门后到虫体末端的部分，主要有尾腺、侧尾腺、肛门。植物线虫的尾腺都不发达，有成对侧尾腺，侧尾腺是重要感觉器官，它的有无也是线虫分类上的依据之一。

线虫体壁最外面是角质层，其下为下皮层，再下是肌肉层。肌肉层主要分布在背腹两侧，而以尾部肌肉为最发达。体壁内为体腔，其中充满无色体腔液。体腔液润湿各个器官，并供给所需的营养物质和氧，可算是一种原始的血液，起着呼吸系统和循环系统的作用。体腔内有消化、生殖、神经和排泄等系统，以消化及生殖系统最显著，几乎占据了整个体腔。神经系统和排泄系统不发达。神经中枢是围绕在食道峡部四周的神经环。排泄系统只有一个排泄孔在神经环附近。

（2）植物病原线虫生物学特性 植物病原线虫的生活史一般很简单。除少数可营孤雌生殖外，绝大多数线虫是经两性交尾后，雌虫才能排出成熟卵。植物线虫有卵、幼虫和成虫3个虫态。卵一般产在土壤中，有的产在植物体内，有少数留在雌虫母体内。一个成熟雌虫可产卵500～3 000个。幼虫有4个龄期，1龄幼虫在卵内发育并完成第一次蜕皮，2龄幼虫从卵内孵出，再经3次蜕皮后即发育为成虫。从卵孵化到雌虫再产卵为一代，各种线虫完成一代所需的时间不同。有的几天，有的几个星期，有些甚至长达1年才能完成一代。

土壤是线虫最重要的生态环境。植物线虫都有一段时期生活在土壤中，线虫大都生活在土壤的耕作层中，从地面到15 cm深的土层中线虫较多，特别是在根周围土壤中更多。线虫在土壤中的活动性不强，每年迁移的距离不会超过1～2 m；被动传播有自然传播（水、风、昆虫）和人为传播。自然传播中以水流传播，特别是灌溉水的传播最重要，人为传播包括带病的、黏附病土的或机械混杂线虫虫瘿的种子、苗木或其他繁殖材料的流通，以及污染线虫的农产品及其包装物的贸易流通等。通常人为传播都是远距离的。

线虫不耐高温，不同线虫种类其发育最适温度不同，一般在15～30 ℃均能发育。在40～55 ℃的热水中10 min即可杀死。植物病原线虫多以幼虫或卵在土壤、田间病株、带菌种子（虫瘿）、无性繁殖材料和病残体中越冬，在寒冷和干燥条件下还可以休眠或滞育方式长期存活。低温干燥条件下，多数线虫存活期可达一年以上，而卵囊或胞囊内未孵化的卵存活期更长。

植物病原线虫都是活体寄生物，少数寄生在高等植物上的线虫也能寄生真菌，可以在真菌上培养。但到目前为止，植物病原线虫尚不能单独用人工培养基培养。

线虫对寄主植物的致病性首先表现在其本身通过口针穿刺植物进行取食造成的机械损伤，或由于线虫取食夺取寄主的营养造成的营养掠夺，或由于线虫对根的破坏阻碍植物对营养物质的吸收造成的营养缺乏，但线虫对寄主植物破坏最大的是食道腺的分泌物，能刺激寄主细胞的增大；刺激细胞分裂形成肿瘤和根部的过度分枝等畸形；抑制根茎顶端分生组织细胞的分裂；溶解中胶层使细胞离析；溶解细胞壁和破坏细胞。

由于上述各方面的影响，植物受害后就表现各种病害症状。植物地上部的症状有顶芽和花芽的坏死，茎叶的卷曲或组织的坏死，形成叶瘿或种瘿等。根部受害的症状，有的生长点被破坏而停止生长或卷曲，根上形成肿瘤或过度分枝，根部组织的坏死和腐烂等。根部受害后，地上部的生长受到影响，表现为植株矮小，色泽失常和早衰等症状，严重时整株枯死。

2.植物病原线虫的主要类群

植物病原线虫属于动物界、线性动物门、线虫纲。危害农作物的重要线虫有以下几个属：

（1）粒线虫属（*Anguina*）　雌虫和雄虫均为蠕虫形，虫体肥大，较长。多数种类寄生在禾本科植物的地上部，在茎、叶上形成虫瘿，或者破坏子房形成虫瘿。如小麦粒线虫病。

（2）茎线虫属（*Ditylenchus*）　雌、雄虫均为线形。主要危害植物的根、球茎、鳞茎和块根等，也可以危害地上部的茎叶和芽，引起组织糠心干腐和生长畸形。目前，全世界该属线虫近100种，如水稻茎线虫和绒草茎线虫是我国重要的对外检疫对象。

（3）异皮线虫属（*Heterodera*）　异皮线虫属又叫胞囊线虫属，是危害植物根部的一类重要线虫。雌雄异形，雌成虫柠檬形、梨形，雄虫线形。如大豆胞囊线虫、甜菜胞囊线虫、玉米胞囊线虫、水稻胞囊线虫等，都严重危害农作物。

（4）根结线虫属（*Meloidogyne*）　根结线虫危害植物的根部，形成瘤状根结。雌、雄虫异形。雌成虫梨形，表皮柔软透明，雄虫线形。如花生根结线虫、南方根结线虫、北方根结线虫等。

(5)滑刃线虫属(*Aphelenchoides*)　雌虫和雄虫均为蠕虫形，细长。主要危害植物地上部的茎、叶和幼芽，如水稻干尖线虫等。

(四)寄生性种子植物

植物由于根系或叶片退化，或者缺乏足够的叶绿素，不能自养，必须从其他的植物上获取营养物质而营寄生生活，称为寄生性种子植物。营寄生生活的植物大多是高等植物中的双子叶植物，能够开花结籽，故称寄生性高等植物或寄生性种子植物。

1. 寄生性种子植物的一般性状

按寄生植物对寄主的依赖程度或获取寄主营养成分的不同可分为全寄生和半寄生两类。全寄生指从寄主植物上获取自身生活需要的全部营养物质，如菟丝子、列当、无根藤等。全寄生的特点是寄生物叶片退化，叶绿素消失，根系蜕变为吸根，吸根中的导管和筛管与寄主的导管和筛管相连，并从中不断吸取各种营养物质。半寄生指寄生植物对寄主的寄生关系主要是水分的依赖关系，俗称"水寄生"。半寄生的特点是寄生物具有叶绿素，能够进行光合作用合成有机物质，根系缺乏，以吸根的导管与寄主维管束的导管相连，吸取寄主植物的水分和无机盐。如槲寄生、樟寄生、桑寄生等。

按寄生部位不同可分为根寄生与茎(叶)寄生。根寄生如列当、独脚金等寄生在寄主植物的根部，在地上部与寄主彼此分离。茎(叶)寄生如无根藤、菟丝子、槲寄生等寄生在寄主的茎秆、枝条或叶片上。

寄生性种子植物对寄主植物的致病作用主要表现为对营养物质的争夺。一般来说，全寄生致病能力强，主要寄生在一年生植物上，可引起寄主植物黄化、生长衰弱、严重时造成大片死亡，对产量影响极大；半寄生主要寄生在多年生木本植物上，寄生初期对寄主无明显影响，后期群体较大时造成寄主生长不良和早衰，最终亦会导致死亡，但树势退败速度较慢。除了争夺营养外，还能将病毒从病株传到健株。

寄生性种子植物靠种子繁殖。种子依靠风力、鸟类、种子调运传播，称为被动传播；当果实成熟，吸水开裂，弹射种子称为主动传播。

2. 寄生性种子植物的主要类群

(1)菟丝子属(*Cuscuta*)　菟丝子为旋花科、菟丝子属植物。寄主范围广，主要危害豆科、菊科、茄科、百合科、伞形科和蔷薇科等草本和木本植物。菟丝子是一年生攀藤寄生的草本植物，叶退化为鳞片状，茎为黄色丝状物，缠绕在寄主植物的茎和叶部，吸器与寄主的维管束系统相连接，不仅吸收寄主的养分和水分，还造成寄主输导组织的机械性障碍。花小，白色、黄色或粉红色，头状花序；果实为球状蒴果，有种子2～4枚，种子卵圆形，稍扁，黄褐色至深褐色。

在我国有中国菟丝子和日本菟丝子，中国菟丝子主要危害草本植物，日本菟丝子主要危害木本植物。

菟丝子种子成熟后落入土中，或混杂于寄主植物种子内。翌年当寄主植物生长后，菟丝子种子便开始萌发，种胚的一端先形成无色或黄白色丝状幼芽，以棍棒状的粗大部分固着在土粒上，种胚的另一端形成丝状体并在空中旋转，碰到寄主就缠绕其上，在接触处形成吸盘伸入寄主。吸盘进入寄主组织后，细胞组织分化为导管和筛管，分别与寄主的导管和筛管相连，从寄主内吸取养分和水分。当寄生关系建立以后，菟丝子就与其地下部分脱离。菟丝子在生长期间蔓延很快，可从一株寄主植物攀缘到另一株寄主植物，往往蔓延很远。其断茎也能继续生长，进行营养繁殖。植物受害后表现为黄化和生长不良。因此，菟丝子为害常造成成片植物枯黄。

田间发现菟丝子后，要在开花前彻底割除，或采取深耕的方法将种子深埋，使其不能萌发。近年来用“鲁保一号”防治效果较好。

(2)列当属(*Orobanche*)　列当为列当科、列当属一年生根寄生的草本植物。寄主多为草本，以豆科、菊科、葫芦科植物为主。叶片退化为鳞片，无叶绿素；无真正的根，只有吸盘吸附在寄主的根表，以短须状次生吸器与寄主根部的维管束相连。花两性，穗状花序，花冠筒状，蓝紫色；果为蒴果，通常两裂，间有三裂或四裂。果内含多数小而轻的种子，椭圆形，表面有网状花纹。列当主要寄主植物有向日葵、烟草、番茄等。

四、操作方法及考核标准

(一)操作方法与步骤

(1)观察所给标本症状特点，识别主要植物病原原核生物(细菌)病害种类。

(2)细菌简单染色和革兰氏染色，观察其形态特征。

(3)细菌喷菌现象的观察。

(4)认真绘制观察到的病原物的形态特征。

(5)观察所给植物病原原核生物、植物病毒性病害、植物病原线虫性病害、寄生性种子植物等症状特点，识别常发生种类。

(6)学习植物病毒的汁液接种方法。

(7)观察植物病原线虫的形态特征和结构。

(8)认识寄生性种子植物的危害特征和寄生特征。

(二)技能考核标准

见表 1-3-1 和表 1-3-2。

表 1-3-1　植物致病性细菌形态识别技能考核标准

考核内容		评分标准	标准分值	考核方法
基础知识考核(40 分)	1. 细菌性病害的识别	根据细菌性病害的识别情况酌情扣分	20	单人考核 口试评定成绩
	2. 重要属识别	根据阐述细菌重要属的正确程度酌情扣分	20	
技能考核(60 分)	1. 细菌简单染色技术	根据细菌简单染色操作规范程度酌情扣分	30	单人操作考核
	2. 细菌观察	根据细菌观察清晰程度酌情扣分	30	

表 1-3-2　其他植物病害的病原物形态识别技能考核标准

考核内容		评分标准	标准分值	考核方法
基础知识考核（45分）	1. 植物病毒分类	根据叙述植物病毒分类重要属情况酌情扣分	15	单人考核 口试评定成绩
	2. 植物病原线虫分类	根据叙述植物线虫重要属情况酌情扣分	20	
	3. 寄生性种子植物分类	根据叙述寄生性种子植物重要属情况酌情扣分	10	
技能考核（55分）	1. 植物病毒病害识别	根据识别植物病毒病种类情况酌情扣分	20	单人操作考核
	2. 植物病原线虫病害识别	根据识别植物病原线虫病害的情况酌情扣分	20	
	3. 寄生性种子植物病害识别	根据识别寄生性种子植物病害情况酌情扣分	15	

五、练习及思考题

1. 带领学生到实训基地观察植物病原原核生物、植物病毒性病害、植物线虫性病害、寄生性种子植物的形态特征，识别常发生的病害种类。

2. 植物病原原核生物（细菌）病害的诊断技术有哪些？

3. 植物病毒的传播途径有哪些？

4. 植物病毒的危害症状有哪些？

5. 为什么把线虫列入植物病原物？我国农作物上有哪些常见线虫病害？

参考答案 1-3

项目 4　作物病害的发生和发展

植物病害的发生是在一定的环境条件下寄主与病原物相互作用的结果，植物病害的发展是在适宜环境条件下病原物大量侵染和繁殖，造成植物减产或品质下降的过程。要认识病害的发生发展规律，就必须了解病害发生发展的各个环节，深入分析病原物、寄主植物和环境条件在各环节中的作用。

课程学习 1-4

一、病原物的寄生性和致病性

（一）病原物的寄生性

寄生性是指病原物从寄生获得活体营养的能力。按照它们从寄主获得活体营养能力的大小，将病原物分为：

1. 专性寄生物

它们的寄生能力最强，可以也只能从活的寄主细胞和组织中获得营养，所以也称为活体寄生物。如所有的植物病毒、植原体、寄生性种子植物，大部分植物病原线虫和霜霉菌、白粉菌、锈菌等部分真菌。它们对营养的要求比较复杂，一般不能在普通的人工培养基上培养。

2. 非专性寄生物

这类寄生物既能在寄主活组织上营寄生生活，又能在死亡的病组织上营腐生生活，能在人工培养基上生长。非专性寄生物的寄生能力也有强有弱，有的以营寄生生活为主，兼有一定程度的腐生能力称为强寄生物，如玉米黑粉病菌、水稻白叶枯病菌等。另有一些以腐生为主的寄生物，称为弱寄生物。它主要在死体上营腐生生活，但在适宜的条件下，也能侵入生长衰弱或有伤口的植物，如甘薯软腐病菌、水稻烂秧病菌等。

在自然界中还存在着一大类微生物，它们只能利用动植物残体及其他无生命的有机物作为营养，而不能在活体上营寄生生活，称为专性腐生物，如蘑菇、银耳、酵母菌等。总之，上述微生物寄生能力的顺序是专性寄生物、强寄生物、弱寄生物、专性腐生物。实际上，在寄生物与寄生物之间，有时也很难划清界限。

(二)病原物的致病性

致病性是病原物所具有的破坏寄主引起病害的能力。

病原物的寄生性并不等于致病性，它们在含义上是既有联系又有区别的两个概念，没有相关性。通常寄生性越强其对植物的破坏性越小，如油菜霜霉病；相反，有的寄生性弱的病原生物，对植物寄生组织的破坏力往往是较大的，如甘薯软腐病。但是有些寄生性强的病原菌致病性也很强，如马铃薯晚疫病。

病原物对寄主的破坏作用主要是消耗寄主的养分和水分；分泌各种酶类；消解和破坏植物组织和细胞；分泌毒素，使植物发生中毒萎蔫；分泌刺激物质，促使植物细胞分裂或抑制细胞生长，改变植物的代谢过程等。

二、寄主植物的抗病性

寄主植物抗病性是指植物抑制或延缓病原物活动的能力，是植物与病原物在长期共同进化过程中相互适应和选择的结果。这种能力是由植物的遗传特性决定的，不同植物对病原物表现出不同程度的抗病能力。

(一)植物的抗病类型

根据植物抗病能力的大小，抗病性可分为免疫、抗病、耐病、感病、避病等几种类型。

1. 免疫

一种植物对病原物侵染的反应表现为完全不发病，或观察不到可见的症状。

2. 抗病

寄主植物对病原物侵染的反应表现为发病轻。轻度侵染及表现轻度受害的称为高抗，中等程度感染和受害的称为中抗。

3. 耐病

寄主植物受病原物侵染后，虽然表现出典型症状，但对其生长发育、产量和质量没有明显影响。

4. 感病

寄主植物遭受病原物侵染而发生病害，使生长发育、产量或品质受到很大的影响，甚至引起局部或全株死亡。

5.避病(抗接触)

从时间、空间上病原物的盛发时期和寄主的感病时期错开,而不被病原物感染,从而不发病,并不是植物本身具有的抗病力。

根据作物品种对病原物生理小种抵抗情况将品种抗病性分为垂直抗病性和水平抗病性。垂直抗病性是指寄主的某个品种能高度抵抗病原物群体中的某个或某几个特定小种,也称为小种专化抗病性。一旦遇到病原物其他生理小种时,就会变得高度感病。垂直抗病性是由主效基因控制的,抗病效能较高,其主要缺点是易因病原物小种组成的变化而"丧失"抗病性。水平抗病性是指寄主的某个品种能抵抗病原物群体多数生理小种,一般表现为中度抗病,也称为非小种专化抗病性。由于水平抗病性不存在生理小种对寄主的专化性,所以抗病性不易消失。

(二)植物的抗病性机制

植物的抗病性有的是植物先天具有的被动抗病性,也有病原物侵染引发的主动抗病性。二者的抗病机制都包括物理和化学两方面的抗性。

植物固有的抗病机制是指植物本身所具有的物理结构和化学物质在病原物侵染时的结构抗性和化学抗性。如植物的表皮毛不利于形成水滴,也不利于真菌孢子接触植物组织;角质层、蜡质层、硅质层厚不利于病原菌侵入;植物表面气孔的密度、大小、构造及开闭等直接影响病原物的侵入率;植物的分蘖、株型、高矮也会影响病原物的侵染;植物体内的抗生素、植物碱、酚、单宁等都与抗病性有关系。

病原物侵入寄主后,寄主植物会从组织结构、细胞结构、生理生化方面表现出主动的防御反应。如病原物的侵染点周围细胞的木质化和木栓化;植物受到病原物侵染的刺激产生植物保卫素,对病原菌的毒性强,可抑制病原菌的生长;过敏反应是在侵染点周围的少数寄主细胞迅速死亡,抑制专性寄生物的扩展。

三、植物侵染性病害的发生过程

病原物的侵染过程是指病原物与寄主植物可侵染部位接触,并侵入寄主,在植物体内繁殖和扩展,使寄主显示病害症状的过程,也称为病程。病原物的侵染过程是一个连续的过程,为了便于说明病原物的侵染活动,一般将侵染过程划分为接触期、侵入期、潜育期和发病期。

(一)接触期

接触期是指病原物与寄主感病部位相接触到产生侵入机构的一段时期。病原物处在寄主体外,必须克服不利于侵染的各种因素才能侵入,若能创造不利于病原物与寄主接触和生长繁殖的生态条件就可有效防治病害。

(二)侵入期

侵入期是从病原物侵入寄主,到与寄主建立寄生关系为止的一段时期。

病原物侵入寄主的途径主要有三个:一是直接侵入,病原物直接穿过植物表皮的角质层;二是通过植物的气孔、水孔、皮孔、蜜腺等自然孔口侵入;三是从伤口侵入。不同病原物侵入途径不同,如病毒只能从活细胞的轻微新鲜伤口侵入;细菌可从伤口和自然孔口侵入;

真菌 3 种途径均可侵入；线虫则用口器刺破表皮直接侵入。

病原物侵入寄主要有适宜的环境条件，其中影响最大的是湿度和温度。尤其湿度最为重要，因为大多数真菌孢子的萌发，游动孢子和细菌的侵入都需要有水分才能进行。所以，大多数病害往往在雨季中发生，多雨的年份病害易流行，潮湿的环境病情严重，这与侵入所需的高湿条件是分不开的。如稻瘟病菌的分生孢子在水滴中萌发率达 86%，在饱和湿度的空气中，萌发率却不到 1%，湿度在 90%以下就不能萌发。温度能影响细菌、线虫的活动、繁殖，也影响真菌孢子的萌发和侵入的速度，所以也往往决定某种病害的发生时期和季节。光照与侵入也有一定关系，对于由气孔侵入的病原真菌，光照因关系到气孔的开闭而影响其侵入。

（三）潜育期

潜育期是从病原物与寄主建立了寄生关系到表现明显症状的一段时期。潜育期是病原物在寄主体内吸取营养而生长蔓延为害的时期，也是寄主对病原物的侵染进行剧烈斗争的时期。病原物在寄主体内扩展的程度不同，形成两种类型：有的局限在侵染点附近，称为局部侵染；有的则从侵染点扩展到各个部位，甚至全株，称为系统性侵染，如各种花叶型病毒病。影响潜育期的环境条件主要是温度，一般在适宜温度范围内，温度愈高潜育期愈短，如稻瘟病在 9～11 ℃潜育期为 13～18 d，17～18 ℃为 8 d，26～28 ℃为 4～5 d。但也有少数是由遗传因子决定的，如小麦散黑穗病的潜育期为一年，不受温度的影响。

潜育期的长短还与寄主的生长状况密切相关。凡生长健壮的植物，抗病力强，潜育期相应延长；而营养不良、长势弱或氮肥施用过多、徒长的，潜育期短，发病快。在潜育期采取有利于植物生长的栽培管理措施或使用合适的杀菌剂可减轻病害的发生。

病害流行与潜育期长短密切相关。有重复侵染的病害，潜育期越短，重复侵染的次数越多，病害流行的可能性越大。

（四）发病期

发病期是指病害出现明显症状后进一步发展的时期。病害发展到这个时期，真菌性病害往往在病部产生菌丝、孢子、子实体等；细菌病害产生菌脓，人们才能肉眼看到。

发病期也仍然以温、湿度的影响为主，特别是高湿适温时，有利于新繁殖体的产生，有利于病害的流行。对于病征不明显的病害标本进行保湿，可以促进其产生病征，以便识别病害。

掌握病害的侵染过程及其规律性，有利于开展病害的预测预报和制定防治措施。

四、病害的侵染循环

病害的侵染循环，是指一种病害从前一个生长季节开始发病，到下一个生长季节再度发病的过程。它包括病原物的越冬越夏、病原物的传播、初次侵染和再次侵染三个环节，切断其中的任何一个环节，都能达到防治病害的目的。

（一）病原物的越冬和越夏

病原物的越冬和越夏是指病原物以一定的方式在特定场所度过不利于其生存和生长的冬天及夏天的过程。病原物越冬和越夏有寄生、腐生和休眠 3 种方式。各种病原物越冬或越夏的方式是不同的。活体营养生物如白粉菌、锈菌等，只能在受害植物的组织内以寄生方式或在寄主体外以休眠体进行越冬或越夏。死体营养生物包括多数病原真菌和细菌，通常在病株残体和土壤中以腐生方式或以休眠结构越冬或越夏。植物病毒和菌原体大都只能在活的植物体和传播介体内生存。病原线虫主要以卵、幼虫等形态在植物体或土壤中越冬或越夏。病原物的越冬和越夏场所一般也是下一个生长季节的初侵染来源。主要有6个方面：

1.种子、苗木和无性繁殖器官

种苗和无性繁殖器官携带病原物，往往是下一年初侵染最有效的来源。病原物在种苗萌发生长时，又无须经过传播接触而引起侵染。由种苗和无性繁殖材料带菌而引起感染的病株，往往成为田间的发病中心而向四周扩展。病原物在种苗和无性繁殖材料上越冬、越夏，有多种不同的情况。

(1)病原物各种休眠机构混杂于种子中。例如，小麦粒线虫的虫瘿、大豆菟丝子的种子、油菜菌核病菌的菌核等。

(2)病原物休眠孢子附着于种子表面。例如，小麦腥黑穗病菌、秆黑粉病菌的冬孢子，谷子白发病菌的卵孢子等。

(3)病原物潜伏在种苗及其他繁殖材料内部。例如，大、小麦散黑穗病菌潜伏在种胚内，甘薯黑斑病菌、甘薯茎线虫在块根中越冬，马铃薯病毒病、马铃薯环腐细菌在块茎中越冬。

(4)病原物既能以繁殖体附着于种子表面，又能以菌丝体潜伏于种子内部。例如，棉花枯萎病菌、黄萎病菌等。

在播种前应根据病原物在种苗上的具体位置选用最经济有效的处理方法，如水选、筛选、热处理等。对种子等繁殖材料进行检疫检验，也是防止危险性病害扩大传播的重要措施。

2.田间病株

有些活体营养病原物必须在活的寄主上寄生才能存活。例如，小麦锈菌的越夏、越冬，在我国都要寄生在田间生长的小麦上。有些侵染一年生植物的病毒，当冬季无栽培植物时，就转移到其他栽培或野生寄主上越冬、越夏。例如，油菜花叶病毒、黄瓜花叶病毒等都可以在多年生野生植物上越冬。

3.病株残体

许多病原真菌和细菌，一般都在病株残体中潜伏存活，或以腐生方式在残体上生活一定的时期。例如，稻瘟病菌，玉米大、小斑病菌，水稻白叶枯病菌等，都以病株残体为主要的越冬场所。当寄主残体分解腐烂后，其中的病原物也逐渐死亡。

4.土壤

土壤是许多病原物重要的越冬、越夏场所。病原物以休眠机构或休眠孢子散落于土壤中，并在土壤中长期存活，如黑粉菌的冬孢子、菟丝子和列当的种子、某些线虫的胞囊或卵囊等。有的病原物的休眠体，先存在于病残体内，当残体分解腐烂后，再散于土壤中，如十字花科植物根肿菌的休眠孢子、霜霉菌的卵孢子、植物根结线虫的卵等。还有一些病原物，可以腐生方式在土壤中存活。以土壤作为越冬、越夏场所的病原真菌和细菌，大体可分为土壤寄居菌和土壤习居菌两类。土壤寄居菌只能在土壤中的病株残体上腐生或休眠越冬，当残体分解腐烂后，就不能在土壤中存活。土壤习居菌对土壤适应性强，在土壤中可以长期存活，并且能够繁殖，丝核菌和镰孢菌等真菌都是土壤习居菌的代表。

5.粪肥

多数情况下，由于人为地将病株残体作积肥而使病原物混入粪肥中，少数病原物则随病残体通过牲畜排泄物而混入粪肥。例如，谷子白发病菌卵孢子和小麦腥黑穗病菌冬孢子，经牲畜肠胃后仍具有生活力，如果粪肥不腐熟而施到田间，病原物就会引起侵染。

6.昆虫或其他介体

一些由昆虫传播的病毒可以在昆虫体内增殖并越冬或越夏。例如，水稻黄矮病病毒和普通矮缩病病毒就可以在传毒的黑尾叶蝉体内越冬；小麦土传花叶病毒，在禾谷多黏菌休眠孢子中越夏。

(二)病原物的传播

病原物从越冬、越夏场所到达寄主感病部位，或者从已经形成的发病中心向四周扩散，均需经过传播才能实现。病原物传播的方式和途径是不一样的。有些病原物可以由本身的活动，进行有限范围的传播，如真菌菌丝体和根状菌索可以随其生长而扩展，线虫在土壤中的移动，菟丝子茎蔓的攀缘等。但是，病原物传播中，主要还是借助外界的动力如气流、雨水、昆虫及人为因素等进行传播。病原真菌以气流传播为主，雨水传播也较重要；病原细菌以雨水传播为主；植物病毒则主要由昆虫介体传播。

1.气流传播

气流传播是一些重要病原真菌的主要传播方式。有时风雨交加还可以引起一些病原细菌及线虫的传播。病原真菌小而轻，易被气流散布到空气中，犹如空气中的尘埃微粒一样，可以随气流进行远或近距离传播。真菌孢子的气流传播，多属近程传播（传播范围几米至几十米）和中程传播（传播范围百米以上至几千米）。着落的孢子一般离菌源中心的距离越近，密度越大；越远，密度越小。利用抗病品种是防治气流传播病害的有效措施。

2.雨水传播

植物病原细菌和产生分生孢子盘（或分生孢子器）的病原真菌，由于细菌或孢子间大多有胶质黏结，胶质只有遇水膨胀和溶化后，病原物才能散出，故这些病原物主要是雨水或露地传播的。存在于土壤中的一些病原物，如软腐病菌及有些植物病原线虫，可经过雨水反溅到植物上，或随雨水或灌溉水的流动而传播。水稻白叶枯病菌是经雨水传播的，暴风雨不仅引起叶片擦伤，有利于细菌传染和侵入，而且病田水中的细菌，又可经田水排灌向无病田传播。因此，灌溉水也是重要的传播途径。防治时要注意采用正确的灌水方式。

3.昆虫及其他介体传播

昆虫传播与病毒和菌原体病害的关系最大。蚜虫、叶蝉和飞虱是植物病毒的主要传播介体，鸟类可传播寄生性种子植物，菟丝子可传播病毒，类菌原体侵染植物后，存在于寄主的韧皮部筛管中，是由在韧皮部取食的叶蝉传播的。

4.人为因素传播

带有病原物的种子、苗木和其他繁殖材料，经过人们携带和调运，可以远距离传播。农产品包装材料的流动，有时也能传播病原物。另外，人的生产活动，如农事操作和使用的农具均可引起病原物的近距离传播。

(三)病原物的初侵染与再侵染

越冬或越夏的病原物，在植物一个生长季中最初引起的侵染，称初次侵染或初侵染。初侵染植物上病原物产生的繁殖体，经过传播，又侵染植物的健康部位和健康的植物，称为再次侵染或再侵染。

只有初侵染，没有再侵染的病害，称单循环病害。单循环病害在植物的一个生长季只有一次侵染过程，多为系统性病害，一般潜育期长，例如，小麦黑穗病、水稻干尖线虫病等。对此类病害只要消灭初侵染来源，就可达到防治病害的目的。除初侵染外，还有再侵染的病害，称多循环病害。多循环病害在植物的一个生长季中有多次侵染过程，多为局部侵染，潜育期一般较短。

五、植物病害的流行因素

植物病害在一定时期和地区内普遍而严重发生，使寄主植物受到很大损害，或产量受到很大损失，称为病害的流行。传染性病害的流行必须具备三个方面的条件，即有大量致病力强的病原物存在，有大量的感病寄主存在，有对病害发生极为有利的环境。三方面因素相互联系，相互影响。

（一）大量的感病寄主

易于感病的寄主植物大量而集中的存在是病害流行的必要条件。品种布局不合理，大面积种植感病寄主或单一品种，有时会导致病害流行。

（二）致病力强的病原物

病害的流行必须有大量的致病力强的病原物存在，并能很快地传播到寄主体上。没有再侵染或再侵染次要的病害，病原物越冬的数量，即初侵染来源的多少，对病害流行起决定作用。而再侵染重要的病害，除初侵染来源外，侵染次数多，潜育期短，繁殖快，对病害流行常起很大的作用。病原物的寿命长以及有效的传播方式，也可加速病害流行。

（三）适宜的发病条件

环境条件影响着寄主的生长发育及其遗传变异，也影响其抗病力，同时还影响病原物的生长发育、传播和生存。气象条件（温度、湿度、光照、风等）、土壤条件、栽培条件（种植密度、肥水管理、品种搭配），与病害流行关系密切。

上述三方面因素是病害流行的必不可少的条件，缺一不可。但由于各种病害发生规律不同，每种病害都有各自的流行主导因素。如苗期猝倒病，品种抗性无明显差异，土壤中存在病原物，只要苗床持续低温高湿就会导致病害流行，低温高湿就是病害流行的主导因素。

病害流行的主导因素是可变化的。在相同的栽培条件和相同气候条件下，品种的抗病性是主导因素；已采取抗性品种且栽培条件相同的情况下，气象条件就是主导因素；相同品种、相同气候条件下，肥水管理可成为主导因素。防治病害流行，必须找出流行的主导因素，采取相应的措施。

六、练习及思考题

1. 名词解释：寄生性、致病性、抗病性、专性寄生物、病程、侵染循环、初侵染、再侵染。
2. 简述病原物越冬越夏场所。
3. 植物抗病性类型及抗病机制有哪些？
4. 病原物的传播途径有哪些？
5. 植物病害流行的因素有哪些？

参考答案 1-4

典型工作任务二

植物害虫识别技术

项目 1　昆虫外部形态识别

项目 2　昆虫生物学性状识别

项目 3　常见农业昆虫类群识别

科技阅读窗

周尧教授，昆虫学家，中国古代昆虫学史研究的拓荒者，也是中国昆虫学史学科的奠基人。他建立了“农业昆虫学”学科研究体系，昆虫学者以周尧姓氏命名了 56 个昆虫新分类单元。他在西北农林科技大学创办了我国第一个、也是目前世界上最大的综合性昆虫博物馆，对中国昆虫学事业的发展起到极大的推动作用。

周尧主攻昆虫分类学研究，对 20 多个昆虫类群进行分类研究，发表论著 200 余篇，编著了《中国昆虫学史》《中国盾蚧志》《中国蝶类志》等 30 多部著作。为了防治蝗虫和小麦吸浆虫，他不分昼夜、不辞辛劳地带领团队查明主要种类和暴发规律，筛选出了有效的防治药剂和使用方法，并在全国大面积推广，使害虫的严重危害得到控制。

思政学习 2　记我国著名昆虫学家——周尧

项目1 昆虫外部形态识别

一、技能学习目标

利用各种学习条件，对昆虫各附属器官的类型进行观察、识别，能够描述昆虫的形态特征，认识常见昆虫。

课程学习 2-1

二、教学资源

1. 材料与工具

各种昆虫标本、多媒体设备（包括视频、影像资料、教材、网上资源等）、体视显微镜、还软器、放大镜、频振式杀虫灯等。

2. 教学场所

植保实验室、农业应用技术示范园（大棚、温室）、实训基地。

3. 师资配备

每 20 名学生配备一位指导教师。

三、原理与知识

（一）昆虫的识别

昆虫属于动物界节肢动物门昆虫纲，是无脊椎动物中最大的一个类群。地球上的动物种类约 150 万种，其中昆虫约占 100 万种。昆虫的种类繁多，形态各异，但成虫期具有共同的特征（图 2-1-1）。

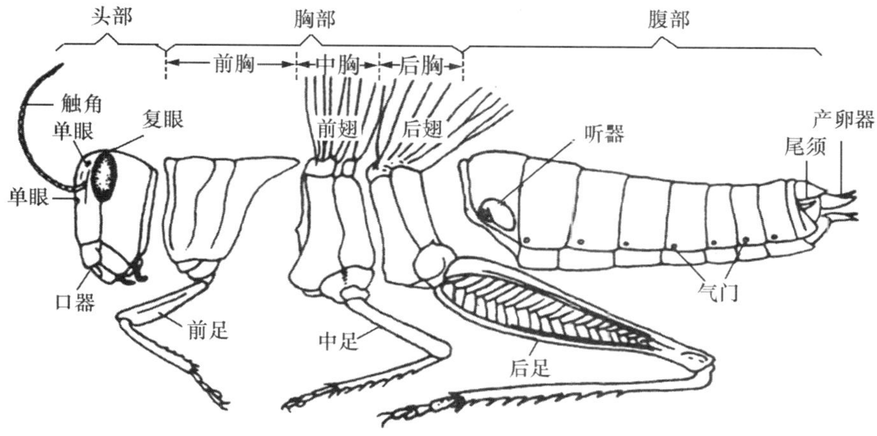

图 2-1-1 昆虫（蝗虫）体躯侧面观

（仿 园艺作物病虫害防治. 张红燕. 2014）

(1)体躯分成头、胸、腹 3 个明显的体段。

(2)头部有口器和 1 对触角,还有 1 对复眼和 0～3 个单眼。

(3)胸部有 3 对胸足,一般有 2 对翅。

(4)腹部大多由 9～11 个体节组成,末端具有外生殖器和肛门,有的还有 1 对尾须。

学习昆虫识别的知识就能将它与近缘的节肢动物区别开,如甲壳纲(虾、蟹)、蛛形纲(蜘蛛、蝎子)、多足纲(蜈蚣、马陆)。这些节肢动物均为体躯左右对称,由一系列的体节组成,有些体节上有成对分节的附肢,具外骨骼。

(二)昆虫外部形态结构及特征识别

1.昆虫的头部

头部是昆虫体躯的第一个体段,以膜质的颈与头部相连。头部着生触角、口器、复眼、单眼等器官,是感觉和取食的中心。

头壳呈圆形或椭圆形,头壳表面的沟和缝将头部划分为若干区,分别为头顶、额、唇基、颊和后头。

(1)昆虫的头式　由于昆虫的取食方式不同,取食器官在头部的着生位置也相应发生了变化,根据口器的着生方向,可将昆虫的头式分为 3 种(图 2-1-2)。昆虫的头式是昆虫种类识别、判定取食方式及益害的依据之一。

①下口式　口器着生在头部的下方,头部的纵轴与身体的纵轴垂直。多见于植食性的昆虫,如蝗虫。

②前口式　口器着生在头部的前方,头部的纵轴与身体的纵轴几乎平行。多见于捕食性的昆虫,如步甲。

③后口式　口器着生在头部的后方,头部的纵轴与身体的纵轴成锐角。多见于吸汁类的昆虫,如蚜虫、蝉。

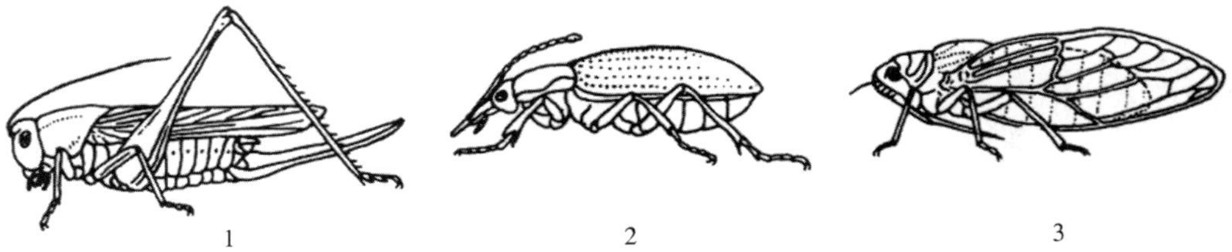

图 2-1-2　昆虫的头式

1.下口式(蝗虫)　2.前口式(步甲)　3.后口式(蝉)

(2)昆虫的触角　昆虫除少数种类外,都有 1 对触角,着生在头部的前方或额的两侧,具有嗅觉和触觉作用,有的还有听觉的功能,有利于昆虫的取食、聚集、避敌、求偶和寻找产卵场所。

触角的基本构造分为 3 部分:柄节、梗节、鞭节。许多昆虫的鞭节因种类和性别不同而出现不同的类型(图 2-1-3),常见的昆虫触角的类型有以下几种(表 2-1-1)。

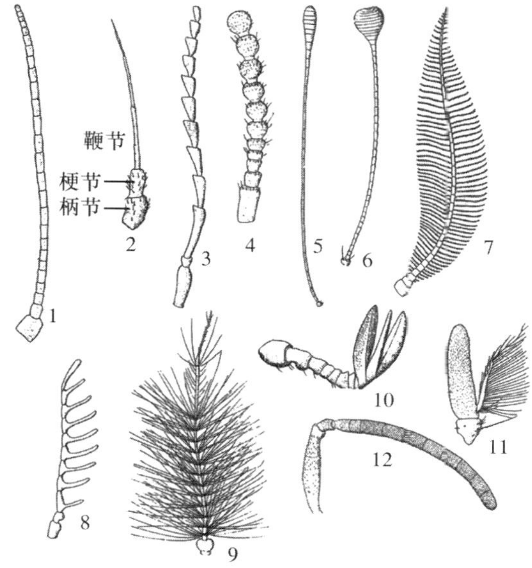

图 2-1-3　昆虫的触角类型

1. 丝状　2. 刚毛状　3. 锯齿状　4. 念珠状　5. 棍棒状　6. 锤状
7. 羽毛状　8. 栉齿状　9. 环毛状　10. 鳃片状　11. 具芒状　12. 膝状

表 2-1-1　常见昆虫触角类型、特点及代表性昆虫

触角类型	特点	代表昆虫
刚毛状	触角短，基部两节较粗，鞭节部分则细如刚毛。	蜻蜓、蝉
丝状（线状）	触角细长，除基部 1～2 节稍粗大外，其余各节大小和形状相似	蝗虫、蟋蟀
念珠状	鞭节由近似圆球形、大小相似的小节组成，像一串念珠	白蚁
锯齿状	鞭节各节的端部向一侧作齿状突出，形似锯条	锯天牛、叩头甲
栉齿状（梳状）	鞭节各小节的一边向外突出呈细枝状，形似梳子	雄性绿豆象
双栉齿状（羽毛状）	鞭节各小节向两边伸出细枝，形似羽毛	雄性毒蛾、雄性蚕蛾
膝状	柄节特长，梗节短小，鞭节和柄节弯成膝状	蜜蜂、象甲
具芒状	触角短，鞭节仅 1 节，但异常膨大，其上生有刚毛状的触角芒	蝇类
环毛状	鞭节各节均生有一圈长毛，近基部的较长	雄蚊
球杆状（棍棒状）	触角细长如杆，近端部数节逐渐膨大	蝶类、蚁蛉
锤状	与球杆状相似，但触角较短，末端数节显著膨大似锤	瓢虫、皮蠹
鳃片状	触角末端数节延展成片状，状如鱼鳃，可以开合	金龟甲

（3）眼　眼是昆虫的视觉器官，在取食、群集、栖息、繁殖、避敌、决定行动方向等活动中，起着重要作用。

昆虫的眼有复眼和单眼两种。复眼 1 对，着生在头部的侧上方，多为圆形、卵圆形或肾形，由很多六角形小眼集合而成，能分辨物体形象，光的波长、强度和颜色。全变态昆虫成虫期和不完全变态昆虫若虫期、成虫期都具有复眼；单眼一般 3 个，呈三角形排列于头顶与复眼之间，只能分辨光的强弱，不能分辨物体和颜色。

（4）口器　口器是昆虫的取食器官。因食物的种类、取食方式及食物的性质不同，昆虫的口器在外形和构造上有各种不同的特化，形成了不同的口器类型。取食固体食物的为咀嚼式口器(图 2-1-4);取食液体食物的为吸收式口器(图 2-1-5);兼食固体、液体食物的为嚼吸式口器。吸收式口器又因吸收方式不同分为刺吸式口器(如蚜虫)、虹吸式口器(如蛾类)、锉吸式口器(如蓟马)、舐吸式口器(如蝇类)。咀嚼式口器是昆虫最基本的口器类型,其他口器类型均由咀嚼式口器演化而来(表 2-1-2)。

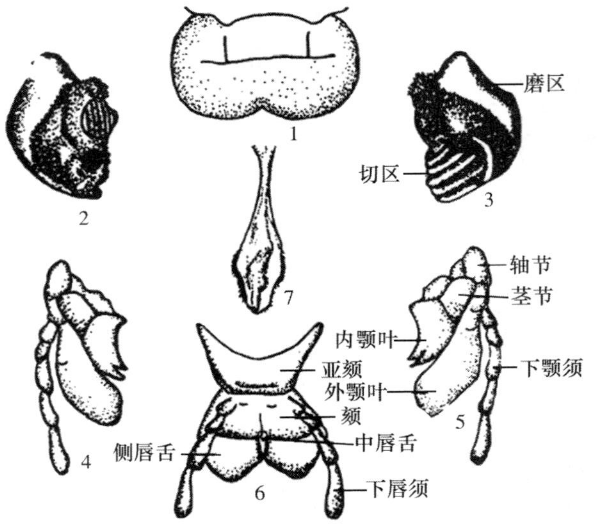

图 2-1-4　昆虫的咀嚼式口器

1.上唇　2,3.上颚　4,5.下颚　6.下唇　7.舌

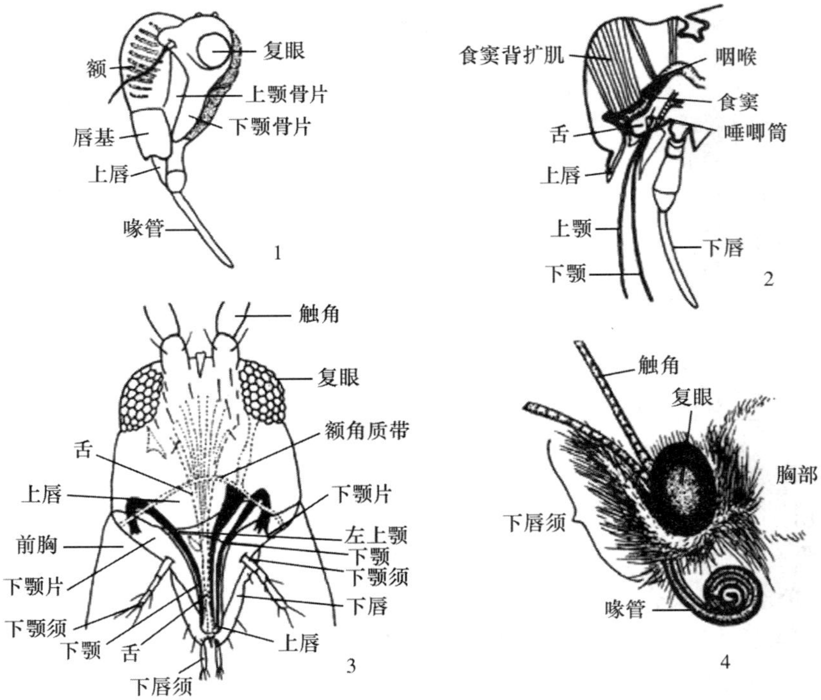

图 2-1-5　昆虫的口器类型

1,2.刺吸式口器(正面观,侧面观)　3.锉吸式口器　4.虹吸式口器

表 2-1-2　常见昆虫口器类型、特征、为害特点及防治

口器类型	基本构造、特征及作用：上唇	上颚	下颚	下唇	舌	为害特点（代表性种类）	防治措施
咀嚼式口器	盖在口器上方的一薄片，外硬内软，可辨别食物的味道	上唇的下方，1 对，坚硬带齿的块状物，具有切区和磨区，能切断和磨碎食物	上颚的下方，1 对，构造复杂（轴节、茎节、外颚叶、内颚叶、下颚须）下颚须具有味、嗅、触觉功能	口器的底部，具有托持切碎食物并推向口内的作用，且还有 1 对与下唇须功能相似的下唇须	口器的中央，为 1 囊状突出物，帮助吞咽，味觉作用	使植物受到机械损伤。如缺刻；孔洞；蛀食叶肉形成虫道或白斑（美洲斑潜蝇）；钻蛀枝干（天牛幼虫）、花蕾（蛴螬）、果实（棉铃虫）造成断枝、落蕾、落果等；吐丝卷叶（各种卷叶蛾）、缀叶（樟巢螟）；取食植物的种子或地下部分（蝼蛄）	可选用胃毒性或触杀性能的杀虫剂，制成饵料、喷洒在植物表面或害虫体壁，但对蛀果、蛀干、卷叶、潜叶为害的昆虫，应在钻蛀之前施药
吸收式口器：刺吸式口器	退化为小型片状物，盖在喙基部	特化成 2 对口针，1 对上颚针，较粗在外，1 对下颚针，较细，相互嵌合成束，形成食物管和唾液管		延长成分节的喙，保护口针	位于口针的基部	形成变色、斑点、卷缩、扭曲、瘿瘤，甚至枯萎而死。多数昆虫（蚜虫、叶蝉等）还可传播植物病害	可选用内吸性、触杀性或熏蒸性能的杀虫剂，喷洒在植物表面或害虫体壁
吸收式口器：虹吸式口器	退化	退化	发达，外颚叶极度延长成管状弯曲的喙，内有食物管	退化	退化	除少数吸果夜蛾吸食果汁外，一般不造成为害（蛾、蝶）	可选用胃毒性能的杀虫剂，将其制成液体，如常用的糖醋液等
吸收式口器：锉吸式口器	短小，与下颚的一部分和下唇形成喙，内藏舌和 3 根口针	右上颚退化或消失，口针是由左上颚和 1 对下颚口针特化而成		舌与下唇相接形成唾液管		常出现不规则的失绿斑点，畸形或叶片皱缩卷曲（蓟马）	可选用内吸性、触杀性或熏蒸性能的杀虫剂，喷洒在植物表面或害虫体壁

2. 昆虫的胸部

昆虫的胸部由前胸、中胸和后胸 3 个体节组成。每一胸节各有 1 对胸足，依次称前足、中足和后足。多数昆虫的中胸和后胸上还具有 1 对翅，分别称前翅和后翅，足和翅是昆虫的主要的运动器官。因此胸部是昆虫的运动中心。昆虫的每一胸节，均由 4 块骨板组成，位于背面的称背板，两侧的称侧板，腹面的称腹板。

(1)胸足　昆虫的胸足由6节组成，分别是基节、转节、腿节、胫节、跗节、前跗节。由于生活环境和活动方式的不同，昆虫足的形态和功能也相应发生了变化，特化成许多不同的类型(图2-1-6，表2-1-3)。

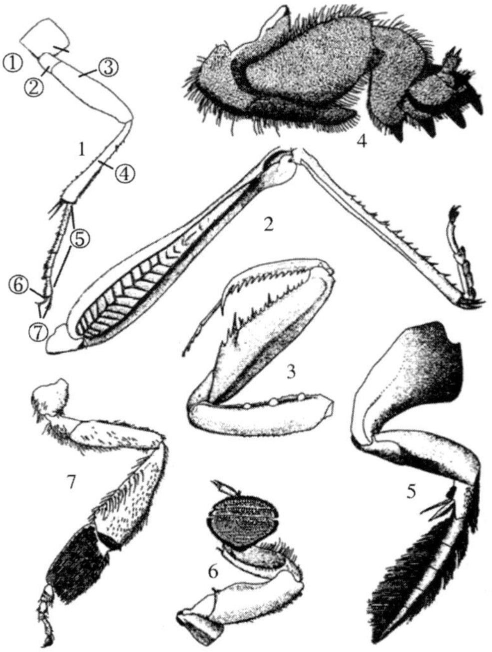

图2-1-6　昆虫足的构造及类型(仿 园艺作物病虫害.张红燕.2014)

1.步行足(步甲)①基节　②转节　③腿节　④胫节　⑤跗节　⑥,⑦前跗节

2.跳跃足(蝗虫的后足)　3.捕捉足(螳螂的前足)　4.开掘足(蝼蛄的前足)

5.游泳足(龙虱的前足)　6.抱握足(雄龙虱的前足)　7.携粉足(蜜蜂的后足)

表2-1-3　昆虫足的类型及特点

足的类型	特点	代表性昆虫
步行足	各节细长，适于在物体表面行走	步甲、蚜虫、蝽
跳跃足	后足特化而成，腿节特别膨大，胫节细长，末端有距，适于跳跃	蝗虫、蟋蟀、跳甲
捕捉足	前足特化而成，基节特别长，腿节粗大，腹面有槽，槽的两边具2排刺，胫节的腹面也有1排刺，弯曲时，可以嵌在腿节的槽内，形似铡刀	螳螂、猎蝽
游泳足	足扁平而细长，胫节和跗节有细长的缘毛似桨状，适于游泳	龙虱、仰泳蝽
开掘足	前足特化而成，胫节宽扁，粗壮，外缘具坚硬的齿，似钉耙，适于掘土	蝼蛄
携粉足	胫节宽扁，表面光滑，侧缘有长毛(花粉篮)，第一跗节长而扁大，内有10～12排横列的硬毛(花粉刷)	蜜蜂
抱握足	足粗短，跗节膨大具吸盘状结构，交配时用以抱握雌体	雄龙虱

(2)翅　昆虫是无脊椎动物中唯一有翅的类群，因此昆虫在觅食、求偶、避敌和扩大地理分布等生命活动及进化方面具有重大意义。

翅的基本构造及类型：昆虫的翅多呈三角形，可将其分为三缘、三角、三褶和四区。前面的一边称前缘，后面的称后缘或内缘，外面的称外缘；与身体相连的一角为肩角，前缘与外缘所形成的角为顶角，外缘与后缘间的角为臀角。

翅的折叠，可将翅面划分出臀前区和臀区，有的昆虫在臀区的后面还有1个轭区，翅的基部是腋区（图2-1-7）。

昆虫由于长期适应不同的生活环境和条件，翅的功能有所不同，因而在形态、质地等方面也不同（图2-1-8，表2-1-4）。

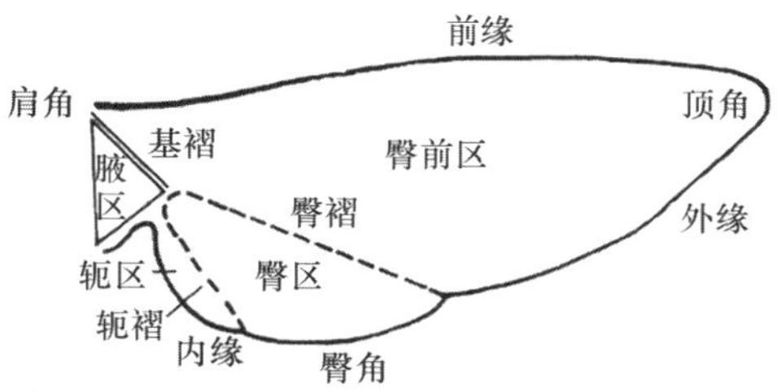

图2-1-7 昆虫翅的基本构造

（仿 园艺作物病虫害防治.张红燕.2014）

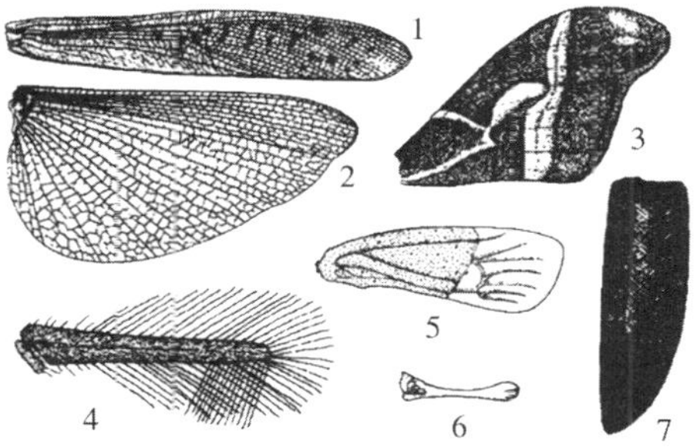

图2-1-8 昆虫翅的类型

1.覆翅 2.膜翅 3.鳞翅 4.缨翅 5.半鞘翅 6.平衡棒 7.鞘翅

表2-1-4 昆虫翅的类型及特点

类型	质地、特点、作用	代表性昆虫
膜翅	膜质，薄而透明，翅脉明显，用于飞翔	蜂类、蚜虫
覆翅	革质，翅脉大多可见，兼有飞翔和保护作用	蝗虫、蝼蛄
鳞翅	膜质，翅面被鳞片，用于飞翔	蛾类、蝶类
缨翅	膜质狭长，翅脉退化，翅的周缘生有细长的缨毛	蓟马
鞘翅	角质坚硬，翅脉消失，保护身体和后翅	天牛、叶甲
半鞘翅	基半部革质，端半部膜质，兼有飞翔和保护作用	蝽类的前翅
平衡棒	后翅退化为很小的棍棒状，飞翔时平衡身体	蚊、蝇、介壳虫雄虫后翅

3.昆虫的腹部

昆虫的腹部是昆虫的第三体段，腹腔内着生内脏器官和生殖器官，腹部末端生有外生殖器和尾须，因此，腹部是生殖与代谢的中心。昆虫腹部由9～11节组成，节与节之间由节间膜相连。腹部各体节只有背板和腹板，而无侧板。腹部1～8节的两侧有气门，是呼吸通道。腹部末端有外生殖器，雌性外生殖器称产卵器，雄性外生殖器称交配器（图2-1-9）。昆虫的产卵器由于生活环境也会发生变化，如蝗虫的产卵器是由背产卵瓣和腹产卵瓣组成，产卵时借助2对产卵瓣的张合作用，使腹部插入土中而产卵；蝉类的产卵器由腹、内产卵瓣组成，可刺破树木枝条将卵产在植物组织中。蛾、蝶、甲虫、蝽类等多种昆虫没有产卵瓣，产卵时只能产于植物的缝隙处、凹处或裸露处。根据昆虫的产卵方式和产卵习性可进行有针对性的防治。

4.昆虫的体壁

体壁是昆虫骨化的“皮肤”，是包在整个昆虫体躯最外层的组织，具有皮肤和骨骼的功

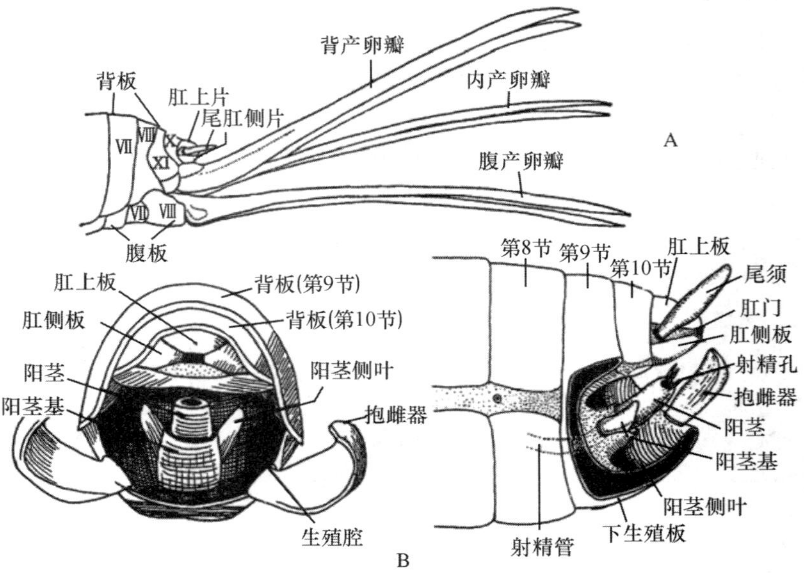

图 2-1-9　昆虫的外生殖器

A. 雌性生殖器(产卵器)　B. 雄性生殖器(交配器后面观、侧面观)

能,又称外骨骼。除具有保持一定的形态、固着肌肉的骨骼功能外,还具有皮肤功能,可防止体内水分的蒸发、微生物及外界有害物质的侵入,以及保护内部器官免受外部机械袭击。同时,体壁上还有很多感觉器官,可接受感应,与外界环境发生联系。

基本构造:体壁由外向内可以分为表皮层、皮细胞层和底膜 3 部分(图 2-1-10)。表皮层是皮细胞层向外分泌的非细胞性物质,表皮层由内向外也分 3 层,内表皮最厚,质地柔软而有延展曲折性;外表皮质地紧密而有坚韧性;上表皮最薄,由于含有稳定的蛋白质、脂类化合物和蜡质,昆虫体壁的上表皮具有不透水性,可以阻止杀虫剂的进入,因此,选择脂溶性的杀虫剂可以提高杀虫效果。皮细胞层是一层排列整齐的单层活细胞,可形成新的表皮。其功能为分泌表皮层和蜕皮液,控制蜕皮,修补伤口,消化吸收内表皮的物质。昆虫体表的刚毛、鳞片、刺、距及各种腺体也是皮细胞层特化而来的。底膜是紧贴皮细胞层的薄膜,保护皮细

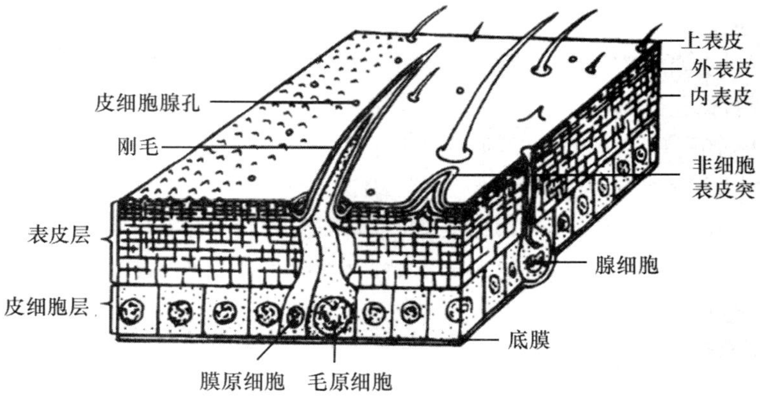

图 2-1-10　昆虫体壁构造模式图

胞层和间隔体腔的作用。

(三)昆虫的附属器官类型识别

学习昆虫的外部形态结构及特征,观察蝗虫(雌性)、蝼蛄、蝉、螳螂、步甲、金龟甲、叩头甲、象甲、菜粉蝶、蛾类、斑须蝽、蓟马、瓢虫、蚜虫、蝇类、蜜蜂、草蛉、龙虱、蜈蚣、蝎子、马陆、虾、蜘蛛及螨类的浸渍标本或针插标本。找出昆虫与其他节肢动物的区别,通过观察昆虫,熟悉昆虫体躯的构造;触角、口器、足、翅的基本构造及类型。为学习昆虫分类和进一步识别害虫奠定基础。

1. 昆虫与其他节肢动物的区别

观察节肢动物门的甲壳纲(虾、蟹)、蛛形纲(蜘蛛、蝎子)、多足纲(蜈蚣、马陆)和昆虫的主要区别。

2. 昆虫体躯基本构造的观察

用放大镜观察蝗虫体躯,注意左右对称、外骨骼、体躯分节情况(头、胸、腹 3 个体段的划分)及腹部各体节间的连接情况。观察触角、眼(复眼、单眼)、口器、足、翅以及气门、听器、尾须、外生殖器等的着生位置和形态。

3. 头部的观察

(1)触角的观察　用放大镜或体视显微镜观察蜜蜂触角的柄节、梗节和鞭节。对比观察其他昆虫的触角构造和类型。

(2)口器的观察

①咀嚼式口器　用镊子取下蝗虫的上唇、上颚、下颚、下唇和舌,对照课件进行观察。

②刺吸式口器　以椿象为材料,在体式显微镜下用解剖针小心地将口针挑出,再拨出并分开上颚、下颚口针进行观察。

③其他口器类型　观察蛾、蝶的虹吸式口器、蝇类的舔吸式口器、蓟马的锉吸式口器、蜜蜂的嚼吸式口器的构造、变化。

4. 胸部的观察

(1)足的观察　观察蝗虫前足、中足、后足的着生位置。比较步行足、跳跃足、捕捉足、携粉足、游泳足、抱握足和开掘足的基节、转节、腿节、胫节、跗节、前跗节的构造、功能及变化。

(2)翅的观察　取蛾的前翅,观察昆虫翅的三缘、三角、三褶和四区,对比观察昆虫的前后翅的质地、形状及被覆物特征等方面有何不同。

5. 腹部的观察

观察不同昆虫腹部的节数和尾须形状。观察雌性昆虫腹部末端的 2 对产卵瓣,雄性蝗虫腹部末端的 1 对向上弯曲呈钩状且较坚硬的交尾器。

四、操作方法及考核标准

(一)操作方法与步骤

依据教师讲解、学生讨论,以及对 PPT、网络资源的学习,学会对昆虫的形态特征进行描述。选择不同标本,将其外部形态特征填入表 2-1-5(要求至少描述 20 种昆虫)。

表 2-1-5 昆虫外部形态记录表

昆虫名称	头式	口器类型	触角类型	足类型	翅类型

(二)技能考核标准

见表 2-1-6。

表 2-1-6 昆虫外部形态识别技能考核标准

考核内容		评分标准	标准分值	考核方法
基础知识考核（100 分）	1. 识别头式	根据识别的多少与准确程度酌情扣分	10	单人考核口试评定成绩
	2. 识别触角的类型		30	
	3. 识别口器的类型		10	
	4. 识别足的类型		20	
	5. 识别翅的类型		30	

五、练习及思考题

参考答案 2-1

1. 杀虫剂中为什么要加入脂溶性有机溶剂？

2. 昆虫的口器类型与杀虫剂的作用方式之间有何关系？

3. 昆虫的足的构造与功能的变化是怎样适应不同的生活环境和生活方式的？

项目 2 昆虫生物学性状识别

课程学习 2-2

一、技能学习目标

利用各种学习条件，对昆虫生物学特性、各发育阶段的特点进行观察、识别，将昆虫的各种习性灵活应用于防治中。了解灯光诱杀、毒饵诱杀、黄板诱杀的原理，会熟练使用杀虫灯，学会毒饵诱杀、黄板诱杀的技术要领，为指导害虫预测预报和防治奠定基础。

二、教学资源

1. 材料与工具

各种型号的杀虫灯、昆虫标本及成虫性二型、多型现象的标本，多媒体设备（包括视频、影像资料、教材、网上资源等）、电线、电源插排、体视显微镜、天平、塑料桶、量筒、烧杯、黄板、干胶黏剂、麦麸（或豆饼、谷子）、放大镜、镊子、挑针、培养皿、杀虫剂、水盆等。

2. 教学场所

植保实验室、农业应用技术示范园（大棚、温室）、实训基地。

3. 师资配备

每 20 名学生配备一位指导教师。

三、原理与知识

(一)昆虫的生殖方式

1. 两性生殖

昆虫经过雌雄交配,精卵结合形成受精卵,再发育成新个体的生殖方式。两性生殖是自然界中绝大多数昆虫进行的生殖方式。

2. 孤雌生殖

孤雌生殖又称单性生殖,雌虫不经过交配或卵不经过受精也能发育成新个体的生殖方式。在孤雌生殖的昆虫中,有些是偶发性孤雌生殖,如家蚕;有些是经常性孤雌生殖,如蜜蜂;有些是周期性孤雌生殖,如蚜虫。

3. 多胚生殖

1 个成熟的卵可以发育成多个胚胎,从而形成多个新个体的生殖方式。其后代的性别取决于卵是否受精,受精卵发育成雌性,未受精卵发育成雄性。内寄生性蜂类,如多胚跳小蜂寄生于甘蓝夜蛾幼虫体内 1 个卵发育成 2 000 个胚胎,此种生殖方式是对活体寄生的一种适应。

4. 卵胎生

昆虫的卵在母体内发育成幼虫后产出体外的生殖方式,如蚜虫。

(二)昆虫变态类型的识别

昆虫从卵到成虫的生长发育过程,要经过一系列外部形态、内部器官和生活习性的变化,这种现象称变态。昆虫在长期的进化过程中,由于适应不同的生活环境形成了不同的变态类型。常见的有不完全变态和完全变态。

1. 不完全变态的识别

昆虫的一生要经过卵、若虫、成虫 3 个虫态,若虫与成虫的区别仅在个体大小、翅的长短和生殖器官的发育程度上存在差异。常见的害虫有蝼蛄、蝽、蚜虫、叶蝉等均属于此变态类型(图 2-2-1A),观察其生活史标本。

2. 完全变态的识别

全变态类型的昆虫有 4 个虫态,即卵、幼虫、蛹、成虫。幼虫与成虫不仅在外部形态、内部器官上有很大不同,生活习性也有显著的差异,二者之间需要一个过渡虫期,即蛹期。常见的害虫有蛾蝶类、甲虫类、蜂类、蝇类等昆虫(图 2-2-1B),观察其生活史标本。

(三)昆虫的个体发育

1. 卵的识别

昆虫的卵是一个大型细胞,细胞壁即为卵壳,表面常有花纹和突起。昆虫的卵的大小因种而异,一般在 0.5～2 mm。卵的形状多种多样。常见的有椭圆形、袋形、球形、鼓桶形、半球形、鱼篓形、柄形。成虫的产卵方式和场所均有保护习性。如菜粉蝶的卵分散单产于叶片;斜纹夜蛾的卵聚产于叶片;蝗虫的卵聚产于土中;天幕毛虫的卵聚产于枝条等。掌握了卵的形态、产卵习性对识别、调查及预测预报等方面有较好的效果。

2. 幼虫的识别

幼虫从卵中孵化出来就不停地取食、生长、蜕皮。一般一种昆虫的蜕皮次数是固定的，如华北蝼蛄蜕皮 12 次，黄刺蛾蜕皮 6 次。每两次蜕皮之间所经历的天数称为龄期，从卵中孵化出来的幼虫为 1 龄幼虫，每蜕一次皮增加 1 龄，即“虫龄＝蜕皮次数＋1”。3 龄前害虫抗药性差，是药剂防治的适期。

全变态昆虫的幼虫由于食性、习性和生活环境复杂，幼虫在形态上的变化很大，根据幼虫足的数目主要分为 3 种类型(图 2-2-2)。

多足型：幼虫具有 3 对胸足，2～8 对腹足。如蛾、蝶的幼虫、叶蜂的幼虫。

寡足型：幼虫仅有 3 对胸足，没有腹足及其他附肢。如甲虫、草蛉的幼虫。

无足型：幼虫既无胸足又无腹足。如蝇、蚊、象甲的幼虫。

观察昆虫的幼虫的瓶装标本，指出昆虫幼虫的类型。

3. 蛹的识别

蛹是全变态昆虫从幼虫转变为成虫的过渡时期。由幼虫转变为蛹的过程称化蛹。从化蛹到羽化为成虫所经历的时间称蛹期。蛹期昆虫外观静止，其内部却进行着旧器官的解体和新器官形成的剧烈的变化，这就要求外界环境相对稳定。因此，幼虫老熟后停止取食，寻找化蛹场所，有的在缝隙中，有的做土室，有的吐丝结茧，有的在蛀道或卷叶内等。蛹期不食不动缺少防御躲避敌害的能力，是昆虫生长发育中的一个薄弱环节，可采用有效途径进行防治。如深翻土壤、灌水、清理田园等。蛹根据外部形态可分为 3 种类型(图 2-2-3)。

(1)离蛹(裸蛹)　触角、足等附肢和翅不贴在蛹体上，可以活动。如金龟甲、蜂、草蛉的蛹。

(2)被蛹　触角、足、翅等紧贴在蛹体上，不能活动。如蛾、蝶类的蛹。

(3)围蛹　末龄幼虫的蜕的皮硬化成蛹壳，内有离蛹。如蝇类的蛹。

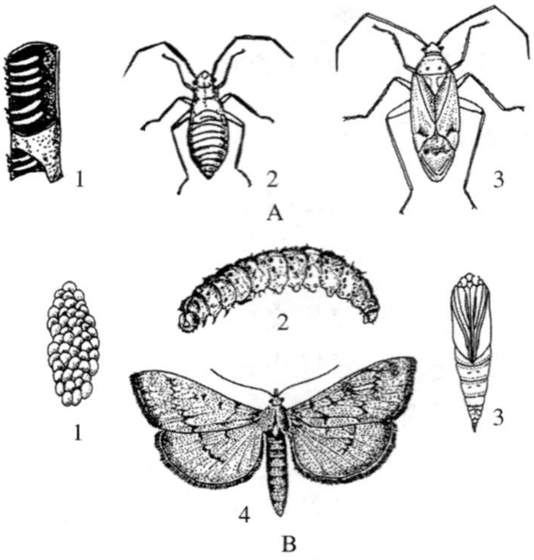

图 2-2-1　昆虫的变态

A. 不完全变态　1. 卵　2. 若虫　3. 成虫
B. 完全变态　1. 卵　2. 幼虫　3. 蛹　4. 成虫

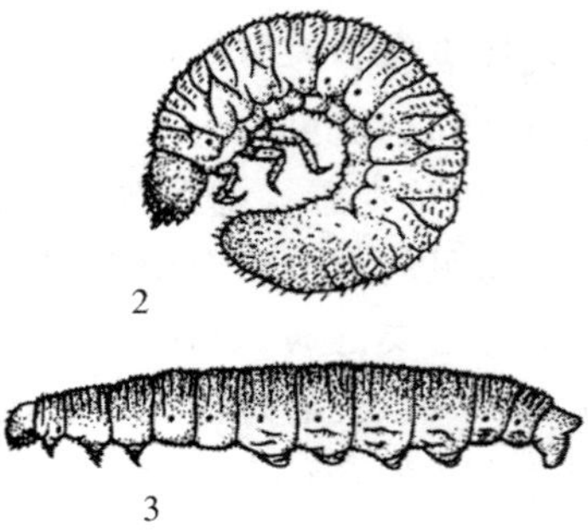

图 2-2-2　全变态幼虫的类型

1. 无足型　2. 寡足型　3. 多足型

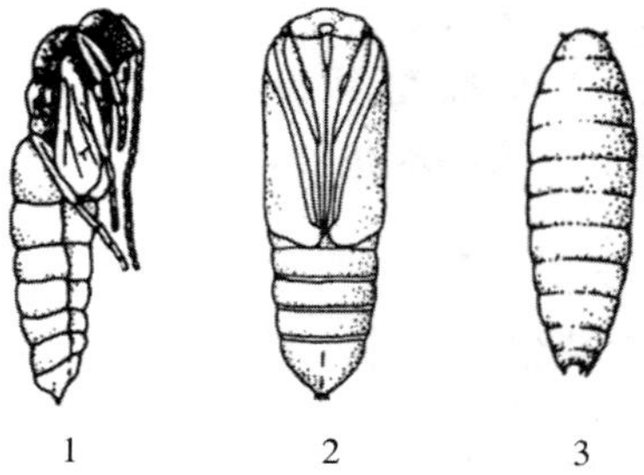

图 2-2-3　昆虫蛹的类型

1. 裸蛹　2. 被蛹　3. 围蛹

观察昆虫的蛹的瓶装标本，指出昆虫蛹的类型。

4. 成虫的识别

不完全变态的若虫和完全变态的蛹，蜕去最后一次皮变为成虫的过程称羽化。成虫从羽化到死亡所经历的时间称成虫期。成虫是昆虫个体发育的最后一个虫态，其主要任务是交配、产卵和繁衍后代。

多数昆虫羽化后，性器官没有发育成熟，仍需要取食才能交配、产卵。如蝗虫、叶蝉、叶甲等。这类昆虫的成虫寿命长且成虫仍对植物造成危害。对成虫性成熟不可缺少的营养称补充营养。因此，在防治上可以对有此特性的昆虫进行预测预报，采取有效的措施，如糖醋液诱杀等，将害虫消灭在产卵前。

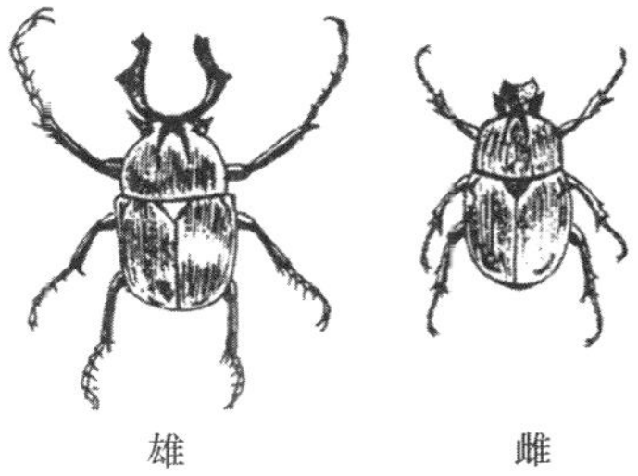

图 2-2-4 锹甲的雌雄二型现象

部分昆虫的雌、雄个体间，除生殖器官构造不同外，在个体大小、触角、体形及体色等方面也常有不同称雌雄二型或性二型(图 2-2-4)。如介壳虫的雄虫有翅，雌性无翅；小地老虎雄虫为羽毛状触角而雌虫的触角为线状。除了雌雄二型现象外，同种、同性别的昆虫具有两种或两种以上不同类型个体的现象称多型现象(图 2-2-5)，多型现象常发生在成虫期。如蜜蜂有蜂王、雄蜂和工蜂；蚜虫雌虫可分有翅型和无翅型等类型；稻褐飞虱、高粱长蝽雌虫有长翅型和短翅型两种。

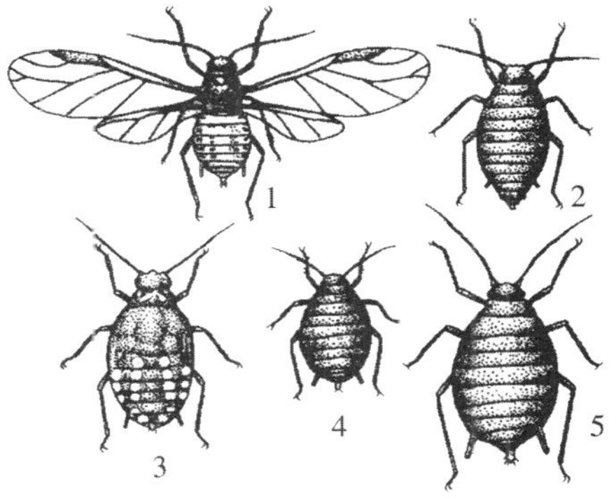

图 2-2-5 棉蚜的多型现象

1. 有翅蚜 2. 干母 3. 有翅若蚜 4. 小型无翅胎生雌蚜 5. 大型有翅胎生雌蚜

(四)昆虫的世代和年生活史

1. 昆虫的世代和世代重叠

昆虫从卵或幼虫离开母体到成虫性成熟为止的个体发育史称世代。简称 1 代。有些昆虫 1 年发生 1 代，如舞毒蛾；有些昆虫 1 年发生 3～5 代，如梨小食心虫；有些昆虫 1 年发生 10～20 代，如蚜、螨；还有些昆虫 2～3 年发生 1 代，如蝼蛄、金针虫、天牛。对于 1 年发生多代的昆虫，成虫期和产卵期长，造成前 1 世代与后 1 或多个世代间重叠的现象称世代重叠。

2. 年生活史

年生活史是指昆虫由当年越冬虫态开始活动，到翌年越冬结束为止的发育过程。年生活史包括 1 年内发生的代数、各代中不同虫态的发生始期、盛期、末期的时间和历期、各虫态的数量变化规律、越夏和越冬场所等内容，从而确定害虫的防治时期、防治方法，因此，年生活史是掌握虫情和进行测报及害虫有效治理的基础。昆虫的年生活史，可以用文字记载，也可以用图表等方式表示(表 2-2-1)。

表 2-2-1　葱斑潜蝇年生活史

（园艺作物病虫害防治.张红燕.2014）

世代	1—3月	4月	5月	5月	7月	8月	9月	10月	11月	12月
	上中下	上中下	上中下	上中下	上中下	上中下	上中下	上中下	上中下	上中下
越冬代	△△△	△△△	△△△	△△△	△					
		+++	+++	+++	++					
		••	•••	•••	••					
1		——	———	———	———					
		△	△△△	△△△	△△△	△				
			+++	+++	+++	++				
			••	•••	•••	••				
2			——	———	———	———				
			△	△△△	△△△	△△△	△			
				+++	+++	+++	++			
				•••	•••	•••	••			
3				——	———	———	———			
				△△	△△△	△△△	△△△	△		
				+	+++	+++	+++	++		
				•	•••	•••	•••	••		
4				—	———	———	———	———		
					△△△	△△△	△△△	△△△	△△△	△△△
					++	+++	+++	+++		
					••	•••	•••	•••	•	
5					——	———	———	———	——	
					△	△△△	△△△	△△△	△△△	△△△
						+++	+++	+++		
						•••	•••	•••		
6						———	———	———	——	
						△△	△△△	△△△	△△△	△△△
						+	+++	+++		
						•	•••	•••		
越冬代						—	———	———	——	
							△△△	△△△	△△△	△△△

注：•卵，— 幼虫，△ 蛹，+ 成虫。

3.休眠和滞育

昆虫在一年的生长发育过程中，常有一段或长或短的不食不动，生长发育暂时停滞的时期，当不良环境条件解除时，即可恢复正常生命活动，这种现象称休眠。引起休眠的主要因素是温度、湿度。昆虫一般有固定的休眠虫态，但不同的昆虫休眠虫态各异，其抗逆能力亦不同。

部分昆虫在一定的季节或发育阶段，无论环境条件适合与否，而出现生长发育停滞的现象称滞育。具有滞育特性的昆虫都有各自固定的滞育虫态，如玉米螟只以老熟幼虫滞育。

滞育是昆虫长期适应不良环境而形成的种的遗传特性。滞育的解除需有一段的滞育期及一定的刺激(如光照、低温等)。其中光周期是引起昆虫滞育的主要因子。

了解昆虫休眠和滞育的原因及规律,对害虫发生期的准确测报、指导害虫防治有一定的意义。

(五)昆虫的主要习性

1.食性

食性即昆虫在自然情况下的取食习性,包括食物的种类、性质、来源和获取食物的方式等。根据昆虫取食范围的大小分为:

(1)单食性　昆虫高等特化的食性,仅以1种或极近缘的少数几种植物或动物为食,如葡萄天蛾只取食葡萄。

(2)寡食性　昆虫可取食1科或近缘几个科的动、植物,如菜粉蝶只取食十字花科植物。

(3)多食性　昆虫可取食多种亲缘关系疏远的动、植物,如棉蚜可取食74科植物。

2.趋性

昆虫对外界刺激(光、温度、湿度和某些化学物质)所产生的趋向或背向行为活动称趋性。趋向刺激源的为正趋性,反之为负趋性。

(1)趋光性　昆虫对光刺激所做出的定向反应。大多夜出活动的昆虫表现正趋光性,如"飞蛾扑火",其中波长在330～400 nm的紫外光对昆虫的引诱力最强。有些生活在黑暗环境中的昆虫,如臭虫、蜚蠊等,对光表现为负趋性,即背光性。

杀虫灯的诱虫原理:杀虫灯是一种低气压汞蒸气灯,灯管内充有氟气和微量的汞蒸气,灯管内壁有特殊的荧光粉。通电后荧光粉被激活,发出对害虫引诱力最强的紫外光,诱集成虫扑灯,灯外配以频振式高压电网进行触杀,使其落入灯下的接虫袋中,达到杀灭害虫的目的。其引诱力最强,能诱集15目、100多科、上千种昆虫。

杀虫灯的结构:普通杀虫灯包括黑光灯管(常用20 W和40 W)、挡虫板、接虫盘、接虫袋、毒皿、分虫筛板、支架等(图2-2-6)。目前可用杀虫灯有交流杀虫灯(220 V交流电源)、直流晶体管杀虫灯(6～12 V蓄电池或干电池直流电)。

方法:一般在每年的4—10月份,以每2～3 hm^2设置一盏灯为宜,杀虫灯要设置在空旷处,高度以灯管下端高出栽培植物30～70 cm为宜,或安装在便于管理的田边或路边,每天黄昏开灯,次日清晨关灯。

气候对灯光诱杀的效果影响很大,一般以闷热、无风、无雨、无月光时诱虫最多,若遇到雨天、大风天、月光明亮的夜晚及重要天敌发生期,应停止开灯。

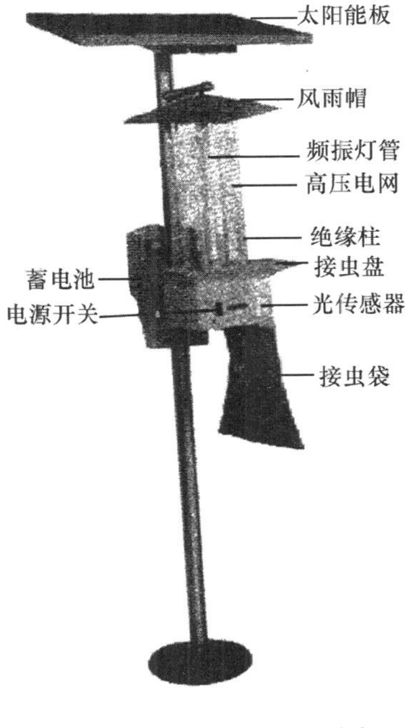

图2-2-6　太阳能频振式杀虫灯

(2)趋化性　昆虫对某些化学物质的刺激所做出的定向反应。其正、负趋化性通常与昆虫的取食、求偶、寻找产卵场所等方面有关，如棉铃虫对糖醋液有趋性，菜粉蝶趋向在含芥子油的十字花科植物上产卵，有些雄虫对雌虫产生的性激素有较强的趋性等。

蝼蛄喜食煮至半熟的谷子、炒香的豆饼、麦麸，诱杀蝼蛄的毒饵配方：5 kg 豆饼或麦麸加水拌匀，标准是手握成团、松开即散，炒香，加入 40％乐果乳油 50～100 g，加适量水，混拌均匀。田间发现蝼蛄为害或出现隧道式的虚土层时，每隔 3～4 m 挖一个碗口大的浅坑，放一捏毒饵再覆土，行距 2 m，毒饵 30～50 kg/hm^2。

根据昆虫的趋化性，可通过毒饵诱杀、性诱杀、趋避等方法防治害虫，可通过化学诱集法进行预测预报，采集标本。

黄板是利用特殊的光谱（一定的波长、颜色）及特殊胶质（黄油等专用胶剂）制成的黄色胶黏害虫的诱捕器，可对黄色光有趋性的有翅蚜虫、白粉虱、斑潜蝇等害虫进行诱杀，温室大棚内使用效果好，也可将塑料板、有一定厚度的纸板、木板或三合板，截 30 cm×20 cm 的小块，用毛刷均匀涂上事先调配好的黄色油漆，漆干后，板正反面均匀涂上黏虫剂（10 号机油、凡士林、黄色润滑油可单独做黏虫剂，也可混合后使用）即可。黄板的悬挂高度要略高于植株顶端，应随着植株的生长高度而调整，将黄板直接固定在田间的棚上、架上或木棍上。应在植株尚未出现蚜虫时插入黄板，400 块/hm^2 左右效果好，每 10～15 d 更换 1 次黄板或清除虫子后重涂 1 次黏虫剂。

3. 假死性

假死性是昆虫受外界刺激产生的一种抑制性反应，如金龟子受到振荡后，足翅突然收缩，落于地面或蜷缩四肢不动。可利用昆虫的假死性振落捕杀或采集标本。

4. 群集性

同种昆虫的大量个体高度密集地聚集在一起的习性称群集性。昆虫在某一段时间或虫态内聚集在一起，过后分散生活的现象为临时群集，如黏虫、天幕毛虫的低龄幼虫。昆虫的个体终身群集在一起的现象称永久性群集，如社会性昆虫蜜蜂、白蚁、东亚飞蝗等。了解昆虫的群集性有利于集中消灭害虫。

5. 迁飞与扩散

迁飞是指某些昆虫在成虫期通过飞行而大量持续地远距离迁移的现象。如黏虫、小地老虎等。部分昆虫因密度效应或因觅食、求偶、寻找产卵场所等，由原发生地向周边转移、分散的过程称扩散，如蚜虫等。了解昆虫的迁飞与扩散规律，对准确预报，设计综合防治方案具有指导意义。

四、操作方法及考核标准

（一）操作方法与步骤

(1)结合教师讲解及瓶装标本观察，能够口述幼虫、蛹的类型，并将不同昆虫幼虫及蛹的类型填入表 2-2-2（要求至少填写 15 种昆虫）。

(2)根据教师讲解及实践操作，能够口述杀虫灯，毒饵诱杀及黄板诱杀原理，学会杀虫灯的安装及使用方法。

表 2-2-2　不同昆虫幼虫、蛹的类型记录表

昆虫名称	幼虫类型	蛹的类型	备注

(二)技能考核标准

见表 2-2-3 和表 2-2-4。

表 2-2-3　灯光诱杀技能考核标准

考核内容		评分标准	标准分值	考核方法
灯光诱杀 (100 分)	1. 原理	根据叙述酌情扣分	10	5 人一组考核 口述、操作评定 成绩
	2. 灯源选择	根据叙述的准确程度酌情扣分	25	
	3. 安装灯的地点及高度	根据操作酌情扣分	25	
	4. 集虫装置的安装	根据操作的准确程度酌情扣分	25	
	5. 开关灯管理	根据叙述的准确程度酌情扣分	15	

表 2-2-4　毒饵、黄板诱杀技能考核标准

考核内容		评分标准	标准分值	考核方法
毒饵诱杀 (60 分)	1. 原理	根据叙述酌情扣分	15	5 人一组考核 口述、操作评定 成绩
	2. 根据害虫种类选择饵料和农药	根据叙述和操作的准确程度酌情扣分	15 15	
	3. 毒饵处理方法	根据操作的准确程度酌情扣分	15	
	4. 毒饵的施用方法	根据操作的准确程度酌情扣分		
黄板诱杀 (40 分)	1. 黄板上涂不干胶黏剂的方法	根据操作的准确程度酌情扣分	20	
	2. 黄板悬挂方法和高度	根据操作的准确程度酌情扣分	20	

五、练习及思考题

1. 昆虫幼虫类型、蛹的类型如何区分?
2. 在什么时期灯光诱杀效果好,如何使用灯光诱杀害虫?
3. 什么样的害虫选用毒饵诱杀?
4. 黄板诱蚜的原理是什么? 如何制作黄板? 如何使用?

参考答案 2-2

项目3　常见农业昆虫类群识别

一、技能学习目标

课程学习 2-3

利用各种学习条件，对常见的农业昆虫的目、科特征进行识别；运用分析、比较、归纳、综合的方法鉴别昆虫；将有效积温法则灵活应用于生产。

二、教学资源

1. 材料与工具

各种针插昆虫标本、生活史标本、浸渍标本、玻片、多媒体设备（包括视频、影像资料、教材、网上资源等）、体视显微镜、放大镜、频振式杀虫灯等。

2. 教学场所

植保实验室、农业应用技术示范园（大棚、温室）、实训基地。

3. 师资配备

每 20 名学生配备一位指导教师。

三、原理与知识

（一）昆虫分类的依据

自然界中昆虫的种类数量繁多，形态千差万别，且有变态，成虫还有性二型、多型现象等，识别困难，因此，必须逐一加以命名和描述，通过科学的方法，从形态特征、生物学、生理学、生态学等方面加以研究，并按照亲缘关系的远近，归纳成一个有次序的分类系统，才能正确地区分它们，有利于昆虫的识别、研究、保护或控制。

（二）昆虫分类的单元及命名

昆虫的分类单元包括界、门、纲、目、科、属、种等 7 个分类阶元。种是分类的基本单位。在纲、目、科、属、种下设“亚”级，在目、科之上设“总”级，通过分类阶元可以了解一种或一类昆虫的分类地位，现以东亚飞蝗为例说明昆虫分类阶元。

界　动物界　Animalia Kingdom
　门　节肢动物门　Arthropoda
　　纲　昆虫纲　Insect
　　　亚纲　有翅亚纲　Pterygota
　　　　总目　直翅总目　Orthopteroides
　　　　　目　直翅目　Orthoptera
　　　　　　亚目　蝗亚目　Locustodea
　　　　　　　总科　蝗总科　Locustoidea

科　蝗科　Locustidae

亚科　飞蝗亚科　Locustinae

属　飞蝗属　*Locusta*

亚属　(未分)

种　飞蝗　*Locusta migratoria* L.

亚种　东亚飞蝗 *Locusta migratoria manilensis* Meyen

昆虫种的命名采用双名法,即学名由两个拉丁词组成,属名在前,第一个字母大写;种名在后,第一个字母小写,种名后是定名人的姓氏或其缩写。属名、种名印刷时必须排为斜体,定名人的姓氏用正体。

(三)植物昆虫主要目、科特征的识别

昆虫纲一般分为33个目,其中与植物生产相关的有9个目,分别是直翅目、缨翅目、同翅目、半翅目、鞘翅目、鳞翅目、双翅目、膜翅目、脉翅目。由于螨类与刺吸式口器昆虫的为害特点相似,因此,在昆虫分类中做简单介绍。

1. 直翅目 Orthoptera

体中至大型,触角为丝状。口器咀嚼式,下口式。前胸背板发达,呈马鞍状。前翅狭长革质,后翅宽大膜质。后足为跳跃足或前足为开掘足。雌虫多具发达的产卵器。雄虫多具听器或发音器,尾须发达。不完全变态。主要种类见图2-3-1和表2-3-1。

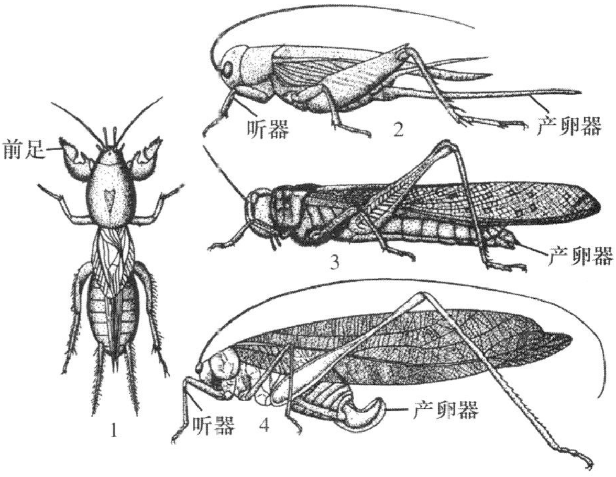

图 2-3-1　直翅目主要科代表

1. 蝼蛄科　2. 蟋蟀科　3. 蝗科　4. 螽斯科

表 2-3-1　直翅目昆虫常见科特征

科	主要特征	代表昆虫
蝗科(Locustidae)	触角短于体长,丝状,前胸背板发达,后足跳跃足,雄虫能以后足腿节摩擦前翅而发音,听器位于第1腹节两侧,产卵器凿状,尾须短	东亚飞蝗
蝼蛄科(Gryllotalpidae)	触角短于体长,前足开掘足,听器位于前足胫节内侧,前翅短,后翅突出体外如尾状,产卵器不外露,尾须长	华北蝼蛄
螽斯科(Tettigoniidae)	触角长过体长,后足跳跃足,前翅摩擦发音,听器位于前足胫节基部,产卵器剑状,尾须短小	中华露螽
蟋蟀科(Gryllidae)	触角长于体长,后足跳跃足,前翅摩擦发音,听器位于前足胫节内侧,产卵器针状、长矛状,尾须长	油葫芦

2. 缨翅目 Thysanoptera

通称蓟马,体微小型,一般0.5~7 mm,锉吸式口器,能锉破表皮,吮吸汁液。触角线状,略带念珠状。翅狭长，前后翅均为缨翅。足的末端有泡状中垫，爪退化(图 2-3-2)。不完全变态，多为植食性，两性生殖或孤雌生殖。常见的种类有葱蓟马。

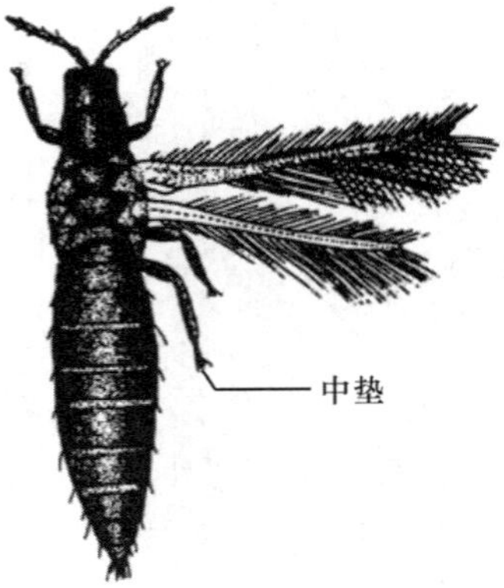

图 2-3-2 缨翅目重要科特征

3. 半翅目 Hemiptera

通称椿象，简称蝽。口器刺吸式，分节的喙，自头的前端伸出。触角丝状，前胸背板及中胸小盾片发达。前翅半鞘翅(有革区、爪区和膜区之分)，后翅膜翅。多数种类有臭腺，无尾须(图 2-3-3)。植食性和捕食性。不完全变态。主要种类见图 2-3-4 与表 2-3-2。

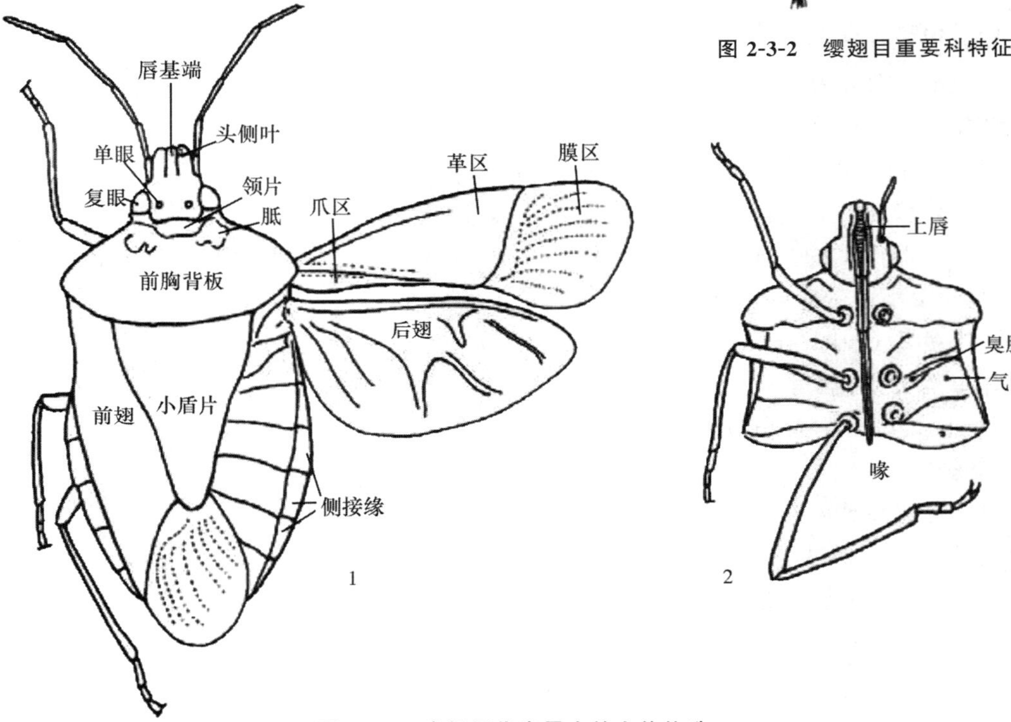

图 2-3-3 半翅目代表昆虫的身体构造

1. 背面 2. 前半段腹面

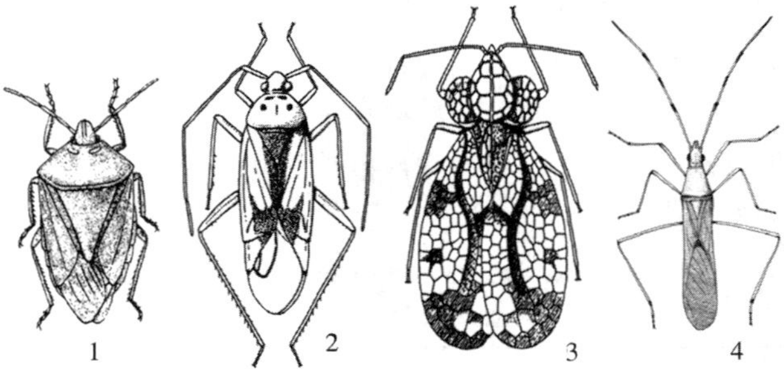

图 2-3-4 半翅目昆虫常见科代表

1. 蝽科 2. 盲蝽科 3. 网蝽科 4. 缘蝽科

表 2-3-2 半翅目昆虫常见科特征

科	主要特征	代表昆虫
蝽科 (Pentatomidae)	体小至大型，头小，三角形，复眼着生于头部最宽处。前胸背板六角形，中胸小盾片三角形	斑须蝽
缘蝽科 (Coreidae)	体中至大型，体狭长至椭圆形，膜区有数条平行脉，有的种类后足腿节发达，具瘤状或刺状突起，胫节呈叶状或齿状扩展	点蜂缘蝽
盲蝽科 (Miridae)	体小至中型，略瘦长，无单眼，前翅分为革区、楔区、爪区和膜区。膜区有1～2个翅室，前胸背板前缘常具1横沟，划出一个狭长区域为领片	三点盲蝽
网蝽科 (Tingidae)	体小而扁，头、前胸背板和前翅上有网状花纹	梨网蝽

4. 同翅目 Homoptera

体小至大型，触角刚毛状或丝状，刺吸式口器，分节的喙，从头的腹面的后方伸出，前翅革质或膜质，后翅膜质，静止时呈屋脊状。有的种类无翅或后翅退化成平衡棒。不完全变态，两性生殖或孤雌生殖。植食性，可传播病毒或分泌蜜露引起煤污病。主要种类见图 2-3-5 与表 2-3-3。

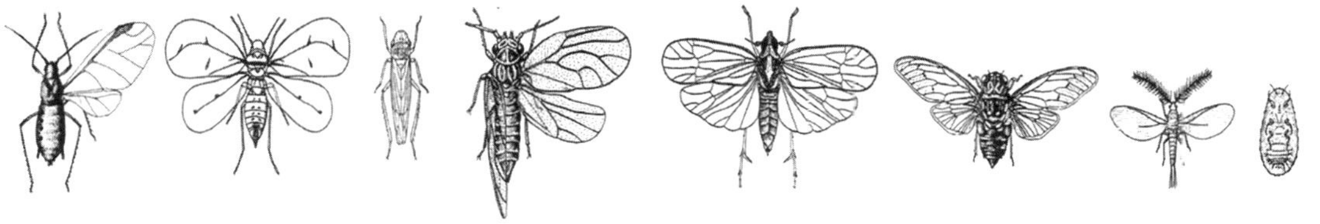

图 2-3-5 同翅目昆虫常见科代表

1. 蚜科 2. 粉虱科 3. 叶蝉科 4. 木虱科 5. 飞虱科 6. 蝉科 7. 蚧科

表 2-3-3 同翅目昆虫常见科特征

科	主要特征	代表昆虫
蝉科 (Cicadidae)	体大型，触角刚毛状，单眼3个；前翅膜质，脉纹粗；刺吸式口器；雄虫具有发音器，雌虫产卵器发达	蚱蝉
叶蝉科 (Cicadellidae)	体小型，狭长，触角刚毛状，着生于两复眼之间，单眼2个，前翅革质，后翅膜质；后足胫节下方具1～2列刺状毛	大青叶蝉
飞虱科 (Delphacidae)	体小型，头顶突出明显，触角刚毛状，着生于两复眼侧下方，前翅透明，后足胫节末端有一个可以活动的大距	稻灰飞虱
粉虱科 (Aleyrodidae)	体小型，纤细，体翅被有白色蜡粉，触角丝状，前翅有2条纵脉并呈交叉状，后翅仅1条直脉	白粉虱
木虱科 (Chermidae)	体小型，善跳，触角丝状，末端有2根不等长的刚毛；翅透明，翅上各分支均发自翅基1条总脉	梨木虱
蚜科 (Aphididae)	体小型，柔软，触角丝状；体色差异较大，有绿、黄、黑、红等颜色，同种有无翅和有翅型，膜质透明，前翅有翅痣，腹部着生腹管和尾片	棉蚜

续表 2-3-3

科	主要特征	代表昆虫
蚧科 (Coccidae)	雌雄异型,雌虫形态多样(圆形、椭圆形),口器发达;无翅,触角、眼、足退化;体表有蜡粉、蜡块或特殊介壳保护,雄虫有 1 对前翅,具 1 条分叉的脉纹	吹绵蚧

5. 鞘翅目　Coleoptera

统称甲虫,是昆虫纲最大的目。本目昆虫体小至大型,体壁坚硬。前口式或下口式,无单眼,触角多样。前翅鞘翅,静止时在背中央相遇成一条直线;后翅膜质或无。全变态昆虫。幼虫寡足型或无足型,裸蛹。食性有植食性、肉食性、腐食性、杂食性。多数种类有假死性和趋光性。见图 2-3-6 及表 2-3-4。

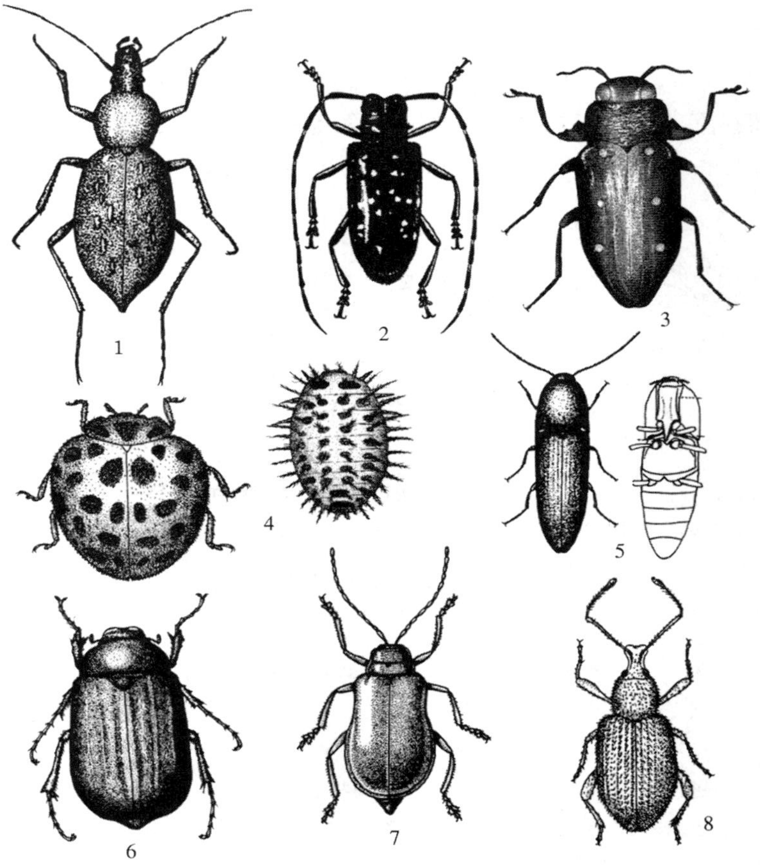

图 2-3-6　鞘翅目昆虫常见科代表

1. 步甲科　2. 天牛科　3. 吉丁甲科　4. 瓢甲科　5. 叩头甲科　6. 金龟甲科　7. 叶甲科　8. 象甲科

表 2-3-4　鞘翅目昆虫常见科特征

科	主要特征	代表昆虫
步甲科 (Carabidae)	体小至大型,多为褐色或黑色,少数色泽艳丽;头前口式,窄于前胸;触角丝状,步行足,鞘翅表面多具刻点;后翅退化	中华步甲

续表 2-3-4

科	主要特征	代表昆虫
金龟甲总科 (Scarabaeoidea)	体中至大型，触角鳃叶状，前足开掘足，后足着生位置接近中足，鞘翅不盖住腹末。幼虫称蛴螬，寡足型，常弯曲呈"C"形	华北大黑鳃金龟
吉丁甲科 (Buprestidae)	体小至中型，狭长，末端尖，具金属光泽，头嵌入前胸，前胸背板后角钝，中后胸腹面的关节不能活动，触角锯齿状。幼虫俗称串皮虫，前胸扁平而宽大	苹果小吉丁虫
叶甲科 (Chrysomelidae)	体小至中型，椭圆形，多有金属光泽；头部外露，略呈前口式；触角丝状，短于体长之半；复眼圆形，不环绕触角	黄条跳甲
叩头甲科 (Elateridae)	体中至大型，体狭长；触角锯齿状或丝状；前胸发达，前胸背板后侧角突出呈锐刺，前胸腹板中间有一尖锐的刺，嵌在中胸腹板的凹陷内，形成叩头的关节。幼虫称金针虫	沟叩头甲
瓢甲科 (Coccinellidae)	体小至中型，半球形，背面隆起，头小，一部分隐藏在前胸背板下；触角锤状；鞘翅常有鲜明的星斑。多为肉食性，少数植食性	马铃薯瓢虫
天牛科 (Carambycidae)	体中至大型，触角长，鞭状，复眼肾形，环绕触角基部外侧，幼虫长筒形，无足，钻蛀为害	星天牛
象甲科 (Curculionidae)	体小至大型，粗糙，色暗；头部向前延伸成象鼻状或喙状，口器生于喙的端部；触角膝状，末端膨大呈锤状。幼虫体柔软，肥而弯曲，头部发达，无足	梨虎

6.鳞翅目　Lepidoptera

课程学习 2-4

鳞翅目包括蛾类和蝶类，是昆虫纲中第二大目。体小至大型，触角类型多样，口器虹吸式。成虫体翅密被鳞片，故称为鳞翅。前翅的鳞片组成不同形状的斑纹，分线和斑两类(图 2-3-7)，线可以根据昆虫翅面上的位置由基部到端部依次是基横线、内横线、中横线、外横线、亚缘线、缘线；斑可以按照形状分为环状纹、肾状纹、楔状纹、剑状纹。完全变态，幼虫毛虫式，或称蠋式，体上常有斑线和毛，纵线以所在的位置划分为背中线、亚背线、气门上线、气门线、气门下线、基线、侧腹线、腹线(图 2-3-8)。被蛹，多足型，腹足底面有趾钩。幼虫咀嚼式口器，多植食性，可取食植物的叶、花、芽，或钻蛀植物的茎、根、果实，或卷叶、潜叶为害等，主要种类见图 2-3-9 和表 2-3-5。

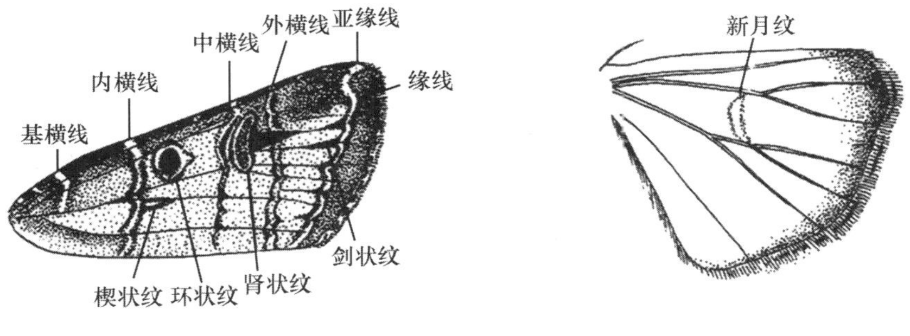

图 2-3-7　鳞翅目成虫翅面斑纹

(仿 农业昆虫学. 袁锋. 2001)

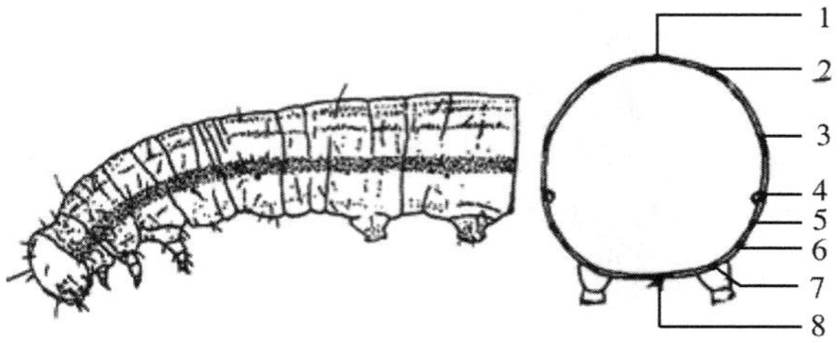

图 2-3-8　鳞翅目幼虫胴部的条纹

1.背中线　2.亚背线　3.气门上线　4.气门线　5.气门下线　6.基线　7.侧腹线　8 腹线

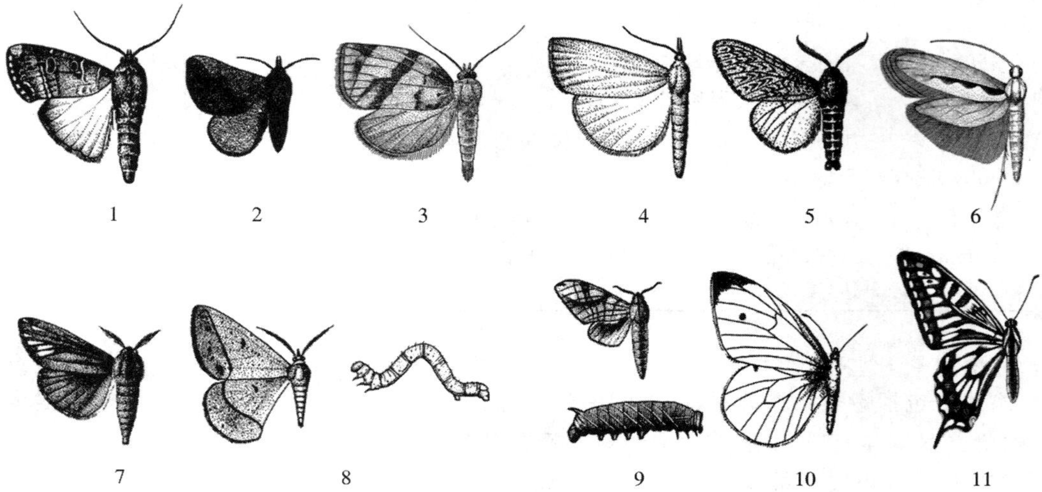

图 2-3-9　鳞翅目昆虫常见科代表

1.夜蛾科　2.刺蛾科　3.卷蛾科　4.螟蛾科　5.舟蛾科　6.菜蛾科
7.蓑蛾科　8.尺蛾科　9.天蛾科　10.粉蝶科　11.凤蝶科

表 2-3-5　鳞翅目昆虫常见科特征

科	主要特征	代表昆虫
粉蝶科 (Pieridae)	体中型，白色、黄色或橙色，翅面常有黑或红色斑纹；前翅三角形，后翅卵圆形。幼虫绿或黄色，圆柱形，细长，表皮有小颗粒	菜粉蝶
凤蝶科 (Papilionidae)	体中至大型，颜色鲜艳。后翅外缘波浪状，臀角常有尾突。幼虫光滑无毛，后胸显著突起，前胸前缘有一臭丫线，受惊时翻出体外	茴香凤蝶
卷蛾科 (Tortricidae)	体小至中型，多为褐色或棕色；前翅近长方形，有的种类前翅具折叠，休息时呈钟罩状	苹小卷蛾
螟蛾科 (Pyralidae)	体小型或中型，细长，腹末尖削；下唇须长，前伸；触角丝状，足细长，前翅狭长三角形，后翅有发达的臀区，臀脉 3 条。幼虫无次生毛，钻蛀或缀叶为害	草地螟
夜蛾科 (Noctuidae)	体中至大型，粗壮，色暗，喙发达，多鳞片和毛；触角丝状或栉齿状；前翅狭长多横带和斑纹，后翅宽，色淡。幼虫粗壮，光滑少毛，色深	小地老虎

续表 2-3-5

科	主要特征	代表昆虫
刺蛾科 (Limacodidae)	体中型,短而粗壮多毛,黄、褐或绿色,有红色或暗色斑纹;喙退化,翅短而阔,有较厚的鳞和毛。幼虫又称洋辣子,体扁,生有枝刺和毒毛	黄刺蛾
蓑蛾科 (Psychidae)	体中型,雌雄异型,雄蛾有翅,触角双栉齿状,翅面稀被毛和鳞片;雌蛾无翅,蛆状,吐丝缀叶,终身生活在袋囊中,取食时头胸伸出袋外	大袋蛾
尺蛾科 (Geometridae)	体小至大型,细长,鳞片稀疏,翅大质薄,前后翅颜色相似并常有波纹相连。幼虫具 2 对腹足,行走时状似拱桥	梨尺蛾
舟蛾科 (Notodontidae)	体中至大型,喙不发达,体灰色或浅黄,前翅后缘中央有突出的毛簇,静止时毛簇竖起如角。幼虫臀足常退化,静止时举头翘尾似舟形	舟形毛虫
菜蛾科 (Plutellidae)	体小型,色暗。静止时触角向前伸,下唇须伸向下方;前翅披针形,后翅菜刀形,前后翅的缘毛向后伸,静止时突出如鸡尾状	小菜蛾
天蛾科 (Sphingidae)	体中至大型,粗壮,纺锤形,喙发达;触角中部向端部逐渐加粗,末端呈钩状,前翅大而狭,顶角尖,外缘极倾斜。幼虫粗大,无毛,第 8 节背面有尾角	豆天蛾

7. 双翅目 Diptera

双翅目昆虫包括蚊、蝇、虻类。体小至中等,触角多样,口器刺吸式或舔吸式。前翅发达,膜翅,后翅退化成平衡棒。全变态昆虫,幼虫无足型,幼虫食性复杂,有植食性(潜蝇科)、腐食性(蝇科)、捕食性(食蚜蝇科)、寄生性(寄蝇科)。根据触角长短的构造可分为 3 个亚目,即长角亚目(Nematocera)、短角亚目(Brachycera)和芒角亚目(Aristocera)。常见科见图 2-3-10 与表 2-3-6。

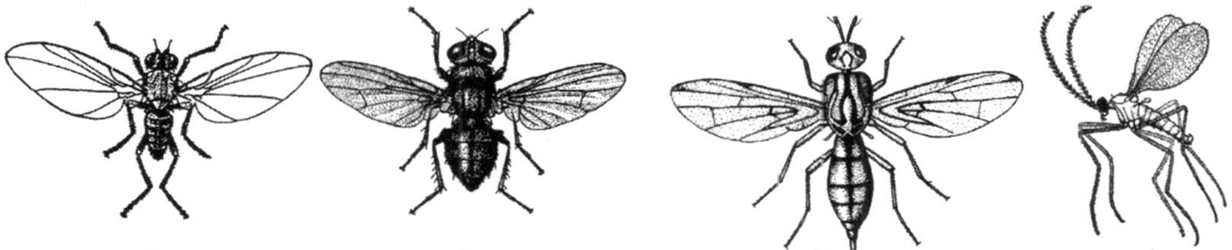

图 2-3-10 双翅目昆虫常见科代表

1. 潜蝇科 2. 花蝇科 3. 实蝇科 4. 瘿蚊科

表 2-3-6 双翅目昆虫常见科特征

科	主要特征	代表昆虫
花蝇科 (Anthomyiidae)	体小至中型,细长多毛,黑、灰或黄色;复眼大,触角芒无毛或羽状	种蝇
潜蝇科 (Agromyzidae)	体小或微小型,多为黑色或黄色;翅宽大,前缘近基部 1/3 处有折断处,有臀室	美洲斑潜蝇
瘿蚊科 (Cecidomyiidae)	体小瘦弱,触角细长念珠状,每节上环生细毛或环状毛,足细长,翅脉简单	稻瘿蚊
实蝇科 (Tephritidae)	体小至中型,头大,无细颈;复眼大,常用绿色闪光;翅阔,有褐色和黄色斑纹,休息时翅展开并扇动	柑橘大实蝇

续表 2-3-6

科	主要特征	代表昆虫
食蚜蝇科 (Syrphidae)	体小至中型,形似蜜蜂,前翅中央有一条两端游离的“伪脉”,外缘有一条与边缘平行的横脉,腹部可见4~5节,幼虫捕食蚜虫、介壳虫、粉虱、叶蝉等	大灰食蚜蝇

8.膜翅目 Hymenoptera

本目包括蜂和蚁,体微小至大型。触角丝状、膝状等。口器咀嚼式或嚼吸式。前后翅均膜质。雌虫产卵器发达,高等类群特化为螯刺。全变态,一般植食性幼虫为多足型,肉食性幼虫为无足型。裸蛹,有的有茧。依据成虫胸腹部连接处是否收缩成腰状,分为广腰亚目(Symphyta)与细腰亚目(Apocrita)。主要种类见图 2-3-11 与表 2-3-7。

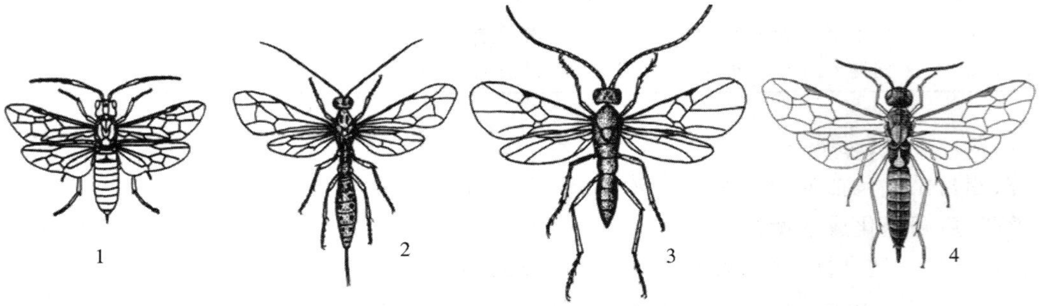

图 2-3-11 膜翅目昆虫常见科代表

1.叶蜂科 2.姬蜂科 3.茧蜂科 4.茎蜂科

表 2-3-7 膜翅目昆虫常见科特征

科	主要特征	代表昆虫
叶蜂科 (Tenthredinidae)	体小至中型,肥胖粗短;头阔,复眼大;触角丝状或棒状,前胸背板后缘深凹;前翅有明显的翅痣,前足胫节有2个端距;产卵器锯状。幼虫腹足6~8对,无趾钩	黄翅菜叶蜂
茎蜂科 (Cephidae)	体小型,细长;触角丝状,前胸背板后缘平直;前翅翅痣狭长,前足胫节有1个端距;产卵器短且能收缩;幼虫无足,腹部末端有尾状突起	麦茎蜂
姬蜂科 (Ichneumonidae)	体小至大型,丝状触角;前翅翅痣明显,有1个小翅室和第二回脉,腹部细长,产卵器外露,卵多产于鳞翅目幼虫体内	拟瘦姬蜂
茧蜂科 (Braconidae)	体微小至小型,与姬蜂相似,丝状触角;前翅小翅室缺或不明显,无第二回脉,有的种类产卵器和身体一样长,产卵于鳞翅目幼虫体内,幼虫内寄生,老熟后钻出寄主体外结黄白色小茧化蛹	菜蛾绒茧蜂

9.脉翅目 Neuroptera

体小至大型,细长而柔弱,草绿色、黄色或灰白色。触角丝状或念珠状。前后翅膜质透明,大小和形状均相似,翅脉多,呈网状,边缘两分叉(图 2-3-12)。成虫口器咀嚼式,幼虫双刺吸式,全变态,成虫、幼虫均为肉食性,是重要的天敌昆虫类群,常见的种类有大草蛉、中华草蛉等。

10. 螨类

螨类属于蛛形纲，蜱螨目。体小型或微小型，圆形或椭圆形，身体分节不明显，一般将螨类体躯划分成 4 个体段，最前面的体段是颚体段，颚体段后面的整个身体称躯体。躯体分足体和末体两部分。大多数螨类在前、后足体（第二和第三对足）之间有一横缝，横缝之前称前半体（包括颚体和前足体），横缝之后称后半体（包括后足体和末体）。无翅、无触角、无复眼。一般具有 4 对足，少数种类有 2 对足（图 2-3-13）。两性生殖，个别种类孤雌生殖，螨类的一生有卵、幼螨、若螨和成螨 4 个发育阶段。食性复杂，有植食性、捕食性和寄生性等。主要种类见图 2-3-14 与表 2-3-8。

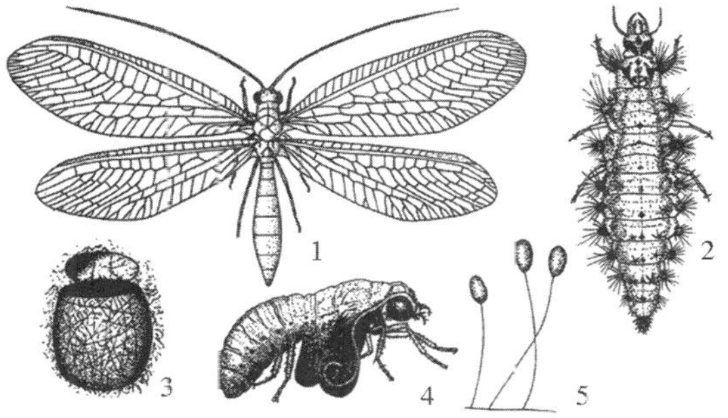

图 2-3-12　脉翅目草蛉科

1. 成虫　2. 幼虫　3. 茧　4. 蛹　5. 卵

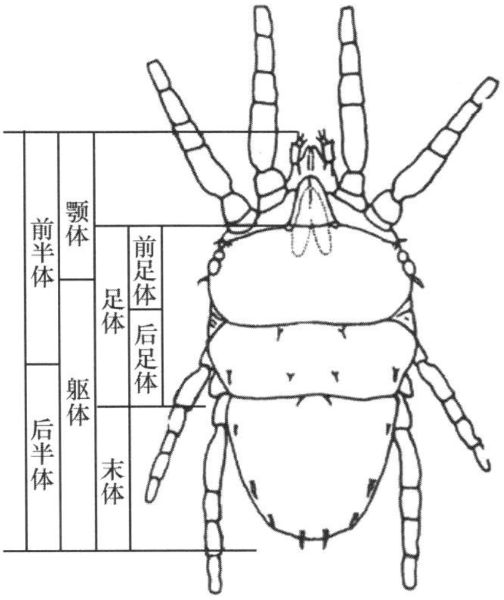

图 2-3-13　螨类的身体构造

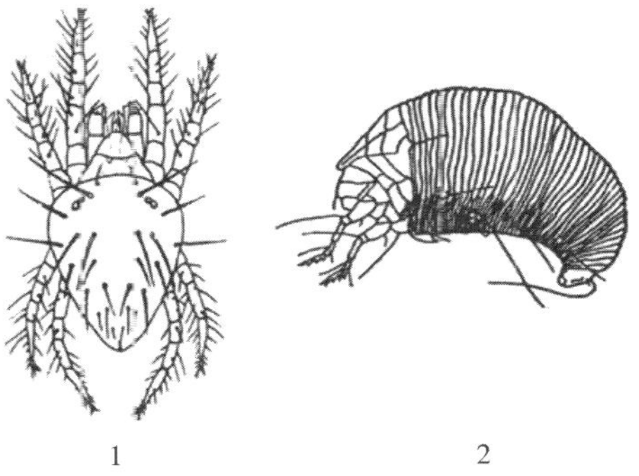

图 2-3-14　螨类常见科代表

1. 叶螨科　2. 瘿螨科

表 2-3-8　螨类常见科特征

科	主要特征	代表昆虫
叶螨科（Tetranychidae）	体微小，圆形或长圆形，雄虫腹部尖削。黄、黄绿、橘红、红或红褐色。口器刺吸式	朱砂叶螨
瘿螨科（Eriophyidae）	体极微小，蠕虫形，狭长。足 2 对，位于体躯前部。前肢体段背板大，呈盾形，后肢体段和末体段延长，具许多环纹	葡萄瘿螨

(四)昆虫的发生与环境条件的关系

昆虫的发生除了与本身的生物学特性有关外，还与周围环境因素密切相关，影响昆虫种群数量的环境条件主要有气候因子、土壤因子、生物因子和人为因子。各种因子之间相互影响，综合作用于昆虫，在一定的时间、空间条件下，总会有一个或一些因子对昆虫种群数量的变化起主导作用，找出主导因子，对昆虫预测预报有重要意义。

1. 气候因子

(1)温度　昆虫是变温动物，体温随着周围环境的变化而波动。由于自身保持与调节体温的能力不强，生命活动所需的热能主要来源于太阳辐射热。因此，环境温度不仅是昆虫进行生命活动所必需的一个条件，而且是对昆虫影响最为显著的一个因子。

①昆虫对温度的反应　昆虫的生长发育、繁殖等生命活动是在一定的温度范围内进行的，这个范围称为适宜温区或有效温区，根据昆虫对温度的反应划分成 5 个温区(表 2-3-9)。

表 2-3-9　昆虫对温度的适宜范围

温度/℃	温区		昆虫对温度的反应
45～60	致死高温区		部分蛋白质凝固，酶系统破坏，短时间内造成死亡
40～45	亚致死高温区		死亡取决于高温强度和持续时间
30～40	有效温区	高适温区	随温度升高，发育速度反而减慢
22～30		最适温区	死亡率最小，生殖力最大，发育速度接近于最快
8～22		低适温区	发育速度较慢，繁殖力较低或不能繁殖
−10～8	亚致死低温区		代谢过程变慢，引起生理功能失调，死亡决定于低温强度和持续时间
−40～−10	致死低温区		因组织结冰而死亡

昆虫对温度的反应和适应范围因昆虫的种类、虫态和生理状态而不同。温度对昆虫的影响的主要表现：一是对昆虫发育的影响，在有效温区内，昆虫的发育速度与温度成正比。即温度越高，发育速度越快，发育所需时间愈短。二是对昆虫繁殖的影响，在适宜温区内，昆虫的生殖力强。三是影响昆虫寿命，通常温度升高，昆虫的寿命缩短。此外，温度也影响昆虫的地理分布。

②有效积温法则及其应用　昆虫发育起点以上的温度是对昆虫发育起作用的温度，称有效温度。有效温度的累计值称有效积温。昆虫为了完成某一发育阶段(1 个虫期或 1 个世代)所需的天数与同期内的有效温度(发育起点以上的温度)的乘积是一个常数，此常数为有效积温常数，单位常以日度(d·℃)表示，这一规律称为有效积温法则，公式为

$$K=N(t-t_0)\text{或}N=\frac{K}{t-t_0}$$

式中：K 为有效积温常数，单位：d·℃；

N 为发育所需要的时间(历期)，单位：d；

t 为实际温度，单位：℃；

t_0 为发育起点温度，单位：℃。

昆虫的发育起点温度和有效积温常数通过定温法或自然变温法测得，也可在相关资料中查出。平均温度可以实地测得，也可从当地气象资料中查到。

有效积温法则可应用在以下几个方面：

第一，推测某种昆虫在某地可能发生的世代数。

$$世代数=\frac{某地一年内的有效积温 K_1}{某虫完成一代所需的有效积温 K_2}$$

例如：小地老虎完成一个世代的有效积温为 504.47 d·℃，南京地区常年有效积温为 2 220.9 d·℃，则南京地区一年可发生的世代数为$\frac{2\ 220.9}{504.47}=4.4$(代)。据饲养观察，可发生 4～5 代。

第二，预测害虫的发生期。

已知黏虫卵的发育起点温度为 13.1 ℃，有效积温为 45.3 d·℃，产卵时的平均温度为 20 ℃，预测幼虫的初见期(即卵的孵化期)。

据公式：$N=\frac{K}{T-C}=\frac{45.3}{20-13.1}=6.56$(d)，即 6～7 d 黏虫卵开始孵化。

第三，控制昆虫的发育进度。

人工繁殖寄生蜂防治害虫，根据需要，有效地控制饲养温度，通过温度来控制发育进度，在合适的日期释放出去。

例如：松毛虫赤眼蜂的发育起点温度和有效积温分别为 10.34 ℃和 161.35 d·℃，计划 20 d 后释放，在何种温度下饲养不误放蜂？

据公式：$T=\frac{K}{N}+C=\frac{161.35}{20}+10.34=18.41$(℃)。

第四，预测害虫的地理分布。

若当地的有效积温不能满足某种害虫一个世代的有效积温，则此种害虫在该地就不能完成发育。

在实际工作中，有效积温法则在应用时有一定的局限性，应注意，昆虫在生长发育的过程中受多种环境因素的综合影响，不能只考虑温度。

(2)湿度　昆虫对湿度的要求因种类、发育阶段、生活方式的不同而有差异，相对湿度最适范围一般在 70%～90%，昆虫获得水分的方式主要是吸收食物内的水分，其次是直接饮水。通过排泄、呼吸、体壁蒸发散失水分。水是虫体的重要组成成分和进行生理活动的介质，影响昆虫的发育速度、成活率、生殖力。不同的昆虫对湿度的要求不同，如地下害虫长期生活在湿度较大的环境中，不耐干旱，可采用长时间淹水的方法进行防治。裸露生活的昆虫，对湿度反应最敏感，一般湿度越大，产卵量越多，孵化率越高，幼虫为害越严重。但刺吸式口器的昆虫对大气湿度变化并不敏感，天气干旱时寄主体液浓度增高，提高了营养成分，更有利于害虫的繁殖，因此这类害虫往往在干旱的年份为害更严重。

降水不仅影响环境湿度，同时制约着昆虫的种群数量。其作用大小常因降雨时间、次数和强度而定。春季雨后有利于在土壤中越冬的幼虫或蛹顺利出土；暴雨则对一些小型昆虫和初孵幼虫有很大的冲刷和杀伤作用，从而降低昆虫的虫口密度，阴雨连绵不仅影响食叶害虫的取食活动，还会导致病原微生物的流行。

(3)光照　昆虫的生命活动和行为与光的性质、强度和光周期密切相关。

光的性质通常用波长表示，昆虫辨别不同波长光的能力和人的视觉不同，人眼可见的光在 400～770 nm，而昆虫可见的光在 250～700 nm，偏于短波光。多数夜出性的昆虫对 330～400 nm 的紫外光有较强的趋性，因此，常用黑光灯(波长在 365～400 nm)进行灯光诱杀或预测预报；而蚜虫对 550～600 nm 黄色光有反应，可利用黄板来诱杀蚜虫。光的强度影响昆虫昼夜活动节律和行为习性。表现在日出性昆虫、夜出性昆虫及暮出性和背光性等昆虫。光周期是指昼夜交替时间在 1 年中的周期性变化，是季节周期的时间表。光周期的变化具有稳定性，对昆虫的生命活动起着重要的信息作用，是引起昆虫滞育的主要因子。

(4)风　风对昆虫的迁飞和扩散起着重要作用。如小地老虎等迁飞性害虫可随着上升气流作远距离迁飞；部分吐丝下垂的昆虫，可借风力在植株间或枝条间扩散。风力变化还影响环境的湿度和温度，从而间接影响昆虫。

2. 土壤因子

土壤是昆虫的一个特殊生态环境，大约 98％的昆虫的一个(几个)虫态或一生生活在土壤中，与土壤发生直接或间接的关系。土壤的温度、湿度、物理结构及化学特性直接影响昆虫的生存、活动及分布。

(1)土壤温度　土壤温度的变化主要与太阳辐射热和有机物的发酵热有关，相对稳定，随着季节的变化，直接影响土栖昆虫的生命活动，一些地下害虫一般随土温变化而上下移动。如蝼蛄春、秋季节上升到地面为害，夏、冬季节潜伏在土壤中产卵或休眠。

(2)土壤湿度　土壤湿度取决于土壤含水量，土壤水分来源于降水和灌溉。许多昆虫将不活动的虫态，如卵、蛹及休眠期的幼虫以土壤为栖息场所，避免空气中干燥的不良影响。

土壤含水量左右着土栖昆虫的分布及活动。如小地老虎主要为害含水量较多的水地或低洼地，旱作地块在地下害虫为害严重的季节，灌水可以消灭地下害虫或迫使其向下迁移以减轻为害。

(3)土壤理化性质　土壤理化性质包括土壤的机械组成、土壤有机质含量及酸碱度等，这些性状影响昆虫的分布及为害。如蝼蛄喜欢生活在含沙质较多且湿润的土壤中，尤其是经过耕犁且施有机肥的松软田地里，而黄守瓜的幼虫却喜欢黏土环境。金针虫喜欢在酸性(pH 5～6)土壤中活动。了解土壤因素对昆虫的影响，在生产上可通过各项栽培措施，改变土壤理化性状，创造不利于害虫活动、繁殖的土壤环境，以利于植物生长。

3. 生物因子

(1)食物因子　食物的种类、质量和数量直接影响昆虫的生长、发育和繁殖。取食喜食植物时，昆虫发育快，死亡率低，生殖力高。如东亚飞蝗喜食禾本科、莎草科的植物，若取食这类植物，不仅发育好，且产卵量高；若取食不喜食的油菜，死亡率增加，发育期延长，但仍有部分蝗蝻可完成发育史；若饲喂豌豆、绿豆等，则不能完成发育而死亡；若饲喂棉花，2 龄幼虫全部死亡。同种植物的不同部位，甚至不同发育阶段对昆虫影响也不相同，如蚜虫在嫩芽上取食比老叶上成活率显著提高；水稻分蘖期和孕穗期三化螟初孵幼虫的蛀入率和成活率高于拔节期。取食同一植物的不同器官，影响也不相同，如棉铃虫取食棉花的不同器官，其发育历期、死亡率、蛹重、羽化率均有明显差异。了解昆虫对食物的特殊需要，在生产中可通过调节播种期、采用合理的栽培技术措施，恶化昆虫的食物条件，或利用害虫喜食食物进行诱集，创造有利于益虫发育和繁殖的条件，达到控制害虫的目的。

(2)天敌因子　天敌因子泛指害虫的所有生物性敌害。种类很多，主要包括天敌昆虫、致病微生物和其他食虫动物等。天敌因子是影响害虫种群数量的一个重要因子。

①天敌昆虫　天敌昆虫包括捕食性天敌和寄生性天敌两类。捕食性天敌昆虫种类多、数量大。常见的有螳螂、草蛉、食蚜蝇等，这类天敌比寄主个体大，捕杀效果快。寄生性天

敌，如寄生卵的赤眼蜂，寄生幼虫的绒茧蜂及寄生于若虫或成虫的蚜茧蜂等，这类天敌一般都比寄主小很多，对寄主选择性严格，致死时间长。

②昆虫病原微生物　昆虫在生长发育的过程中常被微生物侵染患病而死，这些微生物包括真菌、细菌、病毒等。如白僵菌、苏云金杆菌、核型多角体病毒等，在生物防治中起着重要作用。

③其他有益动物　主要包括蜘蛛、鸟类、青蛙、刺猬等。保护、利用有益动物可有效地防治害虫。

4. 人为因子

人类生产活动对昆虫的繁殖、活动和分布影响很大。

(1)改变昆虫的生存环境　在生产中，通过兴修水利、改变耕作、引进推广新品种、采用合理的栽培管理等措施，改变昆虫的生长环境，从生态上控制害虫的发生。

(2)改变一个地区昆虫种类的组成　人类频繁地调运种子、苗木等，扩大了害虫的地理分布范围；反之，可以有目的地引进和利用天敌，以抑制某种害虫的发生和为害，从而改变一个地区昆虫的组成和数量。如利用澳洲瓢虫有效控制吹绵蚧的为害。

(3)改变生长环境　人类通过创造各种环境如深耕细耙、中耕除草、灌水施肥、整枝修剪等农业措施，增强植物生长势，提高自身抗虫力，使生长条件有利于植物和天敌而不利于害虫的发生。

(4)人类直接控制害虫　生产中，为了保护植物不受或少受害虫的为害，通常采用农业、化学、物理、生物综合防治措施，直接或间接地消灭害虫、保护环境，从而取得最佳的经济、生态效益。

四、操作方法及考核标准

(一)操作方法与步骤

(1)结合教师讲解及对各种昆虫标本的仔细观察，分别描述常见昆虫目科特征、生物学习性及代表性昆虫。

(2)利用业余时间到生产基地观察昆虫及为害状。

(3)根据田间昆虫及实验室标本、幻灯片、挂图等的观察，选择不同的昆虫，将其特征填入表 2-3-10(要求涵盖 9 个目及不同科昆虫)。

表 2-3-10　目科特征记录

目	科	头式	触角类型	口器类型	足类型	翅类型	变态类型	幼虫类型	蛹类型	食性	其他

(二)技能考核标准

见表 2-3-11。

表 2-3-11　昆虫目科特征识别技能考核标准

考核内容		评分标准	标准分值	考核方法
昆虫特征识别（100分）	1.能够准确描述出各个目昆虫的主要特征	根据叙述特征的多少酌情扣分	35	单人考核 口试评定成绩
	2.能够描述出主要目代表性种类昆虫特征	根据叙述特征的准确程度酌情扣分	35	
	3.能够根据幼虫特征判断所属分类地位	根据叙述情况酌情扣分	15	
	4.体视显微镜的使用及清洁保养	根据操作情况或口述情况酌情扣分	15	

五、练习及思考题

参考答案 2-3

1.半翅目和同翅目的昆虫有何区别？

2.说出叶蜂幼虫与鳞翅目幼虫的区别。

3.昆虫的分类在植物害虫识别上有什么意义？

4.环境条件对昆虫的生长发育有哪些影响？

5.有效积温法则在防治中有何应用？

职业技能篇

典型工作任务三　植物病虫害标本的采集、制作与保存

典型工作任务四　植物病虫害的预测预报

典型工作任务五　农药应用技术

典型工作任务六　植物病虫害综合治理

典型工作任务三

植物病虫害标本的采集、制作与保存

项目1 植物病害标本采集、制作与保存

一、技能学习目标

课程学习3-1

通过标本采集、制作、症状识别，学会病害标本的采集、制作、鉴定的方法，学会对所采集的病害标本的种类、症状和发生情况进行分析，并进行诊治。

二、教学资源

1. 材料与工具

标本夹、标本纸、采集箱、剪刀、小刀、枝剪、手锯、镊子、记录本、标签、纸袋、塑料袋、显微镜、放大镜、载玻片、盖玻片、挑针、标本盒、大烧杯、酒精灯、滴瓶及常用植物病害标本保存液、多媒体设备(包括视频、影像资料、教材、网上资源等)等。

2. 教学场所

植保实验室、农业应用技术示范园(大棚、温室)、实训基地。

3. 师资配备

每20名学生配备一位指导教师。

三、原理与知识

(一)采集用具

(1)标本夹　用来夹压各种含水分不多的枝叶病害标本。

(2)标本纸　用于吸除病害标本中的水分，要求吸水力强的纸，保持标本纸的清洁和干燥。

(3)采集箱　用于放置较大或易损坏的植物组织，如腐烂果实、木质根茎或在田间来不及压制的标本。

(4)其他用具　枝剪、小刀、小锯、放大镜、纸袋、塑料袋、记载本、标签、线等。

(二)病害标本采集注意事项

(1)采集受害部位的典型症状、病健部位均有的植物组织，尽可能采集全不同时期不同部位的症状。

(2)尽可能地采集全病害的生活史，利于病原菌鉴定。如真菌性病害的病原一般具有无性、有性2个阶段的症状，尽量在不同的适当时期分别采集。许多真菌性病害的有性子实体常出现在病残体上，应注意采集。

(3)有转主寄生的病害要采集2种寄主上的症状。

(4)采集时要求每种标本只能有一种病害，应避免多种病害混杂，如锈病、白粉病、黑穗病等应分别用纸袋包好带回。

(5)适于干制的标本应随采集随压制。

(6)对于不认识的或不熟悉的寄主植物，应采集花、叶、果实等部位，一并带回利于鉴定。

(7)采集标本的同时，应进行田间记录。记录的内容有标本编号、寄主名称、病害名称、

为害情况、环境条件及采集地点、采集时期、采集人姓名，且各种标本的采集应具有一定的数量（5 份以上），以便鉴定和保存。

（三）植物病害标本的制作与保存

1.腊叶标本的制作与保存

腊叶干制标本是保存植物病害症状特点简单且经济的方法。为了在短时间内使标本干燥压平且保持较真实的原形，利于长期保存，在操作时应注意：

（1）随采随压　采集到的标本应立即放入标本夹中压制，可以减少压制过程中的整形工作，且尽可能地保持标本原形，有些标本压制时需要简单的加工，如枝叶较大（粗）的标本，可劈去一部分枝条或叶片再压制，防止标本压制过程中受力不均匀或叶片重叠而变形、变色。还有一些全株采集的标本，个体较大的，可将标本折成“N”形后压制。

（2）勤换勤翻　标本夹中的草纸应选用吸水力强的细薄纸张，勤换纸张，初压的 3～4 d，每天换纸 1～2 次，以后每 2～3 d 换 1 次，直至完全干燥。不选用已经与标本接触的纸，避免病原物残留在纸上造成混杂。每次换好纸张后都要用绳子将标本夹扎紧，让标本尽快干燥，保持其原有色泽。也可把夹好的标本夹放入 40～50 ℃的干燥箱中烘干，或把标本垫上吸水纸用电熨斗烫干（适合叶肉薄的叶片），这种干燥法所用时间短，标本不易损耗，保色效果更佳。

（3）妥善保存　干燥后的标本，经选择整理连同采集记载一并放入牛皮纸袋中，将鉴定结果贴在纸袋上，也可将干燥后的标本放入标本盒中保存，按照寄主或病原分类存放，存放时应避免受潮。

2.浸渍标本的制作与保存

采集到的块根、块茎、果实、伞菌子实体等不适宜干制的病害标本，以及为了保持标本的色泽和症状特点时，制作成浸渍标本，常用的浸渍标本有以下几种。

（1）普通防腐浸渍液　可防腐且保持标本不变形，但不能保持标本的原有色泽，配方如下：

福尔马林　25 mL　　酒精（95%）150 mL　　水　1 000 mL

普通防腐浸渍液可简化为单纯的 70%的酒精浸渍液。浸渍前先将标本洗净，浸没在浸渍液中，若标本量大，可浸泡数日后再换 1 次浸渍液。

（2）保绿浸渍液

①保绿浸渍液　在 50%醋酸溶液中逐渐加入醋酸铜结晶，不断搅拌，配制成饱和溶液，用时加水稀释 3～4 倍，加热到沸腾时，浸入标本，每次投入的数量不宜太多，这样容易使绿色均匀，当绿色逐渐褪成黄褐色，又逐渐转绿接近原色时，立即取出，用清水漂洗，保存在 5%的福尔马林液中。此法对一些叶薄、含水量低或叶绿素含量均匀的植物病害标本固绿效果好，处理时间短；对于质地特别坚硬，叶厚且含水量高，叶绿素含量不均匀的，如各种植物花叶型病毒等，复绿时间长，固绿效果不佳；此外浆果类、肉果类标本不可煮制。因此，可用 5%～33%硫酸铜、5%乙酸、0.3%柠檬酸、5%丙三醇固绿液配方。其中硫酸铜的含量根据标本颜色深浅而定。此为改进后固绿液，固绿时间短、颜色鲜绿，果实保绿不裂果。但需将标本提前清洗、清水预浸后再处理，且选用水为蒸馏水为宜。

②褪绿保绿固绿浸渍液　将标本洗净，放入浓度 3%～5%的亚硫酸溶液中浸泡 1～20 h，待标本绿色完全褪掉后取出，清水漂洗后，投入改进后的固绿液中复绿。对于较难固绿或不可固绿的标本固绿时间和效果均优于普通固绿液。

(3)保黄浸渍液　含叶黄素或胡萝卜素的果实，用亚硫酸溶液保存较为适宜。方法是将亚硫酸(SO_2 5%～6%的水溶液)配成4%～10%的水稀释液(含 SO_2 0.2%～0.5%)即可使用。亚硫酸有漂白作用，浓度过高会使果皮褪色，浓度过低防腐力不够，可加入少量酒精，因此浓度的确定要经过反复实践。

(4)保红浸渍液　红色大都是由花青素形成的，花青素能溶于水和酒精，因此不易保存。可用瓦查红色浸渍液和赫斯娄浸渍液。配制方法是硝酸亚钴15 g、福尔马林25 mL、氯化锡10 g、水2 000 mL等，将标本洗净在浸渍液中浸两周取出，在福尔马林10 mL、亚硫酸(饱和溶液)30～50 mL、酒精(95%)10 mL、水1 000 mL浸渍液中保存。可用于保存草莓、辣椒、马铃薯以及其他红色的植物组织，是一种效果比较好的浸渍液。

标本浸渍液大多由易挥发或易氧化的药品配成，因此，要想长期保存，必须密封瓶口，常用的封口剂，具体操作方法是：蜂蜡、熟松香分别融化后混合一起，加入凡士林调成胶状，从封口剂液面开始冒泡开始，用毛笔涂在瓶口与瓶盖连接处，厚度约2 mm，宽度不少于2 cm为宜，将盖压紧封口。

配制好浸渍标本并封口后，贴上标签便可分类保存。

四、操作方法及考核标准

(一)操作方法与步骤

(1)结合教师讲解、示范，学生实际操作，学会病害标本的制作方法。

(2)在温室和田间采集病害标本，并进行制作，将病害标本制作与浸渍液配制填入表3-1-1(要求至少描述10种病害)。

表3-1-1　病害标准制作及浸渍液配制记录

病害名称	症状描述	浸渍液配制	制作效果	备注

(二)技能考核标准

见表3-1-2。

表3-1-2　病害标本的采集、制作、保存技能考核标准

考核内容		评分标准	标准分值	考核方法
病害标本采集(35分)	1.采集用具使用正确 2.标本采集方法正确 3.采集数量符合要求	根据实际操作情况酌情扣分 根据标本采集数量、质量酌情扣分	15 10 10	以组为单位进行考核
病害标本制作(45分)	1.干制标本制作符合要求 2.浸渍保本制作符合要求	根据实际操作准确程度酌情扣分	25 20	单人实训操作考核与小组互评成绩
病害标本保存(20分)	1.干制标本的保存符合要求 2.浸渍标本的保存符合要求	根据实际操作情况酌情扣分	10 10	

五、练习及思考题

1. 制作保存合格的植物病害标本必须符合哪些要求？

参考答案 3-1

项目 2　农业昆虫标本采集、制作与保存

一、技能学习目标

通过标本采集、标本制作、标本识别、为害状识别，学会昆虫标本的采集、制作、鉴定的方法，并对所采集的昆虫标本的主要特征进行识别并鉴定出所属目、科或重要种。

二、教学资源

1. 材料与工具

捕虫网、毒瓶、吸虫管、采集袋、指形管或小玻瓶、采集盒和幼虫采集箱、诱虫灯、铅笔、记录本、枝剪、镊子、小刀、三角纸包、昆虫针、展翅板、三级台、黏虫胶或合成胶水、标本瓶、标本盒、氰化钾、氰化钠或敌敌畏、细木屑、石膏、纱布、药棉；各种昆虫标本、多媒体设备（包括视频、影像资料、教材、网上资源等）、放大镜、体视显微镜、频振式杀虫灯等。

2. 教学场所

植保实验室、农业应用技术示范园（大棚、温室）、实训基地。

3. 师资配备

每 20 名学生配备一位指导教师。

三、原理与知识

（一）采集方法

昆虫种类多、数量大、分布广，因此，人类所到之处都可以采集到昆虫，但昆虫个体小，能飞善跳，便于隐藏，且各类昆虫都有其喜爱的环境。对于不同类型的昆虫，根据其生活环境及习性，采用不同的方法，才能捕获较多的昆虫。

1. 网捕法

（1）捕捉善飞的昆虫　捕捉蛾、蝶、蜻蜓、蜂等飞行速度较快的昆虫选用空网（图 3-2-1），空网由网圈、网袋和网柄三部分组成。遇见昆虫飞过可迎头捕捉，或从旁掠过。网袋宜用尼龙纱或细纱布做成，空网轻便、不兜风、使用方便快捷。

（2）捕捉地面或草丛的昆虫　可用扫网捕捉，扫网与空网相似，网袋宜用结实的布（白布或亚麻布）做成。用扫网扫捕时可在大片草地和灌木丛中左右摇摆，边走边扫。

（3）捕捉水生昆虫　需要水网捕捉。网袋用透水良好、坚固耐用的铜纱或尼龙筛网制成。

2. 诱集法

诱集法是根据昆虫的趋性和生活习性设计的引诱方法。

(1)灯光诱杀　主要用来诱集夜间活动和趋光性的昆虫。最好用 20 W 或 40 W 的黑光灯或频振式杀虫灯,灯下装一漏斗或毒瓶。也可在灯旁设白色采虫布幕,用广口瓶在布上罩集昆虫。

(2)食物诱杀　利用昆虫的趋化性,如用糖醋液诱杀蛾类害虫、用马粪诱杀蝼蛄。

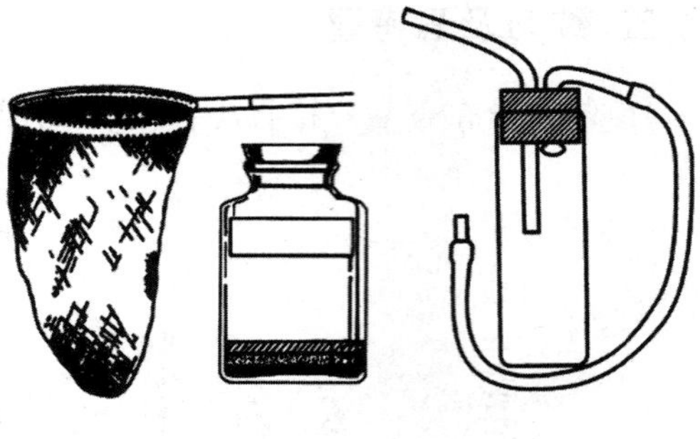

图 3-2-1　捕虫网、毒瓶及吸虫管

(3)其他诱集方法　用色板诱集(黄板诱蚜)、潜所诱杀(草把、杨树或柳树枝把)及性诱剂诱集等。

3. 吸虫管捕虫法

此法用来采集身体脆弱不易拿取的微小型昆虫,如蓟马、飞虱、蚜虫等吸虫管,用玻璃瓶或玻璃管制成,上面配一个橡皮塞,在塞子上钻两个孔,各插一个玻璃弯管,一个是吸气管,另一个是吸虫管,吸虫管上安装特制的橡皮球用于吸气,使用时,将吸虫管对准昆虫即可(图 3-2-1)。

4. 震落法

震落法用于采集具有假死性的昆虫,震动树干,树下铺白布单,具有假死性的昆虫便会自行坠落。

5. 刷取法

寄主植物上活动性小的微小型昆虫,如蚜虫等,可用普通软笔直接刷入瓶内即可。

6. 观察法、搜索法

采集时注意昆虫的栖居环境,如土壤中、石头下、受害植物上、枯枝落叶等,要仔细搜索采集。

(二)昆虫标本的处理

1. 快速杀死昆虫

毒瓶(图 3-2-1)是专门用来毒杀昆虫的,且能避免虫体受到破坏。一般用封盖严密的磨口广口瓶制成,用橡皮塞或软木塞塞严。制作毒瓶时先将氰化钾或氰化钠(5 mm 厚)或敌敌畏(5～10 mL)放入瓶底,然后放一层 1～1.5 cm 厚的细木屑,压平,再加一层 5 mm 厚的石膏粉,压实、压平,用毛笔蘸水均匀涂布或滴水静置,使石膏结块固定,也可在结块的石膏上加一张有少量孔洞的滤纸。

2. 标本的临时存放

(1)活虫采集盒　活虫采集盒是盖上有小孔的金属小盒,用于盛放需饲养的活虫或制作浸渍标本的卵、幼虫、蛹等。

(2)三角纸包　用韧性大、表面光滑、能吸水的纸裁成 3∶2的长方形,按图 3-2-2 所示折叠而成。将采来毒死的蛾、蝶装入纸包内,要求每组学生做 10 个三角纸包。

3. 昆虫标本及用具的存放

(1)采集袋　用于装采集用具的挂包,可将毒瓶、指形管三角纸包等装入其中。

(2)采集箱　采集箱用来装防压的标本和需要及时插针的标本及需要用三角纸包装的标本,一般是木质的,也可用硬性纸盒代替。

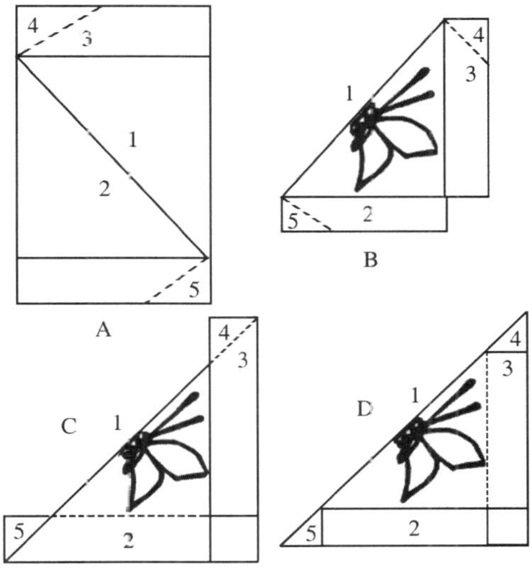

图 3-2-2　三角纸包

(三)昆虫标本的采集应注意的问题

(1)重点采集植物的害虫和天敌昆虫,对小型昆虫应特别耐心细致。

(2)应尽量采全昆虫一生发育的各个虫态,且应采集一定数量的个体。

(3)采集时,注意不损伤昆虫个体的任何部分,否则将失去标本的价值。

(4)在采集昆虫时,同时要采集被害植物的被害症状,并记录采集的时间、地点、寄主植物、为害情况等,还要写上标签和进行编号。

(四)昆虫标本的制作

标本采回以后,不可随便搁置,以免丢失、损坏、霉烂或虫蛀。需要用适当的方法处理,制成不同的标本,以便长期保存、观察和研究。

1. 干制标本的制作

常用于制作成虫标本。

(1)制作用具

①昆虫针　用不锈钢丝制成,顶端以铜丝制成小针帽,用来固定虫体和标签,长度为37～38 mm,按型号分为0、1、2、3、4、5号共6种,号越大针越粗。另外还有一种微针,长约10 mm,供插小型昆虫之用。

②三级台(图 3-2-3)　可用木料或塑料做成,长75 mm、宽30 mm、高24 mm,共分三级,各级高8 mm,如图3-2-3所示,中间各有一小孔,孔径2 mm左右。制作标本时将昆虫针插入孔内,使昆虫、标签在针上的高度一致,保存方便,整齐美观。

③展翅板(图 3-2-3)　用专门供昆虫展翅的用具。多由较软的木料或硬泡沫塑料制成。展翅板的中央有一槽沟,沟旁的一块板是活动的,可根据昆虫腹部粗细调节中间的距离,以适合不同昆虫体躯的需要。也可用烧热的粗铁丝在硬泡沫塑料板上烫出宽、深分别为5～15 mm的凹槽,制成简易展翅板。

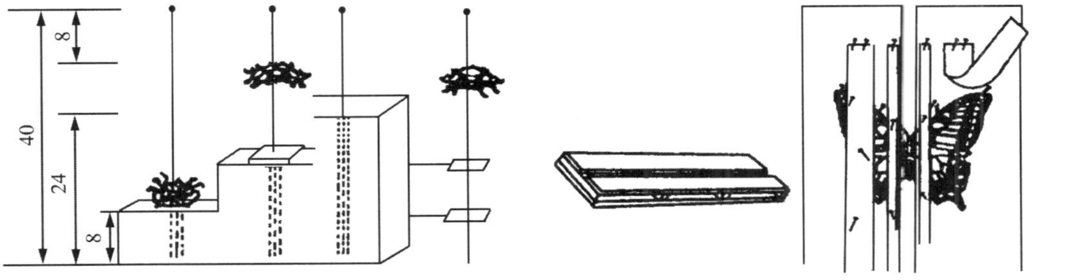

图 3-2-3　三级台与展翅板(单位:mm)

④整姿台　整姿台由松软木材做成，长 280 mm、宽 150 mm、厚 20 mm，两头各钉上一块高 30 mm、宽 20 mm 的木条作支柱，板上有孔。现多用厚约 20 mm 的泡沫板代替。

⑤还软器(图 3-2-4)　对已经干燥的昆虫标本进行软化处理的一种玻璃器皿，可由干燥器改装。中间有托板，放置待还软的标本，底部放洗净的沙粒或木屑，加入少许清水，再加几滴苯酚防止发霉，用盖密封，一般以凡士林作密封剂，回软所需时间因温度和虫体大小而定。

图 3-2-4　还软器

⑥台纸　用较硬的厚白纸剪成小三角形(宽 3 mm、高 12 mm)或长方形(12 mm×4 mm)的纸片，用来黏放不宜直接针插的小型昆虫标本。

⑦黏虫胶　用来修补昆虫标本。

⑧其他材料和用具　大头针、标签、压条纸、剪刀、镊子、挑针、标本瓶、大烧杯等。

(2)针插标本的制作方法

①虫体插针　插针时根据虫体大小选择适当的虫针，垂直向下插在昆虫体上，昆虫针插的部位因种类而异(图 3-2-5)。一般半翅目从中胸小盾片中央垂直插入；甲虫从右翅基部内侧；膜翅目及鳞翅目、同翅目成虫从中胸中央插入；直翅目从前胸背板右面插入；双翅目从中胸中央偏右插入；小型蜂类可不插针，侧粘，以免损坏其胸部特征，插针后，用三级台调整虫体在针上的高度。

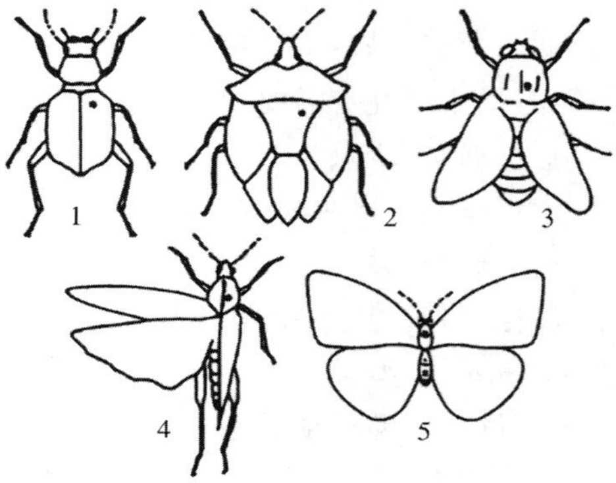

图 3-2-5　不同昆虫的插针部位

1.鞘翅目　2.半翅目　3.膜翅目
4.直翅目　5.鳞翅目

②整姿　甲虫、蝽、蝗虫等昆虫插针以后，需对足和触角进行整姿，通常是前足向前，中足向两侧，后足向后；触角短的伸向前方，长的伸向身体两侧，尽量保持活虫姿态。使之整齐、对称、美观、自然。整姿后用大头针固定，待干燥后放于标本盒。

③展翅　蛾蝶、蜻蜓、蜂、蝇等昆虫插针后需进行展翅。展翅时先将昆虫插入展翅板的槽内，据腹部粗细调整两板距离，使虫体背面与展翅板两侧面保持相平，用虫针轻拨翅基部或较粗的翅脉。不同的昆虫展翅标准不同，蛾蝶类以两前翅后缘成直线和身体成垂直为准；蜻蜓类、草蛉等脉翅目则以后翅的两前缘成直线为准；蝇类和蜂类以翅尖端和头相齐为准；然后再拨后翅使左右对称，压于前翅后缘下。最后用透明的纸条压住前后翅，用大头针固定，待虫体干燥后，取下纸条，放入标本盒保存。

④粘胶　小型昆虫可用黏虫胶把虫粘在台纸上，再做成针插标本。

⑤装标签　每一个昆虫标本，必须附有标签，针插在标签的正中央，高度在三级台的第二级，注明采集时间、地点、寄主；另取一标签，写上昆虫的名称，针插在三级台的第一级。

⑥修补　在标本制作过程中，如有损坏，可以用黏虫胶粘住。

2.浸渍标本的制作

昆虫的卵、幼虫、蛹以及身体柔软或微小的昆虫(蛾蝶除外)和螨类,都可用保存液保存在指形管或玻璃瓶中。浸渍前昆虫要饥饿 1～2 d,使其排净粪便,而后用热水烫死,使虫体伸直稍硬,再放入保存液中。保存液具有防腐性,并能保持昆虫原有的体形和色泽。常用的保存液有:

(1)酒精浸渍液　用 70%～75%的酒精,加上 0.5%～1%的甘油,常用于浸渍蜘蛛、螨类和叶蝉等标本。

(2)福尔马林浸渍液　将福尔马林(40%甲醛)稀释成 5%的福尔马林液,防腐性强,不会使标本收缩,可保存大量标本且对昆虫的卵保存效果好。

(3)白糖、冰醋酸、福尔马林混合液　用白糖 5 g、冰醋酸 5 mL、福尔马林 5 mL、蒸馏水或冷开水 100 mL 混合配制而成。此种保存液保存的昆虫标本不收缩,不变黑,无沉淀。对绿色、黄色和红色的昆虫保存效果较好。

(4)绿色幼虫浸渍液　硫酸铜 10 g,溶于 100 mL 水中,煮沸后停火,立即投入绿色幼虫,虫体有褪色现象,当恢复至绿色时,立即取出用清水冲洗,然后浸入 5%福尔马林溶液中保存。

浸渍标本做好后,要贴上标签,注明时间、地点和寄主。

3.生活史标本的制作

生活史标本是将前面各种方法制作起来的标本集中起来,按昆虫一生发育顺序:卵、幼虫的各龄期,蛹、成虫(雌虫和雄虫)及为害状,装在标本盒内,再在左下角放上标签。要求每组制作 3～5 盒昆虫生活史标本。

(五)标本的分类

将供试昆虫标本,根据昆虫分类的依据,观察各目、科的特征,并鉴定出所属目、科。

(六)标本的保存

昆虫标本的长期保存,应采用不同的方法:针插标本必须放在密闭的标本盒里,盒内应有樟脑球纸包或对二氯苯等防虫药品,分类收藏在标本柜里;浸渍标本也放在标本柜内,在柜内放熏蒸剂和吸湿剂。注意防日晒、灰尘、霉变及虫蛀鼠咬。

四、操作方法及考核标准

(一)操作方法与步骤

(1)结合教师讲解、示范,学生实际操作,学会标本的制作方法。

(2)在温室和田间采集昆虫标本,并进行制作,将昆虫标本制作与浸渍液配制方法填入表 3-2-1(要求至少描述 20 种昆虫)。

表 3-2-1　昆虫标本制作与浸渍液的配制记录

昆虫名称	为害状	插针位置	整姿/展翅标准	浸渍液的配制

(二)技能考核标准

见表 3-2-2。

表 3-2-2　昆虫标本的采集、制作、保存技能考核标准

	考核内容	评分标准	标准分值	考核方法
昆虫标本采集（35 分）	1.采集用具使用正确 2 标本采集方法正确 3.采集数量符合要求	根据实际操作情况酌情扣分 根据标本采集数量、质量酌情扣分	15 10 10	以组为单位进行考核
昆虫标本制作（45 分）	1.干制标本制作符合要求 2.浸渍保本制作符合要求	根据实际操作准确程度酌情扣分	25 20	单人实训操作考核与小组互评成绩
昆虫标本保存（20 分）	1.干制针插标本的保存符合要求 2.浸渍标本的保存符合要求	根据实际操作情况酌情扣分	10 10	

五、练习及思考题

参考答案 3-2

1.不同昆虫插针部位一致吗？有何区别？

2.整姿和展翅各有何标准？

3.如何配制 2 种幼虫浸渍液？

典型工作任务四

植物病虫害的预测预报

科技阅读窗

屠予钦(1928—2009),著名的植物保护学家、农药学家。他首创直接利用黑火药制成硫黄烟剂防治小麦锈病,研制出划燃片状烟剂,用于防治棉铃虫;研究发明了氰硅脲和具有溶菌作用的新型杀菌剂、杀虫双撒滴剂、百菌清烟雾片剂、农药系列粉尘剂等新产品;研究开发温室大棚粉尘法施药技术防治农业病虫害;发明了水稻田农药撒滴器,提高施药功效数十倍;研究开发了手动吹雾器、发明了电动手动两用弥雾器。屠予钦作为新中国农药事业的开拓者荣获“建国60周年中国农药工业突出贡献奖”。

一、技能学习目标

课程学习 4-1

通过对病虫害的预测预报学习，学生应掌握病虫害预测预报的常用方法，能够根据病虫害发生的种类采取正确的预测预报方法进行测报，为更好地对植物病虫害进行防治提供科学的理论依据。

二、教学资源

1. 材料与工具

有关病虫害的历史资料、寄主种类、病虫害种类及分布情况等资料。

2. 教学场所

校内、外植物生产基地，教室，实验室或实训室。

3. 师资配备

每 20 名学生配备一位指导教师。

三、原理与知识

(一)病虫害预测预报的依据

病虫害的预测预报具有实践性。无论测报期限长短或内容要求有何不同，都应当以“预防为主，综合防治”的方针和病虫害防治的策略原则作为重要的依据。使测报结果对于确定防治的必要性、防治的规模和范围、防治措施和防治关键时期的选择以及全面防治工作的部署等问题，都能符合经济简便、安全有效的防治方针。

(二)病虫害预测预报的类型

1. 病虫害预测的类型

(1)依据测报期限长短可分为以下 3 种

①短期测报　一般仅测报几天到 10 余天的虫期的动态。根据害虫的前一虫期推测下一虫期的发生期和数量，作为当前防治措施的依据。例如，从产卵高峰预测孵化盛期；从诱虫灯诱集的发生量推测为害程度。

②中期测报　一般都是跨世代的。以前一代各虫期的发生动态，作为下一代的防治依据。期限往往在 1 个月以上。但依害虫种类不同，测报期限的长短也有很大差别。1 年只发生 1 代的害虫，1 个测报可长达 1 年，发生周期短的可测报半年或一季度，有的甚至不到 1 个月。

③长期测报　对两个世代以后的虫情测报，期限一般达数月，甚至跨年。长期测报需要多年的系统资料积累。

(2)依据测报内容可分为以下 3 种

①发生期预测　指对植物病虫害的各个为害阶段的始、盛、末期进行预测，以确定防治的最适时期。发生期的预测在害虫防治上十分重要。例如，果树食心虫，使用化学药剂防治时，必须在幼虫孵化之后、蛀入果实之前，否则，一旦蛀入果实之内，即很难防治。有些食叶的暴食性害虫，必须消灭在 3 龄之前，如地老虎、飞蝗等，否则，后期食量增加，为害严重，同时，抗药性增强，毒杀比较困难。为了更好地开展对害虫的综合防治，不仅要注意害虫的发生时期，而且还要预测益虫的发生时期及其动向，以便及时地引入天敌或调整药剂的使用。

②发生量预测　对植物害虫的虫口密度、虫株率或植物病害的感病指数、感病株率等进行预测，以确定是否会发生危害，是否需要防治。对常发型害虫来说，虽然数量逐年变化，但波动幅度不甚大。对于暴发型害虫来说，数量预测十分重要，因为这类害虫的发生特点是数量变化幅度大，有的年份不发生；有的年份却虫害猖獗，为害严重。害虫数量的增减，是害虫各个虫期在其生活过程中所受外界环境因子综合影响的结果。但是，各个因子的作用是不相同的，其中有主导因子，要抓住主导因子，以这个主导因子的动态作为害虫的数量变化预测的指标。

③分布蔓延预测　主要农林害虫，在历史上已形成一定的分布区。在分布区内，有一定的发生基地，而且，有一定的扩散蔓延和迁移习性。因此，害虫的发生呈从点蔓延成片，或迁移到其他地方的发展趋势。害虫在一定时间内扩散迁移的范围，决定于迁移速度。影响害虫蔓延迁移速度的因素主要是害虫的活动能力、种群数量大小、地形限制条件和气象条件。只要掌握了一种害虫的生活习性，参考害虫的食性和寄主的分布，根据当地气象要素的具体变化，就能分析出这种扩散蔓延的动向，计算出某一定时期内，可能蔓延到的地区；或是根据面积和距离预测迁移到某地所需的时间，做好防治的准备工作。

2.病虫害预报的类型

预报按其性质可分为通报、补报和警报等。通报是正常预报，一般由县级测报部门定期或不定期地发布书面“病虫情报”；补报是根据情况的变化发出的补充预报，用于对通报内容进行补充或修正；警报是就即将在短时间内暴发的病虫害做出紧急防治部署。

(三)害虫预测预报的方法

1.期距法

每个虫态出现的时间距离，简称“期距”，即昆虫由前一个虫态发育到后一个虫态，或前一个世代发育到后一个世代所经历的时间。只要知道了期距，就能根据前一个虫态发生期，加上期距，推算后一个虫态的发生期。也可以根据前一个世代的发生期，加上一个世代的发生期，推算后一个世代同一虫态的发生期。主要方法有：

(1)诱集法　利用昆虫的趋光性、趋化性以及取食、潜藏、产卵等习性进行诱测。如设置黑光灯、性引诱剂、糖醋液诱杀等。在害虫发生时期经常诱集统计，这样，可以看出害虫在本地区一年中各代出现的始期、盛期、末期的期距，测报中常用的期距一般是指盛期至盛期的天数。有了这个基本数据，在之后的各年中，可根据当年第 1 代出现的盛期加上期距，推测出第 2 代出现的盛期。也可推算虫期或为害期。例如，用糖醋液诱测小地老虎越冬代成虫盛发期与第 1 代卵盛孵期的期距一般为 15 d，距严重为害期为 25～30 d。若当年诱测知道小地老虎成虫盛期是 4 月 5 日，那么，可推知第 1 代卵盛孵期是 4 月 20 日左右，严重为害期在 5 月 1 日之后。

(2)饲养法　指从发生病虫害地区采集一定数量的卵、幼虫或蛹，在人工饲养下，观察统计其发育变化历期，根据一定数量的个体，求出平均发育期。以这样的平均历期，作为期距，进行期距预测。从前一虫态发生期预测以后虫态的发生期。

(3)调查法　指选择有代表性的虫源进行定期调查，由某一虫态出现期开始前，逐日或每隔 1～5 d，取样调查，统计出现数量，计算出发育进度，直至终期为止。下一虫态也是这样，依次类推，根据实际调查的资料，可以看出同一世代中孵化进度、化蛹进度、羽化进度的期距，以及一年中不同世代同一虫态发育进度的期距。例如，调查一些鳞翅目害虫的化蛹盛期时，可以按下列公式统计逐日的化蛹百分率及羽化百分率：

$$化蛹百分率=\frac{活蛹数+蛹壳数}{活幼虫数+活蛹数+蛹壳数}\times100\%$$

$$羽化百分率=\frac{蛹壳数}{活幼虫数+活蛹数+蛹壳数}\times100\%$$

化蛹盛期（50%化蛹）与羽化盛期（50%羽化）的时间间距，就是蛹的历期或蛹期。

2. 物候法

物候法是在自然界中各种生物随着季节变化出现的生物现象。例如，燕子飞来、黄莺鸣叫、桃树开花等，都表现出一定的季节规律性。这些物候现象代表了大自然的气候已进入一定的节令。害虫的生长发育受自然气候的影响，每种害虫某一虫期，在自然界中也是在一定的节令才出现的。由于自然界各种动植物的相互联系，经过观察，可以找出某种动植物某一发育阶段或活动的出现和害虫某一虫态出现在时间顺序上的标志，来预测害虫某一虫态的出现期。例如，某地对小地老虎的观察证明："桃花一片红，发蛾到高峰；榆钱（果）落，幼虫多"。在测报上可以利用这种相关性，借助其他生物的活动规律，预知害虫的出现期。

利用物候法来预测病虫的发生，是有地区性的，各地都应该因地制宜地细心观察所要预测对象发生的关键时期与其他生物现象的相关性，特别是要把重点放在病虫即将大发生的物候上，并要不断总结和积累有关物候法预测病虫发生的经验，以便更好地指导害虫防治。

3. 有效积温法

在有效温度范围内，利用有效积温法则对昆虫进行预测预报。昆虫的生长发育速度，常随温度的升高而加快。实验测得，昆虫完成一定的发育阶段（世代或虫期），所需天数与该天内温度的乘积，理论上是一个常数。用公式表示：$K=NT$，其中 K 表示常数，N 表示发育天数，T 表示平均温度。又因为昆虫的发育起点，不是从 0 ℃开始的，因此，昆虫的发育温度应减去发育起点温度"C"。

$$有效积温公式：K=N(T-C)或N=K/(T-C)。$$

这公式说明了昆虫的发育速度与温度之间的一定关系，称为有效积温定律（有效积温法则）。

例如，预测小地老虎的发生期，已知小地老虎卵的发育起点温度为 11.64 ℃，有效积温为 46.64 d·℃，5 月 8 日卵产下时的平均温度为 20 ℃，根据公式 $N=K/(T-C)$，则发育天数 $N=46.64/20-11.64=5.58$(d)即 6 d，则从调查的 5 月 8 日，向后推 6 d，即 5 月 14 日，卵可孵化。

同理，利用公式 $T=C+K/N$ 计算出室内饲养的益虫或害虫所需的温度，进而达到掌握或控制其发育速度的目的。

根据有效积温法则，可推算出某虫在某地一年中发生的代数。

$$世代数=\frac{某地全年有效积温总和}{某虫完成一个世代所需的有效积温}$$

但是，有效积温法则的应用，有一定的局限性，对一年 1 代或多年 1 代的害虫不适用；对发育过程中有明显滞育现象和某些迁飞性害虫也不适用。

4. 依据有效基数预测法

依据有效基数预测害虫的发生量是一种普遍的方法。一般对年发生世代数少和第 1、2

代害虫的预测效果比较好。害虫的发生量通常与前一世代的虫口基数有密切关系，基数大下一世代发生可能多，反之则少。因此，许多害虫越冬后在早春进行有效基数的调查，可作为第1代发生数量的依据。在实际应用中，根据害虫的有效基数，推测下一世代的发生数量，常用下列公式：

$$P=P_0[L\times f/(m+f)\times(1-M)]$$

式中：P 为繁殖数，即下一世代的发生量；

P_0 为上一世代基数；

L 为每头雌虫平均产卵量；

f 为雌虫所占比例；

m 为雄虫所占比例；

M 为死亡率。

例如，甘蓝夜蛾每平方米越冬蛹基数为0.5头，雌虫平均每头产卵700粒，雌雄比为1：1，死亡率为85%，那么，第1代幼虫发生量为

$$P=0.5[700\times0.5/(0.5+0.5)\times(1-0.85)]=0.5\times52.5=26.25(\text{头}/m^2)$$

5.依据经验指数预测法

根据经验指数来估计未来害虫的数量消长趋势，常用的经验指数有温雨系数或温湿系数。

$$\text{温湿系数}\quad ER=R/T\ \text{或}\ R/(T-C)$$

$$\text{温雨系数}\quad ER=P/T\ \text{或}\ P/(T-C)$$

式中：P 为月或旬总降水量；

T 为月或旬平均温度；

R 为月或旬平均相对湿度；

C 为该害虫发育起点温度。

6.昆虫形态特征、内部生理指标预测法

环境条件对昆虫的影响是通过昆虫本身而起作用，昆虫对外界条件的适应也会从内外部形态特征上表现出来。如虫型的变化、脂肪体含量与结构、生殖器官的变异、雌雄性比等都影响到下一代或下一虫期的繁殖能力。可依据这些内外部形态上的变化，估计未来的发生量或迁飞的预测指标。例如，蚜类、蚧类成虫有多型现象，环境条件有利时，无翅蚜多于有翅蚜；无翅雌蚧多于有翅雄蚧。因此，当种群中无翅蚜或无翅雌蚧比例高时，种群数量将会增加。又如某些种类的飞虱，其成虫有长翅型与短翅型之分。长翅型中雌性比例较低，寿命比短翅型短3～5 d。产卵量也比短翅型少一半左右。因此，当种群中短翅型增多时，即预示种群数量将增加。

(四)病害预测预报的方法

病害的预测远不如害虫预测那样完善和准确。病害的发生期和流行程度预测往往结合在一起进行。一般是在对观测圃、系统观察田、大田进行调查的基础上根据品种、发病基数、作物生长状况、气候、栽培条件等因素进行估计。

1.孢子捕捉预测法

某些真菌病原孢子随气流传播，发病季节性较强，容易流行成灾，可用空中捕捉孢子的

方法预测发生动态。

2.观测圃预测法

观测圃设立在有代表性的区域，种植当家品种或感病品种，可分期播种，给予有利于发病的肥水条件。在观测圃中可以系统调查病情，观察作物生育期。通过调查观察，掌握大田调查和始病期，了解病情的发展，指导大田调查和防治。观测圃也可以在已种植的田块中划定，选有代表性的品种及施肥水平高的田块。

3.气象指标预测法

作物病害的发生和流行与气象条件密切相关。可以根据某些有利病害流行的气象条件能否出现以及何时出现，预测病害的发生情况。

四、操作方法及考核标准

(一)操作方法与步骤

以小组为单位，根据各地不同情况，选择水稻、玉米、蔬菜、果树等当地主要作物1～2种，在其主要病虫发生时期，进行田间调查，并对“两查两定”的调查结果进行整理分析，结合天气及病虫发育情况进行预测预报。

(二)技能考核标准

见表4-1-1。

表4-1-1　病虫害预测预报技能考核标准

考核内容		评分标准	标准分值	需要时间	熟练程度	考核方法
病虫害预测报的类型(30分)	1.依据测报期限长短可分为的类型	依据测报期限长短可分为3种类型，每种类型5分	15	训练2 d 考核10 min	熟练掌握	单人考核口试评定成绩
	2.依据测报内容分为的类型	依据测报内容可分为3种类型，每种类型5分	15			
病虫害预测报的方法(70分)	1.说出期距法的3种方法	准确说出期距法的3种方法，每种方法5分	15	训练2 d 考核10 min	熟练掌握	单人操作考核
	2.熟记化蛹百分率或羽化百分率的计算公式	准确计算化蛹百分率或羽化百分率，5分	5			
	3.学会用物候法预测害虫的发生期	能够举1例说明当地物候现象和害虫发生的关系，5分	5			
	4.有效积温公式及应用	能够正确利用 $K=N(T-C)$ 公式计算出 K、C 和推算出发育历期、害虫世代数，每项10分	40			
	5.有效基数预测法应用	能够正确利用有效基数预测法计算害虫发生量，5分	5			

五、练习及思考题

1. 预测害虫发生期的方法有哪些？各有何特点？

2. 举1例说明当地有哪些物候现象？其和害虫的发生期有何关系？

参考答案 4-1

典型工作任务五

农药应用技术

项目1 农药种类与鉴别

一、技能学习目标

课程学习 5-1

通过实训，使学生了解农药分类方法，掌握常见农药剂型特性及农药质量的简易鉴别方法，熟悉常用农药的理化性状，为科学、安全、合理使用农药奠定基础。

二、教学资源

1. 材料与工具

当地常用农药品种，如敌敌畏乳油、乐斯本乳油、溴氰菊酯乳油、阿维菌素乳油、茚虫威乳油、丙环唑微乳剂、啶虫脒微乳剂、苯醚甲环唑水分散颗粒剂、氯虫苯甲酰胺悬浮剂、嘧菌酯悬浮剂、灭幼脲悬浮剂、咪鲜·吡虫啉悬浮种衣剂、枯草芽孢杆菌可湿性粉剂、吡虫啉可湿性粉剂、宁南霉素可溶性粉剂、井冈霉素水剂、辛硫磷颗粒剂、百菌清烟剂、克露烟剂、白僵菌粉剂、磷化铝片剂等；农药标签、角匙、量筒、烧杯、玻璃棒等。

2. 教学场所

教室、实验室、实训室和农药经销店。

3. 师资配备

每 20 名学生配备一位指导教师。

三、原理与知识

(一)农药分类

农药是指用于预防、消灭或者控制为害农业、林业的病、虫、草害和其他有害生物以及有目的地调节植物、昆虫生长的化学合成或者来源于生物及其他天然物质的一种物质或者几种物质的混合物及其制剂。

农药种类繁多，常按防治对象将其分为杀虫剂、杀螨剂、杀菌剂、病毒钝化剂、杀线虫剂、杀鼠剂、除草剂、植物生长调节剂等。

1. 杀虫剂

(1)胃毒剂　通过消化系统进入虫体内，使害虫中毒死亡的药剂。如敌百虫等，这类农药适于防治咀嚼式口器和舐吸式口器害虫。

(2)触杀剂　通过与害虫虫体接触，经体壁进入虫体致使害虫死亡的药剂。如大多有机磷杀虫剂、拟除虫菊酯类杀虫剂等。此类杀虫剂适于防治多种口器害虫，但对介壳虫、木虱、粉虱等体被蜡质分泌物的害虫防治效果较差。

(3)内吸剂　药剂被植物吸收后能在植物体内发生传导而传送至植物体的其他部分，或经过植物的代谢作用产生更毒的代谢物，当害虫取食植物时引起中毒死亡。如乐果、吡虫啉等。内吸剂对刺吸式口器害虫有特效。

(4)熏蒸剂　此类药剂能够气化，通过气门进入害虫体内，致使害虫死亡，如磷化铝、威百亩等。应于密闭条件下使用，如用磷化铝片剂防治蛀干害虫时，要用泥土封闭虫孔。

(5)其他杀虫剂　忌避剂，如驱蚊油、樟脑；拒食剂，如拒食胺；黏捕剂，如松脂合剂；绝育剂，如噻替派、喜树碱等；引诱剂，如糖醋液；昆虫生长调节剂，如灭幼脲、氟啶脲等。此类杀虫剂本身并无多大毒性，而是以其特殊的性能作用于昆虫。一般将这些药剂称为特异性杀虫剂。

实际上，杀虫剂的杀虫作用并不是单一的，多数杀虫剂兼有几种杀虫作用，如敌敌畏具有触杀、胃毒、熏蒸 3 种作用，但以触杀作用为主。在选择使用农药时，应注意选用其主要的杀虫作用。

2. 杀菌剂

(1)保护剂　在病原物侵入寄主植物前，将药剂喷洒于植物表面，形成一层保护膜，阻止病原物的侵染，从而使植物免受其害的药剂，如波尔多液、代森锰锌等。

(2)治疗剂　病原物侵入寄主植物后喷洒药剂，用于抑制或杀死病原物，使植物病害减轻或恢复健康的药剂，如三唑酮、氟硅唑、多菌灵等。

(二)农药剂型

由工厂生产出来未经加工的农药产品称为原药，原药一般经过加工才能使用，加工后的农药产品叫制剂。农药制剂的形态叫剂型，一种农药可加工成多种剂型，常见农药剂型包括粉剂、可湿性粉剂、乳油、颗粒剂等多种。

1. 粉剂

原药加入一定量的惰性粉(如黏土、高岭土、滑石粉等)，经机械加工而成的粉末状物，粉粒直径在 100 μm 以下。粉剂不易被水湿润，不能兑水喷雾使用。一般高浓度的粉剂用于拌种、制作毒饵或土壤处理用，低浓度的粉剂可直接喷施。

2. 可湿性粉剂

由原药、填料、湿润剂等按一定比例混合，经机械加工制成的粉末状物，粉粒直径在 70 μm 以下。不同于粉剂，它主要用于兑水喷雾，不可直接喷粉。

3. 乳油

由原药、有机溶剂、乳化剂等按一定比例混溶制成的半透明油状液体，可用于兑水喷雾、拌种、涂茎、配毒饵等。该剂型农药稳定性强，喷洒后黏附力强，使用效果好。但制备乳油所使用的有机溶剂往往依赖于石油(不可再生资源)，且存在安全和环境污染隐患。因此，以水乳剂和微乳剂等水基型农药替代乳油农药已成必然。

4. 悬浮剂

借助各种助剂(润湿剂、增黏剂、防冻剂等)，通过湿法研磨或高速搅拌，使不溶于水的固体原药均匀分散于介质(水或油)中，形成的一种颗粒极细、高悬浮、可流动的液体药剂。悬浮剂悬浮颗粒的粒径仅为 0.5～5 μm。该剂型兼有可湿性粉剂和乳油的优点。

5. 水分散粒剂

由原药、助剂、载体加工造粒而成，其助剂系统较为复杂，包括润湿剂、分散剂、黏结剂、润滑剂等。具有可湿性粉剂和悬浮剂的优点，市场前景广阔。

6. 水剂

由某些能溶解于水又不分解的原药直接加水配制而成，该剂型农药不易在植物体表面湿润展布，黏附性差，长期贮存易分解失效。

7. 可溶性粉剂

由原药、填料和适量助剂经混合粉碎加工成的水溶性粉状物，兑水后有效成分能迅速分散而完全溶解。

8. 微胶囊剂

由农药原药和溶剂制成颗粒，同时再加入树脂单体，在农药微粒的表面聚合而成的微胶囊剂型。具有毒性低、残效长、挥发少、延缓降解和减轻药害等优点，但加工成本相对较高。

9. 颗粒剂

由原药、载体（细沙、煤渣等）、助剂等制成的颗粒状物，其粒径一般在 250～600 μm。主要用于土壤处理，残效长，用药量少。

10. 片剂

由农药原药加入填料、助剂等均匀搅拌，压成片状或一定外形的块状物。如磷化铝片剂。

11. 超低量喷雾剂

由原药加入油脂溶剂、助剂制成，专供超低容量喷雾使用，一般为含有效成分 20%～50%的油剂。使用时不必兑水，可直接喷雾，单位面积用量少，工效高，适于缺水地区。

12. 烟雾剂

由原药加入燃料、氧化剂、消燃剂、引芯制成。点燃后可燃烧发烟。适用于温室大棚、林地及仓库病虫害的防治。

此外，还有水乳剂、固体乳油、种衣剂、熏蒸剂、热雾剂、气雾剂、泡腾片剂等。

四、操作方法及考核标准

（一）操作方法与步骤

1. 常见农药物理性状的辨识

结合教师讲解，仔细观察各种农药制剂，正确辨识粉剂、可湿性粉剂、乳油、颗粒剂、水剂、烟雾剂、悬浮剂等剂型外观上的差异。

2. 粉剂、可湿性粉剂的简易鉴别

取少量药粉轻轻撒在水面上，若长期浮在水面，则为粉剂；若在 1 min 内粉粒吸湿下沉，且搅动时可产生大量泡沫的，则为可湿性粉剂。

3. 乳油、水剂的简易鉴别

将 2～3 滴乳油和水剂农药分别放入盛有清水的烧杯中，轻轻振荡，前者呈半透明或乳白色的乳状液，后者则为无色透明状。

4. 农药质量的简易鉴别

（1）检查农药包装　合格产品的外包装较坚固，商标色彩鲜明，字迹清晰，封口严密，边缘整齐。

（2）查看标签　有效成分是否标清，“三证”（即农药登记证号、生产许可证号和产品标准证号）、生产日期及有效期是否标明，农药是否过期。

（3）观看外观　乳油有无分层或沉淀；粉剂、可湿性粉剂的粉粒是否均匀、有无结块；悬浮剂摇动后能否迅速呈现较为均匀的悬浮态；颗粒剂大小、色泽是否均一等。

(4) 物理性状鉴别　将 2～3 滴乳油滴入盛有清水的烧杯中，轻轻振荡，质量好的乳油油水融合良好，呈半透明或乳白色稳定的乳状液；若振荡中产生油层、油水分离明显，则产品质量较差或不合格。取可湿性粉剂少许加入水中，轻轻搅动放置 30 min，观察药液的悬浮情况，沉淀越少，可湿性粉剂质量越高，沉淀物较多时，表明质量较差。将水分散性粒剂少许加入水中，崩解时间短，溶解迅速、无沉淀的质量较好，不合格产品轻摇后亦不溶于水。

(二)技能考核标准

农药种类与鉴别技能考核标准见表 5-1-1。

表 5-1-1　常用农药种类与鉴别技能考核标准

	考核内容	评分标准	标准分值	考核方法
农药种类(26 分)	1. 说出 5 种杀虫剂类型	准确说出杀虫剂类型，每种类型 4 分	20	口试评定成绩
	2. 说出 2 种杀菌剂类型	准确说出杀菌剂类型，每种类型 3 分	6	
农药常用剂型(24 分)	说出 12 种常用农药剂型	准确说出 12 种农药剂型，每种剂型 2 分	24	单人考核
农药剂型的简易鉴别(30 分)	1. 粉剂、可湿性粉剂的鉴别	准确说出粉剂、可湿性粉剂的鉴别方法，不正确的酌情扣分	15	单人操作考核
	2. 乳油、水剂的鉴别	准确说出乳油、水剂的鉴别方法，不正确的酌情扣分	15	单人操作考核
农药质量的简易鉴别(20 分)	说出 4 种农药质量鉴别方法	准确说出 4 种质量鉴别方法，每种 5 分	20	单人考核

五、练习及思考题

参考答案 5-1

1. 农药按防治对象分为哪几种类型？
2. 杀虫剂常见的类型有哪些？
3. 杀菌剂常见的类型有哪些？
4. 农药的剂型有哪几种？

项目 2　农药配制及使用

课程学习 5-2

一、技能学习目标

通过技能实训，使学生掌握常用的农药施用方法，学会配制药液、毒土、毒饵以及波尔多液、石硫合剂等农药，掌握农药科学、安全、合理使用原则，进而达到有效防治植物病虫害的目的。

二、教学资源

1. 材料与工具

当地常用农药品种、硫酸铜、生石灰、硫黄粉、水、烧杯、量筒、天平、波美密度计、玻璃棒、电磁炉、喷雾器等。

2. 教学场所

教室、实验室以及实训室。

3. 师资配备

每 20 名学生配备一位指导教师。

三、原理与知识

(一)农药的使用方法

农药的品种繁多，加工剂型也多种多样，同时，防治对象的为害部位、为害方式、环境条件等也各不相同。因此，农药的使用方法也多种多样。常用施药方法包括以下几种。

1. 喷雾法

喷雾法是借助喷雾器械将药液均匀地喷于防治对象及被保护的寄主植物上的施药方法，可用于乳油、水剂、可湿性粉剂、悬浮剂、可溶性粉剂等多种农药剂型，药液可直接接触防治对象，分布均匀，见效快，防效好，方法简单。但药液易飘移流失，对施药人员安全性较差。生产实践中通常根据喷雾容量的多少又分为常量喷雾、低容量喷雾和超低容量喷雾。

(1)常量喷雾　每公顷(hm^2)喷药液量≥450 L，是一种针对性喷雾方法，特别适于喷洒保护性杀菌剂，触杀性杀虫、杀螨剂。对那些体小、活动性小以及隐蔽为害的害虫防治效果好。但常量喷雾工效低，劳动强度大。

(2)低容量喷雾　每公顷(hm^2)喷药液量 15～450 L，是一种针对性和飘移性相结合的喷雾方法，省药、省工，适宜喷洒内吸性杀虫、杀菌剂，用于大面积病虫害防治。

(3)超低容量喷雾　每公顷(hm^2)喷药液量小于 15 L，是一种飘移累积性喷雾，适于喷洒内吸剂，或喷洒触杀剂以防治具有一定移动能力的害虫，不适用于喷洒保护性杀菌剂。

2. 喷粉法

喷粉法是利用喷粉器械产生的风力，将粉尘剂均匀喷布在目标植物上的施药方法。此法在温室大棚中应用较多，具有防效好、效率高、简便省力、扩散均匀、不增加棚室内湿度等优点。

3. 土壤处理法

将药剂用细土、细沙等混合均匀，撒施于地面，然后进行耧耙翻耕等，用于防治地下害虫或土传病害。要求药剂均匀混入土壤，施药后及时灌水，且与植株根部接触的药量不宜过大。

4. 毒谷、毒饵法

用害虫喜食的饵料和具有胃毒作用的药剂混合制成毒饵，引诱害虫取食将其毒死的方法。常用的饵料有麦麸、米糠、豆饼、花生饼、玉米芯、菜叶等。毒谷是用谷子、高粱、玉米等谷物作饵料，煮至半熟有一定香味时，取出晾干，拌上胃毒剂，然后与种子同播或撒施于地面。毒谷、毒饵法主要用于防治蝼蛄、小地老虎等地下害虫。

5. 种子处理法

种子处理法包括拌种、浸种(浸苗)、闷种 3 种方法。拌种是用一定量的药粉或药液与种子搅拌均匀,用于防治种传、土传病害和地下害虫的方法。拌种用的药量,一般为种子质量的 0.2%～0.5%;浸种(浸苗)是指将种子(幼苗)浸泡在一定浓度的药液里,经过一定时间使种子或幼苗吸收药液,以此消灭其上所带病原菌或虫体;闷种的做法是把种子摊在地上,用稀释好的药液喷洒在种子上,搅拌均匀,之后堆闷一昼夜,晾干即可。

6. 熏蒸法

熏蒸法是利用挥发性强的药剂产生的有毒气体来杀死害虫或病菌的方法,一般应在密闭条件下进行,用于防治温室大棚、仓库、蛀干害虫、土壤或种苗上的病虫,具有工效高、防效好、作用快等优点。

7. 涂抹法

将有内吸作用的药剂直接涂抹在植物幼嫩部分,或将树干老皮刮掉露出韧皮部后涂抹内吸药剂,使药剂被植物吸收并随植物体液运输到各个部位。此法用药少、环境污染小,对天敌安全,但费工。

8. 根区施药

将内吸性药剂埋施于植物根系周围,灌水后药剂被根系吸收并传至植物地上部,害虫取食时便会中毒死亡。该法非常适宜防治吸汁类害虫。

9. 注射法和打孔法

注射法是用高压树干注入器或兽用注射器将内吸性药剂注入树干内部,使其在树体内传导运输而将害虫杀死的方法,所用药剂一般稀释 2～3 倍,可用于天牛、木蠹蛾等林果害虫的防治。打孔法是用木钻、铁钎等利器在树干基部向内 45°打一个孔,深约 5 cm,然后向孔内注入 5～10 mL 药液,最后用泥封口。药剂浓度一般稀释 2～5 倍。

(二)农药的稀释计算

农药稀释常遇到农药用量的问题。国际上用有效成分表示农药用量,即每公顷使用农药制剂的有效成分,表示为克/公顷(g/hm^2)。国内也有采用商品用量表示农药用量的,即每公顷使用农药制剂的量,表示为 g/hm^2 或 mL/hm^2。在常容量喷雾中,稀释倍数法很常见,即药液中稀释剂用量为农药制剂用量的倍数,配制药液时若稀释倍数≤100,应使用内比法,扣除药剂所占的 1 份,比如稀释 10 倍,需用药剂 1 份加水 9 份;若稀释倍数＞100,则采用外比法,不考虑原药剂所占的那 1 份,比如稀释 800 倍液,可用原药剂 1 份加 800 份水。对于微量或痕量农药,常用百万分浓度(每 100 万份药液中所含农药有效成分的份数)表示其用量,单位为 mg/L 或 mg/kg。

稀释计算的常用公式:

$$\text{原药剂用量}\times\text{原药剂浓度}=\text{稀释药剂用量}\times\text{稀释药剂浓度}$$

$$\text{原药剂用量}=\frac{\text{单位面积有效成分用量}}{\text{原药剂百分浓度}}\times\text{施药面积}$$

稀释 100 倍以下时,

$$\text{稀释剂用量}=\frac{\text{原药剂用量}\times(\text{原药剂浓度}-\text{稀释药剂浓度})}{\text{稀释药剂浓度}}$$

稀释 100 倍以上时,

$$稀释剂用量 = 原药剂用量 \times 稀释倍数 - 原药剂用量$$

$$稀释剂用量 = \frac{原药剂用量 \times 原药剂浓度}{稀释药剂浓度}$$

(三)绿色农产品的农药使用原则

1.合理使用农药

农药的合理使用就是从综合治理的角度出发,运用生态学的观点,按照“经济、安全、有效”的原则来使用农药。在生产中应注意以下几个问题:

(1)对症下药　各种药剂都有一定的性能及防治范围,即使是广谱性药剂也不可能对所有的病害或虫害都有效。因此,应根据实际情况选择最适宜的农药品种、农药剂型及相应的施药方式,如可湿性粉剂不能用作喷粉,粉剂不可兑水喷雾;在阴雨连绵的季节,防治大棚内的病虫害应选择粉尘剂或烟剂;防治地下害虫应采用毒谷、毒饵、拌种等。

(2)适时用药　在调查研究和预测预报的基础上,根据病虫发生动态、寄主发育阶段、气候特点,确定病虫害防治的最佳时期,达到既节约用药,又提高防效的目的,药害还不容易发生。例如,防治害虫,应把握住幼虫低龄期;防治病害,应在植物发病前或发病初期喷药,特别是保护性杀菌剂必须在病原物接触侵入植物之前使用。除外,施药时还要考虑气候条件及植物的物候期。

(3)适量用药　对每一种农药,其使用浓度或单位面积用量、使用次数等都有严格的规定,决不可因防治病虫心切而随意加大用药量,否则不仅会浪费农药,增加成本,而且还易使植物体产生药害,甚至造成人畜中毒。

(4)交互用药　长期使用同一种农药防治同一种害物,易使该害物产生抗药性,防效降低,防治难度加大,而不同类型的农药对害物的作用机制往往不同。因此,应尽可能地轮换或交替用药,特别是换用作用机制不同的药剂,以避免或延缓抗药性的产生。

(5)混合用药　将两种或两种以上对病虫害具有不同作用机制的农药混合使用,可以达到同时兼治几种病虫、提高防治效果、延缓抗药性的产生、扩大防治谱、节省劳力的目的。如有机磷类农药与拟除虫菊酯类农药混用、保护性杀菌剂与内吸治疗性杀菌剂混用等。但农药混用后,不应产生不良的理化反应,导致农药分解失效、药效降低、产生药害或毒性增加等问题。

2.安全使用农药

在使用农药防治植物病虫害的同时,要确保对人、畜、天敌等有益生物、植物及环境的安全。

(1)明确所用农药的毒性　施用农药前,应首先搞清农药的毒性,尽量选择高效、低毒、低残留农药。农药毒性是指农药对人、畜、有益生物等的毒害性质,分为急性毒性、亚急性毒性和慢性毒性 3 类。急性毒性是指一次服用或接触大量药剂后,24 h 内表现出中毒症状的毒性。急性毒性的高低,通常用致死中量(LD_{50})或致死中浓度(LC_{50})来表示。LD_{50} 是指杀死供试动物种群数量 50% 个体时所用的剂量(浓度),单位为 mg/kg(mg/L)。我国按原药对动物(一般为大鼠)LD_{50} 值的大小将农药的急性毒性分为 5 级(表 5-2-1)。亚急性毒性和慢性毒性是指低于急性中毒剂量的农药,被长期连续通过口、皮肤、呼吸道进入供试动物体内，3 个月内供试动物表现出与急性毒性类似症状的称为亚急性毒性，进入供试动物体内 6 个月以上，对其产生有害影响尤其是“三致”作用（致癌、致畸、致突变）的称为慢性毒性。

表 5-2-1　农药急性毒性分级

毒性级别	经口 LD_{50}/(mg/kg)	经皮 LD_{50}/(mg/kg)
剧毒	<5	<20
高毒	5～50	20～200
中等毒	50～500	200～2 000
低毒	500～5 000	2 000～5 000
微毒	>5 000	>5 000

（2）防止用药中毒　农药使用过程中，须注意下列事项，谨防中毒。① 用药人员必须身体健康，并做好一切安全防护措施。工作时穿戴好防护服、手套、风镜、口罩、防护帽、防护鞋等标准的防护用品。② 严格遵守《农药合理使用准则》和《农药安全使用标准》，尽量选择无风的晴天施药，阴雨天或高温炎热的中午不宜施药；有风的情况下，风力应小于四级，喷药人员应站在上风头，顺风喷洒。施药中不可谈笑打闹、抽烟或吃东西。施药过程中，如稍有不适或头晕目眩，应立即停止操作，并在通风阴凉处休息，症状严重时，必须立即就医。③ 中间休息及施药后，施药者应用肥皂和清水洗净手脸，施药结束后还要洗澡、更换衣服、洗净工作服。

（3）谨防植物药害　药害是指因用药不当而对植物造成的伤害，分急性药害和慢性药害两种。急性药害是指用药几小时或几天内，叶片很快出现斑点、失绿、黄化等；果实变褐，表面出现药斑；根系发育不良或形成黑根、鸡爪根等。慢性药害是指用药后，药害现象出现相对缓慢，如植株矮化、生长发育受阻、开花结果延迟等。植物发生药害的原因很多，可从以下几个方面来分析：① 药剂种类选择不当。不同药剂产生药害的可能性不同，无机农药、水溶性强的药剂容易产生药害，而植物性药剂、微生物药剂对植物安全。如波尔多液的铜离子浓度高，在组织幼嫩的植物上使用时，易产生药害。② 植物对某些农药敏感。不同植物或品种、同一植物的不同发育阶段对农药的耐药力不同。如碧桃、寿桃、樱花等对敌敌畏敏感，桃、梅类对乐果敏感，桃、李类对波尔多液敏感等，同一植物开花期对农药最敏感，此时用药容易产生药害。③ 气候不适。温度高，日照过强，植物吸收药剂及蒸腾较快，使药剂在叶尖、叶缘集中过多而产生药害；高湿、重雾导致药液分布不均，也容易发生药害。④ 药剂使用不规范。随意加大喷药浓度、用量；配药时混合不匀；混用农药不当；喷药时雾滴过大或喷粉不匀等均会引起植物药害。

为防止植物出现药害，除针对上述原因采取相应措施预防之外，对于已经出现药害的植株，应先进行清水冲洗，去除残留毒物，再施用能够促进植物健康生长、提高抗逆作用或解除药害的营养物质、排毒解害等药剂，同时加强肥水管理，使之尽快恢复健康，消除或减轻药害造成的影响。

四、操作方法及考核标准

(一)操作方法与步骤

1. 农药及稀释剂的量取

根据所配药液浓度计算出配制药液应需要的农药及稀释剂的量，准确称量。固体农药用天平或秤称量，液体农药用量筒或其他有刻度的量具进行量取。量取后置于专用容器内。

2. 药液的配制

将药粉状制剂(如可湿性粉剂、可溶性粉剂、水分散粒剂等)配成药液时，先将称好的药粉放在小容器中，之后加少量水调成糊状，再将药糊倒入药桶中，洗小容器的水也要倒入药桶，最后加足水后搅拌均匀即可。

将乳油、水剂、悬浮剂等液体农药制剂配成药液时，如果所需药液量较少，可直接进行稀释，先将量取的清水放入配药容器，再将称好的药剂慢慢倒入水中，搅拌均匀即可使用。若所需药液量较多，最好采取二次稀释配制法，即先用少量的水将农药制剂稀释成母液，再将母液倒入准备好的清水中，充分搅拌均匀。二次稀释配制所用水量应该与之前计算出的稀释剂的量相等。

3. 毒土的配制

用粉剂、可湿性粉剂等药粉配制毒土时，直接将其与细土混合均匀即可；对于乳油等液体制剂，应先将药剂配成 50～100 倍高浓度药液，再用喷雾器向细土喷洒，喷至细土潮湿即可，边喷边用铁锨翻动，直至药土混合均匀，药液充分渗透至土粒。

4. 毒饵的配制

配制方法与毒土类似，只是要求所用农药对害虫不应产生拒避性，害虫对饵料应有较强的趋性。为了提高诱杀效果，可根据防治对象的习性对饵料进行特殊处理，如炒香、煮至半熟等，所用饵料大小均匀，适于害虫吞食。配制时，要确保药剂与饵料混拌均匀或充分吸附于饵料中。

(二)技能考核标准

农药的配制与使用技能考核标准见表 5-2-2。

表 5-2-2　农药的配制与使用技能考核标准

考核内容		评分标准	标准分值	考核方法
农药的使用方法(18 分)	说出农药的 9 种使用方法	准确说出农药的 9 种使用方法，每种方法 2 分	18	单人考核
农药使用原则(19 分)	1. 农药的合理使用原则	准确说出合理使用农药原则，每项 2 分，不正确的酌情扣分	10	单人考核
	2. 农药的安全使用原则	准确说出安全使用农药原则，每项 3 分，不正确的酌情扣分	9	单人考核
农药的稀释计算(23 分)	1. 100 倍以下稀释剂用量计算	正确计算 100 倍以下稀释剂用量，8 分，不正确的酌情扣分	8	单人考核
	2. 100 倍以上稀释剂用量计算	正确计算 100 倍以上稀释剂用量，8 分，不正确的酌情扣分	8	单人考核
	3. 原药剂用量计算	正确计算原药剂用量，7 分，不正确的酌情扣分	7	单人考核

续表 5-2-2

	考核内容	评分标准	标准分值	考核方法
药液的配制（20 分）	药粉状制剂及液状制剂的稀释	操作正确，每类制剂 10 分，不正确的酌情扣分	20	单人操作考核
毒土的配制（10 分）	正确配制毒土	操作正确，10 分，不正确的酌情扣分	10	单人操作考核
毒饵的配制（10 分）	正确配制毒饵	操作正确，10 分；操作不正确，酌情扣分	10	单人操作考核

五、练习及思考题

参考答案 5-2

1. 农药的常用使用方法有哪些？
2. 如何合理使用农药？
3. 安全使用农药的措施有哪些？
4. 简述毒土制作和使用的技术要点。

典型工作任务六

植物病虫害综合治理

项目1　植物病虫害综合防治技术
项目2　综合防治方案制订

科技阅读窗

邱式邦(1911—2010),著名植物保护学家、农业昆虫学家,中国害虫防治、生物防治的开拓者。他研究了防治玉米螟、飞蝗、大豆害虫和甘蔗害虫等多种重要的农林害虫的方法,率先将治蝗新药六六六引入中国;最先创新采用毒饵治蝗新技术,带领科研团队,研究提出消灭飞蝗滋生地等一系列的科学技术措施,开创中华民族控制千年蝗虫的科学技术创举,被誉为"中国治蝗英雄";高屋建瓴地提出"预防为主,综合防治"的植物保护基本方针,荣获爱国丰产奖、全国劳动模范、农业功勋骑士勋章、"三农"模范人物、植物保护终身成就奖。

项目1　植物病虫害综合防治技术

一、技能学习目标

课程学习 6-1

通过病虫害综合防治技术实训，学生应掌握病虫害综合治理的方法，能结合病虫害发生的实际情况，指导植物病虫害防治工作。

二、教学资源

1. 材料与工具

当地气象资料、有关病虫害的历史资料、植物种类、农药类型、植物生产技术方案、病虫害种类及分布情况等资料。

2. 教学场所

教室，校内、外生产实习基地，实验室，实训室，农药经销店。

3. 师资配备

每 20 名学生配备一位指导教师。

三、原理与知识

综合防治是对有害生物进行科学管理的体系，它从农业生态系统总体出发，根据有害生物与环境之间的相互联系，充分发挥自然控制因素的作用，因地制宜协调应用必要的措施，将有害生物控制在经济允许水平之下，以获得最佳的经济、生态和社会效益。即以农业生态系统全局为出发点，以预防为主，强调利用自然界对病虫的控制因素，达到控制病虫发生的目的；合理运用各种防治方法，相互协调，取长补短，在综合各种因素的基础上，确定最佳防治方案，利用化学防治方法时，应尽量避免杀伤天敌和污染环境；综合治理不是彻底消灭病虫害，而是把病虫害控制在经济允许水平以下；综合治理并不降低防治要求，而是把防治措施提高到安全、经济、简便、有效的水平上。

病虫害综合治理的措施有植物检疫、农业防治、物理机械防治、生物防治及化学防治 5 大类，下面分别进行阐述。

(一)植物检疫

植物检疫也叫法规防治，是指一个国家或地方政府颁布法令，设立专门机构，禁止或限制危险性病虫、杂草等人为地传入或传出，或者传入后为限制其继续扩展所采取的一系列措施。它是防治病虫草害的基本措施之一，也是实施“综合治理”措施的有力保证。

1. 植物检疫的必要性

在自然情况下，病虫害、杂草等的分布虽然可以通过气流等自然动力和自身活动扩散，不断扩大其分布范围，但这种能力是有限的。再加上有高山、海洋、沙漠等天然障碍的阻隔，病虫、杂草的分布有一定的地域局限性。但是，一旦借助人为因素的传播，例如，附着在种实、苗木、接穗、插条及其他植物产品上由一个地区传到另一个地区或由一个国家传播到另一个国家，原来制约其发生发展的一些环境因素被打破，条件适宜时，就会迅速扩展蔓延，猖獗成灾。例如，葡萄根瘤蚜在1860年由美国传入法国后，经过25年，就有10万hm^2以上的葡萄园近于毁灭。又如我国的菊花白锈病、樱花细菌性根癌病均由日本传入，使许多园林植物蒙难。最近几年传入我国的美洲斑潜蝇、蔗扁蛾、薇甘菊等也带来了严重灾难。因此，为了防止危险性病虫、杂草的传播，各国政府都制定了检疫法令，设立了检疫机构，进行植物病虫害及杂草的检疫。

2. 植物检疫的任务

(1)禁止危险性病虫及杂草随着植物及其产品由国外输入或国内输出。

(2)将国内局部地区已发生的危险性病虫和杂草封锁在一定的范围内，防止其扩散蔓延，并积极采取有效措施，逐步予以清除。

(3)当危险性病虫和杂草传入新地区时，应采取紧急措施，及时就地消灭。

随着我国对外贸易的发展，植物产品的交流也日益频繁，危险性病虫及杂草的传播机会越来越大，检疫工作的任务愈加繁重。因此，必须严格执行检疫法规，高度重视植物检疫工作，切实做到"既不引祸入境，也不染灾于人"，以促进对外贸易，维护国际信誉。

3. 植物检疫的类型

(1)对外检疫和对内检疫

①对外检疫(国际检疫)　国家在对外港口、国际机场及国际交通要道设立检疫机构，对进出口的植物及其产品进行检疫处理。防止国外新的或在国内还是局部发生的危险性病虫害及杂草的输入；同时也防止国内某些危险性的病虫害及杂草的输出。

②对内检疫(国内检疫)　国内各级检疫机关，同交通运输、邮电、供销及其他有关部门根据检疫条例，对所调运的植物及其产品进行检验和处理，以防止仅在国内局部地区发生的危险性病虫害及杂草的传播蔓延。我国对内检疫主要以产地检疫为主，道路检疫为辅。

对内检疫是对外检疫的基础，对外检疫是对内检疫的保障，二者紧密配合，互相促进，以达到保护植物免受病虫害的目的。

(2)检疫对象的确定　确定检疫对象的依据及原则：

①本国或本地区未发生的或分布不广，局部发生的病虫及杂草。

②为害严重，防治困难的病虫、杂草。

③可借助人为活动传播的病虫及杂草。能随同种实、接穗、包装物等运往各地，适应性强的病虫、杂草。同时，必须根据寄主范围和传播方式确定应该接受检疫的种苗、接穗及其他植物产品的种类和部位。

检疫对象名单并不是固定不变的，应根据实际情况的变化及时修订或补充。

(3)划定疫区和保护区　有检疫对象发生的地区划为疫区，对疫区要严加控制，禁止检疫对象传出，并采取积极的防治措施，逐步消灭检疫对象。未发生检疫对象但有可能传播检疫对象的地区划定为保护区，对保护区要严防检疫对象传入，充分做好预防工作。

(4)其他措施　包括建立和健全植物检疫机构、建立无检疫对象的种苗繁育基地、加强植物检疫科研工作等。

4. 植物检疫对象的名单

《中华人民共和国进境植物检疫性有害生物名录》中包括了446种(属)，在此不一一列举。全国农业植物检疫性有害生物名单中与植物有关的有：菜豆象、柑橘小实蝇、柑橘大实蝇、蜜柑大实蝇、三叶斑潜蝇、椰心叶甲、四纹豆象、苹果蠹蛾、葡萄根瘤蚜、苹果棉蚜、美国白蛾、马铃薯甲虫、杧果果肉象甲、杧果果实象甲、蔗扁蛾、菊花滑刃线虫、腐烂茎线虫、香蕉穿孔线虫、柑橘黄龙病菌、番茄溃疡病菌、柑橘溃疡病菌、番茄细菌性叶斑病菌、瓜类果斑病菌、十字花科黑斑病菌、黄瓜黑星病菌、香蕉镰刀菌、枯萎病菌 4 号小种、马铃薯癌肿病菌、苹果黑星病菌、李属坏死环斑病毒、番茄斑萎病毒、黄瓜绿斑驳花叶病毒、豚草属、菟丝子属、列当属等。

5. 植物检疫的步骤

(1)对内检疫

①报检　调运和邮寄种苗及其他应受检的植物产品时,应向调出地有关检疫机构报验。

②检验　检疫机构人员对所报验的植物及其产品要进行严格的检验。到达现场后凭肉眼和放大镜对产品进行外部检查,并抽取一定数量的产品进行详细检查,必要时可进行显微镜检及诱发试验等。

③检疫处理　经检验如发现检疫对象,应按规定在检疫机构监督下进行处理。一般方法有禁止调运、就地销毁、消毒处理、限制使用地点等。

④签发证书　经检验后,如不带有检疫对象,则检疫机构发给国内植物检疫证书放行;如发现检疫对象,经处理合格后,仍发证放行;无法进行消毒处理的,应停止调运。

(2)对外检疫　我国进出口检疫包括以下几个方面:进口检疫、出口检疫、旅客携带物检疫、国际邮包检疫、过境检疫等。应严格执行《中华人民共和国进出口动植物检疫条例》及其实施细则的有关规定。

6. 植物检疫的方法

植物检疫的检验方法按检验地点分现场检验、实验室检验和栽培检验 3 种。具体方法有直接检验、过筛检验、解剖检验、密度检验、荧光反应检验、染色检验、漏斗分离检验、洗涤检验、分离培养检验、血清检验、生物化学反应检验、萌芽检验、接种检验、隔离试种检验、X 光检验等。

(二)农业防治

农业防治是通过改进栽培技术措施,使环境条件不利于病虫害的发生,而有利于植物的生长发育,直接或间接地消灭或抑制病虫的发生与为害。这类方法不需要额外投资,有利于保持生态平衡,又有预防作用,可长期控制病虫害,因而是最基本的防治方法。但农业防治法中有的措施地域性、季节性较强,且防治效果缓慢,病虫害大发生时必须依靠其他防治措施。农业防治主要有以下措施:

1. 清洁田园、卫生作业

及时清理田园、棚室中带有病虫害的病株残体,并加以处理,深埋或烧毁。生长季节要及时摘除病、虫枝叶,清除因病虫致死的植株。在操作过程中应避免人为传染,如在嫁接、移栽、摘心时要防止工具和人手对病菌的传带。温室中带有病虫的土壤、盆钵在未处理前不可继续使用。无土栽培时,被污染的营养液要及时清除,不能继续使用。

2. 合理耕作

(1)合理轮作　轮作指同一块地上有计划地按顺序轮种不同类型的植物和不同类型的复种形式称为轮作。通过轮作,使土壤中的病原物找不到食物"饥饿"而死,从而降低病原物的数量。轮作时间应视具体病害而定,大白菜白斑病实行 2～3 年及以上轮作。而胞囊线虫病一般情况下要实行 3～4 年及以上轮作。为预防西瓜枯萎病的发生,在不采取其他措施的情况下，农谚说“种西瓜十年不重茬。”

(2)科学间作　每种病虫对植物都有一定的选择性和转移性。在植物布局时，要考虑到寄主植物与害虫的食性及病菌的寄主范围，尽量避免相同食料及相同寄主范围的植物混栽或间作。如十字花科蔬菜混栽有利于菜青虫、小菜蛾等害虫的发生；桃、梅等与梨相距太近，有利于梨小食心虫的大量发生；多种花卉的混栽，会加重病毒病的发生。

3. 深耕改土

结合深耕土地，将土壤深层的害虫和病菌翻至地表，日光暴晒或冷冻致死；将表层的害虫和病菌翻入深层，使其致死。如棉铃虫蛹在表层 4～6 cm 处越冬，深翻可破坏其蛹室使蛹大量死亡。

4. 加强栽培管理

(1)合理密植　合理密植可以创造有利于植物生长发育的环境条件，如改善通风透光条件、降低湿度等，从而培育健壮植株、提高抗病虫能力，减轻病虫为害程度。

(2)改善环境条件　改善环境条件主要是指调节栽培地的温度和湿度，尤其是温室栽培植物，要经常通风换气、降低湿度，以减轻灰霉病、霜霉病等病害的发生。冬季温室温度要适宜，不要忽冷忽热。否则，植物会因生长环境欠佳，导致各种生理性病害及侵染性病害的发生。

(3)加强肥水管理　合理的肥水管理不仅能使植物健壮地生长，而且能增强植物的抗病虫能力。使用肥料时，一是要注意氮、磷、钾及微量元素等营养成分的配合，讲究配方施肥，以防止施肥过量或出现缺素症；二是使用的有机肥要充分腐熟，否则，容易传播病菌、招引金龟子及种蝇等产卵为害。

浇水方式、浇水量、浇水时间等影响病虫害的发生。喷灌和洒水等方式容易引起叶部病害的发生，最好采用沟灌、滴灌或沿盆钵边缘注浇。浇水量要适宜，浇水过多易烂根，浇水过少则易使植物因缺水而生长不良，出现各种生理性病害或加重侵染性病害的发生。多雨季节要及时排水。

(4)适时间苗、定苗、整枝打杈与合理修剪　适时间苗、定苗、及时整枝打杈、合理修剪不仅可以改善通风透光、降低湿度、提高植物生长势，同时还可以直接消灭部分病虫，减轻其为害。例如，秋冬季节结合修枝，剪去有病枝条，减少翌年病害的初侵染源。

(5)中耕除草　中耕除草不仅可以保持土壤肥力，减少土壤水分的蒸发，促进植株健壮生长，提高抗逆能力，还可以清除许多病虫的发源地及潜伏场所。如杂草苋色藜是香石竹病毒病的中间寄主，铲除杂草可以起到减轻病害的作用；蛴螬生活在浅土层中，通过中耕，可使其暴露于土表，便于杀死。

5. 选育抗病虫品种

(1)培育抗病虫品种　培育抗病虫品种是预防病虫害的重要环节。培育抗病虫品种的方法很多，有常规育种、辐射育种、化学诱变、单倍体育种等。随着转基因技术的不断发展，将抗病虫基因导入植物体内，获得大量理想的抗性品种已逐步变为现实。

(2)繁育健壮种苗　许多病虫害是依靠种子、苗木及其他无性繁殖材料传播的，因而培育无病虫的健壮种苗，有效地控制病虫害的发生。

①无病虫苗床或圃地育苗　选取土壤疏松、排水良好、通风透光、无病虫为害的场所为苗床或育苗圃地。盆播育苗时应注意盆钵、基质的消毒，同时通过适时播种，合理轮作，整地

施肥以及中耕除草等，加强管理，使苗齐、苗全、苗壮、无病虫为害。

②无病株采种　植物的许多病害是通过种苗传播的，如小麦线虫病由种子传播，黄叶病由芽传播等。只有从健康母株上采种（芽），才能得到无病种苗，避免或减轻该类病害的发生。

③组培脱毒育苗　植物中病毒病发生普遍且严重，许多种苗都带有病毒，利用组培技术进行脱毒处理，对防治病毒病十分有效。如脱毒菊花苗、脱毒兰花苗等应用已成功。

（三）物理机械防治

利用各种物理因素和机械设备来防治病虫害的方法称为物理机械防治。这类方法简单易行，经济安全，很少有副作用，但有的措施费力，或者效果不理想。

1. 捕杀法

利用人工或各种简单的器械捕捉或直接消灭害虫的方法称捕杀法。人工捕杀适合于具有假死性、群集性或其他目标明显易于捕捉的害虫。如多数金龟甲、象甲的成虫具有假死性，可在清晨或傍晚将其震落杀死；结合病虫害发生地日常管理，人工捕杀虫苞、摘除虫卵、捕捉成虫等。此法不污染环境，不伤害天敌，不需额外投资，便于开展群众性防治。

2. 诱杀法

利用害虫的趋性，人为设置器械或诱物来诱杀害虫的方法称为诱杀法。利用此法还可以预测害虫的发生动态。

(1)灯光诱杀　利用害虫对灯光的趋性，人为设置灯光来诱杀害虫的方法称为灯光诱杀。生产上所用的光源主要是黑光灯，此外，还有高压电网灭虫灯等。

黑光灯是一种能辐射出 360 nm 紫外线的低气压汞气灯。而大多数害虫的视觉神经对波长 330～400 nm 的紫外线特别敏感，具有较强的趋光性，因而诱虫效果很好，能诱集 15 个目 100 多个科的几百种昆虫，其中多数是农林害虫。利用黑光灯诱虫，诱集面积大，成本低，不仅能消灭大量虫源，降低下一代的虫口密度，还可用于预测预报和科学实验。

安置黑光灯时应以安全、经济、简便为原则。诱虫时间一般在 5—9 月份，选择闷热、无风无雨、无月光的天气开灯，以 21:00—22:00 诱虫最多。

(2)食物诱杀

①毒饵诱杀　利用害虫的趋化性，在其所喜欢的食物中掺入适量毒剂来诱杀害虫的方法叫毒饵诱杀。例如，蝼蛄、地老虎等地下害虫，可用麦麸、谷糠等作饵料，掺入适量敌百虫、辛硫磷等药剂制成毒饵来诱杀。诱杀地老虎、梨小食心虫的成虫时，常以糖醋液作饵料，以敌百虫作毒剂来诱杀。

②饵木诱杀　许多蛀干害虫，如天牛、小蠹虫等喜欢在新伐倒木上产卵繁殖，因而可在这些害虫的繁殖期，人为地放置一些木段，供其产卵，待卵全部孵化后进行剥皮处理，消灭其中的害虫。

③植物诱杀　利用害虫对某些植物特殊的嗜食习性，人为种植或采集此种植物诱集捕杀害虫的方法。如在田园周围种植蓖麻，可使金龟甲误食后麻醉，从而集中捕杀。

(3)潜所诱杀　利用害虫在某一时期喜欢某一特殊环境的习性，人为设置类似的环境来诱杀害虫的方法称为潜所诱杀。如在树干基部绑扎草绳或麻布片，可引诱某些蛾类幼虫前来越冬；在蔬菜田内堆集新鲜杂草，能诱集地老虎幼虫潜伏草下，然后，集中消灭。

(4)色板诱杀　将黄色黏胶板设置于植物栽培区域，可诱粘到大量有翅蚜、白粉虱、斑潜蝇等害虫,其中以在温室保护地内使用时效果较好。田园设置蓝板可诱杀蓟马。

3.阻隔法

人为设置各种障碍,以切断病虫害的侵害途径,这种方法称为阻隔法,也叫障碍物法。

(1)涂毒环、涂胶环　对有上、下树习性的幼虫可在树干上涂毒环或涂胶环,以阻隔和触杀幼虫。毒环可用 2.5%溴氰菊酯 10 mL、氧化乐果 10 mL 加废机油 1 kg 混合,在树干离地面 2 m 左右处,涂 3～5 cm 宽的环,可达到防治目的。胶环的制作可用以下配方:蓖麻油 10 份、松香 10 份、硬脂酸 1 份。

(2)挖障碍沟　对不能迁飞只能靠爬行扩散的害虫,为阻止其迁移为害,可在未受害区周围挖沟,害虫坠落沟中后予以消灭。对紫色根腐病等借助菌索蔓延传播的根部病害,在受害植株周围挖沟能阻隔病菌菌索的蔓延。

(3)设障碍物　有的害虫雌成虫无翅,只能爬到树干上产卵。对这类害虫,可在上树前在树干基部设置障碍物阻止其上树产卵,如在树干上绑塑料布或在干基周围培土堆,制成光滑的陡面。

(4)土壤覆膜或盖草　许多叶部病害的病原物是在病残体上越冬的。蔬菜、花木栽培地早春覆膜或盖草(稻草、麦秸草等)可大幅度地减少叶部病害的发生。其原理是地膜或干草对病原物的传播起到了机械阻隔作用。

(5)纱网阻隔　对于保护地内栽培的植物,采用 40～60 目的纱网覆罩,可以隔绝蚜虫、叶蝉、粉虱、蓟马等害虫的为害,有效地减轻病毒病的侵染。

此外,在目的植物周围种植高秆且害虫喜食的植物,可以阻隔外来迁飞性害虫的为害;土表或苗床覆盖银灰色薄膜,可使有翅蚜远远躲避,从而保护植物免受蚜虫的为害并减少蚜虫传毒的机会。

4.汰选法

利用健全种子与被害种子外形大小、密度上的差异进行器械或液相分离,剔除带有病虫的种子。常用的方法有手选、筛选、盐水选等。带有病虫的种苗或苗木,有的用肉眼便能识别,因而引进、购买时,要汰除有病虫害的种苗或苗木,尤其是带有检疫对象的材料,一定要彻底检查,拒之门外。

5.温度处理法

利用高温或低温来防治病虫害的方法称温度处理法。生产上常用的是热处理法。

(1)种苗的热处理　种苗热处理的关键是温度和时间的控制,一般对休眠器官处理比较安全。热处理前应先进行试验。试验时升温要缓慢,使之有个适应温热的过程。

温汤浸种是生产上最常用的热处理。有根结线虫病的植物可在 45～65 ℃的温水中(先在 30～35 ℃的水中预热 30 min)处理 0.5～2 h,然后将植株用凉水淋洗;有病虫的苗木可用热风处理,温度为 35～40 ℃,处理时间为 1～4 周。

(2)土壤的热处理　现代温室土壤热处理是使用 90～100 ℃的蒸汽,处理时间为 30 min。蒸汽处理可大幅度降低地下害虫及多种土传病害的发生程度。在发达国家,蒸汽热处理已成为常规管理方法。

利用太阳能热处理土壤也是有效的措施。在 7—8 月份将土壤摊平做垄,垄为南北向,浇水并覆盖塑料薄膜(5 μm 厚为宜),在覆盖期间要保证有 10～15 d 的晴天,耕层温度可高达 60～70 ℃,能基本上杀死土壤中的病原物。温室大棚中的土壤也用此法处理,当夏季棚室休闲后，将门窗全部关闭并在土壤表面覆膜，能彻底地消灭棚室中的病虫害。

6. 近代物理技术的应用

近几年来，原子能、超声波、紫外线、红外线、激光、高频电流等，普遍应用于生物物理范畴，其中很多成果在病虫害防治中得到应用。

(1)原子能的利用　原子能可用来防治病虫害，例如，直接用 32.2 万 R(1 R＝2.58×10^{-4} C/kg)的 ^{60}Co γ 射线照射仓库害虫，可使害虫立即死亡。也可使用 6.44 万 R 剂量，仍有杀虫效力，部分未被杀死的害虫，虽可正常生活和产卵，但生殖能力受到了损害，所产的卵粒不能孵化。

(2)高频、高压电流的应用　在高频率电场中，由于温度增高等原因，可使害虫迅速死亡。该法主要用于防治仓储害虫、土壤害虫等。

高压放电也可用来防治害虫，如国外设计一种机器，两电极之间可以形成 5 cm 的火花，在火花的作用下，土壤表面的害虫在很短时间内就可死亡。

(3)超声波的应用　利用振动在 2 万次/s 以上的声波所产生的机械动力或化学反应来杀死害虫，例如，对水源的消毒灭菌、消灭植物体内部害虫等。也可利用超声波或微波引诱雄虫远离雌虫，从而阻止害虫的繁殖。

(4)光波的利用　一般黑光灯诱集的昆虫中有害虫也有益虫，近年来，根据昆虫复眼对各种光波具有很强鉴别力的特点，采用对波长有调节作用的“激光器”，将特定虫种诱入捕虫器中加以消灭。

(四)生物防治

利用有益生物及其代谢物质来控制病虫害称为生物防治法。

生物防治的特点是对人畜、植物安全，害虫不产生抗性，天敌来源广，且有长期抑制作用。但局限于某一虫期，作用慢，成本高，人工培养及使用技术要求比较严格。必须与其他防治措施相结合，才能充分发挥其应有的作用。

1. 利用天敌昆虫防治害虫

(1)捕食性天敌昆虫　专以其他昆虫或小动物为食物的昆虫，称为捕食性天敌昆虫。这类昆虫用它们的咀嚼式口器直接蚕食虫体的一部分或全部；有些则用刺吸式口器刺入害虫体内吸食害虫体液使其死亡。这类天敌，一般个体较被捕食者大，在自然界中抑制害虫的作用十分明显。例如，螳螂、瓢虫、草蛉、猎蝽、食蚜蝇、虎甲、蜻蜓等是最常见的捕食性天敌昆虫。

(2)寄生性天敌昆虫　一些昆虫种类，在某个时期或终身寄生在其他昆虫的体内或体外，以其体液和组织为食来维持生存，最终导致寄主昆虫死亡，这类昆虫称为寄生性天敌昆虫。其个体一般较寄主小，数量比寄主多，在 1 个寄主上可育出一个或多个个体。常见的类群有赤眼蜂、姬蜂、小茧蜂、蚜茧蜂、土蜂、肿腿蜂、黑卵蜂及寄蝇类等。

(3)天敌昆虫利用的途径和方法

①当地自然天敌昆虫的保护和利用　自然界中天敌的种类和数量很多，要善于保护和利用。如化学防治时，选用选择性强或残效期短的杀虫剂，选择适当的施药时期和方法，以减少杀虫剂对天敌的伤害；搜集瓢虫、螳螂等越冬成虫在室内保护，翌年春再放回田间，以保护天敌安全越冬；适当种植蜜源植物，改善天敌的营养条件等。

②人工大量繁殖释放天敌昆虫　人工大量繁殖天敌，在害虫发生初期释放，可取得较显

著的防治效果。已繁殖利用成功的有赤眼蜂、异色瓢虫、黑缘红瓢虫、草蛉、平腹小蜂、管氏肿腿蜂等。

③移殖、引进外地天敌　移殖是指天敌昆虫在本国(地区)范围内移地繁殖,引进是指从一个国家(地区)移入另一个国家(地区)。1978 年我国从英国引进的丽蚜小蜂,在北京等地试验,控制温室白粉虱的效果十分显著。1953 年湖北省从浙江移殖大红瓢虫防治柑橘吹绵蚧获得成功,之后,四川、福建、广西等地也移殖了这种瓢虫,均获成功。

2.利用其他有益动物防治害虫

(1)蜘蛛和捕食螨治虫　蜘蛛为肉食性,主要捕食昆虫。捕食螨是指捕食叶螨和植食性害虫的螨类。重要科有植绥螨科、长须螨科。如尼氏钝绥螨、拟长毛钝绥螨已能人工饲养繁殖并释放于温室和田间,对防治叶螨收到良好效果。

(2)蛙类治虫　青蛙、蟾蜍等主要以昆虫及其他小动物为食,所捕食的昆虫,绝大多数为农林害虫。蛙类食量很大,如泽蛙 1 d 可捕食叶蝉 260 头。为发挥蛙类治虫的作用,除严禁捕杀蛙类外,还应加强人工繁殖和放养蛙类,保护蛙卵和蝌蚪。

(3)鸟类治虫　据调查,我国现有 1 100 多种鸟,其中食虫鸟约占半数,对抑制植物害虫的发生起到了一定作用。

3.利用有益微生物防治病虫害

(1)以菌治虫　人为利用病原微生物防治害虫的方法称为以菌治虫,能使昆虫得病而死的病原微生物有真菌、细菌、病毒、立克次氏体、原生动物及线虫等。生产上应用较多的是真菌、细菌、病毒。

①细菌　昆虫病原细菌已经发现的有 90 余种,多属于芽孢杆菌科、假单胞杆菌科和肠杆菌科。在害虫防治中应用较多的是芽孢杆菌属和芽孢梭菌属。病原细菌主要通过消化道侵入虫体内,导致败血症或由于细菌产生的毒素使昆虫死亡。被细菌感染的昆虫,食欲减退,口腔和肛门具黏性排泄物,死后虫体颜色加深,并迅速腐败、变形、软化、组织溃烂,有恶臭味,通称软化病。

我国应用最广的细菌制剂主要有苏云金杆菌(包括松毛虫杆菌、青虫菌均为其变种)。这类制剂无公害,可与其他农药混用。并且对温度要求不严,在温度较高时发病率高,对鳞翅目幼虫防效好。

②真菌　病原真菌的类群较多,约有 750 种,但研究较多且实用价值较大的主要是接合菌中的虫霉属,半知菌中的白僵菌属、绿僵菌属及拟青霉属。病原菌以其孢子或菌丝从体壁侵入昆虫体内,以虫体各种组织和体液为营养,随后虫体上长出菌丝,产生孢子,随风和水流进行再侵染。感病昆虫常出现食欲锐减、虫体萎缩,死后虫体僵硬,体表布满菌丝和孢子。

应用较为广泛的真菌制剂是白僵菌,可有效地控制鳞翅目、同翅目、膜翅目、直翅目等害虫,而且对人畜无害,不污染环境。

③病毒　昆虫的病毒病在昆虫中很普遍,利用病毒来防治害虫,其主要特点是专化性强,在自然情况下,常寄生 1 种害虫,不存在污染与公害问题。昆虫感染病毒后,虫体多卧于或悬挂在叶片及植株表面,后期流出大量液体,但无臭味,体表无丝状物。

在已知的昆虫病毒中,防治应用较广的有核型多角体病毒(NPV)、颗粒体病毒(GV)和质型多角体病毒(CPV)3 类。这些病毒主要感染鳞翅目、双翅目、膜翅目、鞘翅目等的幼虫。

④线虫　有些线虫可寄生地下害虫和钻蛀害虫，导致害虫受抑制而死亡。被线虫寄生的昆虫通常表现为褪色或膨胀、生长发育迟缓、繁殖能力降低，有的出现畸形。国外利用线虫防治害虫的研究正在形成生防热点，我国线虫研究工作，起步虽晚，但进度很快。可以预测利用线虫进行生物防治，不久就会取得满意的效果。

⑤杀虫素　某些微生物在代谢过程中能够产生杀虫的活性物质，称为杀虫素。取得一定成效的有杀蚜素、T21、44号、7180、浏阳霉素等。近些年来，大批量生产并取得显著成效的有阿维菌素、浏阳霉素等。该类药剂杀虫效力高、不污染环境、对人畜无害，符合当前无公害生产的原则，因而受到欢迎。

(2)以菌治病　某些微生物在生长发育过程中能分泌一些抗菌物质，抑制其他微生物的生长，这种现象称拮抗作用。利用有拮抗作用的微生物来防治植物病害，有的已获得成功。如利用哈氏木霉菌防治茉莉花白绢病，有很好的防治效果。目前，以菌治病多用于土壤传播的病害。

4.利用昆虫激素防治害虫

昆虫的激素分外激素和内激素两大类型。

(1)昆虫外激素的应用　昆虫的外激素是昆虫分泌到体外的挥发性物质，是昆虫对它的同伴发出的信号，便于寻找异性和食物。已经发现的有性外激素、结集外激素、追踪外激素及告警激素，目前，研究应用最多的是雌性外激素。某些昆虫如棉铃虫、马尾松毛虫、桃小食心虫、梨小食心虫、苹小卷叶蛾等的雌性外激素已能人工模拟合成，称为性诱剂，在害虫的预测预报和防治方面起到重要的作用。

①诱杀法　利用性诱剂将雄蛾诱来，配以黏胶、毒液等方法将其杀死。

②迷向法　成虫发生期，在田间喷洒适量的性诱剂，使其弥漫在大气中，使雄蛾无法寻找雌蛾，从而干扰正常的交尾活动。

③绝育法　将性诱剂与绝育剂配合，用性诱剂把雄蛾诱来，使其接触绝育剂后绝育，从而起到灭绝后代的作用。

④应用于害虫的预测预报，利用性诱剂引诱某种害虫，可掌握该种害虫发生初期、盛期、末期及发生量，对防治有着指导作用。

(2)昆虫内激素的应用　昆虫内激素是分泌在体内的一类激素，用以控制昆虫的生长发育和蜕皮。昆虫内激素主要有保幼激素、脱皮激素及脑激素。在害虫防治方面，如果人为地改变内激素的含量，可阻碍害虫正常的生理功能，造成畸形，甚至死亡。人们合成多种人工模拟内激素特异性杀虫剂应用于生产中，如保幼炔(保幼激素类似物)、抑食肼(脱皮激素)、灭幼脲及扑虱灵(几丁质合成抑制剂)等。

(五)化学防治

化学防治是指用各种有毒的化学药剂来防治病虫害、杂草等有害生物的防治方法。

化学防治具有快速高效，使用方法简单，不受地域限制，便于大面积机械化操作等优点。但是，容易引起人畜中毒，污染环境，杀伤天敌，引起次要害虫再猖獗，并且长期使用同一种农药，可使某些害虫产生不同程度的抗药性等缺点。人们可以通过选用选择性强、高效、低毒、低残留的农药以及通过改变施药方式、减少用药次数等措施逐步加以解决，同时还要与其他防治方法相结合，扬长避短，充分发挥化学防治的优越性，减少其毒副作用。

四、操作方法及考核标准

(一)操作方法与步骤

(1)在实习实训前，要熟悉病虫害防治的各种方法，为实习实训打下良好的基础。

(2)本实习实训可与生产实习、生产劳动结合进行，以达到掌握病虫害防治措施为目的。

(二)技能考核标准

见表 6-1-1。

表 6-1-1　病虫害综合防治技能考核标准

考核内容		评分标准	标准分值	需要时间	熟练程度	考核方法
植物检疫(25 分)	1.植物检疫的任务	准确说出植物检疫的 3 项任务，酌情扣分	5	训练 2 d，考核 10 min	熟练掌握	单人考核口试评定成绩
	2.植物检疫的类型	准确说出植物检疫 2 种类型，每种类型 5 分	10			
	3.对内植物检疫的步骤	准确说出植物检疫的 4 个步骤，每项 2.5 分	10			
农业防治(15 分)	1.农业防治 5 种方法	准确说出农业防治 5 种具体的方法，每种方法 2 分	10	训练 2 d 考核 10 min	熟练掌握	单人操作考核
	2.间作和轮作	能正确说出间作和轮作，5 分	5			
物理机械防治(40 分)	1.物理机械防治 6 种方法	准确说出物理机械防治 6 种方法，每种方法 2 分	12	训练 2 d 考核 10 min	掌握	单人操作考核
	2.灯光诱杀	正确说出黑光灯诱杀害虫时，使用时间、条件、诱杀效果，10 分	10			
	3.毒饵诱杀	能正确使用毒饵诱杀防治害虫的方法，8 分	8			
	4.涂毒环	能正确使用涂毒环防治害虫，10 分	10			
生物防治(20 分)	1.天敌昆虫利用的途径和方法	能准确说出 3 种天敌昆虫利用的途径和方法，每种途径和方法 5 分	15	训练 2 d 考核 10 min	掌握	单人操作考核
	2.有益微生物防治病虫害	能准确说出防治病虫害 2 大类微生物，5 分	5			

五、练习及思考题

1.防治作物病虫害的方法有哪些？

2.植物检疫的工作范围是什么？

3.确定检疫对象的原则是什么？

4.在农业生产中，如何利用天敌昆虫防治害虫？

参考答案 6-1

5. 常用植物检疫检验方法有哪些？

6. 怎样利用微生物及其代谢产物防治作物病害？

项目 2　综合防治方案制订

一、技能学习目标

通过实训，学生应掌握制订综合防治方案的方法。结合病虫害发生的实际情况，能够撰写出技术水平较高的综合防治方案，并能指导植物病虫害防治工作。

课程学习 6-2

二、教学资源

1. 材料与工具

当地有关病虫害的历史资料、气象资料、植物种类、植物生产技术方案、病虫害种类及分布情况等资料。

2. 教学场所

教室、实验室或实训室。

3. 师资配备

每 20 名学生配备一位指导教师。

三、原理知识

综合防治是对有害生物进行科学管理的体系。综合防治是一种要求努力调节环境条件、充分利用自然控制因素、协调各种防治措施以降低主要病虫害的危害程度。

(一)基本原则和要求

(1)制订植物病虫害防治方案要贯彻“预防为主、综合防治”的植保工作方针，防治病虫害要保证服从于植物高产、优质、高效的生产目标。

(2)从植物生态学的观点出发，全面考虑植物生态平衡、保护环境、社会效益和经济效益。

(3)从实际出发，目的明确，内容具体，语言简明、流畅。量力而行，有可操作性。

(4)因地制宜地将主要害虫的种群和病害的发生危害程度控制在经济危害水平以下。

(5)充分利用植物生态系统中各种自然因素的调节作用，因地制宜地将各种防治措施，如植物检疫、物理机械防治、农业防治、生物防治和化学防治等，纳入当地植物生产技术措施体系中，以获得最高的产量、最好的产品质量、最佳的经济和社会效益。

(二)植物病虫害综合防治方案的类型

(1)以一种主要害虫为对象的综合防治方案，如制订“蝼蛄综合防治方案”。

(2)以一种植物所发生的主要病害为对象的综合防治方案，如制订“杨树病害综合防治方案”。

(3)以某一地区植物发生病虫害为对象，制订病虫害综合防治方案。

(三)植物病虫害综合防治方案的基本内容

标题：×××综合防治方案。

单位名称：略。

前言：概述本区域、植物、病虫害的基本情况。

正文内容包括：

(1)基本条件：分析土壤肥力、气候条件、灌溉和施肥水平等基本生产条件。

(2)主要栽培技术措施：前茬植物种类、栽培品种的特性、肥料使用计划、灌水量及次数、田间管理的主要技术措施指标等。

(3)分析发生的主要病虫害种类及天敌控制情况。

(4)综合防治措施：根据当地具体情况，依据植物及主要病虫害发生的特点统筹考虑、确定及整合各种防治措施。

在正文中，以综合防治措施为重点，按照制订植物病虫害综合防治方案的原则和要求具体撰写。

四、操作方法及考核标准

(一)操作方法与步骤

1. 基本情况调查

(1)了解当地植物的丰产栽培技术情况。

(2)了解掌握当地植物栽培品种的抗病性和抗虫性等情况。

(3)了解掌握当地植物主要常发生病虫害的种类、发生情况和发生规律。

(4)了解分析当地气候条件对该植物生长发育和对主要病虫害种类发生情况的影响。

(5)了解地势情况、土壤类型、机器设备、灌溉条件、资金状况、植物分布、技术人员水平、历年防治措施等。

(6)了解分析当地前茬植物种类、土壤状况及对植物生产和主要病虫害发生发展的影响。

2. 编写“作物病虫害综合防治方案”

编写你所在地的“作物病虫害综合防治方案”，并结合生产实践的环节，指寻实施。

(二)技能考核标准

见表 6-2-1。

表 6-2-1　病虫害综合防治方案技能考核标准

考核内容		评分标准	标准分值	需要时间	熟练程度	考核方法
综合防治措施的确定(60 分)	1. 基本生产条件清楚	基本生产条件阐述得不清楚酌情扣分	10	训练 6 h 考核 90 min	熟练掌握	单人模拟考核报告评分
	2. 确定符合生产实际的防治措施	主要防治措施不符合要求酌情扣分	20			
	3. 制订的防治措施全面、具体	制订的防治措施不全面、不具体酌情扣分	20			
	4. 措施可操作性强	措施可操作性不强酌情扣分	10			

续表 6-2-1

考核内容		评分标准	标准分值	需要时间	熟练程度	考核方法
文章结构（40分）	1.方案结构合理	文章结构不符合要求酌情扣分	20			
	2.语言流畅、内容具体	语言不流畅、空洞不具体酌情扣分	20			

五、练习及思考题

参考答案 6-2

1.制订综合防治方案应考虑哪些要素？

2.综合防治方案包括哪几部分？

专业技能篇

典型工作任务七　水稻植保技术

典型工作任务八　小麦植保技术

典型工作任务九　玉米植保技术

典型工作任务十　大豆植保技术

典型工作任务十一　马铃薯植保技术

典型工作任务十二　棉花病虫害防治技术

典型工作任务十三　甘薯、烟草及糖料作物病虫害防治技术

典型工作任务十四　果树病虫害防治技术

典型工作任务十五　蔬菜病虫害防治技术

典型工作任务七

水稻植保技术

科技阅读窗

黑龙江省是我国粮食安全的“压舱石”，其粮食产量，特别是水稻的产量对我国的粮食安全具有举足轻重的作用。黑龙江省大面积种植水稻却不足 50 年，取得这样的成绩，离不开广大人民群众的辛勤耕耘，也离不开无数科技工作者的开拓奉献，其中在促进黑龙江省种植结构改革，水稻大面积种植中具有突出贡献的杰出代表就是“北大荒水稻之父”——徐一戎。

思政学习 3　“北大荒水稻之父”——徐一戎

项目1　水稻播前及育秧期植保技术

一、技能学习目标

课程学习 7-1

通过对水稻播前和育秧期主要病害的症状识别、病原物形态观察和对主要害虫的危害特点、形态特征识别及田间调查和参与病虫害防治，掌握常见病虫害的识别要点，熟悉病原物形态特征，能识别水稻播前和育秧期主要病虫害，能进行发生情况调查、能分析发生原因，能制订防治方案并实施防治。

二、教学资源

1. 材料与工具

水稻恶苗病、水稻青枯病、水稻立枯病、水稻烂秧等病害盒装标本及新鲜标本、病原菌玻片标本，地下害虫等浸渍标本、生活史标本及部分害虫的玻片标本。显微镜、体视显微镜、放大镜、镊子、挑针、刀片、滴瓶、蒸馏水、培养皿、载玻片、盖玻片、解剖刀、酒精瓶、指型管、采集袋、挂图、多媒体课件(包括幻灯片、录像带、光盘等影像资料)、记载用具等。

2. 教学场所

教学实训水稻育秧棚、实验室或实训室。

3. 师资配备

每 20 名学生配备一位指导教师。

三、原理与知识

种子处理的主要目的是防治种传病害的发生。种传病害是指植物病害的病原物以种子(种苗)作载体或媒介传播为害新生植物体，导致新生植物体局部或整体发病。种子处理常用的方法有药剂浸种和种子包衣两种。水稻药剂浸种主要用于防治恶苗病。

(一)水稻恶苗病

1. 症状

水稻恶苗病由半知菌亚门镰孢属的串珠镰孢菌引起(图 7-1-1)。从苗期至抽穗期均可发生。病苗通常表现徒长，比健苗高 1/3 左右。植株细弱，叶片、叶鞘狭长，呈淡黄绿色，根部发育不良。本田期一般在移栽后 15～30 d 出

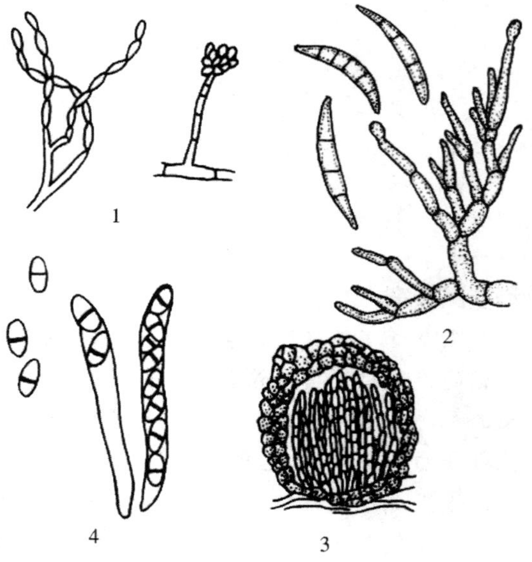

图 7-1-1　水稻恶苗病病原菌

(仿 中国水稻病害及其防治. 洪剑鸣. 2006)

1. 分生孢子梗和小型分生孢子
2. 分生孢子梗和大型分生孢子
3. 子囊壳　4. 子囊和子囊孢子

现症状，症状除与病苗相似以外，还表现分蘖少或不分蘖，节间显著伸长，病株地表上的几个茎节上长出倒生的不定根，以后茎秆逐渐腐烂，叶片自上而下干枯，多在孕穗期枯死。在枯死植株的叶鞘和茎秆上生有淡红色或白色粉霉。抽穗期谷粒也可受害，严重的变为褐色。

2. 病原

病原为串珠镰孢 *Fusarium moniliforme* Sheld.，属半知菌亚门真菌。分生孢子有大小两型，小型分生孢子卵形或扁椭圆形，无色单胞，呈链状着生，大小(4～6) μm×(2～5) μm。大型分生孢子多为纺锤形或镰刀形，顶端较钝或粗细均匀，具 3～5 个隔膜，大小(17～28) μm×(2.5～4.5) μm，多数孢子聚集时呈淡红色，干燥时呈粉红色或白色。有性态称藤仓赤霉，属子囊菌亚门真菌。子囊壳蓝黑色球形，表面粗糙，大小(240～360) μm×(220～420) μm。子囊圆筒形，基部细而上部圆，内生子囊孢子 4～8 个，排成 1～2 行，子囊孢子双胞无色，长椭圆形，分隔处稍缢缩，大小(5.5～11.5) μm×(2.5～4.5) μm。

3. 发病规律

带菌种子是主要初侵染源，其次是带菌稻草。播种带菌种子或用病稻草作覆盖物，当稻种萌发后，病菌即可从芽鞘侵入幼苗引起发病。病死植株上产生的分生孢子可传播到健苗，从茎部伤口侵入，引起再侵染。带菌秧苗移栽到大田后，在适宜条件下陆续表现出症状。水稻扬花时，枯死或垂死病株上产生的分生孢子借风雨、昆虫等传播到花器上进行再侵染，感染早的谷粒受害，感染迟的虽外表无症状，但谷粒已带菌。

一般土温为 30～35 ℃时，最适合发病。移栽时，若遇高温烈日天气，发病较重。伤口有利于病菌侵入，旱育秧比水育秧发病重，长期深灌、多施氮肥等均会加重发病。一般粳稻发病较籼稻重。

4. 防治措施

(1)建立无病留种田和进行种子处理　水稻恶苗病是以种子传播为主的病害，种子带菌是主要的侵染来源，因此建立无病留种田、选留无病种子和做好种子处理是防治的关键。留种应选择无病或发病轻的田块，单打单收。

(2)种子处理　可用25%咪鲜胺乳油 3 000 倍液浸种 48～60 h 或 25%咪鲜胺乳油 25 mL+芸薹素内酯 20 mL 加入 120 L 水混配，可浸 100 kg 水稻种子，浸种 5～7 d，水温 10～15 ℃。

(3)种子包衣　选 15%戊唑醇 2 kg 种衣剂，兑水 1.2～1.6 kg，包衣 100 kg 水稻种子，阴干 2～3 d，常规浸种催芽，防治恶苗病，同时防治水稻立枯病，严禁使用循环水催芽泵催芽。

(4)加强农业防治措施　如及时处理病稻草；催芽不可太长(以免下种时受伤)；拔秧时尽量避免秧根损伤过重，苗床旱育秧要尽量缩短苗床盖膜时间；发现病株应立即拔除等。

防治恶苗病应注意同一类杀菌剂长期使用容易产生病菌的抗药性。因此，应注意观察药效的变化情况，一旦药效下降应及时更换药剂。

(二)水稻立枯病

立枯病是一种土传病害，是旱育秧田常见的病害。由于土壤消毒不彻底，气候失常(持续低温或气温忽高忽低)苗期管理不当等条件，有利于此病发生。所以，床土调酸、消毒是旱育苗防御立枯病的主要措施。

1. 症状

水稻立枯病较为复杂，常见的有如下几种症状。

(1)芽腐　发生在幼苗出土前后。幼苗的幼芽或幼根变褐色，病芽扭曲至腐烂而死，在种子或芽基部生有白色或粉红色霉层。

(2)针腐　幼苗立针期至2叶期。病苗心叶枯黄，叶片不展开，茎基部变褐，种子与茎基交界处有霉层，潮湿时茎基部软弱，易折断。

(3)黄枯　发生于3叶期，病菌叶尖不吐水，并逐渐萎蔫、枯黄，仅心叶残留少许青色而卷曲。

2. 防治措施

(1)农业防治　精选种子，避免用有伤口的种子播种，要适期播种；做好种子处理，培育壮苗，提高播种和育苗技术；秧田水层过深，播种后发生“浮秧”“翻根”“倒苗”等造成烂秧的，要立即排水，促进扎根；搞好肥水管理，避免用冷水直接灌溉，在3叶期前早施断奶肥，切实掌握“前控后促”和“低氮高磷钾”的施肥原则。

(2)土壤消毒　选用3.5%多抗霉素2～3 mL/m^2 或30%甲霜·噁霉灵水剂2 500倍液200 kg，均匀喷洒于置床上预防立枯、青枯病。

(3) 苗后消毒　可在水稻叶龄1.5～2.5叶期，用pH为4.0～4.5的酸水，配合土壤杀菌剂，各喷施1次。

(三)水稻青枯病

水稻青枯病是寒地水稻苗床的主要病害之一，发生于3叶期突遇低温后，引起秧苗生理性失水而产生青枯病。在气候失常时，病株最初不吐水，成簇、成片发生。

1. 症状

青枯病为心叶或上部叶卷成柳叶状。幼苗迅速失水，表现青枯。

2. 防治技术

提高棚室温度至7 ℃以上，在7 ℃以下易引起冷害而发生水稻青枯病。

(1)防低温冷害　提高棚室温度。可在小棚室内点蜡烛或点煤油灯；在大棚内可用烟雾熏蒸或点煤油灯以防低温冷害发生苗期青枯病。

(2)保水处理　可选用30% ASA。30% ASA是新型高效植物保水剂，通过调节秧苗叶片气孔的启闭，以抑制叶片水分蒸腾，提高水稻秧苗保水能力，促进根系发达，达到控制青枯病发生的目的。发病前预防：于水稻一叶一心期喷雾，每2 m^2 苗床30% ASA用量为10 g，兑适量水浇灌，也可与苗床除草剂、杀菌剂混用；青枯病发病后可加大用量到7.5～10 g/m^2，兑水适量浇灌。近几年来，有些微生物菌剂用在水稻一叶一心期，也能取得良好的预防效果。

(四)秧田除草

1. 苗床封闭除草

50%杀草丹50～60 mL/100 m^2，或60%丁草胺乳油100～140 mL/100 m^2，兑水喷雾。喷完后要盖地膜、铺平，四周用土压好边。

2. 苗后除草

防除稗草时在稻苗1.1叶期，每100 m^2 选用16%敌稗乳油150～175 mL或在稻苗1.5～2.5叶期，每100 m^2 用10%氰氟草酯乳油7.5～9 mL；防除多种阔叶杂草时每100 m^2 选用48%灭草松水剂25～30 mL；防除稗草等一年生禾本科杂草和多种阔叶杂草：或每100 m^2 选用48%灭草松25～30 mL＋10%氰氟草酯7.5～9 mL，茎叶喷雾对水量均需1～3 kg。不能用二氯喹啉酸，否则造成潜在药害，5叶期心叶抽不出，影响分蘖。48%灭草松＋10%氰氟草酯是比较理想的方案，优点是安全、控草期适宜、杀草谱宽。

四、操作方法及考核标准

(一)操作方法与步骤

1.病害症状观察

(1)水稻恶苗病的观察 比较在水稻不同生长阶段感染恶苗病的症状差别,注意观察水稻恶苗病病株大小及倒生根情况。

扩展学习 7-1 水稻病虫害形态识别(一)

(2)水稻青枯病的观察 观察水稻青枯病的发病症状,注意分析青枯病发生时期与气候因素和栽培水平的关系。

(3)水稻立枯病的观察 观察水稻立枯病的发病症状,比较不同类型水稻立枯病的症状差别。

2.病原观察

(1)取水稻恶苗病病菌,观察不同类型分生孢子的特征。

(2)取不同类型水稻立枯病病菌,观察比较不同病原菌的形态特征。

(二)技能考核标准

见表 7-1-1。

表 7-1-1 水稻播前及育秧期植保技术技能考核标准

考核内容		评分标准	标准分值	考核方法
职业技能(100 分)	1.病虫识别	根据识别病虫的种类多少酌情扣分	10	1~3 项为单人考核口试评定成绩
	2.病虫特征介绍	根据描述病虫特征准确程度酌情扣分	10	
	3.病虫发病规律介绍	根据叙述的完整性及准确度酌情扣分	10	
	4.病原物识别	根据识别病原物种类多少酌情扣分	10	4~7 项以组为单位考核,根据上交的标本、方案及防治效果等评定成绩
	5.标本采集	根据采集标本种类、数量、质量多少酌情扣分	10	
	6.制订病虫害防治方案	根据方案科学性、准确性酌情扣分	20	
	7.实施防治	根据方法的科学性及防效酌情扣分	30	

五、练习及思考题

参考答案 7-1

1.水稻生理性烂秧和侵染性烂秧有什么区别?

2.生产中如何防治水稻立枯病?

3.水稻青枯病产生的根本原因是什么?如何防治?

项目 2 水稻移栽及分蘖期植保技术

一、技能学习目标

课程学习 7-2

通过对水稻移栽及分蘖期主要病害的症状识别、病原物形态观察和对主要害虫的为害特点、形态特征识别及田间调查和参与病虫害防治，掌握常见病虫害的识别要点，熟悉病原物形态特征，能识别水稻移栽及分蘖期主要病虫害，能进行发生情况调查、分析发生原因，制订防治方案并实施防治。掌握水稻插秧前后的封闭除草技术。

二、教学资源

1. 材料与工具

水稻潜叶蝇、水稻负泥虫、水稻蓟马和稻水象甲以及水稻根结线虫等害虫的浸渍标本、生活史标本及部分害虫的玻片标本。显微镜、体视显微镜、放大镜、镊子、挑针、刀片、滴瓶、蒸馏水、培养皿、载玻片、盖玻片、解剖刀、酒精瓶、指型管、采集袋、挂图、多媒体课件(包括幻灯片、录像带、光盘等影像资料)、记载用具等。

2. 教学场所

教学实训水田、实验室或实训室。

3. 师资配备

每 20 名学生配备一位指导教师。

三、原理与知识

(一)水稻潜叶蝇

水稻潜叶蝇[*Hydrellia griseola* (Fallén)]又名稻小潜叶蝇、螳螂蝇，属双翅目水蝇科。分布在长江流域及以北水稻栽培区，北方稻区发生较多。过去为东北地区秧田期重要害虫，近年由于水稻播种和插秧期提前，所以本田期也能造成相当大的危害。

寄主植物：稻小潜蝇除为害水稻外，还取食大麦、小麦、燕麦等，并取食一些禾本科杂草。

为害特点：以幼虫潜入叶片内部潜食叶肉，仅留上下两层表皮，使叶片呈白条斑状。受害后，最初叶面出现芝麻大小的黄白色“虫泡”，形成“虫泡”后继续咬食，被害叶片形成黄白色枯死弯曲条斑，严重时扩展成片，使叶片枯死。当叶内幼虫较多时，整个叶片发白，可造成全株枯死，受害的地块大量死苗，水从蛀孔侵入，导致稻苗腐烂。

1. 形态识别

(1)成虫　青灰色小蝇子，有绿色金属光泽(图 7-2-1)。体长 2～3 mm，翅展 2.4～2.6 mm。头部暗灰色，额面银白色，复眼黑褐色；触角黑色，触角芒的一侧有 5 根小短毛。足灰黑色，中、后足跗节第 1 节基部黄褐色。

(2)幼虫　体长 3～4 mm，圆筒形，稍扁平，乳白色至乳黄色，各体节有黑褐色短刺围绕，腹末呈截断状，腹部末端有 2 个黑褐色气门突起，以此为中心，轮生黑褐色短刺。

(3)卵　乳白色，长椭圆形，长约 1 mm，上有细纵纹。

(4)蛹　围蛹，黄褐色，长约 3 mm，尾端与幼虫相似。

图 7-2-1　水稻潜叶蝇成虫
(仿 周尧)

2. 发生规律

(1)生活习性　东北一年发生 4～5 代，以成虫在水沟边杂草上过冬。成虫有补充营养习性。幼虫孵化后以锐利的口钩咬破稻叶面，取食叶肉，随着虫龄增大，7～10 d 潜道加长至 2.5 cm 时，在潜道中化蛹。

(2)温湿度条件　稻小潜叶蝇是对低温适应性强的害虫，在我国北方高寒稻区发生较多，长江下游地区，在4、5月份气温较低的年份，也能发生。当气温达11～13 ℃时，成虫最活跃。气温升高，稻株长得健壮，伏在水面上的叶片少，不适宜产卵。水温达到30 ℃，幼虫死亡率可达50%以上。因此，高温限制了稻小潜叶蝇在水稻上继续为害，迁移到水生杂草上栖息。

(3)栽培管理　稻小潜叶蝇幼虫只能取食幼嫩稻叶，对于分蘖后的老叶不再取食。因此，稻小潜叶蝇的发生和消长与水稻栽培制度有着密切关系。如东北地区采用提前播种、集中育苗、缩短插秧期等水稻高产栽培技术，稻苗高6～10 cm，正值第一代成虫发生盛期，秧田受害严重。插秧时还有一部分卵未孵化，被带到本田，本田水稻受到第二代幼虫为害。东北地区主要以第二代幼虫为害水稻。

成虫喜欢在伏于水面的稻叶上产卵。灌水深的稻田，叶片多伏在水面上，卵量多，且多产在下垂或平伏水面的叶片尖部，深水还有利于幼虫潜叶。浅水灌溉的水稻，卵多产在叶片基部，卵量少。幼虫在直立叶片上潜食，常因缺水而死亡。转株潜食也需要足够的湿度，因此，浅灌比深灌的稻田受害轻。近年来，由于提前育苗，如果秧田管理不好，造成稻苗细弱，插秧后叶片漂浮在水面上，加重了稻小潜叶蝇的为害。

3.防治方法

(1)农业防治　稻小潜蝇仅1、2代幼虫取食水稻，其余世代在田边杂草上繁殖，清除田边杂草可减少虫源。培育壮苗，生长健壮，不倒伏，不利于水稻小潜蝇的潜食。浅水灌溉，提高水温，有利于稻苗生长，也有利于控制稻小潜蝇的发生。

(2)药剂防治　药剂防治的重点是播种早、插秧早、长势弱的稻田。可选用40%乐果乳油800～1 000倍液。为了防止将虫卵或幼虫从秧田带入本田，减少本田施药的面积，插秧前，如发现秧田幼虫和卵较多时，可在秧田喷药后再插秧。

(二)水稻负泥虫

水稻负泥虫俗称背粪虫、巴巴虫，在我国主要发生于东北及中南部的一些水稻产区，在黑龙江省是水稻常发性害虫。除为害水稻外，还可为害谷子、游草、芦苇、碱草等。负泥虫以幼虫和成虫为害水稻，沿叶脉取食叶肉，造成白色纵痕，重者造成全叶变白，以致破裂、腐烂，造成缺苗。即使存活也将造成水稻迟熟，影响产量。

1.被害状识别

主要发生于水稻幼苗期，以幼虫和成虫取食叶片。沿叶脉取食叶肉，使叶片造成许多白色纵痕条纹。受害重的稻苗枯焦、破裂，甚至全株枯死，即使未死，也会造成晚熟。一般被害叶片上可见背负粪团的头小、背大而粗、多皱纹的乳白色至黄绿色寡足型幼虫。

2.形态特征

负泥虫[*Oulema oryzae* (Kuwayama)]属鞘翅目、叶甲科。幼虫为寡足型，成虫为小甲虫(图7-2-2)。

(1)幼虫　老熟幼虫体长4～6 mm，头小，黑褐色。胸、腹部为乳白色至黄绿色，体背隆起，多皱褶，自中后胸各节有褐色毛瘤10～11对。肛门向上开口，粪便排出后堆积在虫体背上，故称负泥虫。

(2)成虫　体长4.0～4.5 mm，头黑色，前胸背板淡褐色到红褐色，有金属光泽及细刻点，后部略缢缩。鞘翅青蓝色，有金属光泽，每鞘翅上有纵行刻点4行。前胸腹板、腹部及足跗节均为黑色，其他足节为黄至黄褐色。

3.发生规律

负泥虫在全国各地每年发生1代，以成虫在稻田附近的背风、向阳的山坡、田埂、沟边的石块下和禾本科杂草间或根际的土块下越冬。

在黑龙江省，越冬成虫于5月中、下旬开始活动，聚集在杂草上，当稻田插秧后，成虫则转移到稻田幼苗嫩叶上开始危害叶片，沿叶脉纵向取食叶肉。6月上、中旬成虫交尾产卵，每一雌虫可产卵150粒，卵经1周孵出幼虫，6月中旬开始为害，6月下旬至7月上旬为盛发期，7月上旬开始化蛹，7月中旬羽化为成虫，8月中旬转移到越冬场所越冬。

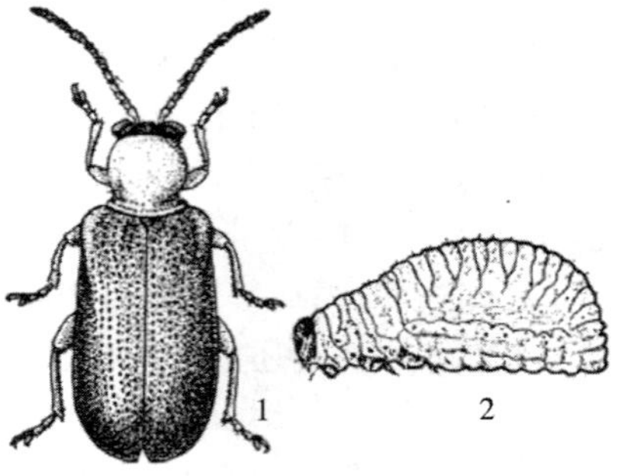

图 7-2-2　稻负泥虫
（仿 北京农业大学.昆虫学通论.）
1.成虫　2.幼虫

成虫多在清晨羽化，一般经15 h后即可为害。成虫交尾与产卵多在晴朗的天气下进行，成虫一生可交尾多次，一般交尾后经1 d即可开始产卵。卵聚产，多排成2行，2～13粒不等，卵多产在叶正面，每一雌虫一生可产卵400～500粒。

幼虫孵出后不久即可取食，在多雾的清晨取食为多，在阳光直射时，则隐蔽在叶背栖息。幼虫历期一般为11～19 d，老熟后除掉背上的粪堆，然后爬到适宜的叶片或叶鞘上准备化蛹，并化蛹于丝茧中。

负泥虫中性喜阴凉，所以多发生在山区、丘陵区，尤其山谷、山沟稻田发生多，离山越远发生越少，在阳光充足的平原地区则很少发生。同一地区同一年份发生期早晚与轻重受多方面因素影响。一般离越冬场所近的稻田发生早，危害重；早插秧比晚插秧稻田害虫发生也早且重。适宜的发生条件是阴雨连绵、低温高湿天气。

负泥虫天敌，卵期有负泥虫缨小蜂；幼虫至蛹期寄生蜂有负泥虫瘦姬蜂、负泥虫金小蜂等。

4.防治方法

(1)清除害虫越冬场所的杂草，减少虫源　一般于秋、春期间铲除稻田附近的向阳坡、田埂、沟渠边的杂草，可消灭部分越冬害虫，减轻危害。

(2)适时插秧　不可过早插秧，尤其离越冬场所近的稻田更不宜过早插秧，以避免稻田过早受害。

(3)药剂防治　插秧后应经常对稻苗进行虫情调查，一旦发现有成虫发生危害，并有加重趋势时，就应进行喷药。如成虫为害不重，但幼虫开始为害并有加重趋势时，也要进行喷药防治。药剂如下：90%晶体敌百虫，1 500～2 250 g/hm^2，加水喷雾；80%敌敌畏乳油，1 500～2 250 mL/hm^2，加水喷雾；50%杀螟硫磷乳油 1 125～1 500 mL/hm^2，加水喷雾；2.5%溴氰菊酯乳油，300～450 mL/hm^2，加水喷雾；2.5%三氟氯氰菊酯乳油，300～450 mL/hm^2，加水喷雾。

(三)稻水象甲

稻水象甲(*Lissorhoptrus oryzophilus* Kuschel)属鞘翅目象虫科，是水稻上的重要检疫性害虫。主要为害水稻、稗等禾本科植物。以成虫取食嫩叶，幼虫咬食根部，严重时可造成水稻减产50%左右。该虫主要分布在日本、朝鲜、韩国、美国、加拿大、古巴、墨西哥、多米尼加、苏里南、哥伦比亚及委内瑞拉，我国自1988年在河北省唐海县发现此虫以来，疫区不断扩展，至今已蔓延至吉林、辽宁、北京、河北、天津、山东、浙江、湖南、安徽、福建等地。

1. 形态特征

(1)成虫　体长 2.6～3.8 mm(不包括管状喙),宽 1.15～1.75 mm,体壁黄褐色(新羽化)至黑褐色(越冬代及山垅田发生的较深),密被相互连逶、排列整齐的灰色圆形鳞片,前胸背板中区的前缘至后缘及两鞘翅合缝处的两侧自基部至端部 1/3 处的鳞片为黑色,分别组成明显的广口瓶状和椭圆形端部尖突(合缝处)的黑色大斑。

喙与前胸背板约等长、略弯曲,触角红褐色,生于喙的中间之前;柄节棒形,有小鬃毛;索节 6 节,第一节膨大呈球形,第二节长大于宽,第三至六节均宽大于长;触角棒由 3 节组成,长椭圆形,长约为宽的 2 倍,第一节光滑无毛,其长度为第二、三节之和的 2 倍,第二、三节上被浓密细毛。

前胸背板宽略大于长,前端明显细缩,两侧近直形。小盾片不明显。鞘翅肩突明显,略斜削;两侧近平行,每鞘翅长为宽的 1.5 倍;两鞘翅合拢的宽度为前胸宽度的 1.5(1.45～1.55)倍,末端合拢处整齐无缺;翅面行纹细,刻点不明显;行间宽为行纹的 2 倍,平复 3 行整齐鳞片;在第一、三、五、七行间中部之后有瘤突。足的腿节棒形,无齿;胫节细长,略弯,中足的该节两侧各有一列长毛(游泳毛);第三跗节不呈叶状且不宽于第二跗节。

雌雄主要区别:雌虫腹部第一、二腹板中央平坦或略凸起,第五腹板(末节)隆起区后缘圆形,长为全节腹板的一半以上。雄虫第一、二腹板中央明显凹陷,第五腹板隆起区后缘截形,长不达全节腹板的一半。

(2)卵　长约为 0.8 mm,为宽的 3～4 倍,圆柱形,两端圆,略弯,珍珠白色。绝大多数产于植株基部水面以下的叶鞘内侧近中肋的组织内,外无明显产卵痕。

(3)幼虫　幼虫体长约 8 mm。共 4 龄,各龄头宽分别为 0.1～0.13 mm,0.1～0.22 mm,0.33～0.35 mm,0.44～0.45 mm。幼虫白色,头部褐色,无足、细长,略向腹面弯曲,活虫可透见体内气管系统;在第二至七腹节背面各有一突起,上生 1 对向前弯曲的钩状呼吸管,气门位于管内,借以获取稻根组织内及周围的空气。

(4)蛹　老熟幼虫先在寄主健根上做土室,然后在其内化蛹。土茧灰色,略呈椭圆形,长径约为 5 mm。蛹白色,复眼红褐色,大小和形态近似成虫。

2. 为害特征

以成虫在叶尖、叶缘或叶间沿叶脉方向啃食嫩叶的叶肉,留下表皮,形成长度不超过 3 cm 的长条白斑。为害严重时全田叶片变白、下折,影响水稻的光合作用,抑制植株的生长。低龄幼虫在稻根内蛀食,使稻根呈空筒状;高龄幼虫在稻根的外部咬食,造成断根,是造成水稻减产的主要因素。幼虫可从一个根转到另一根上为害,在株间的移动距离可达 30～40 cm,因此在发现受害严重的根系上一般找不到幼虫。

稻水象甲体形小,能孤雌生殖,适应性强,很容易传播扩散到新地区繁殖,在传入初期,往往不易被发现,一旦造成危害后,一般很难根除。

3. 稻水象甲特点

该害虫抗逆性强,耐饥饿、耐低温、繁殖率高(每头成虫可产卵 50～75 粒)、寄生性广。稻水象甲传播速度快,此害虫能爬、善飞、会游泳。可借水流、气流、交通工具进行传播。

4. 稻水象甲的防治方法

未发生稻水象甲的地域,要控制其传入当地。应严格按植物检疫法规办事,不从疫区引种,不从疫区发生区调运稻草及稻草制品。

发生区防治措施：

(1)合理施肥　要做到测土施肥，缺啥补啥。氮肥过多易造成虫口密度增大。

(2)清除杂草　秋冬、春季要清除或烧毁稻田周围的杂草，使其失去越冬场所，直接消灭害虫。

(3)针对稻水象甲成虫有趋光性的特点，可在稻田附近设置黑光灯进行诱杀。

(4)化学药剂防治　目前已经筛选出防治稻水象甲效果较好的化学药剂有：28%高渗水胺硫磷乳油、36.8%维稻乳油、克百威等。

(四)水稻插前封闭除草

不同的田块，主要的杂草种类不同，一般情况下水田主要杂草可分为禾本科杂草如稗草、稻稗、匍茎剪股颖、稻李氏禾、东方茅草、芦苇等；阔叶杂草如野慈姑、泽泻、雨久花、眼子菜、狼巴草、花蔺、宽叶谷精草、疣草；莎草科杂草如多年生日本藨草、扁秆藨草、一年生异型莎草、牛毛毡、萤蔺、针蔺、水莎草等；藻类杂草如小茨藻、水绵等。

使用除草剂，应根据田间不同草相针对性用药。

1. 稻稗、野慈姑、泽泻、雨久花、牛毛毡、萤蔺等恶性杂草为害重的田块

(1)选用丙炔噁草酮 6～8 g/667 m^2＋莎稗磷 30 mL/667 m^2＋10%吡嘧磺隆 10 g/667 m^2＋30%苄嘧磺隆 10～20 g/667 m^2；

(2)选用丙炔噁草酮 6～8 g/667 m^2＋莎稗磷 30 mL/667 m^2＋15%乙氧磺隆 10 g/667 m^2＋30%苄嘧磺隆 10～20 g/667 m^2。

两种方法，都于插秧前 3～7 d，以甩喷法均匀施药，药后保水 5 d 以上，要求在配药时先将丙炔噁草酮、乙氧磺隆、吡嘧磺隆、苄嘧磺隆用少许水溶化后，制成母液兑入喷雾器水中，搅拌均匀后甩喷。

2. 稻稗及狼把草为主的田块

插秧前 3～5 d，用莎稗磷 60～70 mL/667 m^2＋10%吡嘧磺隆 20 g/667 m^2 或 15%乙氧磺隆 15～20 g/667 m^2，以甩喷法施药，施药时水层 3～5 cm，保持 5 d 以上。要求配药时先将乙氧磺隆或吡嘧磺隆用少许水溶化后制成母液。

3. 日本藨草、稻稗、稗草为主的田块

插秧田水稻插前 5 d 左右采用 15%乙氧磺隆 20 g＋莎稗磷 60 mL/667 m^2，以甩喷法或药土法施药，要求配药时先将乙氧磺隆用少许水溶化制成母液后再对入喷雾器水中搅拌均匀。

防治日本藨草于插后 10～15 d，水稻充分缓苗返青后，需要再用 1 次 15%乙氧磺隆 20 g＋莎稗磷 60 mL/667 m^2，施药方法为药土法，即药剂直接与湿润细土混拌均匀，施药时要求水层 4～6 cm，保持 5 d 以上。

4. 萤蔺防除技术

对于栽培技术和用药水平高的农户，可使用丙炔噁草酮 6～8 g/667 m^2＋莎稗磷 30 mL/667 m^2＋50%扑草净 40 g/667 m^2＋ 30%苄嘧磺隆 10 g/667 m^2，小范围试用成功后，再大面积应用。

5. 抛秧田杂草防除技术

由于水稻抛秧与水耙地间隔时间短，秧苗密度小，需要分蘖早生快发，所以对除草剂的安全性要求高，很多除草剂不适用于抛秧田，经多年示范试验，采用丙炔噁草酮防除效果好。

抛秧前封闭方法是，在肥沃地块，水耙地整平，待泥浆沉淀后，采用丙炔噁草酮 6～8 g/667 m^2＋ 10%吡嘧磺隆 10 g/667 m^2＋30%苄嘧磺隆 10 g/667 m^2，以喷雾器兑水甩喷法均匀施药，施药后 3 d 抛秧，抛秧后不要断水。

抛秧后施药的方法是，在抛秧后 5～10 d，水稻充分缓青后，稻稗或稗草叶龄不超过 1.5 叶期，用丙炔噁草酮 6 g/667 m^2 +10%吡嘧磺隆 10 g/667 m^2 +30%苄嘧磺隆 10～15 g/667 m^2，以药土法均匀撒施，要求水层 3～5 cm，保持 5 d 以上。

6. 漏水田和缺水田杂草防除

噁草酮特别适用于漏水田和缺水田杂草防除。移栽稻田水耙地时，用 12%噁草酮乳油 200～230 mL/667 m^2 瓶甩法施药。

(五)插秧后二次封闭除草

插秧苗后 15～20 d，即施用除草剂插前封闭后 20～30 d，田间杂草尚未出苗，为防止杂草出苗后泛滥成灾，防除困难，采用除草剂进行二次封闭处理。

(1)莎稗磷 60 mL/667 m^2 +10%吡嘧磺隆 10 g/667 m^2 +30%苄嘧磺隆 10～20 g/667 m^2；

(2)莎稗磷 60 mL/667 m^2 +15%乙氧磺隆 10 g/667 m^2 +30%苄嘧磺隆 10 g/667 m^2；

(3)莎稗磷 60 mL/667 m^2 +53%苯噻·苄80 g/667 m^2 +10%吡嘧磺隆 10 g/667 m^2；

以药土法撒施，要求施药时水层 3～5 cm，保持 5 d 以上。也可以见草施药。

1. 野慈姑、泽泻、雨久花、稻稗防除

在插前封闭除草后仍有少量野慈姑、泽泻、雨久花出土时，于水稻充分缓苗返青后，可用莎稗磷 60 mL/667 m^2 +10%吡嘧磺隆 10 g/667 m^2 +30%苄嘧磺隆 10～20 g/667 m^2；或莎稗磷 60 mL/667 m^2 +15%乙氧磺隆 10 g/667 m^2 +30%苄嘧磺隆 10 g/667 m^2，以药土法再施一遍药。如果杂草株高超过 15 cm 时，用莎稗磷 50 mL/667 m^2 +二氯硅啉酸 80 g/667 m^2 +48%灭草松 150 mL/667 m^2 兑水均匀喷雾，喷液量 10 kg/667 m^2。

对于用药水平高的农户，在水稻充分缓苗返青后，杂草刚刚出土的情况下，用莎稗磷 20 mL/667 m^2 +10%吡嘧磺隆 10 g/667 m^2 +30%苄嘧磺隆 10～20 g/667 m^2，以药土法撒施。施药时要求水层 3～5 cm，保持 5 d 以上。

2. 牛毛毡及萤蔺防除

在插秧前已经采用药剂封闭的基础上，如果插秧后还有这两种杂草发生，可在该杂草株高 15 cm 时用 48%灭草松 200 mL/667 m^2 加水均匀喷雾进行防除。如果针对牛毛毡，可在水稻分蘖盛期，牛毛毡刚刚出土时，用丙炔噁草酮 6～8 g/667 m^2 +莎稗磷 20 mL/667 m^2 +10%吡嘧磺隆 10 g/667 m^2 +30%苄嘧磺隆 20 g/667 m^2 +56%二甲四氯 15～20 g/667 m^2，药土法均匀撒施，施药时要求水层 5～7 cm，保持 5 d 以上。同时该方法还可控制其他杂草幼芽出土。

3. 稻稗、稗草及狼把草防除

在插秧前已经进行药剂封闭的基础上，于插后 15～20 d，稻稗或稗草叶龄不超过 2 叶期时，采用莎稗磷 60 mL/667 m^2 +10%吡嘧磺隆 20 g/667 m^2，以甩喷法或药土法均匀施药，要求水层 3～5 cm，保持 5 d 以上。

4. 大龄杂草防除

稻稗叶龄超过 4 叶期，株高 10 cm 以上，野慈姑、泽泻、雨久花等株高超过 7 cm 后均称为大龄杂草。

(1)在稻稗株高 15 cm 时，用莎稗磷 60 mL/667 m^2 +五氟磺草胺 70 mL/667 m^2；如当地稻稗对二氯喹啉酸无抗性，也可用莎稗磷 50 mL/667 m^2 +50%二氯喹啉酸 80 g/667 m^2。施药时要求田间无水，喷雾器雾化要好，喷洒周到，喷液量 10 kg/667 m^2，避开高温天气，趁早晨或傍晚时段打药。施药后第 2 天正常灌水。该措施可杀死株高 10～30 cm 的稻稗，见效快，杀草彻底，只杀草不伤水稻。

(2)防除大龄野慈姑、泽泻、雨久花、莎草科杂草　采用48%灭草松200 mL/667 m^2 或48%灭草松133 mL/667 m^2 +56%二甲四氯27 g/667 m^2，喷液量15 kg/667 m^2，要求同上。

(3)稻稗、稗草、野慈姑、泽泻、雨久花等混生田块　采用莎稗磷50 mL/667 m^2 +五氟磺草胺70 mL/667 m^2 +48%灭草松167 mL/667 m^2，喷液量15 kg/667 m^2，要求同上。

5. 水下杂草防除技术

6月中旬之后，稻田发生大量水下杂草，如小茨藻、轮藻、谷精草等。影响水稻生长发育和产量，普通药剂防除效果差。可采用丙炔噁草酮6～8 g/667 m^2，采用药土法撒施要求水层4～6 cm，保持5 d以上，见效快，效果好。匍茎剪股颖可采用莎稗磷60 mL/667 m^2 +15%乙氧磺隆15 g/667 m^2 +25%扑草净或25%西草净100 g/667 m^2，拌土均匀撒施，水层4～6 cm，待水层自然落干后再灌水。注意药量要准确，施用均匀，施药时避开高温天气，最好傍晚用药。

四、操作方法及考核标准

(一)操作方法与步骤

扩展学习7-2　水稻病虫害形态识别(二)

1. 害虫形态识别

(1)水稻潜叶蝇的观察　观察水稻潜叶蝇的生活史标本及田间为害状，注意观察水稻潜叶蝇成虫头部和幼虫腹部末端情况。

(2)水稻负泥虫的观察　观察水稻潜叶蝇的生活史标本及田间为害情况，注意观察成虫的前胸背板和足以及幼虫肛门情况。

(3)水稻蓟马的观察　观察为害水稻的3种蓟马，注意3种蓟马不同的形态特点。

(4)稻水象甲的观察　观察稻水象甲的生活史标本和活体幼虫，注意观察成虫前胸背板和鞘翅上形成的广口瓶状和椭圆形端部尖突(合缝处)的黑色大斑；幼虫第二至七腹节背面的钩状呼吸管。

2. 病害观察

水稻根结线虫病的观察　观察水稻根结线虫病的田间为害情况(或图片)，注意根结线虫不同虫态的特点和雌雄差异。

(二)技能考核标准

见表7-2-1。

表7-2-1　水稻移栽及分蘖期植保技术技能考核标准

考核内容		评分标准	标准分值	考核方法
职业技能(100分)	1.病虫识别	根据识别病虫的种类多少酌情扣分	10	1～3项为单人考核口试评定成绩
	2.病虫特征介绍	根据描述病虫特征准确程度酌情扣分	10	
	3.病虫发病规律介绍	根据叙述的完整性及准确度酌情扣分	10	
	4.病原物识别	根据识别病原物种类多少酌情扣分	10	4～7项以组为单位考核，根据上交的标本、方案及防治效果等评定成绩
	5.标本采集	根据采集标本种类、数量、质量多少酌情扣分	10	
	6.制订病虫害防治方案	根据方案科学性、准确性酌情扣分	20	
	7.实施防治	根据方法的科学性及防效酌情扣分	30	

五、练习及思考题

1. 水稻潜叶蝇对水稻有哪些特殊的为害特点？应如何进行防治？

2. 水稻负泥虫如何防治？

3. 稻水象甲成虫的识别要点是什么？如何防治稻水象甲？

4. 稻田大龄杂草如何防除？

参考答案 7-2

项目 3　水稻生育转换期植保技术

一、技能学习目标

课程学习 7-3

通过对水稻生育转换期期主要病害的症状识别、病原物形态观察和对主要害虫的为害特点、形态特征识别及田间调查，掌握常见病虫害的识别要点，熟悉病原物形态特征，能识别水稻移栽及分蘖期主要病虫害，能进行发生情况调查，能分析发生原因，能制订防治方案并实施防治。

二、教学资源

1. 材料与工具

水稻胡麻斑病、水稻细菌性褐斑病、水稻二化螟、三化螟、大螟、稻飞虱、稻弄蝶和稻瘿蚊等病虫害的腊叶标本、封套标本、浸渍标本、生活史标本。显微镜、体视显微镜、放大镜、镊子、挑针、刀片、滴瓶、蒸馏水、培养皿、载玻片、盖玻片、解剖刀、酒精瓶、指形管、采集袋、挂图、多媒体课件(包括幻灯片、录像带、光盘等影像资料)、记载用具等。

2. 教学场所

教学实训水田、实验室或实训室。

3. 师资配备

每 20 名学生配备一位指导教师。

三、原理与知识

(一)水稻胡麻斑病

水稻胡麻斑病分布遍及世界各产稻区。我国各稻区发生普遍。一般因缺肥、缺水等原因，引起水稻生长不良时发病严重。主要引起苗枯、叶片早衰、千粒重降低，影响产量和米质。近年来随着水稻施肥及种植水平的提高，该病危害已逐年减轻，但在贫困山区及施肥水平较低的地区，发生仍较严重。

1. 症状

水稻各生育期都可发生该病，稻株地上部分均能受害，以叶片发病最普遍，其次是谷粒、穗颈和枝梗。

种子发芽不久，芽鞘受害变褐，甚至枯死。幼苗受害，在叶片或叶鞘上产生褐色圆形或椭圆形病斑，病斑多而严重时，引起死苗。叶片发病，产生椭圆形或长圆形褐色至暗褐色病斑，因大小似芝麻粒，故称胡麻斑病。病斑边缘明显，外围常有黄色晕圈，病斑上有轮纹，后期病斑中央呈灰黄或灰白色。严重时，叶片上很多病斑相互联合，形成不规则大斑(这在感病品种上最易出现)。此病在田间分布均匀，由下部叶向上部叶片发展。严重时，叶尖变黄逐渐枯死。缺氮的植株病斑较小，缺钾的较大，且病斑上的轮纹更加明显。叶鞘上的症状与叶片症状基本相似，但病斑面积稍大，形状多变(不规则形、圆筒形或短条形)，灰褐色至暗褐色，边缘不清晰。

穗茎、枝梗受害变暗褐色，与稻穗颈瘟相似。湿度大时，病部产生大量黑色绒毛状霉，比稻瘟病的霉层较黑较长。谷粒受害迟的，病斑形状、色泽与叶片相似，但较小，边缘不明显；受害早的，病斑灰黑色，可扩展至全粒，造成秕谷。

2. 病原

无性态为半知菌亚门平脐蠕孢属真菌稻平脐蠕孢 *Bipolaris oryzae*(Breda de Haan) Shoem。有性态为子囊菌亚门旋孢腔菌属，自然条件下不产生。

分生孢子梗常 2～5 根成束从气孔伸出，基部膨大暗褐色，越往上渐细、色渐淡，大小为(99～345) μm×(4～11) μm，不分枝，顶端屈膝状，着生孢子处尤为明显，有 2～25 个隔膜。分生孢子倒棍棒形或圆筒形，弯曲或不弯曲，两端钝圆，大小为(24～122) μm×(7～23) μm，有 3～11 个隔膜，多为 7～8 个隔膜，隔膜处不缢缩，两端细胞壁较薄，一般从两端萌发。在人工培养基上产生的分生孢子，其形态较病斑上的短，分隔较少，只有 2～7 个隔膜，有时可产生串生孢子，单胞或双胞，大小(9.5～32) μm×(4～5.5) μm，多为长圆形或卵形，淡褐色或无色(图 7-3-1)。

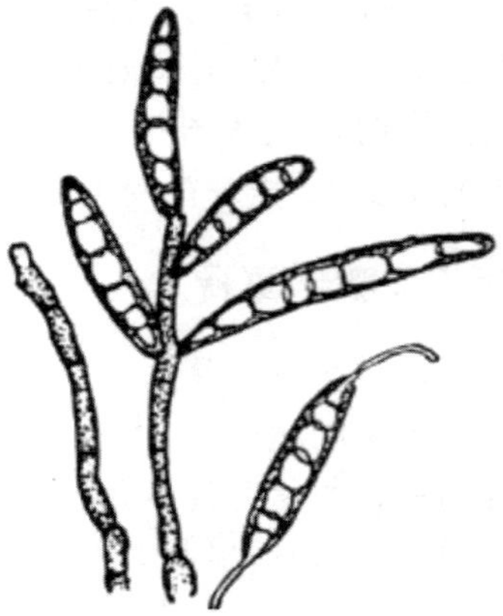

图 7-3-1　水稻胡麻斑病病原

菌丝生长温度为 5～35 ℃，最适温度 28 ℃左右；分生孢子形成温度为 8～33 ℃，最适温度 30 ℃左右。孢子萌发要求水滴或水层，同时相对湿度要在 92%以上。在饱和湿度下，20 ℃时，完成侵入寄主组织需 8 h，在 25～28 ℃时需 4 h。分生孢子致死温度和时间为 50～51 ℃、10 min，而病组织内的菌丝为 70 ℃、10 min 或 75 ℃、5 min。

自然寄主有水稻、看麦娘、黍、稗和糁等，人工接种可侵染玉米、高粱、燕麦、大麦、小麦、粟、甘蔗等十余种禾本科杂草。病菌有生理分化现象，不同菌系对寄主的致病力有差异。

3. 发病规律

病菌以分生孢子附着于稻种或病稻草上或以菌丝体潜伏于病稻草组织内越冬。干燥条件下病组织和稻种上的分生孢子可存活 2～3 年，潜伏于组织内的菌丝体可存活 3～4 年，所以病谷和病稻草是该病的主要初侵染源。播种病种后，潜伏的菌丝可直接侵染幼苗。稻草上越冬的菌丝体产生大量分生孢子随气流传播，引起秧田或本田初次侵染。病菌传到寄主表面后，遇到适宜的温、湿度条件，1 h 即可萌发产生芽管，其顶端膨大形成附着胞，伸出侵入丝，从表皮细胞直接侵入或从气孔侵入。潜育期长短与温度有关。25～30 ℃时仅需 24 h 左右即可产生病斑，随即形成分生孢子进行再侵染。在适宜温、湿度条件下，病害在一周内就可大量发生。

该病的发生与土质、肥水管理和品种抗性关系密切，受气候影响较小。一般土层浅、土壤贫瘠、保水保肥力差的沙质田和通透性不良呈酸性的泥炭土、腐殖质土等易发病。另外，缺氮、缺钾及缺硅、镁、锰等元素的田块易发病。秧苗缺水受旱，生长不良，发生青枯病或因硫化氰中毒而引起黑根的稻田易发病。通常籼稻较粳、糯稻品种抗病，早稻较晚稻抗病。同一品种不同生育期抗病性也有差异，一般在苗期和抽穗前后易感病。

4. 防治方法

此病以农业防治为主，特别是要加强深耕改土和肥水管理，辅以药剂防治。

(1)农业措施　深耕能促进根系发育良好，增强稻株吸水、吸肥能力，提高抗病性；改土主要增施有机肥，用腐熟堆肥作基肥，改善沙质土的团粒结构；适量施用生石灰中和酸性土壤，促进有机质正常分解。在施足基肥的同时要注意氮、磷、钾配合使用，科学施用微量元素肥料。在管水方面，结合水稻各生育期的特点，科学用水，防止缺水受旱，也要避免长期深灌所造成的土壤通气不良，以实行浅水勤灌最好。

(2)药剂防治　处理病种和病草，方法参照"稻瘟病"。重点应放在抽穗至乳熟阶段，保护剑叶、穗颈和谷粒不受侵染。有效药剂有50%菌核净、50%菌霜(菌核净＋福美双)等。

(二)水稻二化螟

水稻二化螟 *Chilo suppressalis* Walker 又称钻心虫，是为害水稻的主要害虫之一。幼虫食性杂，除为害水稻外，还为害茭白、高粱、玉米、油菜、蚕豆等作物。二化螟危害性极大，防治不好的田块产量损失10%～30%，严重的能造成失收。

1. 形态识别

螟虫一生分为成虫、卵、幼虫和蛹4个阶段，只有幼虫阶段才蛀食稻茎。

雌成虫，体长12～15 mm，额部有一突起，头、胸部及前翅黄褐色或灰褐色，前翅散布有少量具金属光泽的鳞片；雄成虫，体长10～12 mm，翅外缘有7个小黑点；卵，卵块呈鱼鳞状单层排列，上有胶质物覆盖；幼虫，2龄以上幼虫腹部背面有暗褐色纵线5条；蛹，初期淡黄色后变红褐色，背部隐约可见5条纵线(图7-3-2)。

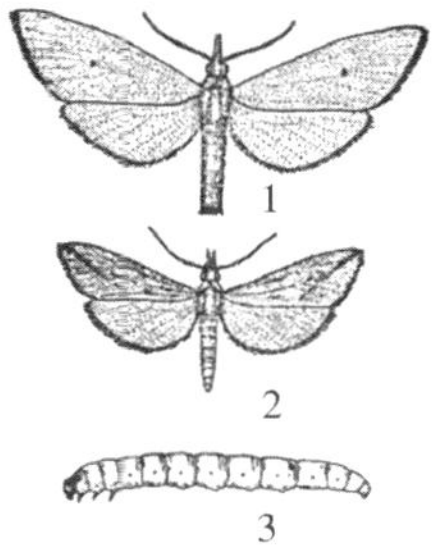

图7-3-2　二化螟和三化螟

(仿 中国农科院植保所. 中国农作物病虫害.)

三化螟：1. 雌成虫　2. 雄成虫　3. 幼虫

二化螟：4. 雌成虫　5. 雄成虫　6. 幼虫

2. 生活习性

螟蛾白天隐伏在禾丛基部近水面处，夜出活动，有趋光性、趋嫩绿稻株产卵习性和原田产卵习性。在发蛾盛期，以分蘖期和孕穗的水稻上产卵多，蚁螟易侵入和成活；刚移栽的秧苗和拔节期、抽穗灌浆期的稻株，因叶色落黄，产卵少。特别是稀植高秆、茎粗、叶宽大、色浓绿的品种和田块最易诱蛾产卵。

3. 为害症状

二化螟以幼虫为害水稻，水稻自幼苗期和成株期均可遭受其为害，为害症状因水稻不同生育期而异。分蘖期，初龄幼虫先是群集为害叶鞘，造成枯鞘；2龄末期以后逐渐分散蛀食心叶，造成"枯心"苗。孕穗期幼虫蛀食稻茎，造成枯孕穗；抽穗至扬花期咬断穗颈，造成白穗；灌浆、乳熟期为3龄以上幼虫转株为害，造成虫伤株。虫伤株外表与健株差别不大，仅谷粒轻，米质差；灌浆到乳熟期幼虫转株蛀入稻茎，茎内组织全部被蛀空，仅剩下一层表皮，遇风吹折，易造成倒伏。这种被害株颜色灰枯，秕谷多，形成半枯穗，又称“老来死”。

4. 综合防治

(1)农业防治

①调整水稻播种期，避开螟蛾发生高峰期。

②处理稻桩　冬前或第二年 3 月底前翻耕泡田。

③灌水灭蛹　在越冬代螟虫盛蛹期(一般在 4 月中下旬)灌水淹没稻庄，能淹死大部分蛹。

④拔除白穗　齐根拔除或剪除白穗株可消灭一部分虫源。

(2)物理防治　采用频振式杀虫灯诱蛾。

(3)化学防治

①二化螟防治指标　当虫量达到 5 000 条/667 m^2 以上，必须用药防治；当田间枯鞘率达到 5%～10%，应立即施药防治。

②防治策略　防治二化螟应采用“挑治一代，狠治二代，巧治三代”的策略，掌握“准、狠、省”的原则。“准”是根据植保站病虫情报，适时用药，一般在低龄阶段即盛孵期至 1、2 龄幼虫盛发高峰期施药；“狠”就是抓住重点，保质保量认真施药，要狠治第二代，降低第二代残留虫量；“省”是在选准对口药剂，保证防治效果的前提下，尽量控制农药的使用量。

③防治药剂　可选用沙蚕毒素类，如杀虫双和杀虫单，三唑磷微乳剂、Bt 制剂及其复配剂，或 40%氯虫·噻虫嗪水分散粒剂等。

④施药技巧　在苗期发生量不大时，可以采用挑治枯鞘团的办法，省工省药；对发生最大的田块，可加大用药量和用水量，重复喷药，提高杀虫效果。

(三)水稻三化螟

三化螟 *Tryporyza incertulas* (Walker)，属鳞翅目螟蛾科。广泛分布于长江流域以南稻区，特别是沿江、沿海平原地区受害严重。它食性单一，专食水稻，以幼虫蛀茎为害，分蘖期形成枯心，孕穗至抽穗期，形成枯孕穗和白穗，转株为害还形成虫伤株。“枯心苗”及“白穗”是其为害稻株的主要症状。

1. 形态识别

(1)成虫　体长 9～13 mm，翅展 23～28 mm。雌蛾前翅为近三角形，淡黄白色，翅中央有一明显黑点，腹部末端有一丛黄褐色茸毛；雄蛾前翅淡灰褐色，翅中央有一较小的黑点，由翅顶角斜向中央有一条暗褐色斜纹。

(2)卵　长椭圆形，密集成块，每块几十至一百多粒，卵块上覆盖着褐色绒毛，像半粒发霉的大豆。

(3)幼虫　4～5 龄。初孵时灰黑色，胸腹部交接处有一白色环。老熟时长 14～21 mm，头淡黄褐色，身体淡黄绿色或黄白色，从 3 龄起，背中线清晰可见。腹足较退化。

(4)蛹　黄绿色，羽化前金黄色(雌)或银灰色(雄)，雄蛹后足伸达第七腹节或稍超过，雌蛹后足伸达第六腹节。

2. 习性特征

三化螟因在江浙一带每年发生 3 代而得名，但在广东等地可发生 5 代。以老熟幼虫在稻桩内越冬，春季气温达 16 ℃时，化蛹羽化飞往稻田产卵。在安徽每年发生 3～4 代，各代幼虫发生期和为害情况大致为：第一代在 6 月上中旬，为害早稻和早、中稻造成枯心；第二代在 7 月份为害单季晚稻和晚、中稻造成枯心，为害早稻和早、中稻造成白穗；第三代在 8 月上中旬至 9 月上旬为害双季晚稻造成枯心，为害晚、中稻和单季晚稻造成白穗；第四代在 9、10

月份，为害双季晚稻造成白穗。

螟蛾夜晚活动，趋光性强，特别在闷热无月光的黑夜会大量扑灯。产卵具有趋嫩绿习性，水稻处于分蘖期或孕穗期，或施氮肥多，长相嫩绿的稻田，卵块密度高。刚孵出的幼虫称蚁螟，从孵化到钻入稻茎内需 30～50 min。蚁螟蛀入稻茎的难易及存活率与水稻生育期有密切的关系。水稻分蘖期，稻株柔嫩，蚁螟很易从近水面的茎基部蛀入；孕穗末期，当剑叶叶鞘裂开，露出稻穗时，蚁螟极易侵入，其他生育期蚁螟蛀入率很低。因此，分蘖期和孕穗至破口露穗期这两个生育期，是水稻受螟害的“危险生育期”。

被害的稻株，多为 1 株 1 头幼虫，每头幼虫多转株 1～3 次，以 3、4 龄幼虫为盛。幼虫一般 4～5 龄，老熟后在稻茎内下移至基部化蛹。

就栽培制度而言，纯双季稻区比多种稻混栽区螟害发生重；而在栽培技术上，基肥足，水稻健壮，抽穗迅速、整齐的稻田螟害轻；追肥过迟和偏施氮肥，水稻徒长，螟害重。

春季，在越冬幼虫化蛹期间，如经常阴雨，稻桩内幼虫因窒息或因微生物寄生而大量死亡。温度 24～29 ℃、相对湿度 90%以上，有利于蚁螟的孵化和侵入为害，超过 40 ℃，蚁螟大量死亡，相对湿度 60%以下，蚁螟不能孵化。

3. 综合防治

(1)预测预报　据各种稻田化蛹率、化蛹日期、蛹历期、交配产卵历期、卵历期，预测发蛾始盛期、高峰期、盛末期及蚁螟孵化的始盛期、高峰期和盛末期指导防治。

(2)农业防治

①适当调整水稻布局，避免混栽。

②选用生长期适中的品种。

③及时春耕沤田，处理好稻茬，减少越冬虫口。

④选择无螟害或螟害轻的稻田或旱地作为绿肥留种田，生产上留种绿肥田因春耕晚，绝大部分幼虫在翻耕前已化蛹、羽化，生产上要注意杜绝虫源。

⑤对冬作田、绿肥田灌跑马水，不仅利于作物生长，还能杀死大部分越冬螟虫。

⑥及时春耕灌水，淹没稻茬 7～10 d，可淹死越冬幼虫和蛹。

⑦栽培治螟　调节栽秧期，采用抛秧法，使易遭蚁螟为害的生育阶段与蚁螟盛孵期错开，可避免或减轻受害。

(3)保护利用天敌　三化螟的天敌种类很多，寄生性的有稻螟赤眼蜂、黑卵蜂和啮小蜂等，捕食性天敌有蜘蛛、青蛙、隐翅虫等。病原微生物如白僵菌等是早春引起幼虫死亡的重要因子。对这些天敌，都应实施保护利用。还可使用生物农药 Bt、白僵菌等。

(4)化学防治

①防治枯心　在水稻分蘖期与蚁螟盛孵期吻合日期短于 10 d 的稻田，掌握在蚁螟孵化高峰前 1～2 d，施用 3%克百威颗粒剂，用 22.5～37.5 kg/hm^2，拌细土 225 kg 撒施后，田间保持 3～5 cm 浅水层 4～5 d。当吻合日期超过 10 d 时，则应在孵化始盛期施 1 次药，隔 6～7 d 再施 1 次，方法同上。

②防治白穗　在卵的盛孵期和破口吐穗期，采用早破口早用药，晚破口迟用药的原则，在破口露穗达 5%～10%时，施第 1 次药，用 25%杀虫双水剂 2 250～3 000 mL/hm^2 或 50%杀螟松乳油 1 500 mL/hm^2、40%氧化乐果＋50%杀螟松乳油各 750 mL/hm^2，拌湿润细土 2 255 kg 撒入田间，也可用上述杀虫剂对水泼浇或喷雾。如三化螟发生量大，蚁螟的孵化期长或寄主孕穗、抽穗期长，应在第一次药后隔 5 d 再施 1～2 次，方法同上。

(四)稻飞虱

1.种类及特征

稻飞虱属同翅目飞虱科。危害水稻的主要有褐飞虱、白背飞虱和灰飞虱3种。危害较重的是褐飞虱和白背飞虱。早稻前期以白背飞虱为主,后期以褐飞虱为主;中晚稻以褐飞虱为主。灰飞虱很少直接成灾,但能传播稻、麦、玉米等作物的病毒。褐飞虱在中国北方各稻区均有分布,长江流域以南各省(自治区)发生较烈。白背飞虱分布范围大体相同,以长江流域发生较多。灰飞虱以华北、华东和华中稻区发生较多。3种稻飞虱都喜在水稻上取食、繁殖。褐飞虱能在野生稻上发生,多认为是专食性害虫。白背飞虱和灰飞虱则除水稻外,还取食小麦、高粱、玉米等其他作物。

3种稻飞虱的共同特征是体形小,触角短锥状,后足胫节末端有一可动的距。翅透明,常有长翅型和短翅型。

(1)褐飞虱 *Nilaparvata lugens* (Stal) 长翅型,成虫体长3.6～4.8 mm,短翅型2.5～4 mm。深色型,头顶至前胸、中胸背板暗褐色,有3条纵隆起线;浅色型,体黄褐色,卵呈香蕉状,卵块排列不整齐。老龄若虫体长3.2 mm,体灰白至黄褐色(图7-3-3)。

(2)白背飞虱 *Sogatella furcifera* (Horváth) 长翅型,成虫体长3.8～4.5 mm,短翅型2.5～3.5 mm,头顶稍突出,前胸背板黄白色,中胸背板中央黄白色,两侧黑褐色。卵长椭圆形稍弯曲,卵块排列不整齐。老龄若虫体长2.9 mm,淡灰褐色(图7-3-4)。

(3)灰飞虱 *Laodelphax striatellus* (Fallén)长翅型,成虫体长3.5～4.0 mm,短翅型2.3～2.5 mm,头顶与前胸背板黄色,中胸背板雄虫黑色,雌虫中部淡黄色,两侧暗褐色。卵长椭圆形稍弯曲。老龄若虫体长2.7～3.0 mm,深灰褐色(图7-3-4)。

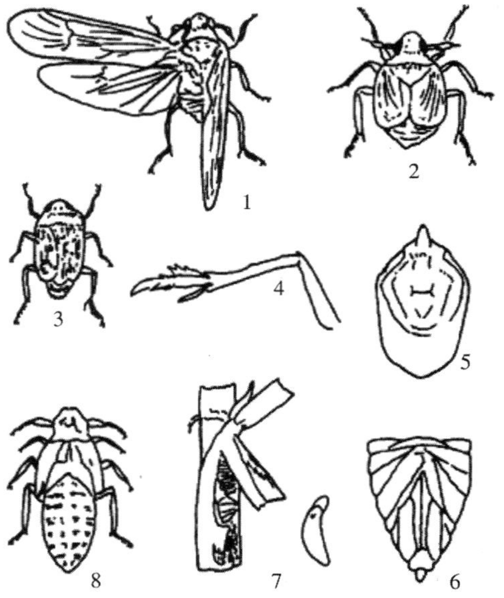

图7-3-3 褐飞虱

1.长翅型成虫 2.短翅型雌成虫 3.短翅型雄成虫 4.后足放大 5.雄性外生殖器 6.雌性外生殖器 7.水稻叶鞘内的卵块及卵(放大) 8.5龄若虫

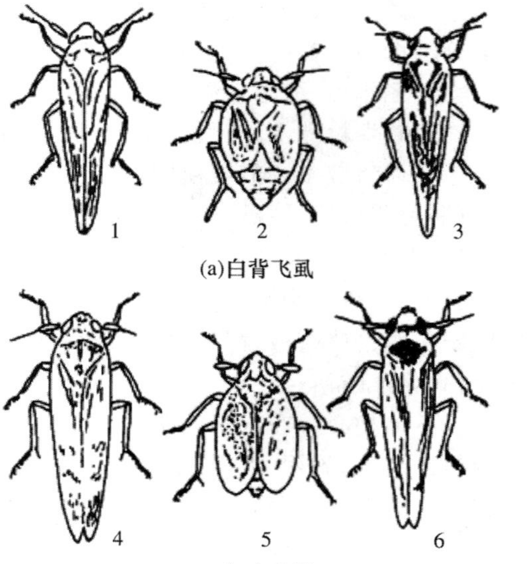

图7-3-4 白背飞虱、灰飞虱

1.长翅型成虫 2.短翅型雌成虫 3.短翅型雄成虫 4.长翅型成虫 5.短翅型雌成虫 6.短翅型雄成虫

2. 生活习性

稻飞虱的越冬虫态和越冬区域因种类而异。褐飞虱在广西和广东南部至福建龙溪以南地区，各虫态皆可越冬。冬暖年份，越冬的北限在北纬 23°～26°，凡冬季再生稻和落谷苗能存活的地区皆可安全越冬。在长江以南各省每年发生 4～11 代，部分地区世代重叠。其田间盛发期均值水稻穗期。白背飞虱在广西至福建德化以南地区以卵在自生苗和游草上越冬，越冬北限在北纬 26°左右。在中国每年发生 3～8 代，为害单季中、晚稻和双季早稻较重。灰飞虱在华北以若虫在杂草丛、稻桩或落叶下越冬，在浙江以若虫在麦田杂草上越冬，在福建南部各虫态皆可越冬。华北地区每年发生 4～5 代，长江中、下游 5～6 代，福建 7～8 代。田间为害期虽比白背飞虱迟，但仍以穗期为害最重。

稻飞虱长翅型成虫均能长距离迁飞，趋光性强，且喜趋嫩绿。但灰飞虱的趋光性稍弱，成虫和若虫均群集在稻丛下部茎秆上刺吸汁液，遇惊扰即跳落水面或逃离。卵多产在稻丛下部叶鞘内，抽穗后或产卵于穗颈内。褐飞虱取食时，口针伸至叶鞘韧皮部，先由唾腺分泌物沿口针凝成"口针鞘"抽吸汁液，植株嫩绿、荫蔽且积水的稻田虫口密度大。一般是先在田中央密集为害，后逐渐扩大蔓延。水稻孕穗至开花期的植株中，水溶性蛋白含量增高，有利于短翅型飞虱发生。此型雌虫产卵量大，雌性比高，寿命长，常使褐飞虱虫口激增。在乳熟期后，长翅型比例上升，易引起迁飞。中国各稻区褐飞虱的虫源，有人认为主要由热带终年繁殖区迁来，秋季又从北向南回迁。褐飞虱的迁飞属高空被动流迁类型，在迁飞过程中，遇天气影响，会在较大范围内同期发生"突增"或"突减"现象。褐飞虱每一雌虫产卵 150～500 粒。产卵痕初不明显，后呈褐色条斑。

白背飞虱的习性与褐飞虱相近似，但食性较广。长翅型成虫也具远距离被动迁飞特性。在稻株上取食部位比褐飞虱稍高，并可在水稻茎秆和叶片背面活动。长翅型雌成虫可产卵 300～400 粒，短翅型产卵量约高 20%。少数产卵于叶片基部中脉内，产卵痕开裂。

灰飞虱先集中在田边为害，后蔓延田中。越冬代以短翅型为多，其余各代长翅型居多，每雌产卵量 100 多粒。

稻飞虱对水稻的为害，除直接刺吸汁液，使生长受阻，严重时稻丛成团枯萎，甚至全田死秆倒伏外，其产卵时也会刺伤植株，破坏输导组织，妨碍营养物质运输并传播病毒病害。

3. 发生条件

褐飞虱生长发育的适宜温度为 20～30 ℃，最适温度为 26～28 ℃，相对湿度 80%以上。在长江中、下游稻区，凡盛夏不热、晚秋不凉、夏秋多雨的年份，易酿成大发生。高肥密植稻田的小气候有利于其生存。褐飞虱耐寒性弱，卵在 0 ℃下经 7 d 即不能孵化，长翅型成虫经 4 d 即死亡。耐饥力差，老龄若虫经 3～5 d、成虫经 3～6 d 即饿死。食料条件适宜程度，对褐飞虱发育速度、繁殖力和翅型变化都有影响。在单、双季稻混栽或双、三季稻混栽条件下，易提供孕穗至扬花期适宜的营养条件，促使其大量繁殖。中、迟熟，宽叶，矮秆品种的性状易构成有利褐飞虱繁殖的生境。不同水稻品种对褐飞虱为害有不同的反应，感虫品种植株中游离氨基酸、α-天冬酰胺和 α-谷氨酸的含量较高，可刺激稻飞虱取食并使之获得丰富的营养，导致迅速繁殖。抗性品种植株中，上述氨基酸含量较低，而 α-氨基丁酸和草酸含量较高，对褐飞虱生存和繁殖不利。在同一地区多年种植同一抗性品种，褐飞虱对该品种产生能适应的"生物型"，从而使该品种丧失抗性。在亚洲已发现褐飞虱有 5 种生物型。水稻田间管理措施也与褐飞虱的发生有关。凡偏施氮肥和长期浸水的稻田，较易暴发。褐飞虱的天敌已知有 150 种以上，卵期主要有缨小蜂、褐腰赤眼蜂和黑肩绿盲蝽等，若虫和成虫期的捕食性天敌有草间小黑蛛、拟水狼蛛、拟环纹狼蛛、黑肩绿盲蝽、步行虫、隐翅虫和瓢虫等；寄生性天敌有稻飞螯蜂、线虫、稻虱虫生菌和白僵菌等。

白背飞虱对温度适应幅度较褐飞虱宽，能在 15～30 ℃下正常生存。要求相对湿度 80%～90%。初夏多雨、盛夏长期干旱，易引起大发生。在华中稻区，迟熟早稻常易受害。灰飞虱为温带地区的害虫，适温为 25 ℃左右，耐低温能力较强，而夏季高温则对其发育不利。华北地区 7—8 月份降雨少的年份有利于大发生。天敌类群与褐飞虱相似，并经常在夏季的雨后出现，一般是 5 月底、6 月初开始出现。

稻飞虱的发生与迁入虫量、气候、水稻品种和生育期、栽培管理技术、天敌有密切关。

(1)气候　白背飞虱迁入虫量是左右虫害发生程度的重要基础，而决定种群发展的前提是食料和气候条件。褐飞虱喜温湿，生长与繁殖的适温为 20～30 ℃，最适温度为 26～28 ℃，相对湿度在 80%以上。"盛夏不热，晚秋不凉，夏秋多雨"是褐飞虱大发生的气候条件；白背飞虱发育的最适温度为 22～28 ℃，相对湿度为 80%～90%。

(2)水稻品种　如果是抗虫性弱的品种且水稻株型具有口宽、秆矮、群体间比较荫蔽的农艺性状，容易构成对稻飞虱繁殖有利的生境。

(3)施肥　多施或偏施氮肥，稻株徒长、叶色浓绿和茎秆幼嫩，为稻飞虱提供了丰富的氮素营养物质，虫害较重。

(4)天敌　稻飞虱的天敌种类很多，能有效抑制稻飞虱繁殖，如寄生蜂、蜘蛛等。

4. 综合防治

(1)选育抗虫品种　充分利用国内外水稻品种抗性基因，培育抗飞虱丰产品种和多抗品种，因地制宜推广种植。

(2)农业措施　对不同的品种或作物进行合理布局，避免稻飞虱辗转为害。同时要合理密植，改善田间小气候，提高水稻抗病能力。加强肥水管理，适时适量施肥和适时露田，避免长期浸水。控制氮肥，增施磷钾肥，巧施追肥，使水稻早生快发，增加株体的硬度，避开稻飞虱的趋嫩性，减轻危害。科学灌水，做到浅水栽秧，寸水分蘖，苗够晒田，深水孕穗，湿润灌浆，通过合理灌溉，促使水稻植株生长健壮，增强抗性。

(3)防治药剂及使用方法

①用 25%噻嗪酮可湿性粉剂 300～375 g/hm^2 兑水 900～1 125 kg 喷雾。

②严重的田块用 25%噻嗪酮可湿性粉剂 450～525 g/hm^2＋80%敌敌畏乳油 1 500 mL(或 40.8%毒死蜱乳油 900 mL)兑水 900～1 125 kg 喷雾。

③注意事项　喷药量要充足，喷药部位要尽量喷到水稻基部，施药时田间要保持 5～10 cm 浅水层。

(4)保护天敌　在农业防治基础上科学用药，避免对天敌过量杀伤。

四、操作方法及考核标准

(一)操作方法与步骤

1. 害虫形态观察

(1)水稻螟虫的观察　观察水稻二化螟、三化螟的生活史标本，比较不同螟虫的形态差别。

(2)稻飞虱的观察　观察褐飞虱、白背飞虱和灰飞虱的成虫和若虫标本，注意不同稻飞虱的识别要点。

(3)稻弄蝶的观察　观察稻弄蝶的成虫和幼虫标本,掌握各自的识别要点。

扩展学习 7-3　水稻病虫害形态识别(三)

(4)稻瘿蚊的观察　观察稻瘿蚊的成虫和幼虫标本,掌握各自的识别要点。

2. 病原观察

(1)取水稻胡麻斑病的封套标本,挑取病原,显微镜下观察病原物的形态特征。

3. 病状观察

取为害水稻不同部位的水稻细菌性褐斑病腊叶标本,观察病斑的特点。

(二)技能考核标准

见表 7-3-1。

表 7-3-1　水稻生育转换期植保技术技能考核标准

考核内容		评分标准	标准分值	考核方法
职业技能(100 分)	1. 病虫识别	根据识别病虫的种类多少酌情扣分	10	1～3 项为单人考核口试评定成绩
	2. 病虫特征介绍	根据描述病虫特征准确程度酌情扣分	10	
	3. 病虫发病规律介绍	根据叙述的完整性及准确度酌情扣分	10	
	4. 病原物识别	根据识别病原物种类多少酌情扣分	10	4～7 项以组为单位考核,根据上交的标本、方案及防治效果等评定成绩
	5. 标本采集	根据采集标本种类、数量、质量多少酌情扣分	10	
	6. 制订病虫害防治方案	根据方案科学性、准确性酌情扣分	20	
	7. 实施防治	根据方法的科学性及防效酌情扣分	30	

五、练习及思考题

1. 简述二、三化螟的为害特点和防治要点。
2. 如何区分稻飞虱和稻叶蝉?

参考答案 7-3

项目 4　水稻抽穗结实期植保技术

一、技能学习目标

通过对水稻抽穗结实期主要病害的症状识别、病原物形态观察和对主要害虫的为害特点、形态特征识别及田间调查,掌握常见病虫害的识别要点,熟悉病原物形态特征,能识别水稻移栽及分蘖期主要病虫害,能进行发生情况调查、能分析发生原因,能制订防治方案并实施防治。

课程学习 7-4

二、教学资源

1. 材料与工具

水稻稻瘟病、水稻纹枯病、水稻鞘腐病、稻曲病、褐变穗、稻小球菌核病等病害的腊叶标本、封套标本和稻纵卷叶螟以及稻螟蛉等害虫的浸渍标本、生活史标本。显微镜、体视显微镜、放大镜、镊子、挑针、刀片、滴瓶、蒸馏水、培养皿、载玻片、盖玻片、解剖刀、酒精瓶、指形管、采集袋、挂图、多媒体课件(包括幻灯片、录像带、光盘等影像资料)、记载用具等。

2. 教学场所

教学实训水田、实验室或实训室。

3. 师资配备

每 20 名学生配备一位指导教师。

三、原理与知识

(一)稻瘟病

稻瘟病是水稻重要病害之一,流行年份,一般发病地块减产 10%~30%,严重时可达 40%~50%,如不及时防治,特别严重的地块将颗粒无收。

1. 症状

稻瘟病在水稻整个生育期中都可发生。由于侵染的时间和部位不同,可分为苗瘟、叶瘟、节瘟、穗颈瘟和粒瘟。由于寒地水稻区春季温度低,故基本不发生苗瘟。其中以叶瘟、穗颈瘟最为常见,危害较大(图 7-4-1)。

(1)叶瘟　发生在秧苗和成株期的叶片上。病斑随品种和气候条件不同而异,可分为 4 种类型:

①慢性型　又称普通型病斑。病斑呈梭形或纺锤形,边缘褐色,中央灰白色,最外层为淡黄色晕圈,两端有沿叶脉延伸的褐色坏死线。天气潮湿时,病斑背面有灰绿色霉状物。

②急性型　病斑暗绿色,水渍状,椭圆形或不规则形。病斑正反两面密生灰绿色霉层。此病斑多在嫩叶或感病品种上发生,它的出现常是叶瘟流行的预兆。若天气转晴或经药剂防治后,可转变为慢性型病斑。

③白点型　田间很少发生。病斑白色或灰白色,圆形,较小,不产生分生孢

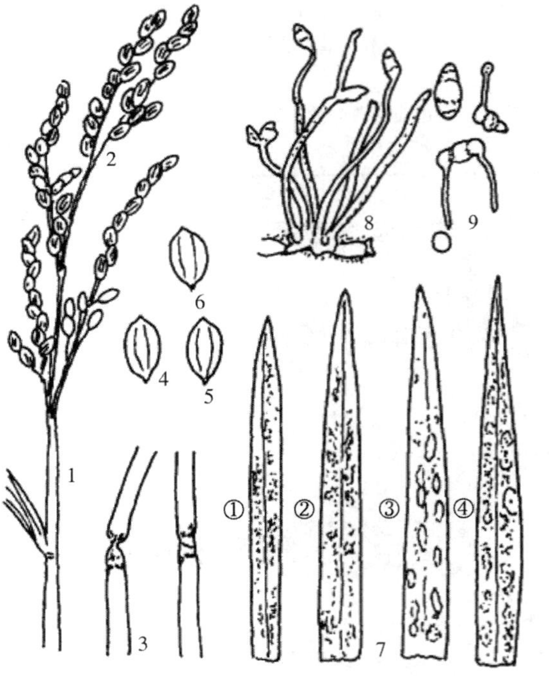

图 7-4-1　稻瘟病

(仿 植物保护学.蔡银杰.2006)

1. 穗颈瘟　2. 枝梗瘟　3. 节瘟　4. 谷粒瘟　5. 受害护颖　6. 健粒　7. 叶瘟:①白点型　②急性型　③慢性型　④褐点型　8. 分生孢子梗及分生孢子　9. 分生孢子萌发

子。一般是嫩叶感病后，遇上高温干燥天气，经强光照射或土壤缺水时发生。如在短期内气候条件转为适宜，这种病斑可很快发展成急性型，如条件不适可转变成慢性型。

④褐点型　为褐色小斑点，局限于叶脉之间。常发生在抗病品种和老叶上，不产生分生孢子。

(2)节瘟　病节凹陷缢缩，变黑褐色，易折断。潮湿时其上长灰绿色霉层，常发生于穗颈下第一、二节。

(3)叶枕瘟　又称叶节瘟。常发生于剑叶的叶耳、叶舌、叶环上，并逐步向叶鞘、叶片扩展，形成不规则斑块。病斑初为污绿色，后呈灰白色至灰褐色，潮湿时病部产生灰绿色霉层。叶枕瘟的大量出现，常是穗颈瘟的前兆。

(4)穗颈瘟和枝梗瘟　发生在穗颈、穗轴和枝梗上。病斑不规则，褐色或灰黑色。穗颈受害早的形成白穗，颈易折断。枝梗受害早的则形成花白穗；受害迟的，使谷粒不充实，粒重降低。

(5)谷粒瘟　发生在稻壳和护颖上，以乳熟期症状最明显。发病早的病斑大而呈椭圆形，中部灰白色，后可蔓延整个谷粒，使稻谷呈暗灰色或灰白色的秕粒；发病晚的病斑为椭圆形或不规则形的褐色斑点，严重时，谷粒不饱满，米粒变黑。

2. 病原

无性态稻梨孢 *Pyricularia grisea* (Cooke)Sacc 属半知菌亚门真菌，梨孢霉属。有性态为灰色大角间座壳 *Magnaporthe grisea* (Hebert)，属子囊菌亚门真菌，大角间座壳属。病原菌从病部的气孔中产生 3～5 根分生孢子梗，不分枝，有 2～8 个隔膜，基部膨大呈淡褐色，顶部渐尖，色淡呈屈曲状，屈曲处有孢痕，其顶端可产生分生孢子 1～6 个，多的可达 9～20 个；分生孢子梨形、无色透明，有两横隔，顶端细胞立锥形，基部细胞钝圆，有脚胞。

3. 发病规律

稻瘟病菌以分生孢子或菌丝体在病谷和病稻草上越冬。病谷播种后引起苗瘟。病稻草上越冬的菌丝，次年气温回升到 20 ℃左右时，遇雨不断产生分生孢子。分生孢子借气流、雨水传播到秧田和大田，萌发侵入水稻叶片，引起发病。温、湿度适宜时，病斑上产生的大量分生孢子继续传播为害，引起再侵染。叶瘟发生后，相继引起节瘟、穗颈瘟乃至谷粒瘟。

水稻品种抗病性差异很大，存在高抗至感病各种类型。同一品种不同生育期抗性也有差异，以四叶期、分蘖盛期和抽穗初期最感病。气温在 20～30 ℃，尤其在 24～28 ℃，阴雨多雾、露水重、田间高湿，易引起稻瘟病严重发生。抽穗期如遇到 20 ℃以下持续低温 7 d 或者 17 ℃以下持续低温 3 d，常造成穗瘟流行。氮肥施用过多或过迟、密植过度、长期深灌或烤田过度都会诱发稻瘟病的严重发生。

4. 测报方法

(1)田间调查

①叶瘟普查　在分蘖末期和孕穗末期各查 1 次。选择轻、中、重 3 种类型田，每类型田查 3 块，采用 5 点取样，每点直线隔丛取 10 丛稻，调查病丛数。选取其中有代表性的 1 丛稻，调查绿色叶片的病叶数，每块田调查并计算 50 丛稻的病丛率、5 丛稻的绿色叶片病叶率。

叶瘟病情分级标准如下。

0 级：无病；

1 级：病斑少而小，病斑面积占叶片面积的 1%以下；

2 级：病斑小而多，或大而少，病斑面积占叶片面积的 1%～5%；

3 级：病斑大而较多，病斑面积占叶片面积的 5%～10%；

4 级：病斑大而多，病斑面积占叶片面积的 10%～50%；

5 级：病斑面积占叶片面积的 50%以上，全叶将枯死。

②穗瘟普查　在蜡熟初期进行。按品种的病情程度，选择有代表性的轻、中、重 3 种类型田，每类型田查 3 块以上，每块田查 50～100 丛(病轻多查，病重少查)。采用平行跳跃式或棋盘式取样。分级记载病穗数，计算病穗率及病情指数。

穗瘟病情分级标准(以穗为单位)如下。

0 级：无病；

1 级：个别枝梗发病；

2 级：1/3 左右枝梗发病；

3 级：穗颈或主轴发病；

4 级：穗颈发病，大部分秕谷；

5 级：穗颈发病造成白穗。

③短期预测　查叶瘟，看天气和品种定防治对象田。在水稻分蘖期气温达 20 ℃时，生长浓绿的稻株和易感病的品种，发现病株或出现发病中心，而天气预报又将有连续阴雨时，则 7～9 d 后大田将有可能普遍发生叶瘟，10～14 d 后病情将迅速扩展。如出现急性型病斑，温度在 20～30 ℃，天气预报近期阴雨天多，雾、露大，日照少，则 4～10 d 后叶瘟将流行；如果急性型病斑每日成倍增加时，则 3～5 d 后叶瘟将流行。

在孕穗期间，稻株贪青，剑叶宽大软弱，延迟抽穗，或在抽穗期间，叶瘟继续发展，剑叶发病，特别是出现急性型病斑，则预示穗颈瘟将流行。如果孕穗期病叶率达 5%，则穗颈瘟将严重发生。如果孕穗期叶枕瘟达 1%，并且雨量充沛，温度高达 25～30 ℃，并有阵雨闷热天气，5 d 后将会出现穗瘟。

早稻穗期降温 25 ℃以下，晚稻穗期降温 20 ℃以下，连续阴雨 3 d 以上，对感病品种虽达不到叶瘟防治指标也都应列为防治对象田。

(2)查水稻生育期，定防治适期　分蘖期田间出现中心病株，特别是出现急性型病斑时需马上防治。孕穗期病叶率达到 2%～3%或剑叶病叶率达 1%以上田块，感病品种和生长嫩绿的田块，应掌握孕穗末期、破口期和齐穗期喷药防治 2～3 次。晚稻齐穗后，如天气仍无好转，处于灌浆期的水稻也应掌握雨停间隙喷药。使用内吸性药剂时应适当提前用药。

5. 防治方法

稻瘟病的防治应采取以种植高产抗病品种为基础，加强肥水管理为中心，辅以适时施药防治的综合措施。

(1)选用高产抗病品种　要注意品种的合理布局，防止单一化种植，并注意品种的轮换、更新。

(2)加强栽培管理　合理施用氮肥，多施有机肥，配施磷钾肥，根据不同地区土壤肥力状况，适当施用含硅酸的肥料。合理排灌，以水调肥，促控结合，分蘖后期适度搁田，抽穗期不断水，后期见干见湿。

(3)减少菌源　一是不用带菌种子，二是及时处理病稻草，三是进行种子消毒。可用 20%三环唑可湿性粉剂 800～1 000 倍液或 80%乙蒜素乳油 8 000 倍液浸种 24～48 h。也可用浸种灵、咪鲜胺等浸种。

(4)药剂防治　11片叶品种在水稻9.1～9.5叶(最晚时期7月2～5日)喷施防治叶瘟。水稻孕穗期(水稻剑叶叶枕露出至第一粒稻谷露出)(最晚时期7月16～25日)、齐穗期为防治水稻穗茎瘟，遇到恶劣天气水稻抽穗后15～20 d喷施防治枝梗瘟、粒瘟。可选用2%春雷霉素1 200 mL/hm^2；或20%氰菌胺(稻瘟酰胺)40～60 mL；或40%稻瘟灵、80%乙蒜素灵1 500 mL/hm^2；或12.5%咪鲜胺1 125～1 500 mL/hm^2，喷液量225～300 L。在叶瘟初期或始穗期叶面喷雾，也可选用75%三环唑可湿性粉剂375～450 g/hm^2加水900 kg喷雾；也可选用或40%稻瘟灵、13%三环唑、春雷霉素、28%复方多菌灵、40%克瘟散等。喷药应选择在早7:00～9:00或下午16:00之后，风速小于4 m/s，气温不超过27 ℃，相对湿度大于65%。

(二)纹枯病

纹枯病又称云纹病。水稻纹枯病在亚洲、美洲、非洲种植水稻的国家普遍发生。我国各稻区均有分布，但以长江以南稻区发生普遍。早、中、晚稻皆可发生，引起结实率和千粒重显著降低，甚至植株倒伏枯死。矮秆品种受害更重。由于发生面积广、流行频率高，其所致损失往往超过稻瘟病。

1. 症状

苗期至穗期都可发病。叶鞘染病　在近水面处产生暗绿色水浸状边缘模糊小斑，后渐扩大呈椭圆形或云纹形，中部呈灰绿或灰褐色，湿度低时中部呈淡黄或灰白色，中部组织破坏呈半透明状，边缘暗褐。发病严重时数个病斑融合形成大病斑，呈不规则状云纹斑，常致叶片发黄枯死。叶片染病　病斑也呈云纹状，边缘褪黄，发病快时病斑呈污绿色，叶片很快腐烂，茎秆受害症状似叶片，后期呈黄褐色，易折。穗颈部受害初为污绿色，后变灰褐，常不能抽穗，抽穗的秕谷较多，千粒重下降。湿度大时，病部长出白色网状菌丝，后汇聚成白色菌丝团，形成菌核，菌核深褐色，易脱落。高温条件下病斑上产生一层白色粉霉层即病菌的担子和担孢子。

2. 病原

有性态称瓜亡革菌 *Thanatephorus cucumeris* (Frank) Donk，属担子菌亚门真菌。无性态称立枯丝核菌 *Rhizoctonia solani* Kühn，属半知菌亚门真菌。致病的主要菌丝融合群是AG-1占95%以上，其次是AG-4和AG-Bb(双核线核菌)。从菌丝生长速度和菌核形成需时间来看，R. solani AG-1和AG-4较快，而双核丝核菌AG-Bb较慢。在PDA上23 ℃条件下AG-1形成菌核需时3 d。菌核深褐色圆形或不规则形，较紧密。菌落色泽浅褐至深褐色；AG-4菌落浅灰褐色，菌核形成需3～4 d，褐色，不规则形，较扁平，疏松，相互聚集；AG-Bb菌落灰褐色，菌核形成需3～4 d，灰褐色，圆形或近圆形，大小较一致，一般生于气生菌丝丛中(图7-4-2)。

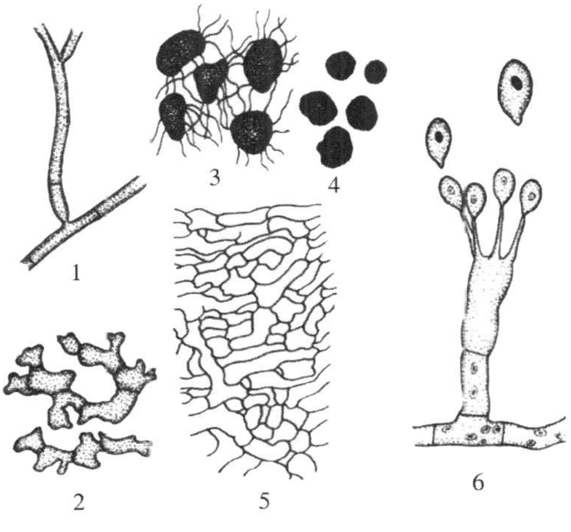

图7-4-2　水稻纹枯病病原菌

(仿 中国水稻病害及其防治.洪剑鸣.2006)

1.幼嫩菌丝　2.老熟菌丝　3.初期菌核
4.后期菌核　5.菌核剖面　6.有性世代

3. 传播途径

病菌主要以菌核在土壤中越冬，也能以菌丝体在病残体上或在田间杂草等其他寄主上越冬。翌春春灌时菌核飘浮于水面与其他杂物混在一起，插秧后菌核黏附于稻株近水面的叶鞘上，条件适宜生出菌丝侵入叶鞘组织为害，气生菌丝又侵染邻近植株。水稻拔节期病情开始激增，病害向横向、纵向扩展，抽穗前以叶鞘为害为主，抽穗后向叶片、穗颈部扩展。早期落入水中的菌核也可引发稻株再侵染。早稻菌核是晚稻纹枯病的主要侵染源。

4. 发病条件

菌核数量是引起发病的主要原因。有 90 万粒/hm^2 以上菌核，遇适宜条件就可引发纹枯病流行。高温高湿是发病的另一主要因素。气温 18～34 ℃都可发生，以 22～28 ℃最适；发病相对湿度 70%～96%，90%以上最适。菌丝生长温限 10～38 ℃，菌核在 12～40 ℃都能形成，菌核形成最适温度 28～32 ℃。相对湿度 95%以上时，菌核就可萌发形成菌丝。6～10 d 后又可形成新的菌核。日光能抑制菌丝生长促进菌核的形成。水稻纹枯病适宜在高温、高湿条件下发生和流行。生长前期雨日多、湿度大、气温偏低，病情扩展缓慢，中后期湿度大、气温高，病情迅速扩展，后期高温干燥抑制了病情。气温 20 ℃以上，相对湿度大于 90%，纹枯病开始发生，气温在 28～32 ℃，遇连续降雨，病害发展迅速。气温降至 20 ℃以下，田间相对湿度小于 85%，发病迟缓或停止发病。长期深灌，偏施、迟施氮肥，水稻郁闭、徒长会促进纹枯病的发生和蔓延。

5. 防治方法

(1)降低菌源　菌源基数的多少与稻田初期发病程度密切相关；因此，在生产中要有效降低菌源基数、减少初侵染源。一是通过耕作制度调整，减少寄主菌源，即尽量避免与玉米、麦类、豆类、花生、甘蔗等寄主作物连作；同时，铲除田间杂草，减少寄主菌源。二是打捞菌核。在秧田或大田灌水耕耙时，因大多数菌核浮在水面上，混在“浪渣”中，可用筛网、簸箕等工具，打捞“浪渣”并带到田外烧毁或深埋，以减少菌源、减轻前期发病。三是原来已发过病的稻田，其稻草不能直接还田，只能燃烧或垫厩；若需做肥料时，须经充分腐熟后才可施用。

(2)选用良种　在注重高产、优质、熟期适中的前提下，宜选用分蘖能力适中、株型紧凑、叶型较窄的水稻品种，以降低田间荫蔽作用、增加通透性及降低空气相对湿度，提高稻株抗病能力。

(3)合理密植　水稻纹枯病发生的程度与水稻群体的大小关系密切。群体越大，发病越重。因此，适当稀植可降低田间群体密度、提高植株间的通透性、降低田间湿度，从而达到有效减轻病害发生及防止倒伏的目的。

(4)肥水管理　根据水稻的生育时期和气候状况，合理排灌，改变长期深水、高温环境，是以水控病的有效方法。尤其在水稻分蘖末期至拔节期前，适时搁田，后期采用见干见湿的排灌管理，降低株间湿度，促进稻株健壮生长，能有效抑菌防病。

在施肥上，应坚持有机与无机结合；氮、磷、钾配合；并贯彻和力求做到配方施肥。切忌偏施氮肥和中后期大量施用氮肥。在施肥比例和时期上，提倡“施足基肥、控制蘖肥、增施穗肥”原则。

(5)药剂防治　应掌握“初病早治”原则。一般在水稻分蘖末期、发病率达 5%或拔节至孕穗期、发病率达10%～15%时，就需要及时进行药剂喷治。一般水稻纹枯病的防治药剂，井冈霉素是目前生产上防治水稻纹枯病的主要药种，经多年使用，纹枯病菌对井冈霉素的抗药性并没有增强多少，抓住搁田复水后和发病初期等关键时间用药，必要时适当增加用药量，能取得良好的防治效果。

在纹枯病发生重的年份，因地制宜地选用一些持效期较长的药剂进行防治，有利于减少用药次数，提高病害防治效果。井冈霉素与枯草芽孢杆菌或蜡质芽孢杆菌的复配剂如纹曲宁等药剂，持效期比井冈霉素长，可以选用。丙环唑、烯唑醇、己唑醇等部分唑类杀菌剂对纹枯病防治效果好，持效期较长，也可以选用。烯唑醇、丙环唑等唑类杀菌剂对水稻体内的赤霉素形成有影响，能抑制水稻茎节拔长，这类药剂特别适合在水稻拔节前或拔节初期使用，在防治纹枯病的同时，还有抑制基部节间拔长，防止倒伏的作用。但这些杀菌农药在水稻（特别是有轻微包颈现象的粳稻品种）上部3个节间拔长期使用，特别是超量使用，可能影响这些节间的拔长，严重的可造成水稻抽穗不良，出现包颈现象（不同水稻品种、不同药剂以及不同的用药量条件下，所造成的影响不一样），其中烯唑醇等药制的抑制作用更为明显。高科恶霉灵或苯醚甲环唑与丙环唑或腈菌唑等三唑类的复配剂在水稻抽穗前后可以使用，不仅能防治纹枯病等病害，还有利于提高结实率，并对杂交稻后期叶部病害有较好的兼治作用。

（三）鞘腐病

鞘腐病在黑龙江省从20世纪70年代以来开始发生，并有逐年加重的趋势，此病发生后主要引起秕粒率增加，千粒重降低，米质变劣，产量损失一般为10%～20%，重者可达30%以上。

1. 病原

病原菌 *Sarocladium oryzae* (Sawada) W. Gams. et Webster 称稻帚枝霉，属半知菌亚门真菌。

2. 症状识别

主要发生在剑叶叶鞘上，初生褐色小斑，以后逐渐扩大为不定型、颜色深浅不同的褐色斑块，中部有黄褐色斑块，重者病斑扩展到全部剑叶鞘。抽穗早的全部颖壳均为绿色，抽穗迟的稻穗上部颖壳仍为绿色，而下部颖壳变褐以至全穗颖壳变褐。

3. 防治方法

鞘腐病初侵染源主要是病稻草残体和病种子，病原菌可从水稻、稗草等染病，病株借风、雨传播，从水稻自然孔、伤口侵入。潜育期受温度和湿度的影响，孕穗期到抽穗期温度在25～30 ℃，相对湿度90%以上，就适合鞘腐病的发生。雨量大，雨次多，发病重，氮肥施用量过多或过少均可加重病情。

（1）选用合适品种　抗病、高产、优质水稻品种，从品种上解决防病问题。经鉴定在黑龙江省尚无免疫品种，但品种间抗性差异很大。

（2）合理施肥　氮、磷、钾肥要合理施用，氮肥用量不宜过多，也不宜过少。栽培管理上严格按照“三化”栽培模式，主要是控制氮肥使用量，进行水田浅湿干管理。

（3）化学药剂防治　在水稻孕穗初期和孕穗末期，弥雾机喷液量75～90 L/hm^2。主要配方有：25%咪鲜胺（施保克、使百克、维特美克）1 200～1 500 mL/hm^2；50%多菌灵可湿性粉剂1 500 g/hm^2；70%甲基托布津可湿性粉剂1 500 g/hm^2。

(四)稻纵卷叶螟

稻纵卷叶螟 *Cnaphalocrocis medinalis* Guenee 鳞翅目螟蛾科,别名刮青虫。分布于北起黑龙江、内蒙古,南至台湾、海南的全国各稻区。主要为害水稻,有时为害小麦、甘蔗、粟、禾本科杂草(图 7-4-3)。

东北年生 1～2 代,长江中下游至南岭以北 5～6 代,海南南部 10～11 代。南岭以南以蛹和幼虫越冬,南岭以北有零星蛹越冬。越冬场所为再生稻、稻桩及湿润地段的李氏禾、双穗雀麦等禾本科杂草。该虫有远距离迁飞习性。

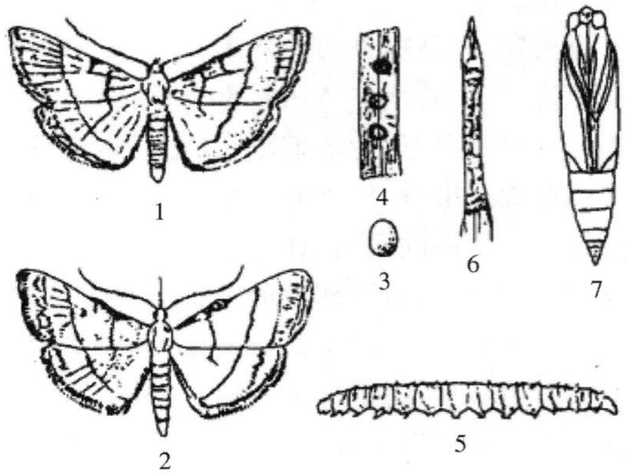

图 7-4-3　稻纵卷叶螟

(仿 植物保护学.蔡银杰.2006)

1.雌成虫　2.雄成虫　3.卵　4.卵在叶片排列状　5.幼虫　6.被害状　7.蛹

1.为害特点

以幼虫缀丝纵卷水稻叶片成虫苞,幼虫匿居其中取食叶肉,仅留表皮,形成白色条斑,致水稻千粒重降低,秕粒增加,造成减产。

2.形态特征

雌成蛾体长 8～9 mm,翅展 17 mm,体、翅黄色,前翅前缘暗褐色,外缘具暗褐色宽带,内横线、外横线斜贯翅面,中横线短;后翅也有 2 条横线,内横线短,不达后缘。雄蛾体稍小,色泽较鲜艳,前、后翅斑纹与雌蛾相近,但前翅前缘中央具 1 黑色眼状纹。卵长 1 mm,近椭圆形,扁平,中部稍隆起,表面具细网纹,初白色,后渐变浅黄色。幼虫 5～7 龄,多数 5 龄。末龄幼虫体长 14～19 mm,头褐色,体黄绿色至绿色,老熟时为橘红色,中、后胸背面具小黑圈 8 个,前排 6 个,后排 2 个。蛹长 7～10 mm,圆筒形,末端尖削,具钩刺 8 个,初浅黄色,后变红棕色至褐色(图 7-4-3)。

3.生活习性

每年春季,成虫随季风由南向北而来,随气流下沉和雨水拖带降落下来,成为非越冬地区的初始虫源。秋季,成虫随季风回迁到南方进行繁殖,以幼虫和蛹越冬。成虫白天在稻田里栖息,遇惊扰即飞起,但飞不远,夜晚活动、交配,把卵产在稻叶的正面或背面,单粒居多,少数 2～3 粒串生在一起。成虫有趋光性和趋向嫩绿稻田产卵的习性,喜欢吸食蚜虫分泌的蜜露和花蜜。卵期 3～6 d,幼虫期 15～26 d,共 5 龄。1 龄幼虫不结苞;2 龄时爬至叶尖处,吐丝缀卷叶尖或近叶尖的叶缘,即“卷尖期”;3 龄幼虫纵卷叶片,形成明显的束腰状虫苞,即“束叶期”;3 龄后食量增加,虫苞膨大,进入 4～5 龄频繁转苞为害,被害虫苞呈枯白色,整个稻田白叶累累。幼虫活泼,剥开虫苞查虫时,迅速向后退缩或翻落地面。老熟幼虫多爬至稻丛基部,在无效分蘖的小叶或枯黄叶片上吐丝结成紧密的小苞,在苞内化蛹。蛹多在叶鞘处或位于株间或地表枯叶薄茧中。蛹期 5～8 d,雌蛾产卵前期 3～12 d,雌蛾寿命 5～17 d,雄蛾 4～16 d。该虫喜温暖、高湿。气温 22～28 ℃,相对湿度高于 80%利于成虫卵巢发育、交配、产卵和卵的孵化及初孵幼虫的存活。为此,6—9 月雨日多,湿度大利其发生,田间灌水过深,施氮肥偏晚或过多,引起水稻徒长,为害重。主要天敌有稻螟赤眼蜂,绒茧蜂等近百种。

4. 综合防治

(1)农业防治　合理施肥,加强田间管理促进水稻生长健壮,以减轻受害。

(2)人工释放赤眼蜂　在稻纵卷叶螟产卵始盛期至高峰期,分期分批放蜂,每次放45万~60万头/hm^2,隔3 d 1次,连续放蜂3次。

(3)喷洒杀螟杆菌、青虫菌　喷每克菌粉含活孢子量100亿的菌粉2 250~3 000 g/hm^2,兑水900~1 125 kg/hm^2,配成300~400倍液喷雾。为了提高生物防治效果,可加入药液量0.1%的洗衣粉作湿润剂。此外如能加入药液量1/5的杀螟松效果更好。

(4)掌握在幼虫2、3龄盛期或百丛有新束叶苞15个以上时,喷洒80%杀虫单粉剂525~600 g/hm^2或42%特力克乳油900 mL/hm^2或90%晶体敌百虫600倍液,也可泼浇50%杀螟松乳油1 500 mL/hm^2兑水6 000 kg。提倡施用5%锐劲特胶悬剂,用药300 mL/hm^2兑水喷洒效果优异。用10%吡虫啉可湿性粉剂150~450 g/hm^2,兑水900 kg,1~30 d防效90%以上,持效期30 d。此外,也可于2~3龄幼虫高峰期,用10%吡虫啉150~300 g/hm^2与80%杀虫单600 g/hm^2混配,主防稻纵卷叶螟,兼治稻飞虱。

(五)稻螟蛉

稻螟蛉又称双带夜蛾,稻青虫、粽子虫。遍布全国各地。除为害水稻外,还为害高粱、玉米、甘蔗、茭白及取食多种禾本科杂草。以幼虫食害稻叶,1~2龄将叶片食成白色条纹,3龄后将叶片食成缺刻,严重时将叶片咬得破碎不堪,仅剩中肋。秧苗期受害最重。

1. 形态特征

稻螟蛉 *Naranga aenescens* Moors,属鳞翅目,夜蛾科。成虫体暗黄色。雄蛾体长6~8 mm,翅展16~18 mm。前翅深黄褐色,有两条平行的暗紫宽斜带;后翅灰黑色。雌蛾稍大,体色较雄蛾略浅,前翅淡黄褐色,两条紫褐色斜带中间断开不连续;后翅灰白色。卵粒扁圆形,表面有纵横隆线,形成许多方格纹,初产时淡黄色,孵化前变紫色。幼虫老熟时体长约22 mm,绿色,头部黄绿色或淡褐色,背线及亚背线白色,气门线黄色。仅有两对腹足和一对臀足,行走时似尺蠖。被蛹初为绿色,渐变黄褐色。腹末有钩4对,后一对最长。

2. 主要习性及生活史

稻螟蛉在广东一年发生6~7代,以蛹在田间稻茬丛中或稻秆、杂草的叶包、叶鞘间越冬。一年中多发生于7、8月间为害晚稻秧田,其他季节一般虫口密度较低。偶尔在4、5月份发生为害早稻分蘖期。成虫日间潜伏于水稻茎叶或草丛中,夜间活动交尾产卵,趋光性强,且灯下多属未产卵的雌蛾。卵多产于稻叶中部,也有少数产于叶鞘,每一卵块一般有卵3~5粒,排成1或2行,也有个别单产,每雌平均产卵500粒左右。稻苗叶色青绿,能招引成虫集中产卵。幼虫孵化后约20 min开始取食,先食叶面组织,渐将叶绿素啃光,致使叶面出现枯黄线状条斑,3龄以后才从叶缘咬起,将叶片咬成缺刻。幼虫在叶上活动时,一遇惊动即跳跃落水,再游水或爬到别的稻株上为害。虫龄越大,食量越大,最终使叶片只留下中肋一条。老熟幼虫在叶尖吐丝,把稻叶曲折成粽子样的三角苞,藏身苞内,咬断叶片,使虫苞浮落水面,然后在苞内结茧化蛹。

3. 综合防治

(1)农业及物理防治　冬季结合积肥铲除田边杂草;化蛹盛期摘去并捡净田间三角蛹苞;盛蛾期装灯诱杀;放鸭食虫。

(2)药剂防治　掌握在幼虫初龄使用药剂防治。可选用90%敌百虫结晶或80%敌敌畏乳油，或25%喹硫磷800～1 000倍液喷雾，用18%杀虫双3 750～4 500 mL/hm² 或30%乙酰甲胺磷1 800～2 400 mL/hm² 兑水600～750 kg喷雾；或用甲敌粉22.5～30 kg/hm² 喷粉。

四、操作方法及考核标准

(一)操作方法与步骤

扩展学习7-4 水稻病虫害形态识别(四)

1. 害虫形态观察

(1)稻纵卷叶螟的观察 观察稻纵卷叶螟生活史标本，注意观察成虫前后翅面上的斑纹特点，比较雌雄斑纹差别，观察幼虫纵卷稻叶的为害状。

(2)稻螟蛉的观察 观察稻螟蛉的成虫和幼虫标本，掌握各自的识别要点。

2. 病原观察

(1)取水稻稻瘟病封套标本，挑取病原，显微镜下观察病原菌的特征。

(2)取水稻纹枯病封套标本，挑取病原，显微镜下观察病原菌的特征。

(3)取水稻稻曲病封套标本，挑取病原，显微镜下观察病原菌的特征。

(二)技能考核标准

见表7-4-1。

表7-4-1 水稻抽穗、结实期植保技术技能考核标准

考核内容	要求与方法	评分标准	标准分值	考核方法
职业技能(100分)	1. 病虫识别	根据识别病虫的种类多少酌情扣分	10	1～3项为单人考核口试评定成绩
	2. 病虫特征介绍	根据描述病虫特征准确程度酌情扣分	10	
	3. 病虫发病规律介绍	根据叙述的完整性及准确度酌情扣分	10	
	4. 病原物识别	根据识别病原物种类多少酌情扣分	10	4～7项以组为单位考核，根据上交的标本、方案及防治效果等评定成绩
	5. 标本采集	根据采集标本种类、数量、质量多少酌情扣分	10	
	6. 制订病虫害防治方案	根据方案科学性、准确性酌情扣分	20	
	7. 实施防治	根据方法的科学性及防效酌情扣分	30	

五、练习及思考题

参考答案7-4

1. 水稻胡麻斑病与稻瘟病在症状上有何异同点？
2. 水稻纹枯病的症状特点是什么？
3. 稻曲病的诊断要点是什么？如何防治？

典型工作任务八

小麦植保技术

项目 1　小麦播前、生长前期植保技术

项目 2　小麦生长后期植保技术

科技阅读窗

1988 年，我国著名小麦育种专家黄光正临终前给他的学生留下嘱托："不管遇到多大的困难，都要往前走，都要往前干，一定要把小麦育种的科研继承下去。"那位学生强忍悲痛，当即坚定地表示："我不怕吃苦，一定能坚持下去。"30 多年来，那位学生始终用坚守书写着小麦育种史上的传奇。他就是被称为"小麦之父"的茹振钢。

茹振钢 30 余年的坚守源于他矢志不渝、孜孜以求的梦想——"让土地生金，让老百姓吃饱饭，让中国在世界范围内拿到小麦的话语权。"他战寒冬、斗酷暑，奔行阡陌，躬耕田亩。在小麦育种繁忙的季节，他每天都干在试验田、吃在试验田、睡在试验田。一个装有工具和资料的挎包、一个军用水壶、一包变蛋成了他形影不离的三件宝。凭借着一股不怕苦、不怕累的干劲和韧劲，在经历一次次失败、一次次试验、一次次选择之后，他带领他的团队相继研发出"百农 62""百农 64""百农 160""矮抗 58"等小麦新品种，其中"矮抗 58"成为国家小麦生产的支柱品种，被誉为"黄淮第一麦"。如今，中国人吃的每 8 个馒头中，就有 1 个来自他培育的"矮抗 58"。"矮抗 58"成果荣获国家科技进步一等奖。茹振钢为保障国家粮食安全做出了突出贡献。

项目1　小麦播前、生长前期植保技术

一、技能学习目标

课程学习 8-1

通过对小麦播前、生长前期主要病害的症状识别、病原物形态观察和对主要害虫的为害特点、形态特征识别及田间调查和参与病虫害防治，掌握常见病虫害的识别要点，熟悉病原物形态特征，能识别小麦播前、生长前期的主要病虫害，能进行发生情况调查、能分析发生原因，能制订防治方案并实施防治。

二、教学资源

1. 材料与工具

小麦全蚀病、小麦根腐病等病害盒装标本及新鲜标本、病原菌玻片标本，小麦害螨、小麦吸浆虫、地下害虫等浸渍标本、生活史标本及部分害虫的玻片标本。显微镜、体视显微镜、放大镜、镊子、挑针、刀片、滴瓶、蒸馏水、培养皿、载玻片、盖玻片、解剖刀、酒精瓶、指形管、采集袋、挂图、多媒体课件(包括幻灯片、录像带、光盘等影像资料)、记载用具等。

2. 教学场所

教学实训麦田、实验室或实训室。

3. 师资配备

每 20 名学生配备一位指导教师。

三、原理与知识

(一)小麦播前植保技术

随着小麦生产中耕作制度的变化、水肥条件的改善、种子频繁调运、联合收割机跨区作业等因素的影响，小麦病虫害种类逐渐增多，危害日趋加重。小麦播种前病虫害以种传、土传病害及地下害虫为主，做好小麦播前病虫害防控工作，净化土壤，净化种子，不仅能够预防烂种死苗、控制小麦早期病虫的发生，而且可有效延迟和减轻小麦中后期病虫害，对保障小麦生产安全具有重要意义。

1. 病虫害种类及为害特点

(1)病害　以土壤、种子、病残体带菌传播的病害为主。这类病害主要有麦类黑穗病、小麦纹枯病、小麦根腐病、小麦全蚀病、小麦叶枯病、小麦赤霉病等。其中麦类黑穗病以种子带菌为主，病菌随种子萌发而生长，造成系统性侵染，在小麦苗期危害症状不明显，至小麦生长后期可导致减产甚至绝收。其他病害从小麦种子萌发即开始侵染幼根、地中茎、叶鞘等。幼苗受害轻者黄化矮小，重者烂芽、死苗、苗腐。

(2)地下害虫　主要有蛴螬、蝼蛄、金针虫。蛴螬、金针虫均以幼虫，蝼蛄以成虫或若虫取食刚萌芽的种子、幼根、嫩茎，造成小麦幼苗枯黄，甚至干枯死亡。

(3)小麦吸浆虫　小麦吸浆虫于麦收前以末龄幼虫在土壤中结茧越夏越冬，小麦孕穗时化蛹，抽穗时成虫羽化产卵，幼虫在小麦灌浆期附着在子房或正在灌浆的麦粒上刺吸为害。小麦吸浆虫在小麦生长前期不发生危害，但后期发生危害时防治难度较大。

2.防治方法

播种期病虫害防治应全面贯彻“预防为主，综合防治”的方针，切实把此期防治作为夺取小麦高产、稳产的关键措施。

(1)加强植物检疫。

(2)农业防治　秋作物收获后及时深翻灭茬，精细整地，清除田间、路边杂草。增施充分腐熟的有机肥，合理轮作、不搞套作。严把种子质量关，选用抗病虫品种，播前要晒种、选种，汰除病虫粒，适期、适量播种，冬小麦要适期晚播。

(3)土壤处理　地下害虫或小麦吸浆虫为害较重的地区，可用3%辛硫磷颗粒剂40～50 kg拌细土，均匀撒施于地面，随犁深翻入土。

(4)药剂拌种　用50%辛硫磷乳油，药、水、种按1∶50∶(600～800)进行拌种，堆闷6～8 h后播种。或用20%三唑酮乳油按种子质量的0.03%(有效成分)拌种。

(5)种子包衣　人工包衣方法：用2.5%氟咯菌腈悬浮种衣剂10～20 mL＋40%甲基异柳磷乳油10 mL，加水150 mL，均匀拌于10 kg麦种上。机械包衣方法：用2.5%咯菌腈悬浮种衣剂1 000 mL，加40%甲基异柳磷乳油1 000 mL，加水8 kg，药剂、种子比例按1∶100进行包衣，达到既防病又治虫的目的。

(二)小麦生长前期植保技术

小麦萌芽后即可受到多种病虫的危害，一般年份在小麦孕穗前需要重点防治小麦纹枯病、小麦黄矮病、小麦丛矮病、小麦根腐病、金针虫、小麦害螨等。

1.小麦全蚀病

小麦全蚀病又称小麦立枯病、黑脚病，是典型的根腐和茎腐性病害。除侵染小麦外，还侵染大麦、玉米、旱稻、燕麦等农作物，以及毒麦、看麦娘、早熟禾等禾本科杂草。

(1)症状识别　小麦苗期和成株期均可发病，以近成熟期症状最为明显。主要为害小麦根、叶鞘与近基部一两节茎秆。苗期受害，根部变黑腐烂，病苗叶片黄化，分蘖减少，生长衰弱，严重时死亡。分蘖期地上部分无明显症状，重病植株表现稍矮，基部黄叶多。拔节后茎基部1～2节叶鞘内侧和茎秆表面在潮湿条件下形成肉眼可见的黑褐色菌丝层，称为“黑脚”。灌浆期病株常提早枯死，形成“枯白穗”。在潮湿情况下，病株基部叶鞘内侧生有黑色颗粒状物，为病原菌的子囊壳。但在干旱条件下，病株基部“黑脚”症状不明显，也不产生子囊壳(图8-1-1)。

(2)病原　小麦全蚀病的病原为禾顶囊壳 *Gaeumannomyces graminis* (Sacc) Arxet Olivier，属子囊菌亚门顶囊壳属，在自然条件下不产生无性孢子。病菌的匍匐菌丝粗壮，栗褐色，有隔。分枝菌丝淡褐色，形成两类附着枝：一类裂瓣状、褐色，顶生于侧枝上；另一类简单，圆筒状，淡褐色，顶升或间生。老化菌丝多呈锐角分枝，分枝处主枝与侧枝各形成一隔膜，呈现“∧”形。子囊壳黑色，球形或梨形，顶部有一稍弯的颈，子囊无色，棍棒状(图8-1-2)。

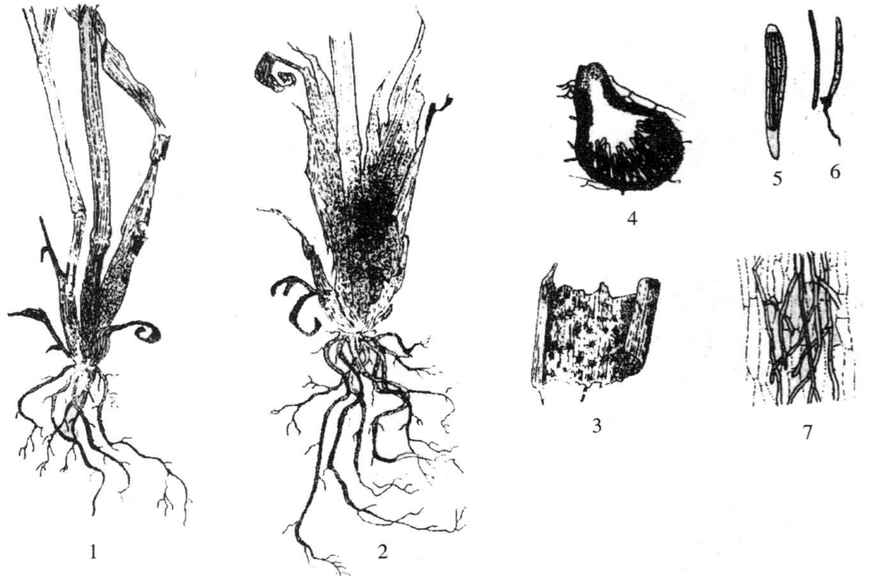

图 8-1-1　小麦全蚀病

1.茎基部表面条点状黑斑　2.叶鞘内侧的子囊壳和茎秆上的菌丝层　3.叶鞘内侧的子囊壳
4.子囊壳　5.子囊　6.子囊孢子及其萌发　7.叶鞘内壁中菌丝放大

(3)发病规律　病菌主要以菌丝体随病残体在土壤中越夏或越冬,成为第二年的初侵染源。存活于未腐熟的有机肥中的病残体也可作为初侵染源。小麦整个生育期均可侵染,但以苗期为主。病菌可由幼苗的种子根、胚芽以及根颈下的节间侵入根组织内,也可以通过胚芽鞘和外胚叶进入寄主组织内。12～18 ℃的土温有利于侵染,因受温度的影响,冬麦区年前、年后有两个侵染高峰,全蚀病以初侵染为主。

小麦全蚀病菌主要集中在病株根部及茎基部地上 15 cm 范围内,小麦收割后,病根茬大部分留在田间,土壤中菌源量逐年积累,致使病田的病情也逐年加重。而土壤中的病菌还可以通过犁耙耕种向四周扩展蔓延。病菌能随落场土、麦糠、麦秸、茎秆等混入粪肥中,这些粪肥若直接还田或者不经高温发酵沤制施入田中,就可把病菌带入田间,导致病害传播蔓延。混杂在种子间的病株残体随种子调运,是远距离传播的主要途径。

小麦全蚀病的发生与栽培管理、土壤质地、土壤肥力、整地方式、小麦播期、品种抗性等很多因素有关。冬小麦播种越早,侵染期越早,发病越重。大麦、小麦等寄主作物连作,发病严重。一般土壤土质疏松、肥力低,碱性土壤发病较重。土壤潮湿有利于病害发生和扩展,水浇地较旱地发病重。秸秆还田利于病害发生。冬前雨水大,越冬期气温偏高,春季温暖多雨等条件有利于该病的发生。感病品种的大面积种植,是加重病情的原因之一。

(4)防治方法

①农业防治　增施有机肥和磷钾肥,提高土壤有机质含量,提高小麦抗病性。零星病区,要及时拔除病株。对发病田采取留高麦茬(16 cm 以上)收割,以防机械作业传播。

②生物防治　荧光假单胞菌、木霉菌等对小麦全蚀病菌均有一定的抑制作用。

③药液灌根　在小麦返青至拔节期,用 15%三唑酮可湿性粉剂 80～100 g/hm^2,兑水 50～60 kg 充分搅匀后灌根,重病田间隔 7～10 d 再防治 1 次。

2.小麦根腐病

小麦根腐病可为害小麦的根、茎、叶、叶鞘、穗及籽粒，在小麦各个生育期均能发生。

(1)症状识别

①芽腐和苗枯　幼苗受侵，芽鞘和根部变褐甚至腐烂；严重时，幼苗不能出土；轻者幼苗虽可出土，但茎基部、叶鞘以及根部产生褐色病斑，幼苗瘦弱，叶色黄绿，生长不良，严重时可引起幼苗死亡。

②叶斑或叶枯　叶片受侵后，病斑初期为梭形小褐斑，以后扩大至椭圆形或较长的不规则形，严重时病叶迅速枯死。叶鞘上病斑较大，呈黄褐色，常使连接的叶片变黄枯死高湿时，病斑上产生黑色霉层。

③根腐和茎基腐　根部发病后，产生褐色或黑色病斑，最终引起根系腐烂，在小麦返青时造成死苗，成株期造成死株。茎部发病，茎基部变黑色腐烂，腐烂部分可达茎节内部，茎基部易折断倒伏。节部受侵后变成黑色，半面被侵时茎呈弯曲状，俗称为“拐杖”，严重时影响籽粒的饱满度。抽穗至灌浆期，重病株枯死呈青灰色，形成白穗。

④穗枯　穗部发病，一般是个别小穗发病。在小穗梗和颖壳基部初生水渍状病斑，后发展为褐色不规则形病斑，潮湿时病部出现黑色霉层。重者穗轴及小穗梗变褐腐烂，形成穗枯或掉穗。穗部颖壳上的病斑初期褐色，不规则形，遇潮湿天气，穗上产生黑色霉状物，穗轴和小穗梗常变色，严重时小穗枯死，

⑤黑胚粒　病穗种子不饱满，胚部变黑。

(2)病原　为禾旋孢腔菌 *Cochliobolus sativus*，属子囊菌亚门，旋孢腔菌属。子囊壳生于病残体上，凸出，球形，有喙和孔口，子囊无色，内有4～8个子囊孢子，作螺旋状排列。无性态为 *Bipolaris sorokiniana*(Sacc)Shoem 属半知菌亚门，丝孢目真菌。病部黑霉即为病菌的分生孢子梗及分生孢子。

(3)发病规律　小麦根腐病菌以菌丝体在病残体、病种胚内越冬越夏，也可以分生孢子在土壤中或附着种子表面越冬越夏。土壤带菌和种子带菌是苗期发病的初侵染源。春麦区，当气温回升到16 ℃左右时，在病残体上越冬的病菌产生分生孢子，侵染幼苗，病部产生的分生孢子随风雨传播，进行多次再侵染，小麦抽穗后，分生孢子从小穗颖壳基部侵入穗内，为害种子，成黑胚粒；在冬麦区，病菌可在病苗体内越冬，返青后病害开始扩展蔓延，病部产生的分生孢子进行再侵染。

小麦根腐病的发生与气候条件、品种抗病性及栽培条件有很大关系。在冬麦区春季气温不稳定，小麦返青时常遇到寒流，麦苗受冻后抗病力降低，易诱发根腐病，造成大量死苗。在北方春麦区，春季多雨，土壤过于潮湿，或干旱少雨，土壤严重缺水，均可导致病害加重。在成株期，特别是小麦抽穗以后，如遇高温多雨或多雾天气，均易导致病害严重发生，致使叶片早枯。小麦扬花后如持续出现高温高湿的气象条件，穗腐重，种子感病率也高。目前，尚没有对其免疫的小麦品种，但品种间的抗病性有差别。任何不利于小麦生长发育的栽培条件如田间耕作粗放，播种过深过晚，田间杂草多，地下害虫为害引起根部损伤都会在不同程度上诱发病害。

(4)防治方法

①农业防治　各地要因地制宜地选用适合当地栽培的抗病品种早春做好防冻、防旱、防涝及地下害虫防治工作。

②药剂防治　发病初期，选用 12.5%烯唑醇可湿性粉剂 2 500～3 000 倍液，或 25%丙环唑乳油 3 000 倍液，或 15%三唑酮可湿性粉剂 500 倍液喷雾防治。

3. 金针虫

金针虫是鞘翅目，叩头甲科幼虫的总称，俗名铁丝虫。常见种类为沟金针虫 *Pleonomus canaliculatus* Faldemann 和细胸金针虫 *Agriotes fuscicollis* Miwa。主要为害作物种子、幼芽和幼苗，金针虫以幼虫咬断刚出土的幼苗，造成缺苗断垅。小麦返青拔节后，金针虫咬食茎基部，也可钻入根茎部咬断小麦心叶，使心叶变黄干枯(图 8-1-2)。

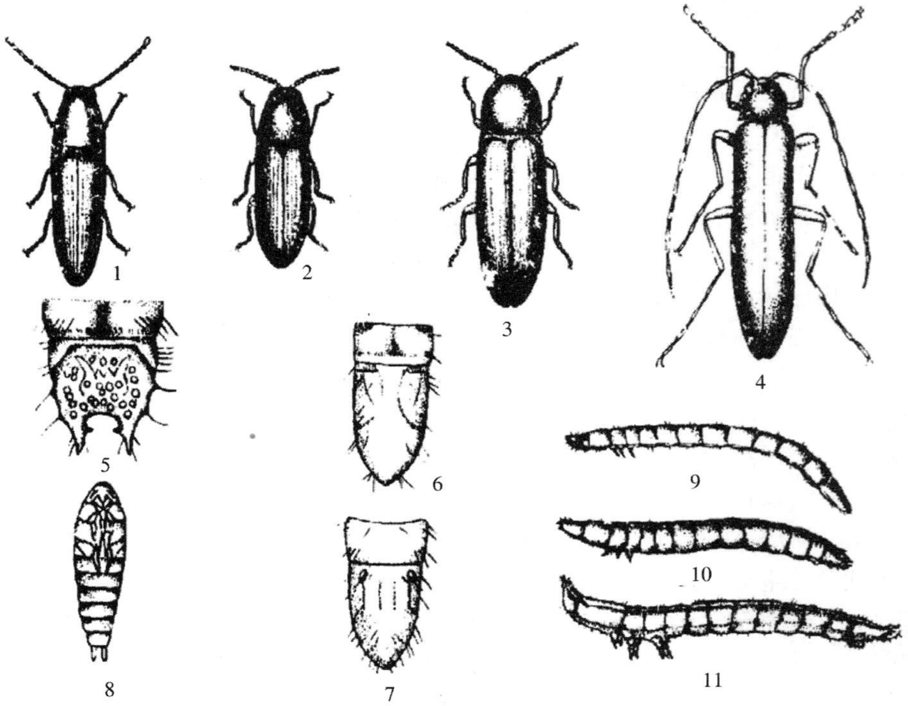

图 8-1-2　金针虫

1. 细胸金针虫　2. 褐纹金针虫　3. 沟金针虫雌虫　4. 沟金针虫雄虫　5. 沟金针虫臀部背面　6. 褐纹金针虫臀部背面　7. 细胸金针虫臀部背面　8. 蛹　9. 细胸金针虫幼虫　10. 褐纹金针虫幼虫　11. 沟金针虫幼虫

(1)形态识别

①沟金针虫　成虫深褐色，密生金黄色毛，体中部最宽，前后两端狭。卵乳白色，近椭圆形。幼虫黄褐色，体扁平，较宽，体背面有一条明显的纵沟，尾端分叉。蛹细长，乳白色。

②细胸金针虫　成虫黄褐色，密生灰色短毛，体中部与前后部宽度相近，有光泽。卵乳白色，近椭圆形。幼虫淡黄褐色，细长，圆筒形，尾节圆锥形不分叉。蛹乳白色，近似长纺锤形。

(2)发生规律

沟金针虫 3 年完成 1 代，以成虫和幼虫在土壤中越冬。次年 3 月份开始活动，4 月份为活动盛期。4 月中旬至 6 月上旬为产卵期，幼虫期长，至第三年 8—9 月份在土中化蛹。春季的 3 月中旬至 5 月上旬和秋季的 9 月下旬至 10 月上旬为主要为害期，沟金针虫多发生在平原干旱地区，北方各地发生普遍。

细胸金针虫一般两年完成1代。以幼虫在土层深处越冬，来年3月上中旬开始出土为害返青麦苗或早播作物，以4—5月份为害最盛。成虫期较长，有世代重叠现象，较耐低温，故春小麦受害期长。细胸金针虫主要发生在水浇地、低洼地和黏土地，在辽河、黄河、青河沿岸，宁夏银川平原以及黑龙江流域的黑土地或黏性土壤地区发生较多。

(3)防治方法

①农业防治　实行小麦与棉花、芝麻、油菜等作物轮作。

②药剂防治　在小麦生长期，金针虫发生严重时可用5%氟虫脲乳油4 000倍液，或5%氟啶脲乳油1 500倍液，或1.8%阿维菌素乳油3 000倍液灌根。

4. 小麦害螨

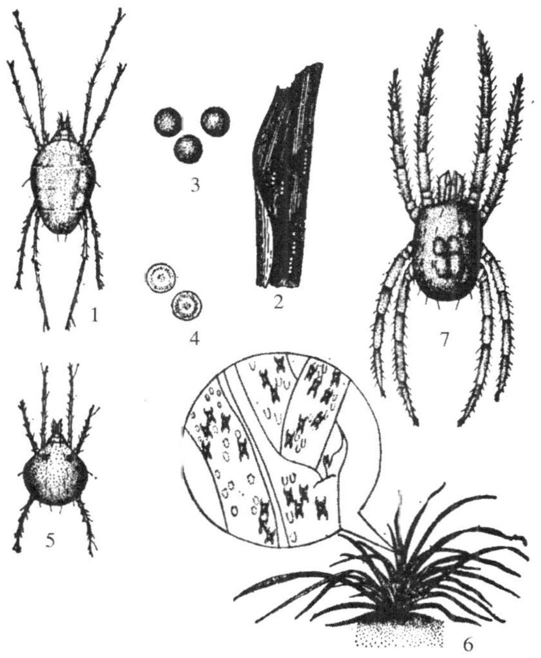

图8-1-3　小麦害螨

麦长腿蜘蛛：1. 成虫　2. 枯叶上的卵　3. 春秋产的卵　4. 越夏卵　5. 若虫　6. 小麦苗被害状

麦圆蜘蛛：7. 成虫

小麦害螨俗名小麦红蜘蛛。我国北方危害小麦的螨类主要是麦圆蜘蛛 *Penthalus lateens* 和麦长腿蜘蛛 *Petrobia lateens*，分属于蛛形纲蜱螨目的叶爪螨科和叶螨科。两种害螨均以成、若虫刺吸小麦叶片、叶鞘的汁液，受害叶上出现黄白色小斑点，后期小斑点合成斑块，使麦苗逐渐枯黄，重者整片枯死。

(1)形态特征　见图8-1-3和表8-1-1。

表8-1-1　两种小麦害螨形态比较

虫态	麦圆蜘蛛	麦长腿蜘蛛
成螨	体：长0.6～0.8 mm，椭圆形或圆形，深红色或黑褐色 足：4对足长度相似，其上密生刚毛	体：长0.5～0.6 mm，卵圆形，两端尖瘦，淡红褐色，背中央有一红斑 足：4对，第一对与体等长或超过体长，第二、三对足短于体长的1/2，第四对足长与体长的1/2
幼螨	淡红色，取食后草绿色，足3对	鲜红色，取食后暗绿色，足3对
若螨	足4对，淡红至深红色，背肛红色，形似成螨	足4对，形似成螨

(2)发生规律　麦圆蜘蛛别发生2～3，以雌性成螨和卵在小麦植株或田间杂草长上越冬。翌年2月下旬雌性成螨开始活动并产卵繁殖，越冬卵也陆续孵化。3月下旬至4月中旬是为害盛期。小麦孕穗后期产卵越夏。10月上旬越夏卵孵化，为害冬小麦幼苗或田边杂草。11月上旬出现成螨并陆续产卵，随气温下降，进入越冬阶段。

麦长腿蜘蛛一年发生3～4代，以成螨和卵在麦田土块下、土缝中越冬。翌年春季，成螨开始活动，越冬卵孵化。为害盛期正值小麦孕穗至始穗期，对产量影响较大。小麦进入黄熟期产卵越夏。冬小麦出土后，越夏卵孵化，取食幼苗，完成1个世代后，以越冬卵或成螨越冬，部分越夏卵也能直接越冬。

小麦害螨在连作麦田及杂草较多的地块发生重。水旱轮作和麦后翻耕的地块发生轻，免耕地块发生重。麦圆蜘蛛发生的最适湿度是80%以上，故水浇地、低洼地块受害重。秋雨多，春季阴凉多雨及砂壤土麦田受害严重；麦长腿蜘蛛发生的适宜相对湿度在50%以下，故秋雨少、春暖干旱以及壤土、黏土地块受害重。

(3)虫情调查　小麦出苗及返青后，选有代表性田2～3块，5点取样，每点查，每3 d调查一次，目测虫量，或在麦垄间铺一长33 cm、宽度适当的白纸或白布，将害螨震落其上计数。当每33 cm单行麦株有害螨200头时，即应开始防治。

(4)防治方法

①农业防治　因地制宜进行轮作倒茬，小麦、棉花、玉米和高粱轮作可控制麦圆蜘蛛的发生。小麦和玉米、油菜轮作可控制麦长腿蜘蛛的危害。及时清理田边和田内各类杂草，清理麦田内枯枝、落叶、麦茬、石块，以减少害螨基数。

②药剂防治　可用15%哒螨灵乳油2 000～3 000倍液，或10%烟碱乳油600倍液，或1.8%阿维菌素乳油1 000倍液喷雾防治。

四、操作方法及考核标准

(一)操作方法与步骤

1.病害症状观察

观察比较小麦全蚀病、根腐病发病部位、病征颜色、类型的差别。

扩展学习8-1　小麦病虫害形态识别(一)

2.病原观察

(1)取小麦全蚀病病菌，观察菌丝、子囊壳、子囊及子囊孢子的特征。

(2)取小麦根腐病病菌，观察菌丝及有性子实体或无性子实体的特征。

3.地下害虫及小麦害螨形态观察

(1)观察地下害虫生活史标本，重点观察细胸金针虫、沟金针虫及当地其他常见金针虫的形态，比较成虫大小、体色、触角及幼虫体形、体色、臀节的特征的区别。

(2)观察小麦吸浆虫生活史标本和受害麦粒特征。比较小麦吸浆虫冬茧和夏茧的区别。

(3)用体视显微镜观察小麦吸浆虫成、幼虫形态特征。

(4)用体视显微镜观察小麦害螨类的体形、体色、前足、后足等的特征。

4.小麦生长前期病虫害调查和标本采集

(1)病害调查　运用生物统计知识调查田间小麦病害病株率，注意观察发病部位、症状特征。

(2)虫害调查　调查小麦害螨的发生数量、为害部位；挖土调查地下害虫、小麦吸浆虫的数量。在田间初步观察害虫的形态特征及为害特点。

(3)采集标本　采集的标本应有一定的复份，一般应在5份以上，以便用于鉴定，保存和交流。

(4)走访调查　走访农户，对小麦品种、播期、播量、种子处理情况、耕作制度、水肥条件及病虫害发生情况进行调查，分析小麦病虫害的发生于栽培管理之间的关系。

(5)调查记载　将调查的主要内容填入表8-1-2。

表8-1-2　小麦播前、生长前期病虫害调查记录表

病虫名称	为害部位	为害(症状)特点	病(虫)株率	与栽培条件关系

(二)技能考核标准

见表8-1-3。

表8-1-3　小麦播前、生长前期植保技术技能考核标准

考核内容	要求与方法	评分标准	标准分值	考核方法
职业技能(100分)	1.病虫识别	根据识别病虫的种类多少酌情扣分	10	1～3项为单人考核口试评定成绩
	2.病虫特征介绍	根据描述病虫特征准确程度酌情扣分	10	
	3.病虫发病规律介绍	根据叙述的完整性及准确度酌情扣分	10	
	4.病原物识别	根据识别病原物种类多少酌情扣分	10	4～7项以组为单位考核，根据上交的标本、方案及防治效果等评定成绩
	5.标本采集	根据采集标本种类、数量、质量多少酌情扣分	10	
	6.制订病虫害防治方案	根据方案科学性、准确性酌情扣分	20	
	7.实施防治	根据方法的科学性及防效酌情扣分	30	

五、练习及思考题

1.小麦播种前主要做好哪些病虫害的预防工作？具体措施有哪些？

2.小麦生长期金针虫为害有何特点？怎样控制？

3.简述小麦害螨虫情调查方法。

参考答案8-1

项目2　小麦生长后期植保技术

一、技能学习目标

课程学习 8-2

通过对小麦生长后期主要病害的症状识别、病原物形态观察和对主要害虫的为害特点、形态特征识别及田间参与病虫害防治，掌握常见病虫害的识别要点，熟悉病原物形态特征，能识别小麦生长后期的主要病虫害，能进行发生情况调查、能分析发生原因，能制订防治方案并实施防治。

二、教学资源

1. 材料与工具

小麦锈病、小麦赤霉病、小麦散黑穗病、小麦腥黑穗病、小麦秆黑粉病、小麦白粉病等病害盒装标本及新鲜标本，病原菌玻片标本，小麦蚜虫、黏虫等浸渍标本、生活史标本及部分害虫的玻片标本。显微镜、体视显微镜、放大镜、镊子、挑针、刀片、滴瓶、蒸馏水、培养皿、载玻片、盖玻片、解剖刀、酒精瓶、毒瓶、采集袋、挂图、多媒体课件(包括幻灯片、录像带、光盘等影像资料)、记载用具等。

2. 教学场所

教学实训麦田、实验室或实训室。

3. 师资配备

每 20 名学生配备一位指导教师。

三、原理与知识

1. 小麦锈病

小麦锈病是世界各小麦产区普遍发生的一种气传病害，因其传播速度快、距离远，所以易大面积流行。受害植株光合作用减弱，呼吸作用增强，蒸腾作用明显加剧，致使全株的水分、养分被大量消耗，导致穗小、粒秕、产量降低。

(1)症状识别　小麦锈病分为条锈、叶锈、秆锈 3 种。共同特点是：分别在受侵叶或秆上出现鲜黄色、红褐色或褐色的铁锈状夏孢子堆，表皮破裂后散出粉状物。后期在病部长出黑色病斑即冬孢子堆。3 种锈病的夏孢子堆和冬孢子堆的大小、颜色、着生部位和排列情况各不相同。群众用“条锈成行”“叶锈乱”“秆锈是个大红斑”来区分(图 8-2-1)。

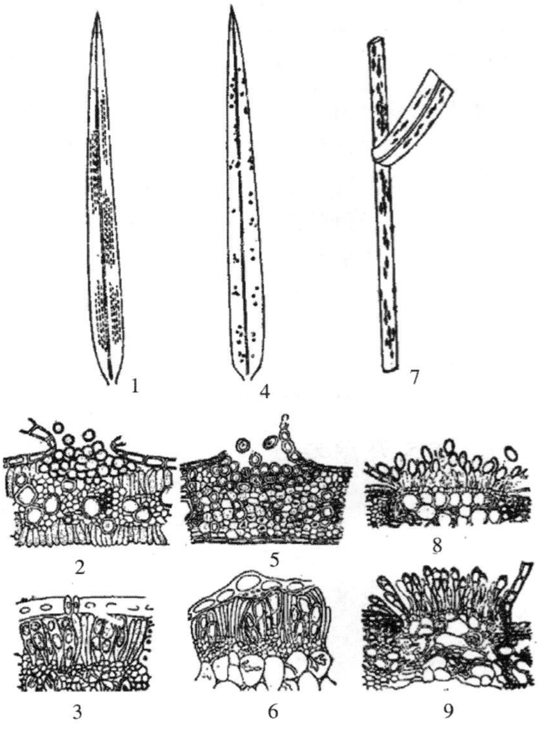

图 8-2-1　小麦锈病

1,2,3. 条锈病症状、夏孢子堆、冬孢子堆
4,5,6. 叶锈病症状、夏孢子堆、冬孢子堆
7,8,9. 秆锈病症状、夏孢子堆、冬孢子堆

(2)病原　小麦条锈病、叶锈病、秆锈病的病原物均属半知菌亚门锈菌属(图 8-2-1，表 8-2-1)。

表 8-2-1　小麦 3 种锈病病原物比较

病害种类		条锈病	叶锈病	秆锈病
病原物种类		*Puccinia striiformis*west. f. sp. *tritici* Erikss.	*Puccinia rubigoveratritici-cina*(Erikss.)Carleton	*Puccinia graminis* Pers. f. sp. *tritici* Erikss. et Henn
夏孢子	形态	球形或卵圆形	球形或卵圆形	长椭圆形，个体较大
	颜色	鲜黄色	橙黄色	红褐色
冬孢子	形态	棍棒状，顶端扁平或斜切	棍棒状，顶端平直或倾斜	椭圆形或长棒形，顶端圆形或略尖
	颜色	褐色	暗褐色	黑褐色
	柄的长短	柄短	柄很短	柄长

(3)发病规律　条锈病菌不耐高温，不能在冬麦区越夏，而是在高寒地区的小麦自生苗或晚熟春麦上越夏。秋季夏孢子随季风传至冬麦区，引起秋苗发病，并以菌丝在麦苗上越冬。

叶锈病菌即耐热又耐寒，在冬麦区可随自生苗苗越夏，秋季就近侵染秋苗并越冬。春季，春麦区的菌源则来自冬麦区。

秆锈病菌不耐低温，一般可在当地自生苗或晚熟春麦上越夏。但不能在北方冬、春麦区越冬。春季，北方的菌源则来自南方越冬菌源地。

小麦锈病是典型的高空气传病害。能以夏孢子随季风往复传播侵染，条件适宜时可造成病害的大面积流行。

3 种病菌侵染都需要有持续 4～6 h 的饱和湿度，所以多雨、多雾或结露条件下，病害发生重。氮肥过多、大水漫灌、群体密度大、田间通风透光不良等都利于锈病发生。3 种锈病的发生对温度的要求不尽相同，条锈病发生最早，叶锈病发生次之，秆锈病发生最迟。一般在小麦生长前期及孕穗至抽穗扬花期最易感病。冬麦早播条锈病易严重，春麦晚播秆锈病易严重。

(4)防治方法

①农业防治　合理施肥，避免偏施或迟施氮肥，在小麦分蘖拔节期追施磷、钾肥，提高植株抗病力。及时排灌，多雨高湿地区要开沟排水，春季干旱地区对发病地块要及时灌水，努力做到有病保丰收。麦收后及时翻耕，铲除自生苗。

②药剂防治　成株期用 25%三唑酮可湿性粉剂 225～300 g，或 12.5%烯唑醇可湿性粉剂 180～480 g/hm^2 喷雾防治。

2. 小麦白粉病

小麦白粉病是目前我国小麦上发生的重要病害之一。近年来，由于推广半矮秆良种，增大了田间麦株群体密度，加之肥水条件的改善，致使小麦白粉病日趋普遍而严重。

(1)症状识别　小麦从苗期至成株期均可发病，以叶片受害为主。严重时在茎秆、叶鞘、穗上也有发生。叶片发病，病斑多出现于叶片正面，发病初期病部出现黄色小斑，上生圆形或椭圆形白色丝网状霉层，逐渐转变成灰色短绒状物，最后变为灰褐色粉状物，其上生有许多黑色小颗粒，分别是分生孢子和闭囊壳。严重时病斑汇合成片，使叶片提早干枯，导致穗小秕粒，产量降低(图 8-2-2)。

(2)病原　小麦白粉病菌有性世代 *Erysiphe graminis*(DC)Speerf sp. *tritici* (Marchal)属子囊菌亚门，白粉菌属；无性世代[*Oidium monilioides*(Nees)Link]属半知菌亚门，粉孢属。病菌以吸器伸入表皮细胞吸取营养。分生孢子梗顶端串生分生孢子，自上而下依次成熟脱落。分生孢子无色，单胞，圆筒形。闭囊壳球形，黑褐色，外生菌丝状附属丝，内含 9～30 个子囊(图 8-2-2)。

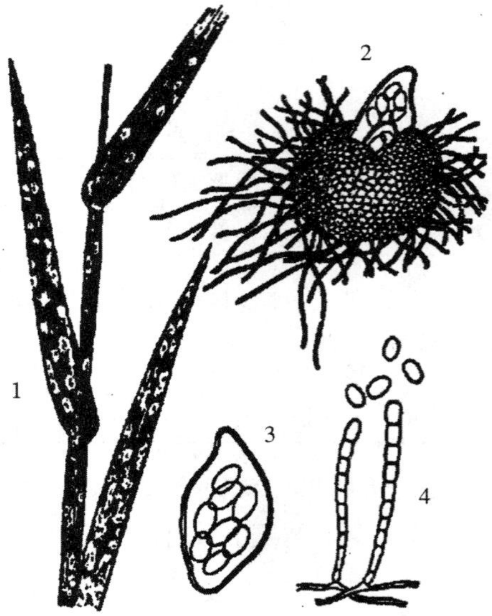

图 8-2-2　小麦白粉病

1. 病株　2. 闭囊壳破裂及子囊　3. 子囊及子囊孢子　4. 分生孢子梗及分生孢子

(3)发病规律　小麦白粉病菌的分生孢子寿命短，不能直接越夏。病菌主要在夏季凉爽地区以分生孢子反复侵染自生麦苗的方式越夏。如河南省平原麦区夏季气温高，病菌只能在西部山区以分生孢子侵染自生苗越夏，感病自生苗成为秋苗发病的侵染来源。分生孢子还可随高空气流远距离传播到非越夏区。在低温、干燥地区，病菌也能以闭囊壳越夏，适宜条件下放出子囊孢子侵染秋苗。病菌以菌丝体在植株下部叶片或叶鞘上越冬。春季，越冬病菌产生大量分生孢子并随气流远距离传播，若条件适宜，可造成病害的广泛流行。这一时期春麦区的病源主要来自异地。通常冬麦在拔节至孕穗期病情上升，扬花至灌浆期达到发病高峰，近成熟期病情逐渐下降。

温暖高湿，通风不良，光照不足的条件利于病菌侵染，因此一般肥水过剩，生长茂密或通透性差的麦田发病较重。但湿度过大，降雨过多却不利于分生孢子的繁殖和传播。在干旱年份，植株生长不良，抗病力减弱时，发病也较重。小麦播种过早，秋苗发病往往早而重。品种间抗病力有差异。

(4)防治方法

①农业防治　小麦收后及时铲除自生苗，春麦区要彻底清理病残体。加强肥水管理，及时排灌，增施磷、钾肥，控制氮肥用量，促使植株健壮生长，增强抗病力。

②药剂防治　在病叶率达到 5%～10%时要及时喷雾防治(所用药剂同小麦锈病)。

3. 小麦黑穗病

小麦黑穗病包括散黑穗病、腥黑穗病和秆黑粉病，小麦黑穗病曾经是小麦上的一类重要病害，后经大力防治已基本控制其危害，但目前在一些地区有回升趋势。

(1)症状识别　小麦散黑穗病俗称“乌麦”“灰包”，主要为害穗部。病穗初抽出时外围有一层银灰色薄膜包被，薄膜破裂后散出大量黑粉(冬孢子)，仅残留弯曲穗轴(图 8-2-3)。

小麦腥黑穗病又称黑疸、腥乌麦，小麦腥黑穗病主要为害穗部。病株一般较健株稍矮，分蘖增多。病穗较短，初为灰绿色，后变灰黄色，病粒较健粒短而胖，颖片略开裂，露出部分病粒，病粒初为暗绿色，后变灰黑色，内有黑色粉末(即病菌的冬孢子)，有鱼腥气味。

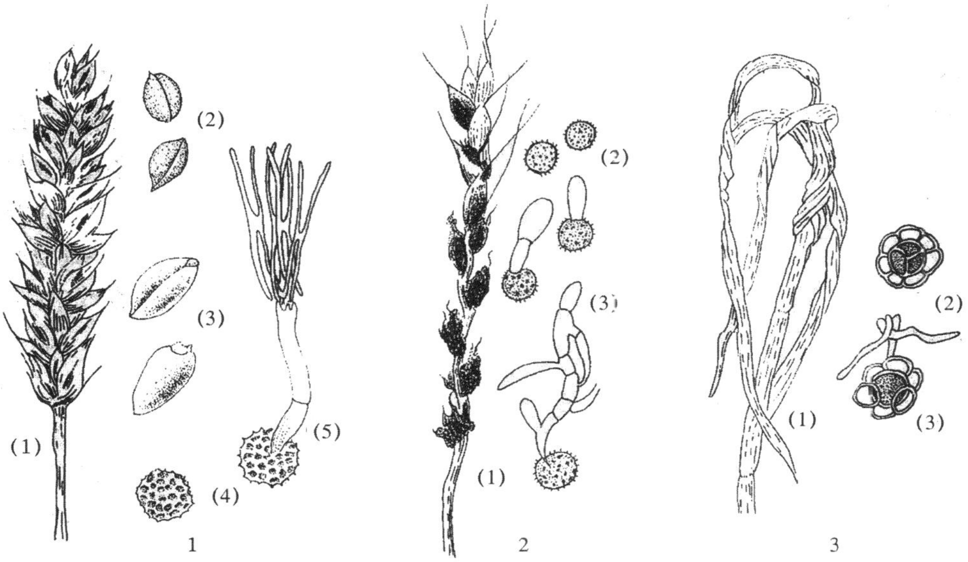

图 8-2-3　小麦 3 种黑穗病

1. 小麦普通腥黑穗病　(1)病穗　(2)病粒(菌瘿)　(3)健粒　(4)冬孢子　(5)冬孢子萌发
2. 小麦散黑穗病　(1)病穗　(2)冬孢子　(3)冬孢子萌发
3. 小麦秆黑粉病　(1)病株　(2)冬孢子团　(3)冬孢子萌发

小麦秆黑粉病主要为害茎秆和叶鞘，叶片和穗部也可受害。发病初期可在叶片和叶鞘上发现与叶脉平行的条纹状隆起，叶片不舒展。到小麦拔节至孕穗期症状逐渐明显，植株明显矮化和严重扭曲，隆起部分变黑，破裂，散出黑色孢子。多数病株不能抽穗并提前死亡。发病株显著矮小，分蘖增多，病叶卷曲，麦穗很难抽出，多不结实，甚至全株枯死(图 8-2-4)。

(2)病原　小麦散黑穗病菌 *Ustilago tritici*，属担子菌亚门，黑粉菌属。病穗上的黑粉为冬孢子，冬孢子近球形，单胞，褐色，半边颜色较浅，表面有微刺(图 8-2-4)。

小麦腥黑穗病菌的病原主要有 2 种，即网腥黑粉菌 *Tilletia caries*。光腥黑粉菌 *Tilletia foetida*。小麦网腥黑粉菌的冬孢子多为球形或近球形，褐色至深褐色，孢子表面有网纹。光腥黑粉菌的冬孢子圆形、卵圆形和椭圆形。淡褐色至青褐色，孢子表面光滑，无网纹。

小麦秆黑粉病菌为小麦条黑粉菌 *Urocystis tritici*，属于担子菌亚门真菌。病菌以 1～4 个冬孢子为核心，外围以若干不孕细胞组成孢子团。孢子团圆形或长椭圆形，冬孢子单胞，球形，深褐色。

(3)发病规律　小麦散黑穗病病穗散出大量黑粉时，正置小麦扬花期，冬孢子随气流传播至花器后直接萌发侵入，受侵花器当年可形成外观正常的种子。种子收获后，病菌以菌丝体潜伏在种胚内休眠，并可随种子远距离传播。播种病粒后，潜伏的菌丝随种子的萌发而萌动，随植株生长而扩展到生长点，小麦孕穗期病苗到达穗部并产生大量冬孢子，致使病株抽出黑穗，后期散出黑粉。

小麦散黑穗病发生轻重与上年小麦扬花期天气情况密切相关。小麦扬花期遇小雨或大雾天气，利于病菌萌发侵入，则种子带菌率高。反之，扬花期干旱，种子带菌率就低。另外，一般颖片张开大的品种较易感病。

小麦腥黑穗病病菌以厚垣孢子附在种子外表或混入粪肥、土壤中越冬或越夏。其侵染源以种子带菌为主。种子带菌亦是病害远距离传播的主要途径。播种带菌的小麦种子，当种子发芽时，冬孢子也随即萌发，由芽鞘侵入幼苗，并到达生长点，菌丝随小麦生长而发展，到小麦孕穗期，病菌侵入幼穗的子房，破坏花器，形成黑粉，使整个花器变成菌瘿。

冬小麦播种过迟、过深，幼苗出土缓慢，有利于发病。

小麦秆黑粉病病菌可随土壤、种子及粪肥传播。一般小麦收获前，病菌孢子堆因散开而部分落入土中，或随植株残体留在土中。病菌在土壤中可存活3～5年。麦苗出土前病菌侵入幼芽鞘，以后菌丝进入生长点，随小麦生长发育而进入叶片、叶鞘和茎秆，次年春季小麦拔节后破坏受侵茎组织，出现症状。

土壤干旱、土质瘠薄的地块，发病重；籽粒饱满、生长势强、出苗快的植株发病轻。

(4)防治方法

①以小麦播种前预防为主　严格产地检疫。5月中下旬进行小麦产地检疫，及时拔除病株，带出田外进行集中销毁处理。

②农业防治　选用抗病品种。建立无病留种田，培育和使用无病种子。留种田要播无病种子或播前进行种子处理，并与生产田间隔100 m以上。发现病株后，要在黑粉散出前及时拔除。

4.麦蚜

麦蚜俗称蜜虫、腻虫，属同翅目蚜科。我国北方常见的麦蚜有麦二叉蚜 *Schizaphis graminum* (Rondani)、麦长管蚜 *Macrosiphum avenae* (F.)、禾缢管蚜 *Rhopalosiphum padi* (L.)三种。麦蚜以成、若虫聚集在小麦叶片、茎秆、穗部刺吸汁液。幼苗受害时生长停滞，分蘖减少，受害叶有黄褐色斑点，严重时叶片褪色枯黄甚至整株枯死；穗期受害时，麦穗实粒数减少，千粒重和品质均下降。麦蚜还可传播病毒病，造成更大损失。

(1)形态特征　三种常见蚜虫的形态区别见图8-2-4和表8-2-2。

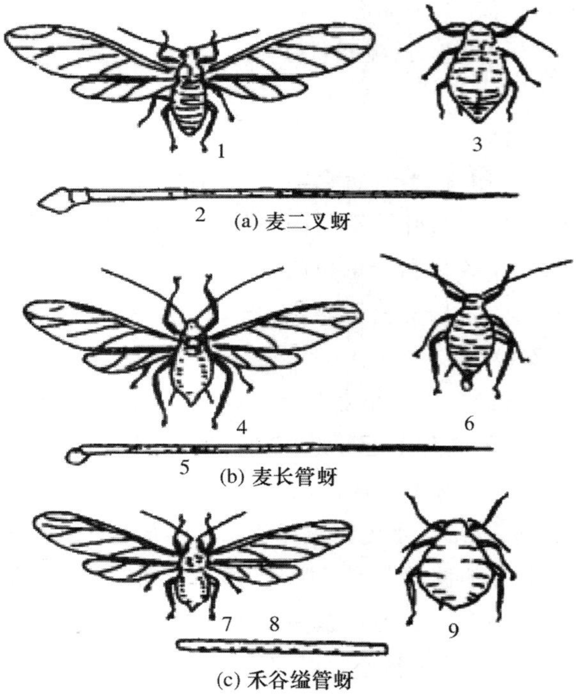

图8-2-4　麦蚜

1.有翅胎生雌蚜　2.有翅胎生雌蚜触角
3.无翅胎生雌蚜　4.有翅胎生雌蚜
5.有翅胎生雌蚜触角　6.无翅胎生雌蚜
7.有翅胎生雌蚜　8.有翅胎生雌蚜触角第3节
9.无翅胎生雌蚜

表 8-2-2　3 种麦蚜形态比较

项目	麦二叉蚜	麦长管蚜	禾谷缢管蚜
体长/mm	1.8～2.3	2.3～2.9	1.4～1.8
复眼	漆黑色	鲜红至暗红	黑色
前翅中脉	分二叉	分三叉,分叉大	分三叉,分叉小
腹部体色	淡绿或黄绿色,背面有深绿纵线	淡绿至橘红色	暗绿,后端带紫褐色
腹管	短圆筒形,淡绿色,端部暗褐色,长 0.25 mm	长圆筒形,黑褐色,端部有网状纹,长 0.48 mm	近圆筒形,灰黑色,端部呈瓶口状缢缩,长 0.24 mm

(2)发生规律　麦蚜在北方地区 1 年发生 10～20 代,麦二叉蚜和麦长管蚜在冬麦区以无翅雌蚜在麦苗基部叶丛和土缝中越冬,在春麦区以卵在禾本科杂草上越冬,翌年春季随气温回升时,开始活动为害。小麦拔节期是麦二叉蚜为害的高峰期,小麦抽穗后,麦二叉蚜开始消退,麦长管蚜数量上升。小麦灌浆到乳熟期麦长管蚜达猖獗为害期。禾谷缢管蚜在李属植物上以卵越冬,初夏飞至麦田。小麦近成熟期,由于营养条件恶化,麦田蚜量下降,产生有翅蚜陆续迁往高粱、玉米、谷子及禾本科杂草上。秋苗出土后,麦蚜又迁回麦田繁殖为害并越冬。

麦长管蚜适应性强,耐低温、喜光照、耐潮湿。多分布在植株上部、叶的正面和麦穗上,随植株生长向上部叶片扩散为害,最喜在嫩穗上吸食,故也称“穗蚜”,由于后期集中在穗部为害,发生量大,为害时间长,对小麦产量影响大。麦二叉蚜不但吸食汁液,而且还能分泌毒素,破坏叶绿素,在叶片上形成黄色枯斑。麦二叉蚜怕光,多分布在植株下部和叶的背面为害。乳熟后期禾谷缢管蚜数量有明显上升,禾谷缢管蚜怕光喜湿,多分布在植株下部、叶鞘内和根际,嗜为害茎秆,最耐高温、高湿。

麦蚜在生长季节都是孤雌胎生,生活周期短,繁殖率很高,所以很容易在短期内造成猖獗为害。在虫口过多或条件不适时,可产生有翅蚜扩散迁飞,此外,蚜害和黄矮病的流行常有显著关系。

麦蚜的天敌有瓢虫、食蚜蝇、草蛉、蚜茧蜂等 10 余种,天敌数量大时,常控制后期麦蚜种群数量的增长。

(3)虫情调查　每块田单对角线 5 点取样,秋苗和拔节期每点调查 50 株,孕穗期、抽穗扬花期和灌浆期每点调查 20 株,调查有蚜株数和有翅、无翅蚜数量。

麦长管蚜分期防治指标为:抽穗期 200 头/百株,扬花至灌浆初期 500 头/百株,灌浆至乳熟期 1 000 头/百株。

(4)防治方法　保护利用自然天敌。当天敌与麦蚜比高于 1∶150 时,可不用药防治。

①物理防治　采用黄板诱蚜技术,在麦蚜发生初期开始使用,每亩均匀插挂 20～30 块黄板,高度以高出小麦 20 cm 为宜。

②药剂防治　主要防治穗期蚜虫。可用 50%抗蚜威可湿性粉剂 4 000 倍液,或 10%吡虫啉 1 000 倍,或 3%啶虫脒乳油 1 000 倍液喷雾防治。在小麦黄矮病流行区,应压低苗期蚜量及越冬基数,减少病害流行。若冬前干旱温暖,在 10 月下旬至 11 月上旬防治一次;春季苗期有蚜株率达 3%～5%时,需及时防治。

5. 小麦吸浆虫

我国发生的小麦吸浆虫主要有两种，即麦红吸浆虫 *Sitodiplosis mosellana* (Gehin)和麦黄吸浆虫 *Comtarinia tritci* (Kiby)，均属双翅目瘿蚊科。两种吸浆虫均以幼虫为害花器和在麦粒内吸食麦粒浆液，使小麦籽粒不能正常灌浆，出现瘪粒，严重时造成绝收。

(1)形态特征　麦红吸浆虫成虫体长 2～2.5 mm，橘红色。触角各节呈长圆形膨大，上面环生两圈刚毛。足细长。卵长椭圆形，长 0.32 mm，淡红色透明，表面光滑。幼虫体长 2～2.5 mm，纺锤形，橙黄色，无足。蛹长约 2 mm，橙褐色，头部有 1 对白色短毛和 1 对长呼吸管。麦黄吸浆虫成虫体姜黄色。幼虫姜黄色，尾突 2 对，侧面的 1 对大，中间的 1 对小。蛹淡黄色，头部 1 对白色呼吸管长(图 8-2-5)。

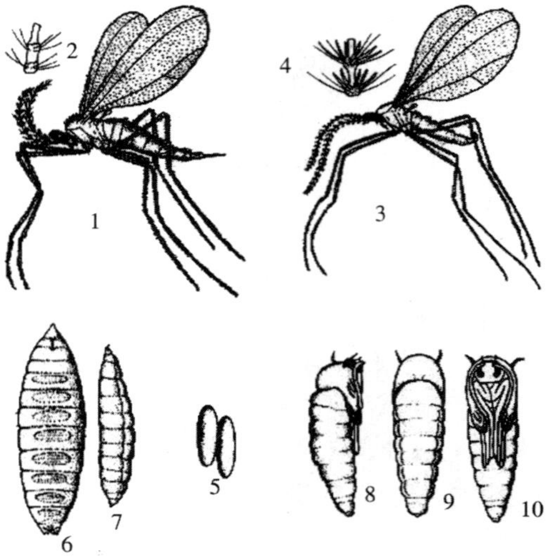

图 8-2-5　麦红吸浆虫

1. 雌成虫　2. 雌成虫触角的 1 节　3. 雄成虫　4. 雄成虫触角的 1 节　5. 卵　6. 幼虫腹面　7. 幼虫侧面　8～10. 蛹侧、背、腹面

(2)发生规律　小麦吸浆虫 1 年发生 1 代，以老熟幼虫在土中结茧越夏、越冬。翌年小麦拔节期，越冬幼虫破茧上升到表土层；小麦孕穗时，再结茧化蛹；小麦开始抽穗扬花时开始羽化出土。卵产在麦穗上，幼虫孵化后侵入小穗内进行为害，吮吸幼嫩麦粒内的浆液。小麦吸浆虫抗逆力强，条件不适时，可在土中休眠 6～12 年。小麦吸浆虫的发生与生态气候、虫源基数和品种抗性关系密切。小麦吸浆虫喜湿耐干，因此吸浆虫在沿河流域及水浇地发生重。春季多雨，发生量大，3—4 月份干旱少雨，发生轻，小麦抽穗扬花期为害重，如雨水充沛，气候适宜常引起大发生。虫源基数大，易造成吸浆虫大发生。种植抗耐害品种不利吸浆虫为害发生。

(3)防治方法　在小麦孕穗期撒毒土防治幼虫和蛹，一般应掌握在 3 月下旬至 4 月上旬，用 50%辛硫磷乳油 3 000～3 750 mL/hm^2，兑水 75 kg，喷在 300 kg 干细土上，均匀撒在地表后，随即浇水或抢在雨前撒入，效果好。

小麦抽穗扬花期防治成虫。此期是控制小麦吸浆虫的最后一个时机，准确测报，是搞好成虫防治的关键。应掌握在小麦抽穗扬花初期，即成虫出土初期施药。每亩用 40%乐果乳油、80%敌敌畏乳油 50 mL 兑水 50～60 kg 喷雾均有良好的防治效果。

6. 黏虫

黏虫 *Mythimna seperata* (Walker)属鳞翅目，夜蛾科。分布在除新疆、西藏外其他各地，是稻作上间歇性、局部为害的害虫，长江中下游及以南稻区受害相对较重。寄主植物有麦、稻、粟、玉米等禾谷类粮食作物及棉花、豆类、蔬菜等 16 科 104 种以上植物。低龄时咬食叶肉使叶片形成透明条纹状斑纹，3 龄后沿叶缘啃食水稻叶片成缺刻，严重时将稻株吃成光秆。大发生时可在 1～2 d 内吃光成片作物，造成严重损失。

(1)形态特征(图 8-2-6)　成虫体长 17～20 mm，淡黄褐色或灰褐色。前翅中央前缘各有 2 个淡黄色圆斑，外侧圆斑后方有一小白点，白点两侧各有一小黑点，顶角具一条伸向后缘的黑色斜纹。卵馒头形，单层成行排成卵块。幼虫 6 龄，体色变异大，腹足 4 对。高龄幼虫头部沿蜕裂线有棕黑色“八”字纹，体背具各色纵条纹，背中线白色较细，两边为黑细线，亚背线红褐色，上下镶灰白色细条，气门线黄色，上下具白色带纹。蛹长 19～23 mm，红褐色。

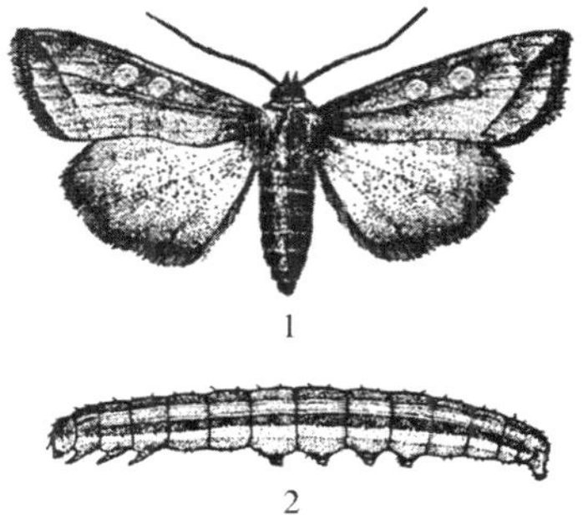

图 8-2-6　黏虫

(仿 华南农学院. 农业昆虫学.)

1. 成虫期　2. 幼虫

(2)生活习性　黏虫是典型的迁飞性害虫，每年 3 月份至 8 月中旬顺气流由南向偏北方向迁飞，8 月下旬至 9 月份又随偏北气流南迁。中国国内由北到南每年可发生 2～8 代。在中国东半部，北纬 27°以南一年发生 6～8 代，以秋季为害晚稻世代和冬季为害小麦世代发生较多；北纬 27°～33°地区一年发生 5～6 代，以秋季为害晚稻世代发生较多；北纬 33°～36°地区一年发生 4～5 代，以春季为害小麦世代发生较多；北纬 36°～39°地区一年发生 3～4 代，以秋季世代发生较多，为害麦、玉米、粟、稻等；北纬 39°以北一年发生 2～3 代，以夏季世代发生较多，为害麦、粟、玉米、高粱及牧草等。在北纬 33°以北地区不能越冬，每年由南方迁入；1 月北纬 33°～27°北半部，多以幼虫或蛹在稻茬、稻田埂、稻草堆、杂草等处越冬，南半部多以幼虫在麦田杂草地越冬，但数量较少；约北纬 27°以南可终年繁殖，主要在小麦田越冬为害。

成虫顺风迁飞，飞翔力强，有昼伏夜出的习性，喜食花蜜。卵多产于稻株枯黄的叶尖处或叶鞘内侧，几十粒至一二百粒成一卵块。在适宜条件下，每个雌虫一生可产卵 1 000 粒，最多达 3 000 粒。幼虫孵出后先吃掉卵壳，后爬至叶面分散为害，3 龄后有假死习性。幼虫老熟后在稻株附近钻入表层土中筑土室化蛹，田间有水时也可以在稻丛基部化蛹。

发生数量与迟早取决于气候条件。成虫产卵的适宜温度为 15～30 ℃，最适温度为 19～21 ℃；相对湿度低于 50%时，产卵量和交配率下降，低于 40%时 1 龄幼虫全部死亡。成虫产卵期和幼虫低龄时雨水协调、气候湿润，黏虫发生重；气候干燥发生轻，尤其高温干旱不利于其发生。但降水量过多、特别是暴雨或暴风雨会显著降低种群数量。

(3)综合防治

1)诱杀成虫

①黑光灯诱虫　可在成虫发生期，每 3～5 hm^2 地块设 40 W 黑光灯一支，高于苗株 30 cm，灯下放一水盆，再加煤油漂浮水面，晚上开灯诱集，清晨捞出死虫并扑打没落水中的活虫。

②糖醋液诱杀成虫　诱液中酒、水、糖、醋按 1∶2∶3∶4的比例，再加入少量敌百虫。将诱液放入盆内，每天傍晚置于田间距地面 1 m 处，次日早晨取回诱盆并加盖，以防诱液蒸发。2～3 d 加一次诱液，5 d 换一次诱液。

2)草把诱卵　把稻草松散地捆成长 65 cm，直径 9 cm 左右的小把，插于玉米或水稻田间，高于植株。5～7 d 换一次，换下的草把要烧掉，把糖醋液喷在草把上效果更好。

凡是诱蛾、诱卵的糖醋盆、草把附近，每隔 7 d 喷 1 次药，把产出的卵所孵化出的幼虫杀死。

3)药剂防治

于幼虫3龄前用50%杀螟松乳油或50%辛硫磷乳油1 000倍液，或25%杀虫双500倍液，或20%速杀菊酯或2.5%溴氰菊酯乳油4 000～5 000倍液喷雾防治。

四、操作方法及考核标准

(一)操作方法与步骤

扩展学习8-2 小麦病虫害形态识别(二)

1.病害症状观察

(1)比较小麦各种锈病夏孢子堆、冬孢子堆形状、大小、色泽、排列特点。

(2)观察小麦白粉病叶片的表面上是否产生一层白色粉状物，有黑色小颗粒，比较小麦白粉病在不同发病时期症状差别。

(3)观察小麦散黑穗病、腥黑穗病、秆黑粉病的发病部位及症状区别。

(4)观察全蚀病、根腐病在小麦生长中后期的症状变化情况。

2.病原观察

(1)小麦锈病观察　取小麦锈病夏孢子、冬孢子，观察其形态、色泽、大小及表面有无微刺等。

(2)小麦白粉病观察　取小麦白粉病病菌，观察菌丝、粉孢子、闭囊壳、子囊的形态、大小及多少。

(3)小麦黑穗病观察　取小麦散黑穗、腥黑穗病、秆黑粉病病冬孢子，比较观察其形态、大小、色泽等的差别。

3.小麦害虫形态观察

(1)小麦蚜虫观察　用体视显微镜观察麦蚜类的前翅翅脉区别，观察体色、腹管、尾片等特征。

(2)黏虫观察　重点观察黏虫成虫前翅特征、幼虫头部特征及胴部体色。

(3)小麦吸浆虫观察　观察小麦吸浆虫在小麦生长中后期的虫态特征。

4.小麦中后期病虫害调查和标本采集

(1)病害调查　运用生物统计知识调查田间小麦病害病株率，注意观察发病部位、症状特征。比较小麦生长前期发生的病害的症状及数量变化情况。

(2)虫害调查　调查当地小麦蚜虫的主要种类、发生数量、为害部位、为害特征。比较小麦红蜘蛛的数量变化情况。调查小麦吸浆虫在田间的虫态。

(3)采集标本　采集的标本应有一定的复份，一般应在5份以上，以便用于鉴定、保存和交流。

(4)走访调查　走访农户，对小麦品种、播期、播量、种子处理情况、耕作制度、水肥条件及病虫害发生情况进行调查，分析小麦中后期病虫害的发生于栽培管理之间的关系。

(5)调查记载　将调查的主要内容填入表8-2-3。

表 8-2-3　小麦中后期病虫害调查记录表

病虫名称	为害部位	为害(症状)特点	病(虫)株率	与栽培条件关系

(二)技能考核标准

见表 8-2-4。

表 8-2-4　小麦中后期植保技术技能考核标准

考核内容	要求与方法	评分标准	标准分值	考核方法
职业技能(100 分)	1. 病虫识别	根据识别病虫的种类多少酌情扣分	10	1～3 项为单人考核口试评定成绩
	2. 病虫特征介绍	根据描述病虫特征准确程度酌情扣分	10	
	3. 病虫发病规律介绍	根据叙述的完整性及准确度酌情扣分	10	
	4. 病原物识别	根据识别病原物种类多少酌情扣分	10	4～7 项以组为单位考核，根据上交的标本、方案及防治效果等评定成绩
	5. 标本采集	根据采集标本种类、数量、质量多少酌情扣分	10	
	6. 制订病虫害防治方案	根据方案科学性、准确性酌情扣分	20	
	7. 实施防治	根据方法的科学性及防效酌情扣分	30	

五、练习及思考题

1. 影响小麦锈病、白粉病的发生与哪些因素有关？怎样进行综合防治？

2. 防治小麦蚜虫的关键时期在小麦生长的哪个阶段？怎样防治小麦蚜虫？

3. 小麦生长期防治小麦吸浆虫的有利时机有哪些？分别怎样进行？

参考答案 8-2

4. 制订小麦全生育期病虫害防治历。

典型工作任务九

玉米植保技术

科技阅读窗

他从一个只有初中文化程度的农家子弟，不懈攀登科学技术高峰，成长为海内外闻名的农业科学家；是总结出“紧凑株型＋高配合力”的育种理论，不断刷新玉米单位产量的领航人；是相信“路是人走出来的，事是人干出来的，只要肯钻研，就能出道道”的奋斗者。他就是中国紧凑型杂交玉米之父——李登海。

思政学习 4　中国紧凑型杂交玉米之父——李登海

项目1　玉米播前准备阶段植保技术

一、技能学习目标

使学生能够根据田间前茬的病、虫害的发生情况，选择适宜的种衣进行包衣处理，并掌握包衣机械的操作技术。

课程学习 9-1

根据当地实际情况和田间前茬出现的杂草情况，选择适宜的除草剂进行土壤封闭处理。

二、教学资源

1. 材料与工具

（1）仪器设备　人工手摇拌种器、背负式喷雾器、自制滚筒式拌种器或种衣剂包衣机。

（2）材料与工具　秤、天平、量桶（1 000 mL）、烧杯（1 000 mL）、塑料桶、塑料盆、塑料薄膜、塑料布、铁锹、35％多克福种衣剂、2％戊唑醇湿拌种衣剂、2.5％咯菌腈、5％烯唑醇超微粉种衣剂、40％萎莠灵·福美双种衣剂、60％吡虫啉悬浮种衣剂、玉米种子等。

2. 教学场所

实验室或实训室。

3. 师资配备

每 20 名学生配备一位指导教师。

三、原理与知识

玉米在播种前从植物保护方面需要注意的是要选择抗病品种，并要根据田间前茬的病、虫害的发生情况，选择适宜的种衣进行包衣处理，严禁白籽下地。玉米种子包衣的目的是防止苗期病虫害及地下害虫。对于新开荒的地块，可在播种前进行土壤封闭处理。玉米播种前的主植保措施主要有以下几个方面：

（一）种子处理

1. 种子精选

玉米容易出现小苗、弱苗，而小苗、弱苗的生产能力只有 13％～30％，对小苗、弱苗进行偏管基本没有什么作用，查苗、补苗作用也不明显。种子大小不一易造成出苗不整齐，种子不纯易形成小苗、弱苗。因此播前要精选种子，提倡分级播种。

2. 种子育肥

用微肥、生物肥、细胞酶营养剂、磷酸二氢钾等，用种子质量的 0.25％拌种。用硫酸锌拌种时，每 1 kg 种子用 2～4 g，浸种多采用 0.2％的浓度。

3. 种子药剂处理

（1）种子药剂处理的方法　可通过拌种、浸种、种子包衣等方法进行种子药剂处理。目前生产上主要利用种衣剂对玉米种子进行包衣处理，此法操作简便，种植者易于掌握使用技术。

（2）种子包衣前的准备　玉米种子在包衣作业前，要做好种子的准备、药剂的准备和机械的准备。

第一，玉米种子在包衣前必须经过精选，种子水分也要在安全贮藏水分范围之内，确认种子的净度、发芽率、含水量都符合要求，方可进行包衣作业。

第二，种子在进行机械包衣前，必须进行发芽试验，只有发芽率较高的种子才能进行包衣处理。经过包衣处理的种子，也要做发芽试验，以检验包衣处理种子的发芽率。做包衣种子的发芽试验时，必须在预先准备发沙盘中进行，在培养皿中会因药剂的浓度影响发芽率。对包衣后的种子可采取湿沙平皿法和大沙盘法进行发芽试验。

第三，根据病虫种类选择相应有效成分的种衣剂，并根据使用说明配制好混合液。注意选择正规厂家的优良种衣剂，保证玉米种子在包衣能达到预期的防治效果。同时，包衣后种子的流动性好，以免影响机械播种。

第四，要对包衣机械进行调试，使包衣机械达到运转良好状态。

(3)玉米种子包衣　100 kg 种子用 35%多克福种衣剂 1.5～2 L；或 2%戊唑醇湿拌种衣剂 0.4～0.6 L；或 2.5%咯菌腈 150～200 mL；或 5%烯唑醇超微粉种衣剂 400 g，兑水 1～1.5 L；或 40%萎莠灵·福美双种衣剂400～500 mL，兑水 3～4 倍；或噻虫嗪 100 g 加咯菌腈·精甲霜灵100 mL 兑适量水；或 60%吡虫啉悬浮种衣剂 500～800 mL，兑水 1～2 L 进行种子包衣。

(4)种子包衣的质量要求及注意事项　包衣操作人员要穿防护服、戴手套，包衣过程严禁吸烟、吃东西、嬉戏打闹；用药量要准确，防止过量或药量不足；包衣要均匀，不能有裸粒、半粒、“麻面”或有明显网点的粒，一般机械包衣要求均匀度达到 95%以上；包衣后的种子放在阴凉通风处阴干备用；包过衣的剩种子严禁食用或喂牲畜；盛过包衣种子的袋子、桶等，严禁再盛装食物，清洗这些器皿的水严禁倒入河流、水塘、沟渠等处，最好倒在树根、田间，防止人畜中毒及环境污染。

(5)种子包衣后的检验　种子包衣后的质量检验保证种子包衣效果及发挥包衣药剂药效的重要内容。主要包括：

①包衣合格率检验　从包衣种子中扦样的平均样品中，随机取样 3 份，每份 200 粒，用放大镜观察每粒种子的包衣情况，检查包衣均匀程度、裸露情况，凡种子表面的膜衣覆盖面积不少于 80%者可视为合格的包衣种子。一般机械包衣要求均匀度达到 95%以上。

②种衣牢固度检验　从包衣种子直接扦样的平均样品中，随机取样 3 份，每份 20～30 g(样品称重要求精度为 1%)，分别放在清洁、干净的木塞广口瓶中，置于振荡器上振荡 1 h(振荡频率为 400 r/min)，再将包衣种子称重，按下列公式计算种衣牢固度。

$$\text{种衣牢固度}=\text{振荡后包衣种子的质量(g)}/\text{样品质量(g)}\times 100\%$$

包衣种子检验结束后，应根据各项检验结果进行综合评定种子的包衣质量。检验的保留样品，最好保存到该作物收获，以备复查。

(6)包衣种子的贮藏　包衣种子的贮藏条件同一般种子，即要求仓库牢固安全，能通风、密闭，不漏雨、不潮湿，有垫木和防潮设施，有测定种子和测温测湿的仪器设备，最好有防火条件。

仓储条件：要求冷凉干燥，防潮。一般要求仓库温度不高于 15 ℃，相对湿度在 60%以下，避免因潮湿造成包衣种子吸湿对种子产生不良影响。在常温条件下一般贮存期以不超过 4 个月为宜，最好当年包衣当年使用。

(二)玉米田播后苗前土壤封闭除草

播后苗前土壤封闭除草是目前黑龙江省玉米生产中最常用的除草方式之一。在玉米播种后出苗前,将除草剂均匀喷洒在土壤表面,进行土壤封闭除草,可将土壤表层的小粒种子杂草封闭在土壤中,使其不能出土。

播后苗前土壤封闭除草可选用除草剂单剂,如乙草胺、精异丙甲草胺、异丙甲草胺、异丙草胺、噻吩磺隆、唑嘧磺草胺、嗪草酮、莠去津等,根据田间杂草群落组成情况,可单用,也可2～3种混用。若杂草较大,或多年生杂草较多,可加克无踪或草甘膦。在土壤有机质含量较高的地块,阿特拉津最好不进行土壤处理,若必须用,最好与其他除草剂混用。播后苗前土壤封闭除草可选用除草剂混剂,如乙二、乙阿合剂、乙·莠、异丙·莠、滴丁·乙、乙·嗪、滴丁·噻磺·乙、丁·乙·莠等。

1.除草剂混用的作用

除草剂合理混用可以扩大杀草谱、减少用药次数,取长补短、提高药效,延长施药适期,降低对作物的药害,延长除草剂老品种的使用寿命,减少除草剂的残留活性,延缓除草剂抗药性的发生与发展。

2.影响播后苗前土壤封闭效果的因素

(1)气候因素

①温度　施药后温度过高,杂草生长速度过快,迅速突破药土层,因接触药量小,杂草未被杀死就出土了。施药后温度过低,杂草迟迟不萌发,药剂的持效期一过,就不再对杂草有杀灭作用。另外,一些除草剂对温度敏感,低温下药效不易发挥。

②湿度　施药后长时间无降雨,土壤过于干旱,药剂很快挥发,严重影响除草剂药效。空气相对湿度低于65%会影响药效。

③风　大风天施药,药液易被风吹走,土表层着药量不足,造成除草效果差。因此,三级以上风天应停止施药。

(2)土壤因素

①土壤类型　黏土与沙土对药剂的吸附力不同,施药量也就不同。黏质土对药剂的吸附力强,药剂在土壤中移动性小,施药量应稍多。沙性土壤药剂渗透快,移动性大,易随雨水淋溶到较深的土层,作物易受药害,施药量宜少。

②土壤有机质含量　土壤有机质含量影响除草剂的吸附作用。土壤有机质含量越高,对药剂的吸附力越大,应使用推荐剂量的上限,反之,则适当减少剂量。

③土壤含水量　土壤的吸附作用和淋溶现象与含水量关系密切。如果施药时土壤含水量高,表土层水分饱和,对药剂的吸附作用减弱,药剂会向深层渗透(即淋溶),淋溶后土表含药量减少,造成除草剂药效差。但土壤过于干燥,药剂易被风吹走挥发,无法附着在土壤表层,也会导致除草药效差。

(3)人为因素

①选择适宜的除草剂品种　应根据不同地块作物生育期、杂草群落组成、优势杂草种类及杂草大小,正确选择除草剂品种,避免盲目用药。

②用药量要准确　不能随意增加用药量,也不能随意减少用药量。盲目增加用药量,易造成作物药害,而随意减少用药量,又很难达到预期的除草效果。

③正确选择配药用水　配制除草剂所用的水要有选择,不要用有化学污染的水,不要用

深井里矿物质含量高的水，也不要用沟渠里的水，以免降低药效。最好选用清洁、干净的水来配制药液。

④配药方法正确　一般采取二次稀释法配制药液。药桶中先加入喷液量一半的水，再用少量水与药剂混拌均匀配制成母液，然后把母液倒入药桶中，边倒边搅拌，最后加足用水量。

⑤整地质量要高　整地要精细，有能过于粗放。若田间坷垃多，玉米根茬、玉米茎秆和枯草过多以致覆盖地表，药液不能接触土表，严重影响除草剂效果。

⑥施药技术　机车行走速度要快慢适当，一般拖拉机行走速度以 6～8 km/h 为宜，过快或过慢均会使施药量发生变化，导致药量降低或局部产生药害。喷雾机械状态不好，药液雾化不好，喷雾压力不够，难以形成细雾，在土壤表层也就很难形成严密的防护层。选择的喷嘴类型、喷雾角度、喷雾压力、喷嘴间距等均会影响除草剂的药效。

四、操作方法及考核标准

(一)操作方法与步骤

种子包衣：

(1)药剂　35%多克福种衣剂有效成分是克百威 10%、多菌灵 15%、福美双 10%，是杀虫剂与杀菌剂的复配剂，总有效成分含量 35%，内含大豆种子发芽和幼苗生长发育所需要的多种微量元素，具有防病、治虫、肥效三重作用。

(2)用量　35%多克福种衣剂的用量为种子质量的 1%～1.5%。

种子包衣方法：根据供试种子和发生的病虫害种类选择适宜的种衣剂；事先调整好转动速度和一次种子投入量；按计算好的用量分别称量种子和种衣剂，将准确称取的种衣剂倒入定量的种子中(自制滚筒式拌种器或种子包衣机中，或放到干净的水泥地面上人工拌药)，立即搅拌进行包衣操作，待每粒种子均匀着色(粉红色)时即可出料。包衣后的种子不要晾晒。

(3)注意事项

①种衣剂包衣应当用种衣剂专用包衣机或者自制滚筒式拌种机，做到种子与种衣剂定量准确，自动化程度高，搅拌速度与时间一致，包衣质量好。

②人工包衣时，一要注意人工翻动种子的速度要快，二要上下翻动使种子均匀着药，三是每次包衣的种子量不能过多。

③不论采用哪种方式包衣，一定要做到粒粒种子均匀着色后才能出料。出料后种子不要再搅动，以免破坏药膜。如果包衣种子结块，种子相互粘在一起，说明种衣剂成膜质量不好，该种衣剂不能用。

④包衣时严禁向种衣剂内加水或其他营养元素及农药。

⑤包衣种子当年未用完，放在通风、干燥处保存，可第二年再用，但在播种前要做发芽试验；包衣种子有毒，不能作加工原料或食用。

⑥种衣剂是流动性液状胶体，不能受冻，受冻后胶体被破坏，失去应用价值。

⑦包衣作业时，操作人员做好劳动保护，作业期间不进食，不吸烟，作业结束后用碱水洗净手脸。

(二)技能考核标准

见表 9-1-1。

表 9-1-1　种子包衣技能考核标准

考核内容	要求与方法	评分标准	标准分值	考核方法
种子包衣（100 分）	1. 种衣剂选用符合要求	种衣剂选用不合理酌情扣分	10	训练 2 h 考核 45 min
	2. 称量种子和种衣剂要准确	称量种子和种衣剂不够准确酌情扣分	10	
	3. 要遵守操作规程	操作规程不符合要求酌情扣分	20	
	4. 翻动种子的速度要快	翻动种子的速度不够快酌情扣分	20	
	5. 种子要均匀着药	种子着药不够均匀酌情扣分	20	
	6. 包衣种子置通风、干燥、低温处保存	包衣种子贮藏地点不符合要求酌情扣分	10	
	7. 保存时间符合要求	保存时间超过一年以上酌情扣分	10	

五、练习及思考题

1. 种子包衣时应注意哪些事项？
2. 如何提高除草剂的封闭效果？

参考答案 9-1

项目 2　玉米苗期植保技术

一、技能学习目标

课程学习 9-2

通过对玉米苗期主要病害的症状识别、病原物形态观察和对主要害虫的危害特点、形态特征识别及田间调查和参与病虫害防治，掌握常见病虫害的识别要点，熟悉病原物形态特征，能识别玉米苗期主要病虫害，能进行发生情况调查、能分析发生原因，能制订防治方案并实施防治。

二、教学资源

1. 材料与工具

蛴螬、金针虫、地老虎、斑须蝽、玉米蚜等害虫的浸渍标本、生活史标本及部分害虫的玻片标本。玉米丝黑穗病、玉米粗缩病、玉米顶腐病等病害盒装标本或新鲜标本。显微镜、体视显微镜、放大镜、镊子、挑针、刀片、滴瓶、蒸馏水、培养皿、载玻片、盖玻片、解剖刀、酒精瓶、指形管、采集袋、挂图、多媒体课件（包括幻灯片、录像带、光盘等影像资料）、记载用具等。

2. 教学场所

教学实训玉米田、实验室或实训室。

3. 师资配备

每 20 名学生配备一位指导教师。

三、原理与知识

玉米苗期主要进行杂草防除，若除草不及时，就会出现杂草生长过旺而影响玉米的正常生长，甚至严重影响玉米的产量。玉米苗期杂草防除主要有播后苗前土壤封闭和苗后茎叶处理。玉米苗期害虫主要有地下害虫、黏虫、玉米蚜等。玉米苗期病害主要有玉米丝黑穗病、玉米粗缩病、玉米顶腐病等。

(一)苗期害虫的防治

地下害虫是指活动为害期间生活在土中的一类害虫，为害农作物的地下部分或近地面的部分。我国地下害虫种类很多，已记载的达 320 余种，分属于昆虫纲 8 目 38 科，包括蛴螬、金针虫、蝼蛄、地老虎、拟地甲、根蛆、根蚜、根象虫等类群，其中尤以蛴螬、金针虫、地老虎、蝼蛄 4 类最为重要。地下害虫是我国一大类重要的农业害虫，从全国发生为害的情况看，北方重于南方，旱地重于水地，优势种类则因地而异。目前，我国地下害虫的发生情况是蛴螬为害严重，金针虫有为害加重的趋势，蝼蛄和地老虎在某些地区仍然严重发生，其他类群则常在局部地区猖獗成灾。

1. 蛴螬

(1)形态　蛴螬成虫体色为黑、绿、棕色不等，体壁坚硬，前翅为鞘翅，触角鳃叶状，前足胫节发达有齿，适于掘土，前足为开掘足。幼虫寡足形，体粗肥、白色，常弯曲成“C”形；头部黄褐色，密生点刻；胸足发达、细长黄褐色，腹足退化。卵椭圆形，乳白色，表面光滑，产在土中。蛹为裸蛹。

幼虫在土中主要为害豆科、禾本科、薯类、麻类、甜菜等大田作物和蔬菜、果树、苗木的地下部分。能咬断幼苗的根茎，断口整齐，又能为害马铃薯的块茎、甜菜的块根等，伤口容易遭受病菌侵入。

(2)发生规律　大黑鳃金龟在东北一般 2 年完成 1 代，以成虫和幼虫在土壤中越冬。

成虫有昼伏夜出习性，日落后开始出土，21 时是出土、取食、交尾高峰。有假死性和明显的性诱现象。成虫趋光性不强，雌虫几乎无趋光性。成虫对食物有选择性，喜食大豆、花生、甘薯、榆树、洋铁酸模等的叶片。卵多散产，常数粒相互靠近，在田间呈核心分布。牲畜粪、腐烂的有机物有招引成虫产卵的作用。

幼虫共 3 龄，全部历期在土壤中度过。3 龄幼虫历期最长、食量最大、为害最重。幼虫常沿垄向移动，上下垂直活动能力较强。

2. 金针虫

见典型工作任务八。

3. 蝼蛄

(1)形态　成虫体粗壮，头小，下口式，咀嚼式口器；触角丝状，短于身体；前胸背板发达呈卵圆形；前足粗短发达，为开掘足；翅为覆翅，前翅短，仅达腹部的一半，后翅宽并纵卷折叠于前翅之下，超过腹部末端；有一对细长的尾须。若虫与成虫相似。卵椭圆形，长 2.4～3.2 mm，初黄白色，后变黄褐色，孵化前为暗紫色，略膨大。

(2)发生规律　蝼蛄生活史一般较长，华北蝼蛄各地约 3 年完成 1 代，东方蝼蛄在东北地区约 2 年完成 1 代，两种蝼蛄均以成、若虫在土壤中越冬。

蝼蛄的初孵若虫有群集性，怕光、怕风、怕水，东方蝼蛄孵化后 3～6 d 群集一起，以后分散为害;华北蝼蛄若虫3龄后才分散为害。有强趋光性,用黑光灯在无月的夜晚可诱集大量东方蝼蛄,华北蝼蛄因身体笨重飞翔力弱,诱量小,常落于灯下周围地面,但在风速小、气温较高、闷热将雨的夜晚,也能大量诱到。蝼蛄对香甜物质气味有趋性,嗜食煮至半熟的谷子、棉籽及炒香的豆饼、麦麸等。此外,蝼蛄对马粪、有机肥等未腐烂有机物有趋性,所以在堆积马粪、烘坑及有机质丰富的地方蝼蛄多,可用毒饵、毒粪诱杀蝼蛄。蝼蛄喜欢栖息在河岸、渠旁、菜园地及轻度盐碱潮湿地,东方蝼蛄比华北蝼蛄更喜湿。

4. 地老虎

(1)形态　成虫为中等大小的蛾子,雌虫触角丝状,雄虫触角双栉齿状;前翅颜色较暗,都有不同的斑纹。卵为半球形。幼虫黑褐或淡褐色,体表粗糙,有胸足3对,腹足4对,臀足1对。蛹红褐色,为被蛹。

(2)发生规律　小地老虎在我国各地每年发生2～7代不等,黑龙江1年发生2代。越冬代成虫从南方迁入;小地老虎为远距离迁飞害虫。白边地老虎在黑龙江1年发生1代,以胚胎发育成熟的卵在表土层中越冬。八字地老虎在我国北方1年发生2代,以老熟幼虫在土中越冬。

成虫昼伏夜出,趋光性、趋化性强,黑光灯和糖醋酒液能诱到大量蛾子。喜食花蜜、蚜露作为补充营养。

5. 玉米蚜虫的防治

玉米蚜 *Rhopalosiphum maidis* (Fitch)俗称腻虫、蜜虫、蚁虫,属同翅目蚜科。在全国各玉米产区均有分布。成、若蚜刺吸植物组织汁液,传播病毒。

有翅胎生雌蚜卵圆形,体长1.5～2.5 mm,黄绿或黑绿色,头胸部黑色发亮,复眼红褐色。腹部灰绿色,腹管前各节有暗色侧斑。触角6节,触角、喙、足、腹节间、腹管及尾片黑色。

无翅孤雌蚜体长卵形,体长1.8～2.2 mm,淡绿或深绿色,体被一薄层白色粉状物,附肢黑色,复眼红褐色。腹部第7节毛片黑色,第8节具背中横带,体表有网纹。

玉米蚜从北到南一年发生10～20余代,以无翅蚜、若蚜在禾本科作物及杂草心叶内越冬。

防治方法:主要采用拌种、浸种或种子包衣,也可进行颗粒剂撒施、涂茎、喷雾或药液灌心等。

(二)苗期病害防治

1. 玉米丝黑穗病

玉米丝黑穗病俗称乌米,世界各玉米产区分布普遍,是我国春玉米产区的重要病害,尤其以东北、华北、西北和南方冷凉山区的连作玉米田发病重,发病率2%～8%,严重地块可达60%～70%,因发病率即为损失率,所以常造成严重产量损失(图9-2-1)。

(1)症状　玉米丝黑穗病是苗期侵入的系统性侵染病害。一般穗期出现典型症状,玉米抽雄后症状最明显、最典型。病果穗较短小,基部膨大而顶端小,不吐花丝,除苞叶外整个果穗变成一个黑粉苞,苞叶通常不易破裂,黑粉不外漏,常黏结成块,不易飞散,内部夹杂丝状的寄主维管束组织。后期有些苞叶破裂,散出黑粉(冬孢子),并使丝状的寄主维管束组织显露出来,所以称为丝黑穗病。雄穗受害,一般仅个别小穗变成黑粉苞,多数仍保持原来的穗形,花器变形,不能形成雄蕊,颖片长、大而多,呈多叶状。也有以主梗为基础膨大形成黑粉苞,外面包被白膜,膜破裂后散出黑粉,黑粉也常黏结成块,不易分散。

有些杂交种或自交系在6～7叶期开始出现症状，如病苗矮化，叶片密集，叶色浓绿，节间缩短，株形弯曲，第5片叶以上开始出现与叶脉平行的黄条斑等。

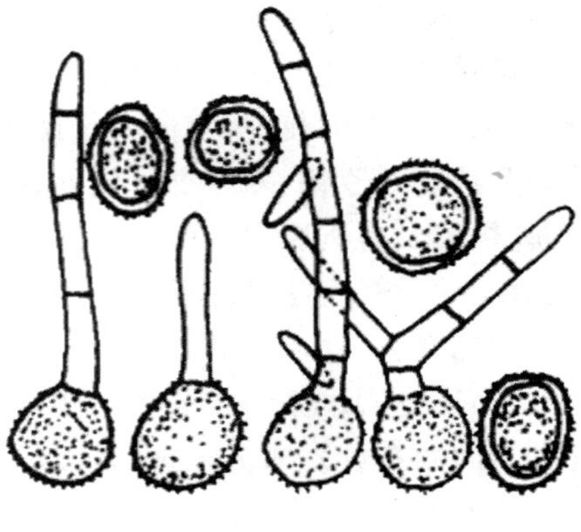

图 9-2-1　玉米丝黑穗病菌冬孢子及萌发产生的芽管和担子

(2)病原　病原为黍丝轴黑粉菌 *Sphacelotheca reiliana* (Kühn) Clint.，属担子菌亚门，轴黑粉菌属。冬孢子球形或近球形，表面有细刺，黄褐色至黑褐色。冬孢子间混杂有球形或近球形的不育细胞，表面光滑近无色。成熟前冬孢子常集合成孢子球，外面被菌丝组成的薄膜所包围，成熟的冬孢子分散后遇适宜条件萌发产生有隔的担子(先菌丝)，侧生担孢子，担孢子上还可以芽殖方式反复产生次生担孢子。担孢子椭圆形，单孢，无色。

冬孢子在低于17 ℃或高于32.5 ℃时不能萌发，偏碱性环境也抑制冬孢子萌发。

病菌有明显的生理分化现象，一般能侵染高粱的丝黑粉菌虽能侵染玉米，但侵染力很低，侵染玉米的丝黑粉菌不能侵染高粱，这是两个不同的专化型。

(3)发病规律　病原菌以冬孢子散落在土壤中、黏附于种子表面或混入粪肥中越冬，其中以土壤带菌为主。冬孢子在土壤中能存活2～3年，结块比分散的冬孢子存活的时间更长。冬孢子通过牲畜消化道后仍能保持活力，病株残体作为沤肥的原料时，若粪肥未腐熟也可引起田间发病。带菌种子是远距离传播的重要途径，但由于种子自然带菌量小，传病作用明显低于土壤和粪肥带菌。

越冬的冬孢子萌发后，从幼苗的芽鞘、胚轴或幼根侵入寄主。玉米3叶期前是病菌的主要侵染时期，7叶期后病菌不再侵染，侵入后的病菌很快蔓延到达玉米的生长点，造成系统性侵染，并蔓延到雌穗和雄穗，菌丝在雌、雄穗内形成大量的黑粉(冬孢子)，玉米收获时黑粉落入土壤中或黏附在种子上越冬。病菌没有再侵染，且病菌的苗期侵染时间可长达50余天。

玉米不同品种的抗病性差异明显，抗病品种很少发病。连作因土壤带菌量大发病重，使用带有病残体的未腐熟有机肥，种子带菌且未经消毒，病株残体未妥善处理即直接还田等都会使土壤菌量增加，发病重。播种过深、种子生活力过弱时发病重；土壤湿度大时，种子发芽出土块，可减少病菌侵染的机会，发病轻。在土壤含水量20%条件下发病率最高。

(4)防治措施

①种子处理　剂拌种或种衣剂进行种子包衣是生产上常用的方法。因病菌的苗期侵染时间长达50余天，所以最好选用内吸性、长效的杀菌剂处理种子，才能达到预期的防治效果。每100 kg种子可用35%多克福种衣剂1 500～2 000 mL，或40%萎福双400～500 mL，或2%戊唑醇湿拌种衣剂400～600 mL，或5%烯唑醇超微粉种衣剂400 g加水1～1.5 L等。

②种植抗病品种　种植抗病品种是防治丝黑穗病的根本措施，由于丝黑穗病与大斑病的发生和流行区一致，最好选用兼抗这两种病害的品种。较抗病的品种有中单18、四单12、辽单18、丹玉13、吉单101、丹玉96、吉东16号、吉农大115等。

③合理轮作　一般实行1～3年的轮作，可有效减轻丝黑穗病的发生和危害，也是最有效的防治措施之一。

④栽培措施　不从病区调运种子，播前要晒种，选籽粒饱满、发芽势强、发芽率高的种子。施用腐熟有机肥，切忌将病株散放或喂养牲畜、垫圈等。调整播期，要求播种时气温稳定在12 ℃以上再播种。育苗移栽的要选不带菌的地块或经土壤处理后再育苗，最好在玉米苗具3～4片叶后再移栽定植大田，可有效避免丝黑穗病菌的侵染。及时拔除田间病株，并带到田外集中处理，可减少土壤中的菌源积累。整地保墒，提高播种质量等一切有利于种子快发芽、快出土、快生长的因素都能减少病菌侵染的机会，减轻病害的发生。

2. 玉米顶腐病

玉米顶腐病是近年来黑龙江玉米生产中的一种新病害，此病于1993年在澳大利亚首次报道，1998年在我国的辽宁阜新地区首次发现，其后在山东、吉林、黑龙江、新疆等地相继发生。2002年，该病在我国东北春玉米区普遍发生和流行，许多地块因此造成毁种。一般发病率7%左右，重病田高达31%。

(1)症状　玉米苗期到成株期均可受害，症状表现不同。

①苗期发病　植株表现不同程度矮化；叶片失绿、畸形、皱缩或扭曲；边缘组织呈现黄化条纹和刀削状缺刻，叶尖枯死。重病苗枯萎或死亡。轻者自下部3～4叶及以上叶片的基部腐烂，边缘黄化，沿主脉一侧或两侧形成黄化条纹；叶基部腐烂仅存主脉，中上部完整呈蒲扇状；以后生出的新叶顶端腐烂，导致叶片短小或残缺不全，边缘常出出刀削状缺刻，缺刻边缘黄白或褐色。

②成株期发病　植株矮小，顶部叶片短小，组织残缺不全或皱缩扭曲；雌穗小，多不结实；茎基部节间短，常有似虫蛀孔道状开裂，纵切面可见褐变；根系不发达，根毛少，根冠腐烂褐变。湿度大时，病部出现粉白色霉状物。

(2)病原　病原为亚黏团镰刀菌 *Fusarium subglutinans*，属于半知菌亚门、镰刀菌属的真菌。

病菌气生菌丝绒毛状至粉末状；小型分生孢子长卵形或拟纺锤形，多无隔，聚集成假头状黏孢子团；大型分生孢子镰刀形，较直，顶胞渐尖，足胞较明显，2～6个分隔，其中3个分隔居多。未见厚垣孢子。

病原菌菌丝生长温度为5～40 ℃，适温为25～30 ℃，最适为28 ℃。分生孢子萌发温度为10～35 ℃，适温为25～30 ℃，低于5 ℃和高于40 ℃不能萌发。

在人工接菌条件下，病原菌能侵染玉米、高粱、苏丹草、谷子、小麦、水稻、燕麦、珍珠粟等多种禾本科作物以及狗尾草、马唐等杂草。

高温、高湿利于病害的流行，应立即进行查治。

(3)发病规律　病原菌主要以菌丝体在土壤、病残体和带菌种子中越冬，种子带菌还可远距离传播，使发病区域不断扩大。玉米植株地上部分均能被侵染发病。

顶腐病具有某些系统侵染的特征，病株产生的病原菌分生孢子可以随风雨传播，进行再侵染。

低洼地块、土壤黏重地块发病较重，水田改旱田的，发病更重；山坡地、高岗地发病较轻。品种间发病有明显差异，许多高产品种感病，自交系K12发病尤其严重。

(4)防治措施　种植抗病品种。改进栽培管理，合理轮作，提高土壤墒情，减少菌源，兼顾防治其他禾谷类作物上该病的侵染为害，减少互相传播。种子处理：用25%三唑酮可湿性粉剂按种子质量0.2%拌种；10%腈菌唑可湿性粉剂150～180 g拌100 kg种子。注意：三唑酮对作物种子发芽有一定的抑制作用，用药量过大，发芽率降低，幼苗出土不整齐，幼苗斜向生长，不能用麻袋串拌，以免药粉粘在麻袋上，影响药效。

(三)玉米田苗后杂草防除

1. 玉米田常见杂草

玉米田常见杂草种类较多，不同地区、不同地块杂草种类各不相同。常见种类如稗草、金狗尾草、绿狗尾草、野黍、马唐、芦苇、藜、苋、鸭跖草、苍耳、苘麻、野西瓜苗、龙葵、马齿苋、铁苋菜、香薷、苣荬菜、刺儿菜、问荆、小旋花、打碗花、卷茎蓼、繁缕、鬼针草等。

2. 玉米田苗后常用除草剂

(1)单剂

烟嘧磺隆、莠去津、苯唑草酮、唑嘧磺草胺、噻吩磺隆、辛酰溴苯腈、磺草酮、硝磺草酮(甲基磺草酮)、2甲4氯等。

(2)混剂

硝磺·莠去津、磺酮·莠、噻·莠、烟嘧·莠等。

(3)混用

烟嘧磺隆＋莠去津

乙草胺＋莠去津

磺草酮＋莠去津

甲基磺草酮＋莠去津

苯唑草酮＋莠去津

辛酰溴苯腈＋莠去津

硝磺草酮＋烟嘧磺隆＋莠去津

四、操作方法及考核标准

(一)操作方法与步骤

1. 害虫形态观察

比较不同类型的地下害虫幼虫形态差别，注意各类地下害虫的识别要点。

2. 病害症状观察

(1)玉米丝黑穗的观察　观察玉米丝黑穗的发病症状，注意苗期丝黑穗的发病症状。

(2)玉米顶腐病的观察　观察田间玉米顶腐病的发病症状，注意苗期和成株期症状的差异。

3. 病原观察

(1)取玉米丝黑穗病病菌，观察冬孢子的特征。

(2)取玉米顶腐病病菌，观察比较不同类型孢子的形态特征。

扩展学习9-1　玉米病虫害形态识别(一)

(二)技能考核标准

见表 9-2-1。

表 9-2-1　玉米苗期植保技术技能考核标准

考核内容		评分标准	标准分值	考核方法
职业技能（100 分）	1.病虫识别	根据识别病虫的种类多少酌情扣分	10	1～3 项为单人考核口试评定成绩
	2.病虫特征介绍	根据描述病虫特征准确程度酌情扣分	10	
	3.病虫发病规律介绍	根据叙述的完整性及准确度酌情扣分	10	
	4.病原物识别	根据识别病原物种类多少酌情扣分	10	4～7 项以组为单位考核，根据上交的标本、方案及防治效果等评定成绩
	5.标本采集	根据采集标本种类、数量、质量酌情扣分	10	
	6.制订病虫害防治方案	根据方案科学性、准确性酌情扣分	20	
	7.实施防治	根据方法的科学性及防效酌情扣分	30	

五、练习及思考题

1.如何防治玉米粗缩病？

2.如何防治玉米丝黑穗病？

参考答案 9-2

项目 3　玉米中后期植保技术

一、技能学习目标

课程学习 9-3

通过对玉米中后期主要病害的症状识别、病原物形态观察和对主要害虫的为害特点、形态特征识别及田间调查，掌握常见病虫害的识别要点，熟悉病原物形态特征，能识别玉米中后期主要病虫害，能进行发生情况调查，能分析发生原因，能制订防治方案并实施防治。

二、教学资源

1.材料与工具

玉米丝黑穗、玉米瘤黑粉、大斑病、小斑病、玉米弯孢霉叶斑病和玉米灰斑病的盒装标本或新鲜标本；黏虫和玉米螟等害虫的浸渍标本、生活史标本。显微镜、体视显微镜、放大镜、镊子、挑针、刀片、滴瓶、蒸馏水、培养皿、载玻片、盖玻片、解剖刀、酒精瓶、指形管、采集袋、挂图、多媒体课件(包括幻灯片、录像带、光盘等影像资料)、记载用具等。

2.教学场所

教学实训玉米田、实验室或实训室。

3.师资配备

每 20 名学生配备一位指导教师。

三、原理与知识

玉米中后期主要要注意防治黏虫、草地螟等害虫，以及玉米大斑病、玉米小斑病、玉米弯孢霉叶斑病、玉米灰斑病、玉米锈病、玉米瘤黑粉病、玉米丝黑穗病等病害。同时，要采取适当措施防止玉米空秆和倒伏。

(一)玉米瘤黑粉病

玉米瘤黑粉病又称黑粉病，俗称灰包、乌霉，是玉米重要病害。我国玉米产区均有发生，一般北方比南方、山区比平原发生普遍而且严重。产量损失程度与发病时期、发病部位及病瘤大小有关。一般发生早、病瘤大，在果穗上及植株中部发病的对产量影响大。

1. 症状特点

玉米黑粉病为局部侵染病害，在玉米的整个生育期均可发病，地上部具有分生能力的幼嫩组织均可受害，引起组织膨大，并形成大小不一、含有黑粉的瘤状菌瘿。菌瘿是被侵染的寄主组织因病菌代谢物的刺激而肿大形成的，菌瘿外面包被寄主表皮组织形成的薄膜。病瘤初形成时白色或淡红色，有光泽，肉质多汁，后迅速膨大，表面变成灰色或暗褐色，内部变成黑色，最后薄膜破裂散出黑粉(冬孢子)。

一般苗期很少发病，抽雄后迅速增加。病苗矮小，茎叶扭曲畸形，在茎基部产生小病瘤，病苗株高在 33 cm 左右时明显，严重时枯死。瘤的形状和大小因发病部位不同而异。拔节前后，叶片或叶鞘上可出现病瘤。叶片上先形成褪绿斑，然后病斑逐渐皱缩形成病瘤，病瘤较小，大小多似豆粒或花生米粒，且常成串密生。果穗、茎或气生根上的病瘤大小不等，一般如拳头大小或更大。雄花大部分或个别小花形成角状或长囊状的病瘤，雌穗多在果穗上半部或个别籽粒上形成病瘤，严重时可全穗变成病瘤。

2. 病原

病原为玉米瘤黑粉菌 *Ustilago maydis* (DC.) Corda，属担子菌亚门，黑粉菌属。冬孢子椭圆形或球形，壁厚，暗褐色，表面有细刺状突起。冬孢子萌发时，产生 4 个细胞的担子(先菌丝)，担子顶端或分隔处侧生 4 个无色、梭形的担孢子，担孢子还能以芽殖的方式产生次生担孢子。

冬孢子无休眠期，在水中或相对湿度 98%～100%时均可萌发，干燥条件下经过 4 年仍有 24%的萌发率。自然条件下，冬孢子不能长期存活，但聚集成块的冬孢子在土表或土中的存活期均较长。冬孢子萌发适温为 26～30 ℃，担孢子的萌发适温为 20～26 ℃，侵入适温为 26～35 ℃。

3. 发病规律

玉米黑粉病菌主要以冬孢子在土壤中越冬，也可在粪肥中、病残体上或黏附于种子表面越冬。翌年条件适宜时，冬孢子萌发产生担孢子和次生担孢子，借风雨传播到玉米地上部的幼嫩组织上，从寄主表皮或伤口直接侵入节部、腋芽和雌雄穗等幼嫩的分生组织形成病瘤。冬孢子也可以直接萌发产生侵染丝侵入玉米组织，但侵入的菌丝只能在侵染点附近扩展，形成病瘤。病瘤内产生大量的黑粉状冬孢子，随风雨传播进行多次再侵染。病菌菌丝在叶片和茎秆组织内可以蔓延一定距离，因此，在叶片上可形成成串的病瘤。

玉米不同品种抗病性有差异。连作及收获后玉米秸秆未及时运到田外的地块，田间积累菌源量大，发病重。高温、多雨、潮湿地区，以及在缺乏有机质的沙性土壤中，残留田间土壤中的冬孢子易萌发后死亡，发病轻；低温、少雨、干旱地区，土壤中冬孢子存活率高，发病重。玉米抽雄前后对水分特别敏感（感病时期），如遇干旱，植株抗病力下降，易感染瘤黑粉病。暴风雨、冰雹、人工作业及玉米螟造成的伤口都有利于病害发生。

4.防治措施

(1)大面积轮作，减少越冬菌源　是防病最根本、最有效的措施。与非禾谷类作物实行2～3年的轮作，秋季深翻地，彻底清除田间病残体，玉米秸秆用于堆肥时要充分腐熟。

(2)割除病瘤　在病瘤未变色时及早割除，带出田外深埋处理，可减少当年再侵染来源及越冬菌量。割除病瘤要及时、彻底，并要连续进行。

(3)栽培措施　因地制宜地利用抗病品种，如德单8号、佳尔336、吉农大115等较抗病，绥玉13、绥玉15较耐病。合理密植，及时灌溉，尤其是抽雄前后要保证水分供应充足。增施磷钾肥，避免偏施和过量施用氮肥。减少机械损伤，发现有玉米螟为害时要及时防虫治病。

(4)化学防治　药剂拌种或种子包衣是目前生产常用而有效的方法之一。每100 kg种子可用12.5%烯唑醇12～16 g，或50%福美双可湿性粉剂500 g，或20%三唑酮乳油4 L，或2%烯唑醇可湿性粉剂5 g，或种子质量0.2%的硫酸铜液拌种，也可401抗菌剂1 000倍液浸种48 h。其次，也可以进行土表喷雾，玉米出苗前可选用50%克菌丹200倍液，或25%三唑酮750～1 000倍液等进行土表喷雾，消灭初侵染源。在病瘤未出现前可选用12.5%烯唑醇、15%三唑酮、50%多菌灵等药剂喷雾处理。

(二)玉米大斑病

玉米大斑病是玉米的重要病害之一，世界各玉米产区分布较广，为害较重。大发生年份，一般减产15%～20%，严重时减产50%以上。

我国在1899年就有记载，主要分布在北方玉米产区和南方玉米产区的冷凉山区。

黑龙江省是我国重要的北方早熟春玉米区，玉米面积273万hm^2。近几年全省玉米大斑病发病比较轻，但还是有逐年加重的趋势。

1.症状

玉米整个生育期均可发病。自然条件下由于存在阶段抗病性，苗期很少发病，到玉米生长后期，尤其是在抽雄后发病逐渐加重。

主要为害叶片，严重时也可为害叶鞘、苞叶和籽粒。也可为害果穗，叶片上病斑沿叶脉扩展，黄褐色或灰褐色，梭形大斑（长度为10 cm左右），病斑中间颜色较浅、边缘较深。潮湿时，病斑表面密生灰黑色霉层。

2.病原

有性态是大斑刚毛座腔菌，属子囊菌亚门，座囊菌目，毛球腔菌属。无性态是玉米大斑凸脐蠕孢（*Exserohilum turcicum*），半知菌亚门，凸脐蠕孢属。分生孢子梗多从气孔伸出，单生或2～6根丛生，不分枝，直立或屈膝状，具隔膜。分生孢子梭形（图9-3-1）。脐点明显凸出于基细胞向外伸出，孢子2～8隔膜，萌发时两端产生芽管。

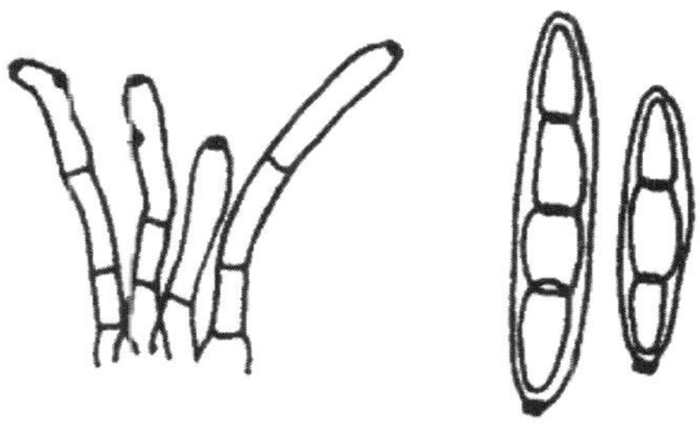

图9-3-1　玉米大斑病分子孢子梗及分生孢子

大斑病菌分为玉米专化型和高粱专化型。分别对玉米和高粱表现专化致病性。玉米专化型中存在不同的生理小种，我国有 1 号小种和 2 号小种。

3. 发病规律

病菌以菌丝体或分生孢子在病株残体上越冬，成为第二年的初次侵染来源。种子和堆肥也可带菌。越冬期间的分生孢子，细胞壁加厚而成为厚壁孢子。在玉米生长季节，越冬的分生孢子或病残体中的菌丝体产生的分生孢子随雨水飞溅或气流传播到玉米叶片上。在适宜湿度下，分生孢子萌发，从寄主表皮细胞直接侵入，少数从气孔侵入。潮湿条件下，分生孢子梗从气孔伸出，病斑上产生大量分生孢子，随风雨传播进行多次再侵染。影响发病的条件有：

(1)品种抗病　20 世纪 60 年代以后，在我国许多地区玉米大斑病的发生与流行主要是由于推广高度感病的自交系造成的。

(2)轮作制度　连作地越冬菌源多，发病比轮作地严重。

(3)气象条件　玉米大斑病发生的轻重受温度、降雨等条件影响很大，其发生的早晚与雨期迟早也有关系。在具有足够菌量和种植感病品种时，发病程度主要决定于温度和雨水。一般 7—8 月份，温度偏低、多雨高湿、光照不足，大斑病易发生和流行。

(4)栽培条件　间作、单作等不同栽培条件；秋翻地。

4. 病害控制

我国玉米大斑病的流行为害，是 20 世纪 60 年代后期推广感病杂交种引起的。该病的防治策略应以种植抗病品种为主，加强农业防治，辅以必要的药剂防治。

(1)种植抗病品种　是生产上最经济有效的防病措施。目前黑龙江省生产上常用的抗病品种主要有绥玉 8、绥玉 4、吉单 101、吉单 131、本玉 9 号、四单 8 等。

(2)加强栽培管理　实行 2 年以上轮作。玉米收获后，彻底清除田间秸秆，集中烧毁；深翻，将秸秆埋入土中，加速病菌分解。以玉米秸秆为燃料的地方，尽可能在玉米播种前将玉米秸烧完。适期早播可使玉米提早抽雄，错过夏季 7—8 月份的多雨天气，尤其对夏玉米防病和增产具有明显作用。适期播种、合理密植以降低田间湿度，增施有机肥，施足基肥，适时追肥，适时中耕松土，摘除底部 2～3 片叶，降低田间相对湿度，提高植株抗病力。

(3)药剂防治　在心叶末期到抽雄期或发病初期用药，常用药剂：50%多菌灵可湿性粉剂 500 倍液、50%甲基硫菌灵可湿性粉剂 600 倍液、75%百菌清可湿性粉剂 800 倍液、25%粉锈宁(三唑酮)可湿性粉剂 1 000 倍液，或 1.5 kg/hm^2 兑水喷雾、40%克瘟散乳油 800～1 000 倍液、农抗 120(抗霉菌素)水剂 200 倍液等。一般 7～10 d 防 1 次，连续防治 2～3 次，喷液量 1 500 kg/hm^2。此外还可选择 10%苯醚甲环唑、70%代森锰锌、70%氢氧化铜、50%异菌脲、40%氟硅唑、40%敌瘟磷等。

(三)玉米小斑病

玉米小斑病在世界各玉米产区普遍发生。1970 年美国玉米小斑病大流行，减产 165 亿 kg，损失约 10 亿美元。该病害在我国早有发生的记载，过去只在玉米生长后期多雨年份发生较重，很少引起重视。20 世纪 60 年代以后，由于推广的杂交品种感病，小斑病的危害日益加重，成为玉米生产上重要病害之一。主要分布在黄河和长江流域，以夏播玉米和春、夏混播玉米地区受害较严重，春玉米地区发生较轻。

1. 症状

从苗期到成株期均可发生，苗期发病较轻，抽雄后发病较重。主要为害叶片，严重时也可为害叶鞘、苞叶、果穗和籽粒。

叶片发病常从下部叶片开始，逐渐向上蔓延。病斑初期呈水浸状，后变黄褐色，边缘深褐色，有时病斑上有2～3个同心轮纹。病斑呈椭圆形或纺锤形。病斑密集时连片融合，致使叶片枯死。多雨潮湿时病斑上有灰黑色霉层。

叶片上病斑因小种和玉米细胞质不同，有3种类型：①病斑椭圆形或长椭圆形，黄褐色，边缘深褐色，病斑的扩展受叶脉限制。②病斑椭圆形或纺锤形，灰色或黄色，无明显边缘，有时病斑上出现轮纹，病斑扩展不受叶脉限制。③病斑为黄褐色坏死小斑点，周围具黄褐色晕圈，病斑一般不扩展(图9-3-2)。

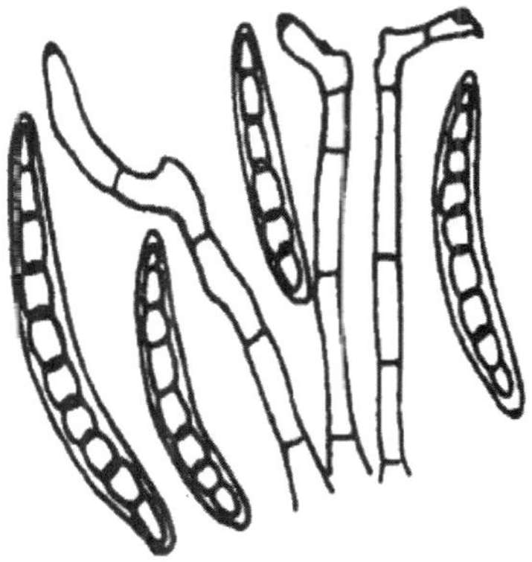

图9-3-2　玉米小斑病病原菌分生孢子梗及分生孢子

2.病原

无性态为半知菌亚门平脐蠕孢属的玉蜀黍平脐蠕孢 *Bipolaris mayadis*。分生孢子梗单根或2～3根从叶片气孔或表皮细胞间隙伸出，直立或屈膝状，不分枝，褐色至暗绿色，具分隔。分生孢子长椭圆形至梭形，褐色，朝一方弯曲，中间最粗，两端渐细脐点不外伸。分生孢子萌发时每个细胞均可长出芽管。

有性态为子囊菌亚门、旋孢腔菌属的异旋孢腔菌(*Cochliobolus heterostrophus*)。

玉米小斑病菌存在小种分化现象，主要分为T小种、C小种和O小种。T小种和C小种：具专化性，分别对雄性不育的T型细胞质和C型细胞质玉米具有强毒力。病菌小种产生大量专化性的致病毒素，毒素也是专化的。O小种：专化性很小或没有专化性。产生少量毒素，毒素也不具专化性，主要侵染叶片。目前，我国O小种出现频率高，分布广，为优势小种。自然条件下可以侵染高粱，人工接种可以侵染大麦、小麦、燕麦、苏丹草、水稻、白茅、狗尾草、黑麦草、虎尾草、马唐、纤毛鹅观草等。

3.发病规律

主要以菌丝体在病残体中越冬，分生孢子也可越冬，但存活率很低。初侵染源为田间、地头或玉米垛中未腐解的病残体。

翌年，温湿度条件适宜时，病残体中的病菌产生分生孢子。分生孢子通过气流传播到玉米植株上，在叶面有水膜时，萌发形成芽管，由气孔或直接穿透叶片表皮侵入。遇到潮湿条件，在侵染部位产生大量分生孢子，这些孢子又借气流传播进行次侵染。玉米收获后，病菌在病残体上越冬。

此病的发生和流行与品种的抗病性、气候条件和栽培管理措施都有密切关系。

(1)品种的抗病性　目前尚未发现对玉米小斑病免疫的品种，但品种间抗病性差异很大。在同一植株的不同生育期或不同叶位对小斑病的抗病性也存在差异。同一品种的植株不同生育期及不同叶位叶片有抗性差异。

(2)气候条件　温湿度降雨量与病害发生关系密切。

(3)栽培管理　凡使田间湿度增大、植株生长不良的各种栽培措施都有利于发病。增施磷、钾肥，适时追肥可提高植株的抗病能力。生产中实施轮作和适期早播都会减轻病害的发生。春玉米与夏玉米套种，可加重病害。

4. 病害控制

防治策略以种植抗病品种为基础，加强栽培管理、减少菌源，适时进行药剂防治的综合防治措施。

（1）选育和种植抗病良种　绥玉 8、绥玉 4 较抗病。

（2）加强栽培管理，减少菌源　增施农家肥，在施足基肥的基础上，及时追肥，氮、磷、钾合理配合施用。注意低洼地及时排水，降低田间湿度，加强土壤通透性，并做好中耕、除草等管理工作。合理布局作物品种，实行玉米—大豆、玉米—麦类轮作倒茬，合理密植，实行秸秆还田。

（3）药剂防治　玉米病害发生严重的地区，尤其制种田和自交系繁育田，可用 50％多菌灵 500 倍液、75％百菌清 400～500 倍液等。还可用 40％敌瘟磷、50％敌菌灵和 25％三唑酮等药剂。从心叶末期到抽雄期，每 7 d 喷 1 次，连续喷 2～3 次。

（四）玉米弯孢霉叶斑病

玉米弯孢霉叶斑病是 20 世纪 80 年代中后期在华北地区发生的一种为害较大的新病害，主要为害叶片，也为害叶鞘和苞叶。抽雄后病害迅速扩展蔓延，植株布满病斑，叶片提早干枯，一般减产 20％～30％，严重地块减产 50％以上，甚至绝收。

1. 症状

玉米弯孢霉叶斑病主要为害叶片，也可为害叶鞘和苞叶。病斑初为水浸状或淡黄色半透明小点，后扩大为圆形、椭圆形、梭形或长条形病斑，潮湿条件下，病斑正反两面均可产生灰黑色霉状物（分生孢子梗和分生孢子）。病斑形状和大小因品种抗性分三类：

（1）抗病型病斑（R）　病斑小，1～2 mm，圆形、椭圆形或不规则形，中央苍白色或淡褐色，边缘无褐色环带或环带很细，最外围具狭细的半透明晕圈。

（2）中间型病斑（M）　病斑小，1～2 mm，圆形、椭圆形、长条形或不规则形，中央苍白色或淡褐色，边缘有较明显的褐色环带，最外围具明显的褪绿晕圈。

（3）感病型病斑（S）　病斑较大，长 2～5 mm，宽 1～2 mm，圆形、椭圆形、长条形或不规则形，中央苍白色或黄褐色有较宽的褐色环带，最外围具较宽的半透明黄色晕圈，有时多个斑点可沿叶脉纵向汇合而形成大斑，最大的可达 10 mm，甚至整叶枯死。

该病多与玉米褐斑病混合发生，后者病斑主要分布于玉米叶鞘及叶片主脉等部位。

2. 病原

无性态为半知菌亚门、弯孢霉属的新月弯孢菌 *Curvularia lunata*（Wakker）Boed.（图 9-3-3）。

有性态为子囊菌门、核菌纲、球壳孢目、球壳孢科、旋孢腔菌属的新月旋腔菌 *Cochliololus lunatus* Nelson et Haasis。

图 9-3-3　玉米弯孢霉叶斑病病菌分生孢子梗及分生孢子

分生孢子梗褐色至深褐色，单生或簇生，较直或弯曲，大小为(52～116) μm×(4～5) μm。分生孢子花瓣状聚生在梗端。分生孢子暗褐色，弯曲或呈新月形，大小为(20～30) μm ×(8～16) μm，具3个隔膜，大多4个细胞，中间2个细胞膨大，其中第3个细胞最明显，两端细胞稍小，颜色也浅。

子座为柱状，黑色，在特定条件下，子座下部形成突起，发育成多个子囊壳，或子座上直接长出分生孢子梗，梗上产生分生孢子。

此病菌除侵染玉米外，还侵染水稻、高粱、番茄、辣椒等多种作物。

3. 发病规律

病菌以分生孢子和菌丝体潜伏于病残体、土壤中越冬。遗落于田间的病叶、秸秆或施入田间的由带病玉米秸秆沤制而未腐熟的农家肥是该病重要的初侵染源。第2年，分生孢子在适宜条件下被传到玉米植株上，侵入体内引起初侵染；发病后病部产生的大量分生孢子经风雨、气流传播又可引起多次再侵染。

分生孢子萌发的温度范围8～40 ℃，最适萌发温度为30～32 ℃(25～35 ℃)，分生孢子萌发要求高湿，最适的湿度为超饱和湿度，相对湿度低于90%则很少萌发或不萌发。

此病为喜高温、高湿的病害，7、8月份高温、高湿、多雨的气候条件有利于该病的发生流行，低洼积水田和连作地发病较重，施未腐熟的带菌有机肥发病较重。

由于该病潜育期短(2～3 d)，7～10 d即可完成一次侵染循环，短期内侵染源急剧增加，如遇高温、高湿，易在7月下旬到8月上中旬导致田间病害流行。

生产上品种间抗病性差异明显。品种间抗病性随植株生长发育而递减，苗期抗性较强，10叶前后最感病，13叶期以后易感，此病属于成株期病害。

4. 病害防治

(1)种植抗病品种　如中单2号、冀单22号、丹玉13、掖单12、掖单19等。

(2)加强栽培管理　玉米与豆类、蔬菜等作物轮作倒茬；适当早播；收获后及时处理病残体，集中烧毁或深埋。也可以在秋天时深耕、深翻，把病叶残株翻入底层或在玉米收获后进行浇水，而后深耕，创造湿润的土壤条件，促进病残全腐解。施足基肥，合理追肥。

(3)化学防治　发病初期(或田间发病率达10%左右)可用30%苯甲·丙环唑，或80%代森锰锌可湿性粉剂800～1 000倍液，或10%苯醚甲环唑可湿性粉剂，或12.5%烯唑醇可湿性粉剂3 000倍液，或40%氟硅唑乳油8 000倍液，或6%氯苯嘧啶醇可湿性粉剂2 000倍液，或50%腐霉利可湿性粉剂2 000倍液，或25%丙环唑乳油1 000倍液，或12.5%特普唑可湿性粉剂4 000倍液，或80%福·福锌600倍液等喷雾防治。隔10 d左右喷1次，连续2～3次。此外，还可以进行灌心，在玉米大喇叭口期灌心，较喷雾法效果好，且容易操作。

(五)玉米螟

1. 形态特征

玉米螟 *Ostrinia nubilalis* (Hübner)，鳞翅目螟蛾科昆虫。成虫为中、小型的黄褐色小蛾子，雄虫较瘦小、色深，雌虫体较粗大、色浅。雄蛾体长10～14 mm，翅展20～26 mm。雄虫前翅内横线波状暗褐色，外横线锯齿状暗褐色，内、外横线间近前缘处有2个褐色斑纹，外横线与外缘线之间有1褐色带；后翅灰黄色，翅面上的横线与前翅相似，翅展时前后翅的波纹相连。雄蛾翅缰1根，雌蛾翅缰2根(图9-3-4)。

卵扁椭圆形，常多粒呈鱼鳞状排列，黄白色，孵化前透过卵壳可见黑褐色的幼虫头部。

幼虫共5龄，老熟幼虫体长20～30 mm，头部及前胸背板暗褐色，体背淡灰褐色或淡红褐色，有纵线3条，其中背线明显。体上有明显的毛片，中后胸背面各有4个，腹部每节两排，前排4个较大，后排2个较小。腹足趾钩三序缺环。

蛹黄褐色，腹末端有5～8个钩状小刺。

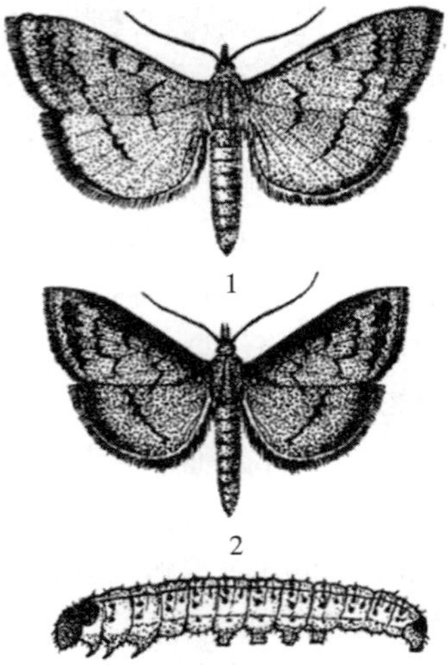
1

2

3

图 9-3-4 玉米螟

1.雌成虫 2.雄成虫 3.幼虫

2. 生活习性

因纬度、海拔不同，玉米螟每年发生1～6代，东北每年发生1～2代，其中黑龙江北部和吉林长白山区多发生1代，吉林、辽宁、内蒙古多发生2代。以老熟幼虫在寄主茎秆、根茬、穗轴及高粱茎秆内越冬。

黑龙江省黑河地区、绥化地区、嫩江地区、除依兰外的合江地区等县为一代区，主要为害玉米。二代区为嫩江地区的甘南、富裕、林甸以南各县及绥化的三肇和哈市周围的木兰、五常、尚志、方正、延寿、东宁、宁安等县。二代区第一代主要为害谷子，第二代主要为害玉米。二代区的玉米螟若第一代产卵于玉米上，通常只产生1代幼虫，以老熟幼虫越冬，很少产生第二代。所以二代地区的玉米螟有发生1代的，也有发生2代的。

成虫昼伏夜出，白天多潜伏在茂密的作物株间或杂草丛中，夜间活动。飞翔力强，有趋光性。成虫喜欢在玉米、其次是高粱、谷子上产卵，卵多产在叶片背面中脉附近。产卵有趋向繁茂作物的习性。在玉米田，多选择生长茂密、叶色浓绿的植株上产卵，中、下部叶片产卵最多。卵一般多粒呈鱼鳞状排列。初孵幼虫爬行敏捷，在分散爬行过程中常吐丝下垂，随风飘到邻近植株上取食为害。一般先爬进喇叭口里取食心叶，展叶后可见叶片上有横向的一排虫孔。在玉米心叶期、抽雄初盛期和雌穗抽丝初期群集为害，4龄以前多选择含糖量较高、湿度大的心叶丛、雄穗苞、雌穗的花丝基部、叶腋等处取食为害，4龄以后钻蛀取食，重者使穗柄折断，雌穗下垂，导致灌浆不满，籽粒较小。幼虫多5龄，老熟后多在玉米茎秆内，少数在穗轴、苞叶和叶鞘内化蛹。

3. 玉米螟防治

(1)收获时低留根茬　要齐地面收割，低留根茬或用灭茬机灭茬，可减轻第一代玉米螟的发生程度(根茬中越冬虫量占总虫量的22.6%)。

(2)处理寄主秸秆，压低越冬虫源基数　6月初前将玉米等寄主秸秆、根茬及穗轴等处理完，剩余的秸秆，用塑料布、大泥或喷白僵菌封垛，每立方米秸秆垛用菌粉(每克含孢子500亿～100亿)100 g，可压低越冬虫源基数，减轻第一代玉米螟的发生程度。

(3)生物防治　利用赤眼蜂、白僵菌和苏云菌杆菌等防治玉米螟。放赤眼蜂防治关键是蜂、卵相遇。在玉米螟卵孵化初盛期设放蜂点75～150个/hm^2，利用赤眼蜂蜂卡放蜂15万～45万头/hm^2；在玉米心叶中期用孢子含量为50亿～100亿/g的白僵菌粉，按1∶10的比例制成的颗粒剂，每株用颗粒剂2 g。撒施苏云金杆菌颗粒剂：用苏云金杆菌制剂(Bt乳剂)，每亩用每克含100个以上孢子的Bt乳剂200 mL，加细沙(大小20～40目)3.5～5 kg，加 2 kg 左右的水将 Bt 乳剂稀释后与细沙拌匀配成颗粒剂，心叶末期每株撒施 1～2 g。

(4)玉米心叶末期(即从抽雄穗 2%～3%开始)　撒施颗粒剂防治幼虫是控制玉米螟为害的最有效方法之一。玉米心叶末期百株合计卵量超过 30 块或“花叶”和“排孔”合计株率达到 10%，谷子每千株谷苗合计卵块达 5 块以上时，应及时进行集中防治。可选用 0.5%敌敌畏颗粒剂、0.3%辛硫磷颗粒剂，也可选用 50%辛硫磷乳油、2.5%溴氰菊酯等杀虫剂自制颗粒剂防治。还可用白僵菌颗粒剂。每株 1～2 g 撒于喇叭口内。撒施时要做到：稳步向前走，对准喇叭口，每株 1～2 g，撒药甩开手。

颗粒剂配法：50%敌敌畏乳油 1 kg 加载体 200 kg 混拌均匀即成。载体可用细沙、煤渣、砖渣，使用前过 20～60 目筛。

四、操作方法及考核标准

(一)操作方法与步骤

1. 病害症状观察

(1)玉米黑粉病的观察　取玉米丝黑穗病和玉米瘤黑粉病的盒装标本或新鲜标本，观察不同黑粉病在玉米上的发生部位，掌握不同黑粉病的识别要点。

扩展学习 9-2　玉米病虫害形态识别(二)

(2)玉米叶斑病的观察　取玉米大小斑病、玉米弯孢霉叶斑病的盒装标本或新鲜标本，观察不同叶斑病的病斑形态，掌握不同叶斑病的识别要点。

2. 病原观察

(1)挑取玉米黑粉病病菌，观察丝黑穗和瘤黑粉病原菌冬孢子的特征。

(2)挑取不同玉米叶斑病病菌，观察比较不同病原菌的形态特征。

3. 害虫识别

玉米螟的观察：取玉米螟的成虫和幼虫盒装标本或者玉米螟生活史标本，注意观察玉米螟成虫前翅翅面斑纹特征、幼虫背线和各体节背部毛片的排列情况。

(二)技能考核标准

见表 9-3-1。

表 9-3-1　玉米中后期植保技术技能考核标准

考核内容		评分标准	标准分值	考核方法
职业技能(100 分)	1. 病虫识别	根据识别病虫的种类多少酌情扣分	10	1～3 项为单人考核口试评定成绩
	2. 病虫特征介绍	根据描述病虫特征准确程度酌情扣分	10	
	3. 病虫发病规律介绍	根据叙述的完整性及准确度酌情扣分	10	
	4. 病原物识别	根据识别病原物种类多少酌情扣分	10	4～7 项以组为单位考核，根据上交的标本、方案及防治效果等评定成绩
	5. 标本采集	根据采集标本种类、数量、质量多少酌情扣分	10	
	6. 制订病虫害防治方案	根据方案科学性、准确性酌情扣分	20	
	7. 实施防治	根据方法的科学性及防效酌情扣分	30	

五、练习及思考题

1. 怎样区别玉米大斑病和玉米小斑病的症状？

2. 玉米丝黑穗病和玉米瘤黑粉病的症状有哪些主要区别？怎样才能减少菌源数量？

参考答案 9-3

典型工作任务十

大豆植保技术

项目 1　大豆苗前准备阶段植保技术
项目 2　大豆生长前期植保技术
项目 3　大豆中后期植保技术

科技阅读窗

他是大豆科学的开拓者，曾任东北农学院农学系的首任系主任，坚守实践和理论相结合，秉持“一手出品种，一手出论文”的理念，弟子遍布中国大豆育种领域，他就是大豆科学研究泰斗——王金陵。

思政学习 5　选准方向，坚持到底

项目1 大豆苗前准备阶段植保技术

一、技能学习目标

课程学习 10-1

使学生能够根据田间前茬的病、虫害的发生情况,选择适宜的种衣进行包衣处理,并掌握包衣机械的操作技术。

通过对苗期主要病害的症状识别、病原物形态观察和对主要害虫的为害特点、形态特征识别及田间调查,掌握常见病虫害的识别要点,熟悉病原物形态特征,能进行发生情况调查、能分析病虫害发生原因,能制订防治方案并实施防治。

根据当地实际情况和田间前茬出现的杂草情况,选择适宜的除草剂进行播后苗前土壤封闭处理。

二、教学资源

1. 材料与工具

大豆种子、不同类型的种衣剂、包衣机械;大豆根腐病和大豆胞囊线虫的盒装标本或新鲜标本;大豆根潜蝇的生活史标本。显微镜、体视显微镜、放大镜、镊子、挑针、刀片、滴瓶、蒸馏水、培养皿、载玻片、盖玻片、解剖刀、酒精瓶、指形管、采集袋、挂图、多媒体课件(包括幻灯片、录像带、光盘等影像资料)、记载用具等。

2. 教学场所

实训大豆田,实验室或实训室。

3. 师资配备

每 20 名学生配备一位指导教师。

三、原理与知识

(一)种子处理

种子处理是防治大豆苗期病、虫危害及增温、抗旱保全苗的有力措施,避免白籽下地,从而达到增产增收的目的。目前,生产中防治大豆苗期病虫害最常用方法是采用 35%多克福种衣剂进行种子包衣。除此还有其他防病或防虫的种衣剂。

1. 大豆种衣剂

(1)每 100 kg 种子用 35%多克福种衣剂 1 500 mL。防治根腐病、根潜蝇、蛴螬等,对中等以下发生大豆胞囊线虫有驱避作用。

(2)每 100 kg 种子用 2.5%咯菌腈 150~200 mL+60%吡虫啉悬浮种衣剂 80 mL,防治根腐病、大豆根潜蝇。

(3)每 100 kg 种子用 2.5%咯菌腈悬浮种衣剂 150 mL+35%精甲霜灵种子处理浮剂 20 mL。防治根腐病、大豆褐秆病。

(4)每 100 kg 种子用 62.5%精甲·咯菌晴悬浮种衣剂200 mL,防治根腐病。

(5)60%吡虫啉悬浮种衣剂 50 mL 拌 12.5～15 kg 大豆种子,防治地下害虫、苗期地上害虫。

(6)每 100 kg 种子用 350 g/L 克百威悬浮种衣剂 3 000 mL,防治地下害虫、苗期地上害虫。

在拌种时加入枯草芽孢杆菌 100～150 mL 或其他芸薹素内酯类植物生长调节剂,可提高幼苗抗病能力,延长控制根腐病时间。

在有大豆胞囊线虫的地块可用种子量 2%淡紫拟青霉菌菌剂拌种,同时兼防根腐病。

2.种子包衣方法

种子经销部门一般使用种子包衣机械,统一进行包衣,供给包衣种子;如果买不到包衣种子,农户也可购买种衣剂进行人工包衣。方法是用装肥料的塑料袋,装入 20 kg 大豆种子,同时加入 300 mL 大豆种衣剂,扎好口后迅速滚动袋子,使每粒种子都包上一层种衣剂,装袋备用。或用拌种器或用塑料薄膜按比例加入大豆种子和大豆种衣剂进行包衣。

3.种子包衣的作用

第一,能有效地防治大豆苗期病虫害,如第一代大豆胞囊线虫、大豆根腐病、大豆根潜蝇、大豆蚜虫、二条叶甲等。因此可以缓解大豆重、迎茬减产现象。第二,促进大豆幼苗生长。特别是重、迎茬大豆幼苗,由于微量元素营养不足致使幼苗生长缓慢,叶片小,使用种衣剂包衣后,能及时补给一些微肥,特别是含有一些外源激素,能促进幼苗生长,幼苗油绿不发黄。第三,增产效果显著。大豆种子包衣提高保苗率,减轻苗期病虫害,促进幼苗生长,因此能显著增产。如绥化市在兴福乡试验,重茬地增产 18.4%～24.9%。

4.使用种衣剂注意事项

第一,无论用哪种包衣方法一定要做到每粒种子均匀着色后才能出料。第二,正确掌握用药量,用药量大,不仅浪费药剂,而且容易产生药害,用药量少又降低效果。一般要依照厂家说明书规定的使用量(药种比例)。第三,使用种衣剂处理的种子不许再采用其他药剂拌种。第四,种衣剂含有剧毒农药,注意防止农药中毒(包括家禽),注意不与皮肤直接接触,如发生头晕恶心现象,应立即远离现场,重者应马上送医院抢救。第五,包衣后的种子必须放在阴凉处晾干,不要再搅动,以免破坏药膜。

(二)大豆苗期病虫害

1.大豆根腐病

大豆根部腐烂统称为根腐病。该病在国内外大豆产区均有发生,以黑龙江省东部土壤潮湿地区发生最重。一般年份大豆生育前期(开花期以前)病株率为75%左右,病情指数为 35%～50%,多雨年份病株率可达 100%,病情指数可达 60%以上。由于根部腐烂,侧根减少,根瘤数量明显减少,导致植株高度下降,株荚数和株粒数显著减少,粒重和百粒重显著下降,减产20%～50%。

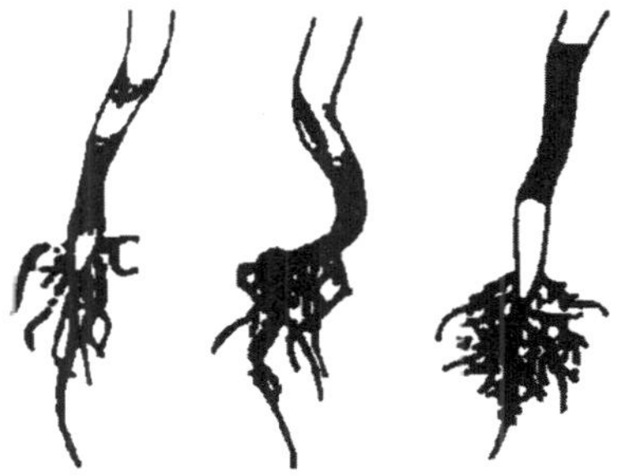

图 10-1-1　大豆根腐病为害状

(1)症状　大豆根腐病由多种病原菌感染,有单独侵染,也有复合侵染的。感病部分为根部和茎基部。不同病原菌引起的症状各有不同(图 10-1-1,表 10-1-1)。

表 10-1-1　不同病原菌引起的根腐病症状

症状	病斑颜色	病斑形状	其他特征
镰刀菌根腐病症状	黑褐色病斑	病斑多为长条形	不凹陷，病斑两端有延伸坏死线
丝核菌根腐病症状	褐色至红褐色病斑	不规则形	常连片形成，病斑凹陷
腐霉菌根腐病症状	无色或褐色的湿润病斑	病斑常呈椭圆形	略凹陷

诊断要点：主根与茎基部，形成褐色、黑褐色椭圆形、长条形或不规则形病斑，稍凹陷或不凹陷，继而形成绕茎大病斑。

(2)病原　大豆根腐病是由多种病原菌侵染引起的。镰孢属有尖孢镰孢菌、燕麦镰孢菌、禾谷镰孢菌、茄腐镰孢菌和半知菌亚门中的立枯丝核菌及鞭毛菌亚门的终极腐霉菌。另外还有紫青霉菌、疫霉菌等。

(3)发病规律　大豆根腐病属于典型的土传病害。病菌以菌丝或菌核在土壤中或病组织上越冬，还可以在土壤中腐生，土壤和病残体是主要的初侵染来源。大豆种子萌发后，在子叶期病菌就可以侵入幼根，以伤口侵入为主，自然孔口和直接侵入为辅。病菌可以靠土壤、种子和流水传播。

连作发病重；播种早，发病重；土壤含水量大，特别是低洼潮湿地，发病重；土壤含水量过低，旱情时间长或久旱后突然连续降雨，病害重；一般氮肥用量大，使幼苗组织柔嫩，病害重；一般根部有潜根蝇为害，有利于病害发生，虫株率越高发病越重；某些化学除草剂因施用方法和剂量不当，也加重了根腐病的发生。病原菌的寄主范围很广，可侵染 70 余种植物。

(4)防治方法　大豆根腐病菌多为土壤习居菌，且寄主范围广，因此必须采取农业措施防治与药剂防治相结合的综合防治措施。

①合理轮作　因大豆根腐病主要是土壤带菌，与玉米、小麦、线麻、亚麻种轮作能有效地预防大豆根腐病。

②及时翻耕　平整细耙，减少田间积水，使土壤质地疏松，透气良好，可减轻根腐病的发生。

③调整播期与播深　适时播种，控制播深。一般播深不要超过 5 cm，以增加幼苗的生长速度，增强抗病性。

④加强田间管理　大豆发生根腐病，主要是根的外表皮完全腐烂影响对水分、养分的吸收，因此及时中耕培土到子叶节能使子叶下部长新根，使新根迅速吸收水分和养分，缓解病情，这是治疗大豆根腐病的一项有效措施。

⑤种衣剂处理种子　使用含有多菌灵、福美双、咯菌腈、精甲霜灵等的种衣剂。目前黑龙江省主要的大豆种衣剂是多菌灵、福美双、克百威的复配剂，建议使用 35%、30%的大豆种衣剂，一定要选择多菌灵、福美双含量高的种衣剂品种。上述杀菌剂有效期 25～30 d 或更长，可推迟根腐病菌侵染，达到保主根、保幼苗、减轻危害的作用。因为大豆根腐病病菌在土壤里，所以发病后在叶片喷施各种杀菌剂一般没有明显效果，应改为喷施叶面肥、植物生长调节剂等，增加茎叶吸收，补充根部吸收水分和养分的不足，可能效缓解病情。

还可选用 2.5%咯菌腈种衣剂，杀菌范围广，有效期达到 60 d 以上，防治大豆根腐病效果显著。从大豆发芽开始直到生长的中后期仍能侵染发病，因此，杀菌剂有效期至少 60 d 以上，重茬大豆地发生严重的，可推荐使用下列配方：

每 100 kg 大豆种子用 2.5%咯菌腈 150～200 mL+益微 100～150 mL。

每 100 kg 大豆种子用 35%多克福 1 500 mL+益微 100～15 mL。

每 100 kg 大豆种子用 2.5%咯菌腈 150～200 mL+35%甲霜灵 20 mL+益微 100～150 mL。

每 100 kg 大豆种子用 35%多克福 1 500 mL+35%甲霜灵 20 mL+益微 100～150 mL。

每 100 kg 种子用 62.5%精甲·咯菌腈悬浮种衣剂200 mL。

对大豆根腐病的防治也可以用 50%多菌灵可湿性粉剂加 50%福美双可湿性粉剂按 1∶1 混均，混合剂按种子质量的 0.4%拌种，以聚乙烯醇作黏着剂进行拌种，防效较好。

2.大豆胞囊线虫病

大豆胞囊线虫病俗称“火龙秧子”，在全国各地均有发生。该病是我国目前大豆上发生最普遍、危害最严重的一种病害。尤其在吉林、黑龙江等省的干旱地带发生较重，一般减产 10%～20%，重者可达 30%～50%，甚至绝产。

(1)症状　大豆胞囊线虫病主要为害大豆根部，在大豆整个生育期均可为害。幼苗期根部受害，地上部叶片黄化，茎部也变淡黄色，生长受阻；大豆开花前后植株地上部的症状最明显，病株明显矮化，根系不发达并形成大量须根，须根上附有大量白色至黄白色的球状物，即线虫的胞囊(雌成虫)，后期胞囊变褐，脱落于土中(图 10-1-2)。病株根部表皮常被雌虫胀破，被其他腐生菌侵染，引起根系腐烂，使植株提早枯死。结荚少或不结荚，籽粒小而瘪，病株叶片常脱落。在田间，因线虫在土壤中分布不均匀，常造成大豆被害地块呈点片发黄状。

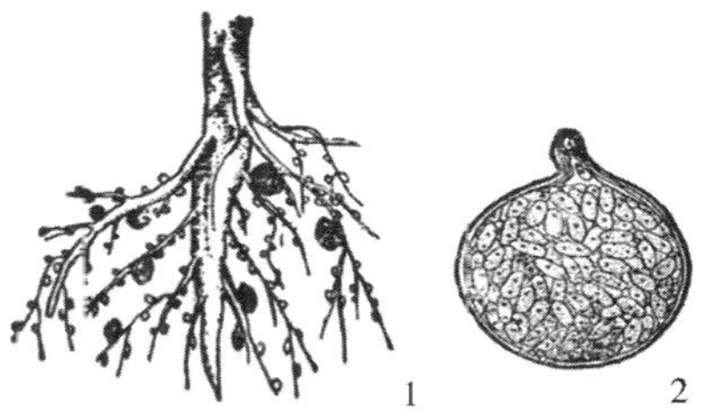

图 10-1-2　大豆胞囊线虫病

1.病株根部　2.胞囊

诊断要点：须根上附有大量白色至黄白色的球状物，病株明显矮化，叶片褪绿变黄。

(2)病原　大豆胞囊线虫 *Heterodera glycines* Ichinohe，属线形动物门线虫纲异皮科异皮线虫属(又称胞囊线虫属)。大豆胞囊线虫病的生活史包括卵期、幼虫期、成虫期三个阶段。卵在雌虫体内形成，贮存于胞囊中。幼虫分 4 龄，脱皮 3 次后变为成虫。1 龄幼虫在卵内发育；2 龄幼虫破壳而出，雌、雄线虫均为线状；3 龄幼虫雌、雄可辨，雌虫腹部膨大成囊状，雄虫仍为线状；4 龄幼虫形态与成虫相似。雄成虫线状，雌成虫梨形。

(3)发病规律　大豆胞囊线虫主要以胞囊在土壤中越冬，或以带有胞囊的土块混在种子间也可成为初侵染源。胞囊的抗逆性很强，侵染力可持续 8 年。线虫在田间的传播主要通过田间作业的农机具、人和畜携带胞囊或含有线虫的土壤，其次为灌水、排水和施用未充分腐熟的肥料。线虫在土壤中本身活动范围极小，1 年只能移动 30～65 cm。混在种子中的胞囊在贮存的条件下可以存活 2 年，种子的远距离调运传播是该病传到新区的主要途径，鸟类也可远距离传播线虫，因为胞囊和卵粒通过鸟的消化道仍可存活。

胞囊中的卵在春季气温转暖时开始孵化为 1 龄幼虫，2 龄幼虫破卵壳进入土壤中，雌性幼虫从根冠侵入寄主根部，4 龄后的幼虫就发育为成虫。雌虫体随着卵的形成而膨大呈柠檬状称为胞囊，即大豆根上所见的白色或黄白色的球状物。发育成的雌成虫重新进入土中自由生活,性成熟后与雄虫交尾。后期雌虫体壁加厚,形成越冬的褐色胞囊。

大豆胞囊线虫东北地区每年发生 3～4 代。大豆胞囊线虫病轮作地发病轻,连作地发病重;种植寄主植物,在有线虫的土壤中,线虫数量明显增加;而种非寄主作物,线虫数量就急剧下降;通气良好的砂壤土、沙土或干旱瘠薄的土壤有利于线虫生长发育;氧气不足的黏重土壤,线虫死亡率高;线虫更适于在碱性土壤中生活。使土壤中线虫数量急剧下降的有效措施就是与禾本科作物轮作。这是因为禾谷类作物的根能分泌刺激线虫卵孵化的物质,使幼虫从胞囊中孵化后找不到寄主而死亡。

(4)防治方法

①检疫　杜绝带胞囊线虫病的种子进入无病区。

②选择抗病品种　不同品种间对胞囊线虫的抗病性有显著差异,采用抗病品种是最经济有效的措施,目前适合黑龙江省种植的抗大豆胞囊线虫病品种有:抗线 1～10 号、嫩丰 14、嫩丰 15、嫩丰 18、嫩丰 19、嫩丰 20 号等。

③轮作与栽培管理　实行 3～5 年以上的轮作,种线麻、亚麻最好,其次是玉米茬种大豆。轮作年限越长,效果越好。适期播种(适时晚播)。改善田间环境,采取垄作,进行深松。增施有机肥、磷肥和钾肥,进行叶面喷肥,适时进行中耕培土,以利于侧生根形成。

④药剂拌种　克百威对大豆胞囊线虫病防效好,可以选用 35%、30%含克百威的种衣剂,用于防治大豆胞囊线虫的种衣剂克百威含量不能低于药剂总含量的 10%。药剂拌种,可有效抑制第 1 代大豆胞囊线虫,并可兼治大豆根潜蝇、蛴螬等地下害虫。

⑤生物防治　大豆播种时淡紫拟青霉菌颗粒剂用量 25 kg/hm^2 同其他化学肥料混合施入土壤,30 d 内防治效果比克百威差,30 d 后效果超过克百威。胞囊线虫数量明显减少。

(三)大豆播后苗前土壤封闭除草

1.大豆田主要杂草种类

大豆田杂草从防除意义上可将其分为三类,即一年生禾本科杂草、一年生阔叶杂草和多年生杂草。常见的主要杂草种类有:

(1)一年生禾本科杂草　主要有稗草、狗尾草、金狗尾草、野黍、马唐、野燕麦等。

(2)一年生阔叶杂草　主要有藜(灰菜)、反枝苋(苋菜)、刺蓼、酸模叶蓼、龙葵(黑星星)、苍耳(老场子)、风花菜、水棘针、菟丝子、马齿苋、繁缕、萹蓄、野西瓜苗、铁苋菜、猪毛菜、香薷(野苏子)、狼巴草(鬼杈)、卷茎蓼、鸭跖草(兰花菜)、猪毛菜、苘麻(麻果)等。

(3)多年生杂草　主要有小蓟(刺儿菜)、苣荬菜(取麻菜)、问荆(节骨草)、打碗花、碱草、芦苇等。

2.常用大豆田土壤封闭除草剂参考配方

目前,大豆田播前或播后苗前封闭除草配方基本上是以乙草胺、异丙甲草胺为主体,与不同地区的用药习惯、杂草群落、土壤、气候条件及农民的经济承受能力密切相关,构成了2,4-D 异辛酯、噻吩磺隆、嗪草酮、异噁草松等不同格局。

以上各种配方各有利弊,从防效上来看,各种配方对一年生禾本科杂草和一年生阔叶杂草的防效基本相近,区别在于对多年生难防杂草如苣荬菜、大蓟、小蓟、问荆等的防除效果。咪唑乙烟酸、异噁草松、氯嘧磺隆三种药剂在高剂量情况下对后作影响较大,噻吩磺隆、2,4-D 异辛酯对后作无影响。究竟选择哪种配方,应根据当地的土壤、气候条件、杂草群落、农户的经济条件及用药条件、来年意向等决定。

受种植结构调整、发展绿色食品对农药的使用要求及农民科技、商品意识的提高，一些除草效果好低毒、低残留、对作物安全的除草剂品种使用比例会不断上升，高残留对作物安全性较差的除草剂使用量会不断下降。但这种变化应该是个渐进的过程，重要的是应对农民向这个方向的引导，并在现实的基础上对农民加强除草剂使用技术指导，趋利避害，在不脱离实际的基础上争取最好的社会、生态、经济效益。

播后苗前部分常规封闭除草参考配方：

①90%乙草胺 1 700～2 000 mL/hm^2 +75%噻吩磺隆 15～25 g/hm^2。

②90%乙草胺 1 700～2 000 mL/hm^2 +80%唑嘧磺草胺 48～60 g/hm^2。

③90%乙草胺 1 700～2 000 mL/hm^2 +90% 2,4-D 异辛酯 450～600 mL/hm^2。

④90%乙草胺 1 700～2 000 mL/hm^2 +70%嗪草酮 300～500 g/hm^2。

⑤90%乙草胺 1 700～2 000 mL/hm^2 +48%异噁草松 800～1 000 mL/hm^2。

⑥90%乙草胺 1 700～2 000 mL/hm^2 +70%嗪草酮 300～400 g/hm^2 +48%异噁草松 800～1 000 mL/hm^2。

⑦90%乙草胺 1 700～2 000 mL/hm^2 +75%噻吩磺隆 15～20 g/hm^2 +50%丙炔氟草胺 120～180 g/hm^2。

注：96%异丙甲草胺 1 400～1 700 mL/hm^2 可与噻吩磺隆、嗪草酮、异噁草松、丙炔氟草胺、嘧唑磺草胺混用，用法与用量同乙草胺。

异丙甲草胺安全性好于乙草胺，对大豆产量影响小，虽然用药成本高于乙草胺，但投入产出比要高于乙草胺，建议广大农户应选择安全性好、投入产出比高的异丙甲草胺。特别是地势较低洼的地块，春季雨水较大的年份，使用异丙甲草胺安全，大大降低药害的概率。

此外，为了提高除草效果可选用安全性好的除草剂在大豆拱土期施药，可选用精异丙甲草胺、异丙甲草胺、异噁草松、噻吩磺隆等。不能使用乙草胺、嗪草酮、丙炔氟草胺、2,4-D 异辛酯等易产生药害的除草剂。

四、操作方法及考核标准

(一)操作方法与步骤

1.病害症状观察

(1)大豆根腐病的观察　比较不同病原菌引起的根腐病的症状差别，注意各类型的识别要点。

(2)大豆胞囊线虫的观察　观察大豆胞囊线虫的发病症状，注意观察须根上是否附有大量白色至黄白色的球状物。

2.病原观察

(1)取不同类型大豆根腐病病原菌，观察不同类型病原菌的形态特征。

(2)取大豆胞囊线虫根部球状物，解剖观察大豆胞囊线虫雌成虫的形态特征。

扩展学习 10-1　大豆病虫害形态识别(一)

(二)技能考核标准

见表 10-1-2。

表 10-1-2　大豆苗前植保技术技能考核标准

考核内容		评分标准	标准分值	考核方法
职业技能（100 分）	1.病虫识别	根据识别病虫的种类多少酌情扣分	10	1～3 项为单人考核口试评定成绩
	2.病虫特征介绍	根据描述病虫特征准确程度酌情扣分	10	
	3.病虫发病规律介绍	根据叙述的完整性及准确度酌情扣分	10	
	4.病原物识别	根据识别病原物种类多少酌情扣分	10	4～7 项以组为单位考核，根据上交的方案及防治效果等评定成绩
	5.制订病虫害防治方案	根据方案科学性、准确性酌情扣分	10	
	6.实施防治	根据方法的科学性及防效酌情扣分	20	
	7.大豆种子处理	根据种子处理得当酌情扣分	30	

参考答案 10-1

五、练习及思考题

1.大豆胞囊线虫的综合防治方案。

2.大豆播后苗前土壤处理的优缺点。

项目 2　大豆生长前期植保技术

一、技能学习目标

课程学习 10-2

通过对大豆生长前期主要病害的症状识别、病原物形态观察和对主要害虫的为害特点、形态特征识别及田间调查，掌握大豆生长前期常见病虫害的识别要点，熟悉病原物形态特征，能识别大豆生长前期的主要病虫害，能进行发生情况调查、能分析发生原因，能制订防治方案并实施防治。能够识别大豆田常见的杂草类别，掌握大豆田苗后除草技术。

二、教学资源

1.材料与工具

大豆菌核病、大豆细菌性斑点病、大豆霜霉病等病害盒装标本或新鲜标本，草地螟、二条叶甲、大豆根绒粉蚧和大豆蓟马等害虫的浸渍标本、生活史标本及部分害虫的玻片标本。显微镜、体视显微镜、放大镜、镊子、挑针、刀片、滴瓶、蒸馏水、培养皿、载玻片、盖玻片、解剖刀、酒精瓶、指形管、采集袋、挂图、多媒体课件(包括幻灯片、录像带、光盘等影像资料)、记载用具等。

2.教学场所

教学实训大豆田、实验室或实训室。

3.师资配备

每 20 名学生配备一位指导教师。

三、原理与知识

(一)病害防治技术

1. 大豆菌核病

大豆菌核病(白腐病),在世界各地均有发生。在国外分布于巴西、加拿大、美国、匈牙利、日本、印度等国;我国以黑龙江、内蒙古大豆产区发病重,尤以黑龙江北部和内蒙古呼伦贝尔地区发病严重,发病率可达60%~100%,造成绝产(图10-2-1)。

(1)症状　地上部发病,产生苗枯、叶腐、茎腐、荚腐等症状,最后导致全株腐烂死亡。茎秆发病病斑不规则形,褐色,可扩展环绕茎部并上下蔓延,造成折断。潮湿时产生絮状菌丝,形成黑色鼠粪状菌核。后期干燥时茎部皮层纵向撕裂,维管束外露呈乱麻状。

(2)病原　大豆菌核病病原 *Sclerolinia sclerotiorum* (Lib.) de Bary 为子囊菌亚门,核盘菌属。

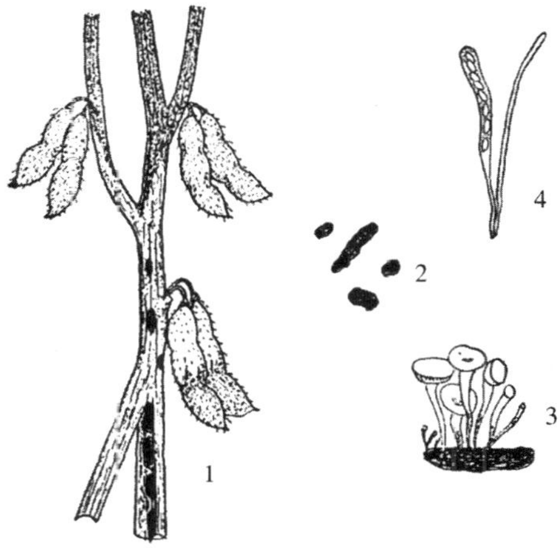

图10-2-1　大豆菌核病

1.病株　2.菌核　3.菌核萌发产生子囊盘　4.子囊和子囊孢子

(3)发病规律　以菌核在土壤、种子、堆肥和病残体内越冬或越夏。6月中下旬多雨、潮湿并有光照条件下,菌核萌发形成子囊盘(俗称小蘑菇),子囊盘成熟释放大量子囊孢子,随气流、雨水传播,侵染大豆植株的中下部位。初期症状在叶腋处或茎秆(花、荚也可侵染)上形成水浸状斑块,后斑块逐渐扩大形成局部溃烂,并伴有白色菌丝,发病晚期有黑色菌核形成。子囊孢子可直接侵入寄主或通过伤口和自然孔口侵入寄主。

如7月中下旬阴雨、潮湿、光照少,田间湿度85%以上,温度20~25 ℃,菌核病子囊孢子就会迅速萌发为害,持续3~5 d就会大发生。

(4)防治措施

①农业防治　在疫区实行3年以上轮作;选用抗病品种垦丰19号等;深翻并清除或烧毁残茬;中耕培土,防止菌核萌发出土或形成子囊盘。

②化学防治　防治时期:一般于大豆2~3片复叶期(此时正是菌核萌发出土到子囊盘形成盛期)喷药,若田间水分差,喷药时间可适当推迟。

常用药剂如下(均为每公顷用药量):

25%咪鲜胺1 050~1 500 mL,或40%菌核净750~1 050 mL,或50%乙烯菌核利1 500 mL,或50%腐霉利1 500 mL。

施药方法:以上各种药剂兑水喷施,用药7~10 d后再喷一次。建议采用机动式弥雾机,喷口向下作业,确保中下部植株叶片着药。

2. 大豆细菌性斑点病

黑龙江省是大豆的主要产区,近年来大豆细菌性斑点病有不同程度的发生和流行,尤其在黑龙江西北部地区(如北安、嫩江、绥化等)发生普遍而且较重。在感病品种上,轻者可减产5%～10%,重者则可达到30%～40%,为害叶片、叶柄、茎和荚,发病重时可造成叶片提早脱落而减产。病株大豆籽粒变色,降低其商品价值,直接影响到大豆的出口和农民的收益。

(1)症状　为害幼苗、叶片、叶柄、茎及豆荚。幼苗染病子叶生半圆形或近圆形褐色斑。叶片染病初生褪绿不规则形小斑点,水渍状,扩大后呈多角形或不规则形,大小3～4 mm,病斑中间深褐色至黑褐色,外围具一圈窄的褪绿晕环,病斑融合后成枯死斑块(图10-2-2)。茎部染病初呈暗褐色水渍状长条形,扩展后为不规则状,稍凹陷。荚和豆粒染病生暗褐色条斑。

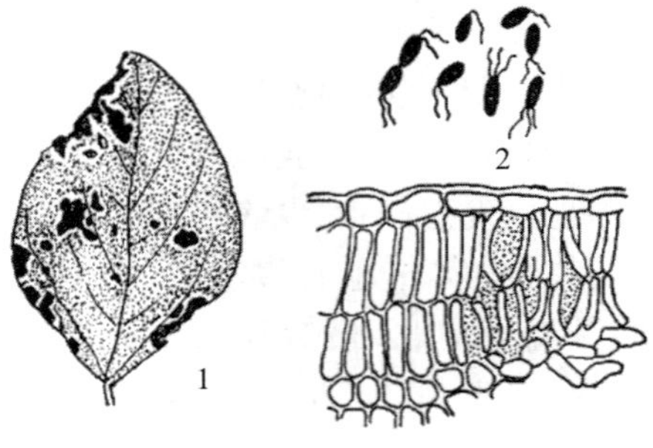

图10-2-2　大豆细菌斑点病

1.病叶　2.病原细菌

(2)病原　细菌性斑点病病原为*Pseudomonas syringe* pv. *glycinea* Coerp. 属丁香假单胞菌大豆致病变种(图10-2-2)。菌体杆状,大小0.6～0.9 μm,有荚膜,无芽孢,极生1～3根鞭毛,革兰氏染色阴性。在肉汁胨琼脂培养基上,菌落圆形白色,有光泽,稍隆起,表面光滑边缘整齐。

(3)发病规律　病菌在种子上或未腐熟的病残体上越冬。翌年播种带菌种子,出苗后即发病,成为该病扩展中心,病菌借风雨传播蔓延。多雨及暴风雨后,叶面伤口多,利于该病发生。连作地发病重。

(4)防治措施

①农业防治　与禾本科作物进行3年以上轮作。选用抗病品种。施用酵素菌沤制的堆肥或充分腐熟的有机肥。

②化学防治　播种前用种子质量0.3%的50%福美双拌种。发病初期用30%琥胶肥酸铜悬浮剂1 500 mL/hm^2 或1%阿司米星5 000～7 500 mL/hm^2 叶面喷雾。

3.大豆霜霉病

大豆霜霉病在我国各大豆产区都有发生,在冷凉多雨的大豆栽培区尤其严重。主要为害叶片和豆粒,造成植株早期落叶、种子百粒重降低,脂肪含量和发芽率降低,东北地区个别年份早熟品种发病率可达30%以上。

(1)症状　大豆霜霉病在大豆各生育期均可发生。带菌的种子能引起幼苗系统侵染,子叶不表现症状,真叶和第1～2片复叶陆续表现症状。在叶片基部先出现褪绿斑块,后沿着叶脉向上伸展,出现大片褪绿斑块,其他复叶可形成相同的症状。以后全叶变成黄色至褐色而枯死。潮湿时叶片背面褪绿部分产生较厚的灰白色霉层,为病菌的孢子囊梗和孢子囊。病苗上形成的孢子囊传播至健叶上进行再侵染,形成边缘不明显、散生的褪绿小点,扩大后形成多角形黄褐色病斑,也可产生灰白色霉层。严重感病的叶片全叶干枯引起早期落叶。豆荚受害后,荚皮无明显症状,荚内有大量的杏黄色粉状物,即病原菌的卵孢子。被害籽粒无光泽,色白而小,表面黏附一层灰白色或黄白色粉末,为病原菌的菌丝和卵孢子。

诊断要点:出现褪绿斑块,潮湿时叶片背面褪绿部分产生较厚的灰白色霉层。

(2)病原　大豆霜霉病的病原为东北霜霉菌*Peronospora manshurica* (Naum) Sydow,属鞭毛菌亚门真菌,霜霉属。孢囊梗为二叉状分枝,分枝末端尖锐,向内弯曲略呈钳形,无色。顶生单个倒卵形或椭圆形的孢子囊，单胞，无色，多数有乳状突起。卵孢子近球形，淡褐色或黄褐色，壁厚，表面光滑或有突起物(图 10-2-3)。

(3)发病规律　病菌以卵孢子在种子和病残体中越冬。带菌种子是最主要的初侵染源。播种带病的种子，卵孢子随种子发芽而萌发，从寄主的胚轴侵入生长点，形成系统侵染，成为田间的中心病株。发病后在病部形成大量孢子囊，借风雨传播侵染叶片，成为田间再侵染来源。结荚后，病原菌侵染豆荚和豆粒。后期，在病组织内或病粒上的菌丝形成卵孢子。大豆收获时，病原菌以卵孢子在种子上或病残体中越冬。

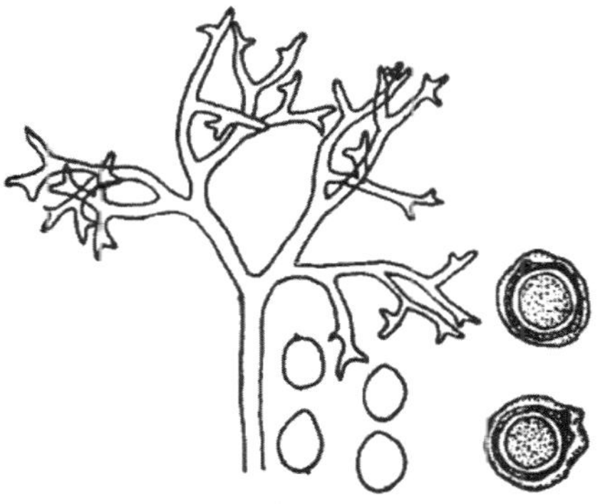

图 10-2-3　大豆霜霉病
1. 孢囊梗和孢子囊　2. 卵孢子

不同品种的抗病性存在显著差异。感病品种病斑大，扩展迅速、为害重；抗病品种病斑小，为害轻、发展慢；大豆叶片展开 5～6 d 最易感病，叶片展开 8 d 以后则抗病；种子不带菌或带菌率低的，可不发病或发病轻；种子带菌率高，又遇适宜于发病的条件，发病早而重；湿度是孢子囊形成、萌发和侵入的必要条件，播种后低温有利于卵孢子萌发和侵入种子。

(4)防治措施

①农业防治　选用抗病品种，保证种子不带菌，建立无病种子田，或从无病田中留种；如果在轻病田中留种，播前要精选种子，剔除病粒，采用无病种子播种必须进行种子处理；合理轮作，病残体上的卵孢子虽不是主要的初侵染来源，但轮作或清除病残体也可减轻发病；铲除病苗，当田间发现中心病株时，可结合田间管理清除病苗。

②药剂防治

药剂拌种：选用 35%甲霜灵可湿性粉剂按种子质量的 0.3%拌种，或用 80%的克霉灵可湿性粉剂按种子质量的 0.3%拌种，防治病苗(初次发病中心)的平均效果可达 90%以上。也可选用福美双拌种。

喷药防治：发病始期及早喷药，可选 75%百菌清可湿性粉剂 700～800 倍液，或 70%代森锰锌可湿性粉剂 500 倍液，或 50%福美双可湿性粉剂 500～1 000 倍液，或 64%噁霜·锰锌 2 000 g/hm^2，或 25%甲霜灵 1 500 g/hm^2 等进行喷雾，每隔 7～10 d 喷一次，共两次，用药液量 1 125 kg/hm^2。

(二)害虫防治技术

1. 草地螟

草地螟 *Loxostege verticalis* L. 属鳞翅目螟蛾科，别名黄绿条螟、甜菜网螟、网锥额野螟。分布在吉林、内蒙古、黑龙江、宁夏、甘肃、青海、河北、山西、陕西、江苏等地。为害大豆、甜菜、向日葵、亚麻、高粱、豌豆、扁豆、瓜类、甘蓝、马铃薯、茴香、胡萝卜、葱、洋葱、玉米等多种作物。幼虫取食叶肉，残留表皮，长大后可将叶片吃成缺刻或仅留叶脉，使叶片呈网状。大发生时，也为害花和幼荚。草地螟是一种间歇性暴发成灾的害虫(图 10-2-4)。

(1)形态识别　成虫淡褐色，体长 8～10 mm，前翅灰褐色，外缘有淡黄色条纹，翅中央近前缘有一深黄色斑，顶角内侧前缘有不明显的三角形浅黄色小斑，后翅浅灰黄色，有两条与外缘平行的波状纹。

1

2

图 10-2-4　草地螟

1.成虫　2.幼虫

幼虫共5龄，老熟幼虫16～25 mm，1龄淡绿色，体背有许多暗褐色纹，3龄幼虫灰绿色，体侧有淡色纵带，周身有毛瘤。5龄多为灰黑色，两侧有鲜黄色线条。

(2)发生规律　在黑龙江省1年发生2～3代，以老熟幼虫在土内吐丝作茧越冬。翌春5月份化蛹及羽化。成虫飞翔力弱，黑龙江省的草地螟主要是借高空气流长距离迁飞而来。资料显示东北地区严重发生的草地螟虫源，越冬代成虫一部分来自内蒙古乌兰察布地区，一部分来自蒙古国中东部及中俄边境地区。一代草地螟成虫主要来自内蒙古兴安盟、呼伦贝尔市和蒙古国草原。草地螟成虫喜食花蜜，卵散产于叶背主脉两侧，常3～4粒在一起，以距地面2～8 cm的茎叶上最多。初孵幼虫多集中在枝梢上结网躲藏，取食叶肉，3龄后食量剧增，幼虫共5龄。

(3)防治措施

①积极诱杀成虫　杀灭草地螟于进地之前。采取高压汞灯杀虫十分有效，每盏高压汞灯可控制面积20 hm^2，在成虫高峰期可诱杀成虫10万头以上，防治效果可达70%以上。所以要积极创造条件，增设高压汞灯及其他灯光诱杀设施，利用草地螟趋光习性，大量捕杀成虫，有效降低田间虫源。

②实施田间生态控制，减少田间虫源量　针对草地螟喜欢在灰菜、猪毛菜等杂草上产卵的习性，采取生态性措施，加大对草地螟的防治力度。实践证明，消灭草荒可减少田间虫量30%以上。还有就是要加快铲趟进度，及早消除农田草荒，集中力量消灭荒地、池塘、田边、地头的草地螟喜食杂草，改变草地螟栖息地的环境，达到减少落卵量、降低田间幼虫密度的目的。

③田间药剂防治幼虫　抓住幼虫防治的最佳时期，一般6月12日至6月20日是防治幼虫的最好时期。所以要求农户要及时查田。当大豆百株有幼虫30～50头，在幼虫3龄以前组织农户进行联防，统一进行大面积的防治。药剂最好选用低毒、击倒速度快、又经济的药剂。防治比较好的药剂有4.5%高效氯氰菊酯乳油、2.5%溴氰菊酯乳油等，采用拖拉机牵引悬挂式喷雾机，小四轮拖拉机保持二挡速度，喷药量为30 mL/667 m^2，兑水30 kg。或采用背负式机动喷雾器，两人之间间隔5 m，一字排开喷雾，集中防治。

④挖沟、设置药剂隔离带　在未受害田或田间幼虫量未达到防治指标的地块周边挖沟，沟上口宽30 cm，下口宽20 cm，沟深40 cm，中间立一道高60 cm的地膜，纵向每隔约10 m用木棍加固。还有一种方法是在地块周边喷4～5 cm宽的药带，主要是阻止地块外的幼虫迁入。

(三)大豆田苗后除草技术

1.大豆田苗后茎叶处理常用除草剂配方

(1)稀禾啶同防除阔叶杂草药剂混用配方(用药量按1 hm^2 计算)

12.5%稀禾啶1.5～2.0 L+250 g/L氟磺胺草醚1.5～2.0 L，兑水150 L均匀喷雾。

12.5%稀禾啶1.0～1.5 L+480 g/L异噁草松0.6～0.75 L+250 g/L氟磺胺草醚

0.8～1.0 L，兑水 150 L 均匀喷雾。

(2)精喹禾灵同防除阔叶杂草药剂混用配方(用药量按 1 hm^2 计算)

50 g/L 精喹禾灵 1.5～2.0 L＋250 g/L 氟磺胺草醚 1.5～2.0 L，兑水 150 L 均匀喷雾。

50 g/L 精喹禾灵 1.0～1.5 L＋480 g/L 异噁草松 0.6～0.75 L＋250 g/L 氟磺胺草醚 0.8～1.0 L，兑水 150 L 均匀喷雾。

(3)精吡氟禾草灵同防除阔叶杂草药剂混用配方(用药量按 1 hm^2 计算)

150 g/L 精吡氟禾草灵 0.9 L＋250 g/L 氟磺胺草醚 1.5～2.0 L，兑水 150 L 均匀喷雾。

150 g/L 精吡氟禾草灵 0.75 L＋480 g/L 异噁草松 0.6～0.75 L＋480 g/L 灭草松 2.0 L，兑水 150 L 均匀喷雾。

150 g/L 精吡氟禾草灵 0.75 L＋480 g/L 异噁草松 0.6～0.75 L＋250 g/L 氟磺胺草醚 0.8～1.0 L，兑水 150 L 均匀喷雾。

150 g/L 精吡氟禾草灵 0.9 L＋480 g/L 灭草松 2.0 L＋250 g/L 氟磺胺草醚 0.8～1.0 L，兑水 150 L 均匀喷雾。

施药地块若杂草基数多，叶龄大时，可加入 10%乙羧氟草醚 0.25～0.5 L，加快除草速度，提高除草效果。

(4)高效氟吡甲禾灵同防除阔叶杂草药剂混用配方(月药量按 1 hm^2 计算)

108 g/L 高效氟吡甲禾灵 0.5～0.6 L＋250 g/L 氟磺胺草醚 1.5～2.0 L，兑水 150 L 均匀喷雾。

108 g/L 高效氟吡甲禾灵 0.45～0.5 L＋480 g/L 异噁草松 0.6～0.75 L＋250 g/L 氟磺胺草醚 0.8～1.0 L，兑水 150 L 均匀喷雾。

108 g/L 高效氟吡甲禾灵 0.45～0.5 L＋480 g/L 异噁草松 0.6～0.75 L＋480 g/L 灭草松 2.0 L。兑水 150 L 均匀喷雾。

108 g/L 高效氟吡甲禾灵 0.5～0.6 L＋250 g/L 氟磺胺草醚 0.8～1.0 L＋480 g/L 灭草松 2.0 L。兑水 150 L 均匀喷雾。

施药地块若杂草基数多，叶龄大时，可加入 10%乙羧氟草醚 0.25～0.5 L，加快除草速度，提高除草效果。

(5)高效烯草酮同防除阔叶杂草药剂混用配方(用药量按 1 hm^2 计算)

120 g/L 烯草酮 0.525～0.6 L＋250 g/L 氟磺胺草醚 1.5～2.0 L，兑水 150 L 均匀喷雾。

120 g/L 烯草酮 0.525～0.6 L＋250 g/L 氟磺胺草醚 0.8～1.0 L＋480 g/L 异噁草松 0.6～0.75 L，兑水 150 L 均匀喷雾。

四、操作方法及考核标准

(一)操作方法与步骤

1.病害症状观察

(1)大豆菌核病的观察　观察大豆菌核病的发病症状，注意茎部染病时，皮层的变化。观察病害成熟期标本，大豆茎秆内部是否可见黑色鼠粪状的菌核？

扩展学习 10-2　大豆病虫害形态识别(二)

(2)大豆细菌性斑点病的观察　观察封套标

本或田间调查时，仔细观察不同发病部位的症状特点。注意叶片初期症状为水渍状病斑，病斑四周有无黄色晕圈，田间发病病部能否看到白色菌脓溢出，发病豆荚和叶部症状有何区别，病荚中豆粒是否正常。

(3)大豆霜霉病的观察　观察大豆霜霉病的发病症状，重点观察叶片上的症状特征。病斑是否受叶脉限制，叶片背面是否有霉层出现，是什么颜色，豆荚能否染病，豆粒能否染病。

2. 病原观察

(1)大豆菌核病病原的观察　菌核放在水中，吸水后保湿 25 ℃培养，观察能否有子囊盘产生，注意观察子囊盘的结构和子囊及子囊孢子的形态特征。

(2)大豆霜霉病病原的观察　挑取病部背面灰白色霉层制片镜检，注意观察病原孢囊梗的色泽、形状、分枝方式及其分枝顶端的特点。

3. 害虫形态观察

草地螟　观察草地螟成虫，注意成虫前翅翅中央近前缘是否有一深黄色斑，顶角内侧前缘有不明显的三角形浅黄色小斑，观察不同龄期幼虫，注意幼虫体色是否有差异，身体条带是否有差异。

(二)技能考核标准

见表 10-2-1。

表 10-2-1　大豆生长前植保技术技能考核标准

考核内容		评分标准	标准分值	考核方法
职业技能（100 分）	1. 病虫识别	根据识别病虫的种类多少酌情扣分	10	1～3 项为单人考核口试评定成绩
	2. 病虫特征介绍	根据描述病虫特征准确程度酌情扣分	10	
	3. 病虫发病规律介绍	根据叙述的完整性及准确度酌情扣分	10	
	4. 病原物识别	根据识别病原物种类多少酌情扣分	10	4～7 项以组为单位考核，根据上交的标本、方案及防治效果等评定成绩
	5. 标本采集	根据采集标本种类、数量、质量多少酌情扣分	10	
	6. 制订病虫害防治方案	根据方案科学性、准确性酌情扣分	20	
	7. 实施防治	根据方法的科学性及防效酌情扣分	30	

参考答案 10-2

五、练习及思考题

为什么说草地螟是一种间歇性暴发成灾的害虫？

项目 3　大豆中后期植保技术

一、技能学习目标

课程学习 10-3

通过对大豆生长中后期主要病害的症状识别、病原物形态观察和对主要害虫的为害特点、形态特征识别及田间调查和病虫害防治，掌握常见病虫害的识别要点，熟悉病原物形态特征，能识别大豆中后期主要病虫害，能进行发生情况调查、能分析发生原因，能制订防治方案并实施防治。

二、教学资源

1. 材料与工具

大豆紫斑病、大豆褐斑病、大豆病毒病等病害盒装标本及新鲜标本；大豆食心虫、豆荚螟、双斑萤叶甲等害虫的浸渍标本、生活史标本及部分害虫的玻片标本。显微镜、体视显微镜、放大镜、镊子、挑针、刀片、滴瓶、蒸馏水、培养皿、载玻片、盖玻片、解剖刀、酒精瓶、指型管、采集袋、挂图、多媒体课件(包括幻灯片、录像带、光盘等影像资料)、记载用具等。

2. 教学场所

教学实训大豆田、实验室或实训室。

3. 师资配备

每 20 名学生配备一位指导教师。

三、原理与知识

(一)病害防治技术

1. 大豆紫斑病

大豆紫斑病是大豆的主要病害，各地普遍发生。南方重于北方，温暖地区较严重。病粒除表现醒目的紫斑病外，有时龟裂，瘪小失去生活能力，感病品种紫斑粒率 15%～20%，最高可达 50%以上，严重影响豆粒质量和产品质量(图 10-3-1)。

(1)症状　主要为害豆荚和豆粒，也为害叶和茎。苗期染病，子叶上产生褐色至赤褐色圆形斑，云纹状。真叶染病初生紫色圆形小点，散生，扩展后形成多角形褐色或浅灰色斑。茎秆染病形成长条状或梭形红褐色斑，严重的整个茎秆变成黑紫色，上生稀疏的灰黑色霉层。

豆荚染病病斑圆形或不规则形，病斑较大，灰黑色，边缘不明显，干后变黑，病荚内层生不规则形紫色斑，内浅外深。豆粒染病形状不定，大小不一，仅限于种皮，不深入内部，症状因品种及发病时期不同而有较大差异，多呈紫色，有的呈青黑色，在脐部四周形成浅紫色斑块，严重的整个豆粒变为紫色，有的龟裂。

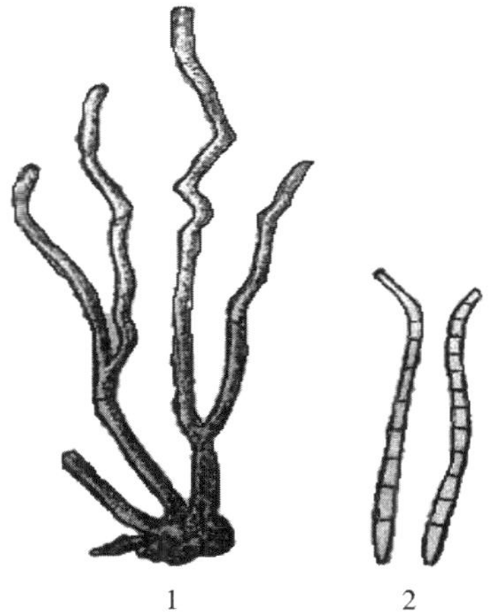

图 10-3-1　大豆紫斑病病菌

1. 分生孢子梗　2. 分生孢子

(2)病原　病原为菊池尾孢菌 *Cercospora kikuchii* Chupp.，属半知菌亚门真菌，尾孢属。子座小，分生孢子梗簇生，不分枝，暗褐色，大小(45～200) μm×(4～6) μm。分生孢子无色，鞭状至圆筒形，顶端稍尖，具分隔，多的达 20 个以上。

(3)发病规律　病菌以菌丝体潜伏在种皮内或以菌丝体和分生孢子在病残体上越冬，成为翌年的初侵染源。如播种带菌种子，引起子叶发病，病苗或叶片上产生的分生孢子借风雨传播进行初侵染和再侵染。大豆开花期和结荚期多雨，气温偏高，均温 25.5～27 ℃，发病重；高于或低于这个温度范围发病轻或不发病。连作地及早熟种发病重。

(4)防治措施　选用抗病品种，生产上抗病毒病的品种较抗紫斑病；大豆收获后及时进行秋耕，以加速病残体腐烂，减少初侵染源。选用无病种子并进行种子处理，用 0.3% 的 50% 福美双拌种。

在开花始期、蕾期、结荚期、嫩荚期各喷 1 次 30% 碱式硫酸铜悬浮剂 400 倍液或 40% 多菌灵胶悬剂 1 500 mL/hm^2 或 80% 多菌灵 750 g/hm^2 或 70% 甲基硫菌灵 1 500 g/hm^2，结合叶面肥于大豆花荚期叶面喷雾。

2. 大豆褐斑病

大豆褐斑病（褐纹病、斑枯病），多发生于较冷凉的地区。在中国以黑龙江省东部地区发生最重，危害较大。一般地块病叶率达 50% 左右，严重地块病叶率达 95% 以上，病情指数为 70% 以上。该病主要造成叶片枯黄，光合速率急剧降低，提前 10～15 d 落叶，造成大幅度减产。大豆植株下部叶片感病对植株中、上部产量损失率影响很大，故防治植株下部叶片受害是非常重要的。

(1)症状　叶片染病始于底部，逐渐向上扩展。子叶病斑呈不规则形，暗褐色，生很细小的黑点。真叶病斑棕褐色，轮纹上散生小黑点，病斑受叶脉限制呈多角形，直径 1～5 mm，严重时病斑愈合成大斑块，致叶片变黄脱落。茎和叶柄染病生暗褐色短条状边缘不清晰的病斑。病荚上生不规则棕褐色斑点。

(2)病原　病原菌为大豆壳针孢菌 *Septoria glycines* Hemmi，半知菌亚门壳针孢属，病斑上的小黑点为病原菌的分生孢子器。散生或聚生，球形，器壁褐色，膜质，直径 64～112 μm。分生孢子无色，针形，直或弯曲，具横隔膜 1～3 个，大小为(26～48) μm×(1～2) μm。病菌发育温限 5～36 ℃，24～28 ℃最适。分生孢子萌发最适温度为 24～30 ℃，高于 30 ℃则不萌发。

(3)发病规律　以分生孢子器或菌丝在病组织或种子上越冬，成为翌年初侵染源。在黑龙江省东部地区，大豆幼苗出土后，子叶和真叶陆续出现病斑。6 月下旬大豆复叶上病斑可以产生第一代分生孢子。该病在黑龙江省每年有两个发病高峰。

第一个发病高峰期：6 月中旬至 7 月上旬，气温偏低、多雨、高湿、少日照，前期发病重；7 月中旬以后随着气温升高，病害增长速率减慢。

第二个发病高峰期：8 月中旬至 9 月上旬降温较快、多雨、高湿，后期发病重。发病严重时，9 月上旬大豆叶片自下而上全部黄化脱落。

种子带菌引致幼苗子叶发病，在病残体上越冬的病菌释放出分生孢子，借风雨传播，先侵染底部叶片，后进行重复侵染向上蔓延。侵染叶片的温度范围为 16～32 ℃，28 ℃最适，潜育期 10～12 d。温暖多雨，夜间多雾，结露持续时间长发病重。

(4)防治措施　选用抗病品种，实行 3 年以上轮作。

药剂防治一般在大豆 3 片复叶期和鼓粒期易发病，在发病初期用 70% 甲基硫菌灵 1 125～1 500 g/hm^2 或 25% 嘧菌酯 900～1 200 mL/hm^2 或 75% 百菌清可湿性粉剂 600 倍液或 50% 琥胶肥酸铜可湿性粉剂 500 倍液、14% 络氨铜水剂 300 倍液液叶面喷雾，隔 10 d 左右防治 1 次，防治 1 次或 2 次。

3. 大豆病毒病

大豆病毒病在我国各大豆产区都有发生，导致形成种皮斑驳，呈褐斑粒，引起减产，质量下降，含油量降低。

(1)症状　大豆花叶病的症状因病毒株系、寄主品种、侵染时期和环境条件的不同差别很大。

①轻花叶型　用肉眼能观察到叶片上有轻微淡黄色斑驳，此症状在后期感病植株或抗病品种上常见。

②重花叶型　病叶呈黄绿相间的斑驳，叶肉呈突起状，严重皱缩，暗绿色，叶缘向后卷曲，叶脉坏死，感病或发病早的植株矮化。

③皱缩花叶型　叶脉庖状突起，叶片歪扭、皱缩，植株矮化，结荚少。

④黄斑型　皱缩花叶和轻花叶混合发生。

⑤芽枯型　病株顶芽萎缩卷曲，发脆易断，呈黑褐色枯死，植株矮化，开花期花芽萎缩不结荚，或豆荚畸形，其上产生不规则或圆形褐色的斑块。

⑥褐斑粒　是花叶病在种子上的表现，病种子上常产生斑驳，斑纹为云纹状或放射状，病株种子受气候或品种的影响，有的无斑驳或很少有斑驳。

诊断要点　病叶呈黄绿相间的斑驳，严重皱缩，病种子产生云纹状或放射的斑驳。

(2)病原　大豆花叶病毒(Soybean mosaic virus，SMV)，病毒粒体线状，在寄主体外稳定性较差，钝化温度 55～65 ℃，体外保毒期 1～4 d，稀释限点 10^2～10^3。

(3)发病规律

①种子带毒　营养期感染越早，种子带毒率越高，抗病品种种子带毒率显著低于感病品种，因此，带毒种子是田间毒源的基础。

②传毒蚜虫介体的消长　多数有翅蚜着落于大豆冠层叶为害，黄绿色植株率多于深绿色。蚜虫传播距离在 100 m 以内，大豆上繁殖的蚜虫，迁飞着落消长情况是传毒的主要介体，附近作物蚜虫经过大豆田，着落率、传毒率低。

③品种抗性　主要影响田间初侵染源及病害发生严重程度。品种抗斑驳，即不产生斑驳或斑驳率低；抗种传，即不种传或种传率低；抗蚜虫，即蚜虫不取食或着落率低。

④其他因素　影响潜育期长短的是气温。但温度高于 30 ℃时病株可出现隐症现象。高温隐症品种产量损失比显症品种少。长期种植同一抗病品种，会引起病毒株系变化，造成品种抗性降低或丧失抗病性。SMV 还可通过汁液摩擦传播。

(4)防治措施　采用以农业防治为主和药剂防治蚜虫等综合防治措施。

选用抗病品种；用不带毒种子，建立无病留种田，提倡在无病田留种，播种前要严格筛选种子，清除褐斑粒；在大豆生长期间要彻底拔除病株；种子田应与大豆生产田及其他作物田隔离 100 m 以上，防止病毒传播；避免晚播，大豆易感病期要避开蚜虫高峰期；采用大豆与高秆作物间作可减轻蚜虫危害从而减轻发病。

在调运种子或进行品种资源交换时，会引进非本地病毒或株系，从而扩大病害流行的范围和流行的程度。因此，在引种时，对引进的种子要先隔离种植，从无病株上留取无病毒的种子繁殖。

大豆花叶病发生流行与蚜虫数量、蚜虫为害高峰期出现早晚关系密切，在蚜虫发生期可选用 1.5%乐果粉剂 22.5～30.0 kg/hm^2 喷粉；或用 40%乐果乳油 1 000～1 500 倍液喷雾。

此外，用银灰薄膜放置田间驱蚜，防病效果达 80%。

(二)害虫防治技术

1. 大豆食心虫

大豆食心虫 *Leguminivora glycinivorella* (Matsumura)属鳞翅目卷蛾科，是我国北方大豆产区的重要害虫。以幼虫蛀入豆荚为害豆粒，一般年份虫食率为 10%～20%，对大豆的产量、质量影响很大。寄主单一，栽培作物只有大豆，野生寄主有野生大豆及苦参等。

(1)形态识别(图 10-3-2) 成虫暗褐色，体长 5～6 mm。前翅暗褐色，前缘有大约 10 条黑紫色短斜纹，外缘内侧有一个银灰色椭圆形斑，斑内有 3 个紫褐色小斑。雄蛾前翅色较淡，有翅缰 1 根，腹部末端有抱握器和显著的毛束。雌成虫体色较深，有 3 根翅缰，腹部末端产卵管突出。

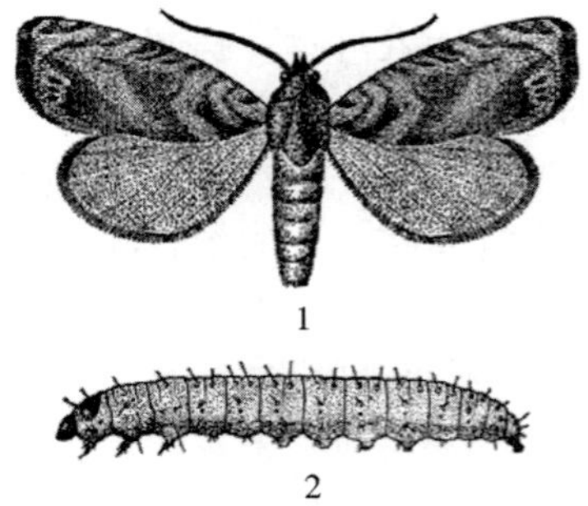

图 10-3-2 大豆食心虫

(仿 农业昆虫学. 丁锦华. 等)

1. 成虫期 2. 幼虫

幼虫分 4 龄。初孵幼虫淡黄色，入荚后为乳白色至黄白色，老熟幼虫鲜红色，脱荚入土后为杏黄色。老熟幼虫体长 8～9 mm，略呈圆筒形，趾钩单序全环。

(2)发生规律 大豆食心虫 1 年发生 1 代。以老熟幼虫在大豆田或晒场的土壤中作茧滞育越冬。幼虫孵化当天蛀入豆荚，取食豆粒，幼虫老熟后脱荚，入土结茧越冬。

成虫飞翔力不强，一般不超过 6 m。上午多潜伏在叶背面或茎秆上，下午 5～7 时在大豆植株上方 0.5 m 左右呈波浪形飞行，在田间见到的成虫成团飞舞的现象是成虫盛发期的标志。成虫有弱趋光性。在 3～5 cm 长的豆荚、幼嫩豆荚、荚毛多的品种豆荚上产卵多，极早熟或过晚熟品种着卵少。在每个豆荚上多数产 1 粒卵。每头雌成虫可产卵 80～200 粒。

初孵幼虫在豆荚上爬行数小时后从豆荚边缘的合缝处附近蛀入，先吐丝结成白色薄丝网，在网中咬破荚皮，蛀入荚内，在豆荚内为害。1 头幼虫可取食 2 个豆粒，将豆粒咬成兔嘴状缺刻。幼虫入荚时，豆荚表皮上的丝网痕迹长期留存，可作为调查幼虫入荚数的依据。

大豆成熟前幼虫入土作茧越冬。垄作大豆在垄台上入土的幼虫约占 75%。入土深度因土壤种类而不同，砂壤土为 4～9 cm，黏性黑钙土为 1～3 cm。在大豆收割时，有少数幼虫尚未脱荚，收割后如果在田间放置可继续脱荚，运至晒场也可继续脱荚，爬至附近土内越冬，成为次年虫源之一。

越冬幼虫于次年 7—8 月份上升至土壤表层 3 cm 以内作土茧化蛹，蛹期 10～12 d。土茧呈长椭圆形，长 7.5～9 mm，宽 3～4 mm，由幼虫吐丝缀合土粒而成。

温湿度和降水量是影响大豆食心虫发生严重程度的重要因素。化蛹期间降雨较多，土壤湿度大，有利于化蛹和成虫出土。

大豆连作比轮作受害重，轮作可使虫食率降低 10%～14%。大豆结荚期与成虫产卵盛期不相吻合则受害较轻，因地制宜，适当提前播期或利用早熟品种，成虫产卵时大豆已接近成熟，不适宜于产卵，可降低虫食率。大豆品种由于荚皮的形态和构造不同，受害程度也有明显差异。

(3)防治措施　防治食心虫应以品种为基础,以农业防治为主,化学药剂与生物防治为辅,使品种与农业措施、化学药剂、生物制剂、天敌的作用协调起来,才能达到综合防治的目的。

①选用抗(耐)虫品种　在保证大豆产量和品质的前提下,尽量选用豆荚无绒毛或绒毛少或荚皮木质隔离层紧密而呈横向排列的品种。过早熟品种和晚熟品种也可躲过害虫产卵期,减轻危害。

②远距离大区轮作　因食心虫食性单一,飞翔能力弱,因此采用远距离轮作可有效降低虫食率,一般应距前茬豆地 1 000 m。

③及时翻耙豆茬地　豆茬地是食心虫越冬场所,收获后应及时秋翻,将脱荚入土的越冬幼虫埋入土壤深层,增加越冬幼虫死亡率,以减轻来年危害。

④大豆适时早收　如能在 9 月下旬以前收获,可通过机械杀死大批未脱荚幼虫,以减少越冬虫量。

⑤化学防治指标和时期　从 7 月下旬开始到 8 月中旬,每天下午 3 点以后,手持 80 cm 长木棒,顺垄走,并轻轻拨动大豆植株,目测被惊动而起飞的成虫(蛾)数量,连续 3 d 累计(双行)成虫(蛾)数量达 100 头,即进行防治。在黑龙江省一般为 8 月上中旬。

化学防治方法:每公顷用 10%氯氰菊酯 375～450 mL,或 48%毒死蜱 1 200～1 500 mL,或 2.5%高效氯氟氰菊酯 300 mL,或 2.5%溴氰菊酯 375～450 mL,或 20%甲氰菊酯 450 mL,兑水茎叶喷雾。

此外,对于小面积地块可以采用药棒熏蒸成虫的方法。用 30 cm 长的玉米秸秆,一端去皮,浸入 80%敌敌畏乳油中约 3 min,使其吸饱药液后,插入豆田中,每隔 4 垄插一行,棒距 5 m,进行熏蒸防治。

2. 豆荚螟

豆荚螟 *Etiella zinckenella* (Treitschke)属鳞翅目,螟蛾科。在我国辽宁南部地区以南都有分布,以黄河、淮河和长江流域各大豆产区受害最重。豆荚螟以幼虫在荚内蛀食豆粒,虫荚率一般为 10%～30%,个别地区干旱年份可达 80%以上。除大豆外,还取食其他豆科作物。

(1)形态识别(图 10-3-3)

①成虫　体长 10～12 mm,翅展 20～24 mm,体灰褐色。线状触角,雄蛾触角基部有灰白色毛丛。前翅狭长,灰褐色,混有深褐色和黄白色鳞片,前缘有 1 条白色纵带,近翅基 1/3 处有 1 条金黄色宽横带。后翅黄白色,沿外缘褐色。

②幼虫　体长 14～18 mm,紫红色。前胸背板中央有黑色"人"字形纹,两侧各有 1 个黑斑,后缘中央有 2 个小黑斑。背线、亚背线、气门线、气门下线明显。趾钩双序环式。

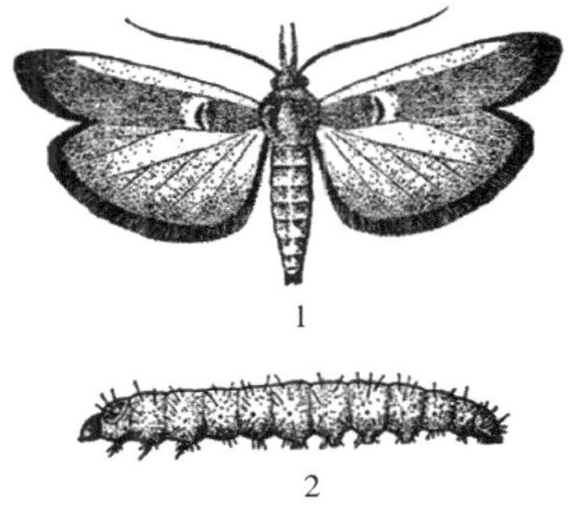

图 10-3-3　豆荚螟

(仿 农业昆虫学. 西北农学院.)

1. 成虫　2. 幼虫

(2)发生规律

①生活习性　豆荚螟 1 年发生 2～8 代,以末龄幼虫在土中结茧越冬。成虫昼伏夜出,趋光性弱,受惊扰可短距离飞行,在大豆结荚前,雌成虫选

择幼嫩叶柄、花柄、嫩芽或嫩叶背面产卵；结荚后多产在植株中、上部豆荚上。1头雌成虫平均产卵88粒，一般1个豆荚上产1粒卵。卵初产时乳白色，孵化前为暗红色。初孵幼虫先在叶面爬行，后吐丝垂到其他豆荚上，然后在豆荚上结白色薄茧，蛀入豆荚，再蛀入豆粒内取食，1头幼虫可食害4～5个豆粒，并可转荚为害1～3次。幼虫分5龄，幼虫老熟后脱荚入土。幼虫期9～12 d。

豆荚螟与大豆食心虫的为害状相似，前者的蛀入孔和脱荚孔多在豆荚中部，脱荚孔圆形而大，而后者的蛀入孔和脱荚孔多在豆荚的侧面靠近合缝处，脱荚孔椭圆形，且小。幼虫脱荚入土后，在0.5～4.0 cm深处吐丝结茧化蛹，蛹期20 d左右。

②温湿度条件　冬季气温低越冬幼虫的存活率低。在适宜温度条件下，湿度对雌蛾产卵影响较大，适宜产卵的相对湿度为70%，低于60%或过高，产卵显著减少。越冬幼虫在表层土壤水分处于饱和状态或绝对含水量30.5%以上时，不能生存；土壤绝对含水量12.6%时，化蛹率和羽化率高。不同土质和地势由于含水量不同，豆荚螟发生的轻重也不同。如壤土上发生重，黏土上发生轻；高地发生重，低地发生轻。

③栽培管理　豆荚螟的早期世代发生时，大豆尚未开花结荚，先在其他豆科植物上取食，后转入大豆田取食。所以中间寄主面积大、种植期长、距大豆田近，可使大豆田虫口密度增加。同一地区种植春、夏、秋大豆，有利于不同世代转移为害。大豆结荚期与成虫产卵期吻合、结荚期长比结荚期短的、荚毛多的比荚毛少的品种受害重。

另外，豆荚螟的天敌有多种赤眼蜂、小茧蜂、姬蜂等，幼虫和蛹也常受细菌、真菌等昆虫病原微生物的侵染。

(3)防治措施　防治豆荚螟应把其控制在蛀荚之前。

①农业防治　合理轮作，避免大豆与紫云英、苕子等豆科植物连作或邻作，采用大豆与水稻等非豆科作物轮作，有条件的地方可增加秋、冬季灌水次数，促使越冬幼虫死亡。在豆荚螟发生严重的地区，尽量选用早熟、丰产、结荚期短、豆荚毛少或无毛的抗虫品种。调整播种期，使大豆的结荚期与豆荚螟的产卵期错开。采取豆科绿肥结荚前翻耕，大豆成熟及时收获，并随割随运，都能减少越冬幼虫数量。

②生物防治　成虫产卵始盛期释放赤眼蜂可取得较好的防治效果。

③药剂防治　成虫盛发期至幼虫孵化盛期以前为药剂防治适宜时期。可选用20%氰戊菊酯、2.5%溴氰菊酯或10%氯氰菊酯乳油2 000倍液，也可选用2.5%敌百虫粉剂，或2%杀螟松粉剂30～37.5 kg/hm^{2}喷粉。

3.双斑萤叶甲

双斑萤叶甲 *Monolepta hieroglyphica* (Motschulsky)属鞘翅目叶甲科，别名双斑长跗萤叶甲，寄主范围广，有豆类、马铃薯、苜蓿、玉米、甜菜、麦类、十字花科蔬菜、向日葵等作物。在黑龙江省8月份进入为害盛期，主要以成虫取食叶片和花穗成缺刻或孔洞甚至网状，幼虫主要为害豆科植物和禾本科植物的根。

(1)形态识别　成虫体长3.6～4.8 mm，宽2～2.5 mm，长卵形，棕黄色具光泽，触角11节，丝状，端部色黑，长为体长2/3；复眼大卵圆形；前胸背板宽大于长，表面隆起，密布很多细小刻点；小盾片黑色呈三角形；鞘翅布有线状细刻点，每个鞘翅基半部具1近圆形淡色斑，四周黑色，淡色斑后外侧多不完全封闭，其后面黑色带纹向后突伸呈角状，后足胫节端部具1长刺；腹管外露。

幼虫体长5～6 mm，白色至黄白色，体表具瘤和刚毛，前胸背板颜色较深。

(2)发生规律　在黑龙江省1年发生1代，以卵在大豆田和周围杂草根系土壤中越冬，翌年4月中下旬开始孵化。6月中旬田边杂草始见成虫，8月中旬进入为害盛期，田间作物收获后又迁入到杂草和蔬菜田中。成虫有群集性和弱趋光性，在一株上自上而下地取食，日光强烈时常隐蔽在下部叶背。成虫飞翔力弱，一般只能飞2～5 m，早晚气温低于8 ℃或风雨天喜躲藏在植物根部或枯叶下，气温高于15 ℃成虫活跃，成虫羽化后经20 d开始交尾，把卵产在田间或菜园附近草丛中的表土下。卵散产或数粒粘在一起，卵耐干旱，幼虫生活在杂草丛下表土中，老熟幼虫在土中筑土室化蛹，蛹期7～10 d。干旱年份发生重，近两年来在黑龙江省大部分地区危害越来越严重。

(3)防治措施　及时铲除田边、地埂、渠边杂草，秋季深翻灭卵，均可减轻受害。

可用2.5%高效氯氟氰菊酯300～400 mL/hm² 或2.5%溴氰菊酯300～400 mL/hm² 或10%氯氰菊酯500～600 mL/hm² 喷雾防治。

四、操作方法及考核标准

(一)操作方法与步骤

1.病害症状观察

(1)大豆紫斑病的观察　观察大豆紫斑病的发病症状，注意叶片上典型的病斑为紫红色圆形小斑，病斑相互愈合时可形成块状坏死。比较与茎部、豆荚上症状的差异。

(2)大豆褐斑病的观察　观察大豆褐斑病的发病症状，病部有无轮纹，病斑是否受叶脉限制。

扩展学习10-3　大豆病虫害形态识别(三)

(3)大豆病毒病的观察　不同地区因品种的抗病性及环境条件差异，症状表现的严重程度不完全相同。观察不同程度感病植株表现出来的症状(叶片花叶、皱缩或畸形，病株矮化等)。

2.病原观察

(1)大豆紫斑病病原的观察　在病部用挑针挑取少量霉状物，制片镜检或直接观察永久玻片。观察分生孢子梗的色泽、性状、分隔及分生孢子形态特征。

(2)大豆褐斑病病原的观察　用挑针挑取病部的小黑点，制片稍挤压后镜检或直接观察永久玻片。观察该结构是散生还是聚生，性状，器壁颜色，质地等特征；分生孢子为何种性状，颜色、质地。

3.害虫形态观察

(1)大豆食心虫形态观察　观察大豆食心虫成虫，注意其前翅前缘有无大约10条黑紫色短斜纹，外缘内侧有无一个银灰色椭圆形斑，斑内有无3个紫褐色小斑，扒开豆荚看见的幼虫都是什么颜色。

(2)豆荚螟形态观察　观察豆荚螟幼虫和成虫特征，注意与大豆食心虫的区分。

(二)技能考核标准

见表10-3-1。

表 10-3-1　大豆中后期植保技术技能考核标准

考核内容		评分标准	标准分值	考核方法
职业技能（100 分）	1. 病虫识别	根据识别病虫的种类多少酌情扣分	10	1～3 项为单人考核口试评定成绩
	2. 病虫特征介绍	根据描述病虫特征准确程度酌情扣分	10	
	3. 病虫发病规律介绍	根据叙述的完整性及准确度酌情扣分	10	
	4. 病原物识别	根据识别病原物种类多少酌情扣分	10	4～7 项以组为单位考核，根据上交的标本、方案及防治效果等评定成绩
	5. 标本采集	根据采集标本种类、数量、质量多少酌情扣分	10	
	6. 制订病虫害防治方案	根据方案科学性、准确性酌情扣分	20	
	7. 实施防治	根据方法的科学性及防效酌情扣分	30	

五、练习及思考题

参考答案 10-3

1. 如何区分发生在大豆叶片上的褐斑病和紫斑病？
2. 怎样用敌敌畏熏蒸法防治大豆食心虫？
3. 简述豆荚螟的防治措施。

典型工作任务十一

马铃薯植保技术

科技阅读窗

1845 年，本来长势良好的马铃薯开始表现叶片和茎梢枯萎，继而整株枯萎、死亡。区区数周，欧洲北部和爱尔兰的马铃薯植株大量枯萎和腐烂。此次事件导致了爱尔兰 150 万人被饿死，另有 150 万人被迫移居他国；此事件也促进了植物病原理论的发展，可以说没有该事件就没有植物病理学，这就是闻名于世的马铃薯晚疫病和爱尔兰大饥荒。

思政学习 6　历史的教训——马铃薯晚疫病和爱尔兰大饥荒

项目1　马铃薯苗前准备阶段植保技术

课程学习 11-1

一、技能学习目标

使学生熟悉马铃薯苗前准备阶段的植保技术，掌握马铃薯种薯处理技术，了解马铃薯脱毒技术，能够根据田间前茬的病、虫害的发生情况，选择适宜的药剂进行拌种处理。

根据当地实际情况和田间前茬出现的杂草情况，选择适宜的除草剂进行土壤封闭处理。

二、教学资源

1. 材料与工具

马铃薯种薯、马铃薯脱毒视频材料、切刀、0.5%高锰酸钾溶液或75%酒精溶液等消毒液、不同除草剂、喷雾器等。

马铃薯环腐病、马铃薯晚疫病病薯浸渍标本。

2. 教学场所

马铃薯试验田、实验室或实训室。

3. 师资配备

每20名学生配备一位指导教师。

三、原理与知识

(一)马铃薯种薯处理

种薯的质量在很大的程度上影响着植株的长势和产量，所以播种前的种薯准备非常重要，因此，要采取适当措施以提高种薯的种用品质，促进提早出苗，以达到苗齐、苗全、苗壮；要求做到有计划的准备种薯以利于生产。

(1)种薯挑选　选定某一优良品种后，还要进行优质种薯的挑选，种薯质量好才能把品种的特点表现出来。因此，种薯出窖后第一件事就是挑选优质种薯。要选取薯块整齐、符合本品种性状、薯皮光滑细腻柔嫩、皮色新鲜的幼龄薯或壮龄薯。除去冻、烂、病、伤、萎蔫块茎和长出纤细、丛生幼芽的种薯。同时，还要汰除畸形、尖头、裂口、薯皮粗糙老化、皮色暗淡、芽眼突出的老龄薯。

(2)种薯处理　种薯出窖后马上切芽、播种，那么播种后不仅会出现出苗不齐、不全、不健壮的现象，而且出苗也较晚，有时芽块要在土里埋40 d才出苗。其原因是窖温比较低(一般为3～4 ℃)，虽然已经贮藏几个月，度过了休眠期，但仍处于被迫休眠之中，因此，要对种薯进行处理，其处理方法主要是困种、晒种和催芽。困种和晒种的主要作用，是提高种薯体温，供给足够氧气，促使解除休眠，促进发芽，统一发芽进度，进一步汰除病劣薯块，使出苗整齐一致，不缺苗，出苗壮。

1. 马铃薯切刀消毒技术

马铃薯种薯切块时，应搞好切刀消毒工作，消毒有擦、煮、烤、泡四种方法，常用药剂浸泡法。

擦：用棉球蘸75%酒精擦刀。

煮：将刀放在煮沸的开水中进行高温消毒。

烤：将刀放在火炉上烤。

泡：用消毒液浸泡，用于切刀消毒的药剂有0.5%高锰酸钾溶液、75%酒精溶液、5%来苏尔药液、5%福尔马林药液、40%甲醛溶液、0.2%氯化汞药液，任选一种即可。消毒操作时先配制2 000 mL消毒药液，倒入盆中。要准备两把刀，将切刀浸入药液中消毒。先取出一把切刀，切一个种薯后，将刀放回药液。再取出另一把切刀，切下一个种薯，切完后再将刀放入药液，两把刀如此交替使用。发现病烂薯时及时淘汰，切到病烂薯时要把刀具擦拭干净后用酒精或高锰酸钾消毒。

马铃薯种薯切块播种时，切刀切过病种薯后，便沾染上病菌，再切健康块茎，就能传染。切刀切过一个病块茎后，可连续传染20多个健康块茎。播种后，被传染的薯块发病，病原菌大量繁殖，引起茎叶发病。种薯切块过程中，许多病害如马铃薯环腐病、病毒病、晚疫病、青枯病等可通过刀具传播。最典型的病害为环腐病。

2.马铃薯环腐病

(1)为害症状　地上部染病分枯斑和萎蔫两种类型。枯斑型多在植株基部复叶的顶上先发病，叶尖和叶缘及叶脉呈绿色，叶肉为黄绿或灰绿色，具明显斑驳，且叶尖干枯或向内纵卷，病情向上扩展，致全株枯死；萎蔫型初期则从顶端复叶开始萎蔫，叶缘稍内卷，似缺水状，病情向下扩展，全株叶片开始褪绿，内卷下垂，终致植株倒伏枯死。块茎发病切开可见维管束变为乳黄色至黑褐色，皮层内现环形或弧形坏死部，故称环腐。经贮藏块茎芽眼变黑干枯或外表爆裂，播种后不出芽或出芽后枯死或形成病株。病株的根、茎部维管束常变褐，病蔓有时溢出白色菌脓。

由细菌马铃薯环腐病菌引起的环腐病是在温带地区反复发生的病害。当使用温带地区的种薯时，它偶尔也会在热带地区发生，而且可能会与青枯病(褐腐病)相混淆。

往往在中后期发生并伴有萎蔫(通常只是一个植株上的某些茎枯病)。底部的叶片变得松弛，主脉之间出现淡黄色。可能出现叶缘向上卷曲，并随即死亡。

茎和块茎横切面出现棕色维管束，一旦挤压可能会有细菌性脓液渗出，块茎维管束大部分腐烂病变成红色、黄色、黑色或红棕色。块茎感染有时可能会与青枯病混淆，除了在芽眼周围不出现脓状渗出物。

(2)病原　病原菌 *Clavibacter michiganense*(Smith)sp. *sepedonicus* 为棒形杆菌属，属于厚壁菌门。菌体短杆状，大小(0.8～1.2) μm×(0.4～0.6) μm，无鞭毛，单生或偶尔成双，不形成荚膜及芽孢，好氧性。在培养基上菌落白色，薄而透明，有光泽，人工培养条件下生长缓慢，革兰氏染色阳性。

(3)传播途径　环腐病是一种主要靠种薯传播的病害，它存活在一些自生马铃薯植株中。细菌不能在土壤中存活，但可能被携带在工具、机械、包装箱或袋上。

(4)发病条件　最适pH 6.8～8.4。传播途径主要是在切薯块时，病菌通过切刀带菌传染。

适合环腐棒杆菌生长温度20～23 ℃，最高31～33 ℃，最低1～2 ℃。致死温度为干燥情况下50 ℃。环腐棒杆菌在种薯中越冬，成为翌年初侵染源。病薯播下后，一部分芽眼腐烂不发芽，一部分是出土的病芽，病菌沿维管束上升至茎中部或沿茎进入新结薯块而致病。

(5)防治方法

①建立无病留种田，尽可能采用整薯播种。有条件的最好与选育新品种结合起来，利用杂交实生苗，繁育无病种薯。

②种植抗病品种经鉴定表现抗病的品系有：东农303、郑薯4号、宁紫7号、庐山白皮、乌盟601、克新1号、丰定22、铁筒1号、阿奎拉、长薯4号、高原3号、同薯8号等。

③播前汰除病薯。把种薯先放在室内堆放五六天，进行晾种，不断剔除烂薯，使田间环腐病大为减少。此外用50 mg/kg硫酸铜浸泡种薯10 min有较好效果。

④结合中耕培土，及时拔除病株，带出田外集中处理。

⑤在播种干净的薯块之前，要消除田间前茬留下的薯块，严格执行无菌操作，并将容器、设备、工具消毒，使用新的包装袋。

3.药剂拌种

种薯切块后，针对不同防治目标可选以下药剂配成母液、稀释，均匀地喷洒在薯块上，摊开阴干。防治立枯丝菌核引起的黑痣、茎溃疡等病。

马铃薯细菌性病害，如环腐病、青枯病、黑胫病、软腐病发病重的可选用的配方(每100 kg薯块)如下。

配方1:64%恶霜灵锰锌可湿性粉剂100 g+农用链霉素3 g。

配方2:58%甲霜灵锰锌可湿性粉剂50 g+50%多菌灵可湿性粉剂100 g+农用链霉素3 g+滑石粉5 kg。

配方3:70%克露可湿性粉剂20 g+农用链霉素3 g。

(二)封闭除草

1.常用除草剂种类

马铃薯除草主要以苗前土壤处理为主，可使用的除草剂有异噁草松、精-异丙甲草胺、乙草胺、嗪草酮等，其中精异丙甲草胺、乙草胺和嗪草酮或异噁草松和嗪草酮混用，杀草谱宽，对马铃薯安全，无后作问题。

2.封闭除草方法

(1)播前

48%氟乐灵1 000～1 500 mL+70%嗪草酮600～800 g/hm^2。

(2)播后苗前

配方1:乙草胺混嗪草酮:每公顷用90%乙草胺1.7～1.95 L混70%嗪草酮0.45～0.6 kg;

配方2:异丙甲草胺混嗪草酮:每公顷用960 g/L异丙甲草胺1.35～1.65 L混70%嗪草酮0.45～0.6 kg;

配方3:乙草胺混异噁草松:每公顷用90%乙草胺1.7～1.95 L混48%异噁草松0.8～1.0 L;

配方4:异丙甲草胺混异噁草松:每公顷用960 g/L异丙甲草胺1.35～1.65 L混48%异噁草松0.8～1.0 L。

(3)播前或播后苗前

配方1:96%精异丙甲草胺800～1 000 mL+90%乙草胺800～1 000 mL+70%嗪草酮

600～800 g/hm^2；

配方 2:96%精异丙甲草胺 800～1 000 mL＋70%嗪草酮 600～800 g/hm^2；

配方 3:72%异丙草胺 1500～3 000 mL＋70%嗪草酮 600～800 g/hm^2；

配方 4:48%异噁草松 600～800 mL＋70%嗪草酮 600～800 g/hm^2；

配方 5:70%嗪草酮 600～800 g/hm^2＋90%乙草胺 1500～2 000 m/hm^2。

喷施除草剂作业时间是上午 7:30～10:00，下午 14:30～16:00，应避免在中午气温较高时作业，影响除草效果。此外，在配药时应按要求加入相应的药量和水量，作业时使用雾化好的喷头，保证封闭除草效果。

四、操作方法

1. 马铃薯种薯处理

(1)马铃薯环腐病病薯的观察　观察病薯横切面维管束是否变色？挤压时有无细菌性脓液渗出？

扩展学习 11-1　马铃薯环腐病

(2)马铃薯拌种　种薯切块后，针对不同防治目标选择药剂配成母液、稀释，均匀地喷洒在薯块上，摊开阴干。

2. 封闭除草

根据往年田间情况选择适宜的除草剂，准确计算农药剂量和兑水量，使用二次稀释法配药。

五、练习及思考题

马铃薯脱毒技术实施时应注意哪些事项？

参考答案 11-1

项目 2　马铃薯生长期植保技术

一、技能学习目标

课程学习 11-2

通过对马铃薯生长期主要病害的症状识别、病原物形态观察和对主要害虫的为害特点、形态特征识别及田间调查和参与病虫害防治，掌握常见病虫害的识别要点，熟悉病原物形态特征，能识别马铃薯生长期主要病虫害，能进行发生情况调查、能分析发生原因，能制订防治方案并实施防治。

二、教学资源

1. 材料与工具

马铃薯晚疫病、癌肿病、粉痂病、早疫病、枯萎病、白绢病、炭疽病、青枯病、黑胫病和疮痂病等病害标本以及马铃薯二十八星瓢虫、马铃薯块茎蛾和蚜虫等害虫的浸渍标本、生活史标本及部分害虫的玻片标本。显微镜、体视显微镜、放大镜、镊子、挑针、刀片、滴瓶、蒸馏水、培养皿、载玻片、盖玻片、解剖刀、酒精瓶、指形管、采集袋、挂图、多媒体课件(包括幻灯片、录像带、光盘等影像资料)、记载用具等。

2. 教学场所

教学实训马铃薯田、实验室或实训室。

3. 师资配备

每 20 名学生配备一位指导教师。

三、原理与知识

(一)病害防治技术

真菌性病害常见的有马铃薯晚疫病、马铃薯癌肿病、马铃薯粉茄病、马铃薯早疫病、马铃薯枯萎病、马铃薯白绢病、马铃薯炭疽病等;细菌性病害常见的马铃薯青枯病、马铃薯黑胫病、马铃薯环腐病、马铃薯疮痂病等;病毒性病害有马铃薯病毒病。

1. 马铃薯晚疫病

晚疫病是在我国各地普遍存在的一种危害严重的病害。不抗病的品种在病害流行时能受到毁灭性的灾害,抗病性差的品种田间产量损失一般为 20%～50%,而且病菌侵入块茎后还会在贮藏期间发病,轻者损失 5%～10%,重者 30%,甚至造成烂窖(图 11-2-1)。

(1)为害症状　在田间识别晚疫病,主要看叶片。一般在叶尖或边缘出现淡褐色病斑,病斑的外围有晕圈,湿度一大病斑就向外扩展。叶片如同开水烫过一样,为黑色,发软,叶背有白霉。严重的全叶变为黑绿色,空气干燥就枯萎;空气湿润,叶片便腐烂。发病严重的叶片萎垂、卷缩,终致全株黑腐,全田一片枯焦,散发出腐败气味。叶柄和茎上也会出现黑褐色病斑和白霉。块茎感病后,表皮出现褐色病斑,起初不变形,后期随侵染加深,病斑向下凹陷并发硬。

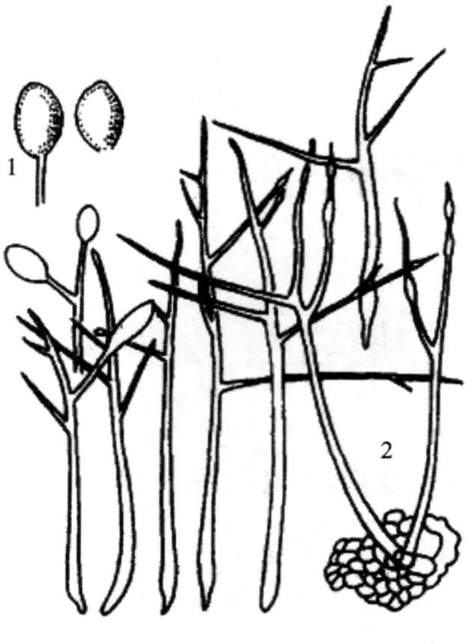

图 11-2-1　马铃薯晚疫病病原菌

1. 孢子囊　2. 孢囊梗

(2)病原特征　马铃薯晚疫病由致病疫霉 *Phytophthora infestans* (Mont.) de Bary 引起,孢囊梗分枝,每隔一段着生孢子囊处具膨大的节。孢子囊柠檬形,大小(2～38) μm×(12～23) μm,一端具乳突,另一端有小柄,易脱落,在水中释放出 5～9 个肾形游动孢子。游动孢子具鞭毛 2 根,失去鞭毛后变成休止孢子,萌发出芽管,又生穿透钉侵入到寄主体内。菌丝生长适温 20～23 ℃,孢子囊形成适温 19～22 ℃,10～13 ℃形成游动孢子,温度高于 24 ℃,孢子囊多直接萌发,孢子囊形成要求相对湿度高。

(3)传播途径　病菌主要以菌丝体在薯块中越冬。播种带菌薯块,导致不发芽或发芽后出土即死去，有的出土后成为中心病株，病部产生孢子囊借气流传播进行再侵染，形成发病中心，致该病由点到面，迅速蔓延扩大。病叶上的孢子囊还可随雨水或灌溉水渗入土中侵染薯块，形成病薯，成为翌年主要侵染源。

(4)发病条件　病菌喜日暖夜凉高湿条件，相对湿度95%以上、18～22 ℃条件下，有利于孢子囊的形成，冷凉(10～13 ℃，保持1～2 h)且有水滴存在，有利于孢子囊萌发产生游动孢子，温暖(24～25 ℃，持续5～8 h)且有水滴存在，利于孢子囊直接产出芽管。因此，多雨年份，空气潮湿或温暖多雾条件下发病重。种植感病品种，植株又处于开花阶段，只要出现白天22 ℃左右，相对湿度高于95%持续8 h以上，夜间10～13 ℃，叶上有水滴持续11～14 h的高湿条件，本病即可发生，发病后10～14 d病害蔓延全田或引起大流行。

(5)防治措施

①选用抗病品种　选抗病品种方法是最经济、最有效、最简便的方法。如克新号品种、高原号品种等，但此类抗晚疫病品种多为中、晚熟品种，早熟品种中仍缺少抗晚疫病的品种。

目前推广的抗病品种有：鄂马铃薯1号、2号，坝薯10号，冀张薯3号，中心24号，I-1085，矮88-1-99，陇薯161-2，郑薯4号，抗疫1号，胜利1号，四斤黄，德友1号，同薯8号，克新4号，新芋4号，乌盟601，文胜2号，青海3号等。这些品种在晚疫病流行年，受害较轻，各地可因地制宜选用。

②选用无病种薯，减少初侵染源　做到秋收入窖、冬藏查窖、出窖、切块、春化等过程中，每次都要严格剔除病薯，有条件的要建立无病留种地，进行无病留种。

③适时早播　晚疫病病原菌在阴雨连绵季节发展很快，因此，采取适时早播可提早出苗，提早成熟，具有避开晚疫病的作用。各地可根据当地气候条件确定适宜播期。

④加厚培土层　晚疫病可直接造成块茎在田间和贮藏期间的腐烂。加厚培土可以保护块茎免受从植株落到地面病菌的浸染，同时还可增加结薯层次，提高产量。

⑤提早割蔓　在晚疫病流行年，马铃薯植株和地面都存在大量病菌孢子囊，收获时浸染块茎。应在收获前1周左右割秧，运出田外，让地面暴晒3～5 d，再进行收获。既可减轻病菌对块茎的浸染，又使块茎表皮木栓化，不易破皮。

⑥农业防治

轮作换茬：防止连作，防止与茄科作物连作，或临近种植。应与十字花科蔬菜实行3年以上轮作，避免和马铃薯相邻种植。

培育无病壮苗：病菌主要在土壤或病残体中越冬，因此，育苗土必须严格选用没有种植过茄科作物的土壤，提倡用营养钵、营养袋、穴盘等培育无病壮苗。

加强田间管理：施足基肥，实行配方施肥，避免偏施氮肥，增施磷、钾肥。定植后要及时防除杂草，根据不同品种结果习性，合理整枝、摘心、打杈，减少养分消耗，促进主茎的生长。

合理密植：根据不同品种生育期长短、结果习性，采用不同的密植方式，如双秆整枝的每亩栽2 000株左右，单秆整枝的每亩栽2 500～3 500株，合理密植，可改善田间通风透光条件，降低田间湿度，减轻病害的发生。

⑦药剂防治

预防用药：在预期发病时，采用38%恶霜菌酯1 000倍液喷施或4%嘧啶核苷类抗生素+金贝40 mL兑水15 kg，每7～10 d 1次。

治疗用药：发病初期，及时摘除病叶、病果及严重病枝，然后根据作物该时期并发病害情况，喷洒72%克露或克霜氰或霜霸可湿性粉剂700倍液或69%安克锰锌可湿性粉剂900～1 000倍液、90%三乙磷铝可湿性粉剂400倍液、38%恶霜菌酯或64%恶霜灵锰锌可湿性粉剂500倍液、60%琥·乙磷铝可湿性粉剂500倍液、50%甲霜铜可湿性粉剂700～800倍液、4%嘧啶核苷类抗生素水剂800倍液、1∶1∶200倍式波尔多液，隔7～10 d施1次，连续防治2～3次。

发病较重时，清除中心病株、病叶等，及时采用药物防治，如霜贝尔50 mL+氰·霜唑25 g或霜霉威·盐酸盐20 g，每3 d用药1次，连用2～3次，即可有效治疗。

2. 早疫病

早疫病是马铃薯最普通、最常见的病害之一。该病很少为害年轻、生长旺盛的植株，而是经常在植株成熟时流行。

(1)为害症状　马铃薯早疫病是最主要的叶片病害之一。主要发生在叶片上，也可侵染块茎。叶片染病病斑黑褐色，圆形或近圆形，具同心轮纹，大小3～4 mm。湿度大时，病斑上生出黑色霉层，即病原菌分生孢子梗和分生孢子。病斑通常在花期前后首先从底部叶片形成，到植株成熟时病斑明显增加并会引起枯黄、落叶或早死。腐烂的块茎颜色黑暗，干燥似皮革状。发病严重的叶片干枯脱落，田间一片枯黄。块茎染病产生暗褐色稍凹陷圆形或近圆形病斑，边缘分明，皮下呈浅褐色海绵状干腐。该病近年呈上升趋势，其危害在有的地区不亚于晚疫病。

易感品种(通常是早熟品种)可能表现出严重的落叶，晚熟品种抗性较强。植株在容易徒长的不利条件下，例如不良环境，温暖、潮湿气候，其他病害或者养分不足时易感早疫病并出现早死。

(2)病原特征　茄链格孢 *Alternaria solani* Sorauer，属半知菌亚门真菌。菌丝丝状，有隔膜。分生孢子梗自气孔伸出，束生，每束1～5根，梗圆筒形或短杆状，暗褐色，具隔膜1～4个，大小(30.6～104) μm×(4.3～9.19) μm，直或较直，梗顶端着生分生孢子。分生孢子长卵形或倒棒形，淡黄色，大小(85.6～146.5) μm×(11.7～22) μm，纵隔1～9个，横隔7～13个，顶端长有较长的喙，无色，多数具1～3个横隔，大小(6.3～74) μm×(3～7.4) μm。

(3)传播途径　以分生孢子或菌丝在病残体或带病薯块上越冬，翌年种薯发芽病菌即开始侵染。病苗出土后，其上产生的分生孢子借风、雨传播，进行多次再侵染使病害蔓延扩大。病菌易侵染老叶片，遇有小到中雨或连续阴雨或湿度高于70%，该病易发生和流行。

(4)发病条件　分生孢子萌发适温26～28 ℃，当叶上有结露或水滴，温度适宜，分生孢子经35～45 min即萌发，从叶面气孔或穿透表皮侵入，潜育期2～3 d。瘠薄地块及肥力不足田发病重。

(5)防治方法

①农业防治

培育壮苗：要调节好苗床的温度和湿度，在苗子长到两叶一心时进行分苗，谨防苗子徒长。苗期喷施奥力克-霜贝尔500倍液，可防止苗期患病。

轮作倒茬：番茄应实行与非茄科作物三年轮作制。

加强田间管理：要实行高垄栽培，合理施肥，定植缓苗后要及时封垄，促进新根发生。温室内要控制好温度和湿度,加强通风透光管理。结果期要定期摘除下部病叶,深埋或烧毁,以减少传病的机会。

②药剂防治

预防用药:在预期发病时,采用奥力克-霜贝尔 500 倍液喷施或采用霜贝尔 30 mL+金贝 40 mL 兑水 15 kg,每 7~10 d 1 次。

治疗用药:发病初期,及时摘除病叶、病果及严重病枝,然后根据作物该时期并发病害情况,采用霜贝尔 50 mL+金贝 40 mL 或霜贝尔 50 mL+霉止 30 mL 或霜贝尔 50 mL+青枯立克 30 mL,兑水 15 kg, 5~7 d 用药 1 次,连用 2~3 次。

发病较重时,清除中心病株、病叶等,及时采用中西医结合的防治方法,如霜贝尔 50 mL+氰·霜唑25 g 或霜霉威·盐酸盐20 g,每 3 d 用药 1 次,连用 2~3 次,即可有效治疗。

3. 马铃薯炭疽病

(1)为害症状　马铃薯染病后早期叶色变淡,顶端叶片稍反卷,后全株萎蔫变褐枯死。地下根部染病从地面至薯块的皮层组织腐朽,易剥落,侧根局部变褐,须很坏死,病株易拔出。茎部染病生许多灰色小粒点,茎基部空腔内长很多黑色粒状菌核。

(2)病原　病原球炭疽菌 *Colletotrichum coccodes* (Wallr.) Hughes,属半知菌亚门真菌。马铃薯块茎上形成银色至褐色的病斑,边缘界限不明显,上面常有球形或不规则的黑色菌核,菌核直径 100 μm 至 0.5 mm。分生孢子盘黑褐色,圆形或长形,直径 200~350 μm。刚毛聚生在分生孢子盘中央或散生于孢子盘中,刚毛黑褐色,顶端较尖,分生孢子梗圆筒形,偶有隔膜,无色至淡褐色,直,大小(16~27) μm×(3~5) μm。分生孢子圆柱形,单胞无色,直,有时稍弯,内含物颗粒状,大小(7~22) μm×(3.5~5) μm。在培养基上生长适温 25~32 ℃,最高 34 ℃,最低 6~7 ℃。

(3)传播途径　主要以菌丝体在种子里或病残体上越冬,翌春产生分生孢子,借雨水飞溅传播蔓延。孢子萌发产出芽管,经伤口或直接侵入。生长后期,病斑上产生的粉红色黏稠物内含大量分生孢子,通过雨水溅射传到健薯上,进行再侵染。

(4)发病条件　高温、高湿发病重。

(5)防治措施

①及时清除病残体。

②避免高温高湿条件出现。

③发病初期开始喷洒 25%嘧菌酯悬浮剂 1 500 倍液、50%翠贝干悬浮剂 3 000 倍液、60%百泰可分散粒剂 1 500 倍液、70%甲基托布津可湿性为粉剂 800 倍液、50%多菌灵可湿性粉剂 800 倍液、80%炭疽福美可湿性粉剂 800 倍液等。上述药剂与天达 2116 混配交替使用,效果更佳。

4. 青枯病

青枯病,有时也称作褐腐病,是温暖地区马铃薯最严重的细菌性病害,由青枯假单胞菌引起,一般对产量有较大的影响,还能引起较大的贮藏损失。

(1)为害症状　初期萎蔫表现在植株的一部分,首先影响叶片的一边或一个分枝,轻微变黄并伴随萎蔫症状。晚期症状是严重萎蔫、变褐和叶片干枯,然后枯死。如果对典型的感病植株做一个横切面，可以看见维管束变黑，并有灰白色的黏液渗出，而症状轻微的植株不会出现这种情况。此时，将茎横切面放入静止、清亮、装有水的玻璃杯中，会有乳白色液体出现。

(2)形态特征　病原菌为青枯假单胞菌 *Pseudomonas solanacearum* (Smith) Smith，菌体短杆状，单细胞，两端圆，单生或双生，极生1～3根鞭毛。在肉汁胨蔗糖琼脂培养基上，菌落圆形或不整形，污白色或暗色到黑褐色，稍隆起，平滑具亮光，革兰氏染色阴性。TTC培养基，青枯病在此培养基上有流动性，颜色呈红或粉红的菌落出现。

(3)传播途径　病菌随病残组织在土壤中越冬，侵入薯块的病菌在窖里越冬，无寄主可在土中腐生14个月至6年。病菌通过灌溉水或雨水传播，从茎基部或根部伤口侵入，也可透过导管进入相邻的薄壁细胞，致茎部出现不规则水浸状斑。青枯病是典型维管束病害，病菌侵入维管束后迅速繁殖并堵塞导管，妨碍水分运输导致萎蔫。

(4)发病条件　青枯假单胞菌在10～40 ℃均可发育，最适为30～37 ℃，适应pH 6～8，最适pH 6.6，一般酸性土发病重。田间土壤含水量高、连阴雨或大雨后转晴气温急剧升高发病重。

(5)防治方法

①实行与十字花科或禾本科作物4年以上轮作，最好与禾本科进行水旱轮作。

②选用抗青枯病品种。

③选择无病地育苗，采用高畦栽培，避免大水漫灌。

④清除病株后，撒生石灰消毒。

⑤加强栽培管理，采用配方施肥技术，喷施植宝素7 500倍液或爱多收6 000倍液，施用充分腐熟的有机肥或草木灰、五四〇六3号菌500倍液，可改变微生物群落。还可每667 m^2施石灰100～150 kg，调节土壤pH。

⑥药剂防治用南京农业大学试验的青枯病拮抗菌MA-7、NOE-104，大苗浸根；也可在发病初期用硫酸链霉素或72%农用硫酸链霉素可溶性粉剂4 000倍液或农抗“401”500倍液、25%络氨铜水剂500倍液、77%可杀得可湿性微粒粉剂400～500倍液、50%百菌通可湿性粉剂400倍液、12%绿乳铜乳油600倍液、47%加瑞农可湿性粉剂700倍液灌根，每株灌兑好的药液0.3～0.5 L，隔10 d施1次，连续灌2～3次。

5. 黑胫病

(1)为害症状　黑胫病主要侵染茎或薯块，从苗期到生育后期均可发病。种薯染病腐烂成黏团状，不发芽，或刚发芽即烂在土中，不能出苗。幼苗染病一般株高15～18 cm出现症状，植株矮小，节间短缩，或叶片上卷，褪绿黄化，或胫部变黑，萎蔫而死。横切茎可见三条主要维管束变为褐色。薯块染病始于脐部，呈放射状向髓部扩展，病部黑褐色，横切可见维管束亦呈黑褐色，用手压挤皮肉不分离，湿度大时，薯块变为黑褐色，腐烂发臭，别于青枯病。

(2)病原　病原为胡萝卜软腐欧文氏菌马铃薯黑胫亚种 *Erwinia carotovora* subsp. *atroseptica* (Van Hall)菌体短杆状，单细胞，极少双连，周生鞭毛，具荚膜，大小(1.3～1.9) μm×(0.53～0.6) μm，革兰氏染色阴性，能发酵葡萄糖产出气体，菌落微凸乳白色，边缘齐整圆形，半透明反光，质黏稠。胡萝卜软腐欧文氏菌马铃薯黑胫亚种适宜温度10～

38 ℃，最适为 25～27 ℃，高于 45 ℃即失去活力。

(3)传播途径　种薯带菌，土壤一般不带菌。病菌先通过切薯块扩大传染，引起更多种薯发病，再经维管束或髓部进入植株，引起地上部发病。田间病菌还可通过灌溉水、雨水或昆虫传播，经伤口侵入致病，后期病株上的病菌又从地上茎通过匍匐茎传到新长出的块茎上。贮藏期病菌通过病健薯接触经伤口或皮孔侵入使健薯染病。

(4)发病条件　当湿度过大时，黑胫病可以在任何发育阶段发生。黑色黏性病斑通常是从发软、腐烂的母薯开始并沿茎秆向上扩展。新的薯块有时在顶部末端腐烂。幼小植株通常矮化或直立。可能出现叶片变黄或小叶向上卷曲，通常紧接着枯萎或死亡。

窖内通风不好或湿度大、温度高，利于病情扩展。带菌率高或多雨、低洼地块发病重。

(5)防治方法　选用抗病品种如抗疫 1 号、胜利 1 号、反帝 2 号、渭会 2 号、渭会 4 号和渭薯 2 号等。选用无病种薯，建立无病留种田。切块用草木灰拌种后立即播种。适时早播，促使早出苗。发现病株及时挖除，特别是留种田更要细心挖除，减少菌源。种薯入窖前要严格挑选，入窖后加强管理，窖温控制在 1～4 ℃，防止窖温过高，湿度过大。避免将马铃薯种植在潮湿的土壤中，不要过度灌溉。成熟后尽量小心地收获块茎，避免在阳光下暴晒。块茎在贮藏或运输前必须风干。

6. 疮痂病

(1)为害症状　危害马铃薯块茎，块茎表面先产生褐色小点，扩大后形成近圆形至不定型木栓化疮痂状淡褐色病斑或斑块，因产生大量木栓化细胞致表面粗糙，手摸质感粗糙。后期中央稍凹陷或凸起呈疮痂状硬斑块。通常病斑虽然仅限于皮层，不深入薯内，别于粉痂病。但被害薯块质量和产量仍可降低，不耐贮藏，且病薯外观不雅，商品品级大为下降，招致一定的经济损失。

(2)病原　病原为疮痂链霉菌 *Sterptomyces scabies*，厚壁菌门链丝菌属放线菌。菌体丝状，有分枝，极细，尖端常呈螺旋状，连续分割生成大量孢子。孢子圆筒形，大小(1.2～1.5) μm×(0.8～1.0) μm。

(3)传播途径　病菌在土壤中腐生或在病薯上越冬。块茎生长的早期表皮木栓化之前，病菌从皮孔或伤口侵入后染病，当块茎表面木栓化后，侵入则较困难。病薯长出的植株极易发病，健薯播入带菌土壤中也能发病。

(4)发病条件　适合该病发生的温度为 25～30 ℃，中性或微碱性砂壤土发病重，pH 5.2 以下很少发病。品种间抗病性有差异，白色薄皮品种易感病，褐色厚皮品种较抗病。

(5)防治方法

①选用无病种薯，一定不要从病区调种。播前用 40%福尔马林 120 倍液浸种 4 min。

②多施有机肥或绿肥，可抑制发病。

③与葫芦科、豆科、百合科蔬菜进行 5 年以上轮作。

④选择保水好的菜地种植，结薯期遇干旱应及时浇水。

(二)害虫防治技术

在马铃薯的种植中，害虫是造成马铃薯经济损失主要因素之一，害虫有 60 多种，常见的害虫有马铃薯瓢虫、蚜虫、马铃薯块茎蛾。

1. 马铃薯二十八星瓢虫

(1)形态特征(图 11-2-2)

①成虫:马铃薯二十八星瓢虫 *Henosepilachna vigintioctomaculata* (Motschulsky)。成虫体长 7～8 mm,半球形,赤褐色,全体密生黄褐色细毛。前胸背板中央有1个较大的剑状纹,两侧各有两个黑色小斑(有时合并成1个)。两鞘翅各有 14 个黑色斑,鞘翅基部 3 个黑斑后面的 4 个斑不在一条直线上;两鞘翅合缝处有 1～2 对黑斑相连。

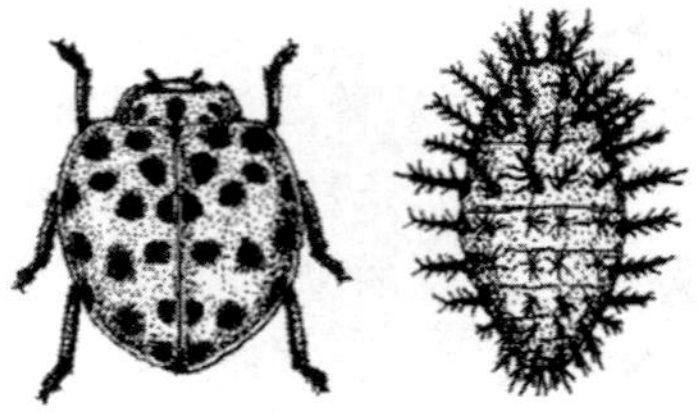

图 11-2-2 马铃薯二十八星瓢虫

1. 成虫 2. 幼虫

②幼虫:老熟幼虫淡黄色,纺锤形,背面隆起,体背各节生有整齐的枝刺,前胸及腹部 8～9 节各有枝刺 4 根,其余各节为 6 根。

③蛹:淡黄色,椭圆形,尾端包着末龄幼虫的蜕皮,背面有淡黑色斑纹。

④卵:初产淡黄色后变黄褐色。

(2)生活习性 马铃薯瓢虫在东北、华北、山东等地每年发生 2 代,江苏发生 3 代。均以成虫在发生地附近的背风向阳的各种缝隙或隐蔽处群集越冬,树缝、树洞、石洞、篱笆下也都是良好的越冬场所。越冬成虫一般在日平均气温达 16 ℃以上时即开始活动,20 ℃则进入活动盛期,初活动成虫,一般不飞翔,只在附近杂草上取食,到 5～6 d 才开始飞翔到周围马铃薯田间。成虫产卵于叶背,有假死性,受惊扰时常假死坠地,并分泌有特殊臭味的黄色液体,幼虫共 4 龄,老熟的幼虫在原株的叶背、茎或附近杂草上化蛹。

越冬代成虫 6 月中旬为产卵盛期,6 月上旬至 7 月上旬第 1 代幼虫危害严重。

影响马铃薯瓢虫发生的最重要因素是夏季高温,28 ℃以上卵即使孵化也不能发育至成虫,所马铃薯瓢虫实际是北方的种群,过热的南方没有分布。

马铃薯瓢虫对马铃薯有较强的依赖性,其成虫不取食马铃薯,便不能正常的发育和繁殖,幼虫也如此。

(3)为害特点 马铃薯瓢虫主要为害茄科植物,是马铃薯和茄子的重要害虫。成虫、幼虫取食叶片、果实和嫩茎。取食后叶片残留表皮,且成许多平行的牙痕。被害叶片仅留叶脉和上表皮,形成许多不规则透明的凹纹,逐渐变硬,严重时全田如枯焦状,植株干枯而死。

(4)防治方法

①农业防治 及时清除田园的杂草和残株,降低越冬虫源基数。

②人工防治 根据成虫的假死性,可以拍打植株,捕捉成虫;人工摘除叶背上的卵块和植株上的蛹,并集中杀灭。

③药剂防治 药剂防治应掌握在马铃薯瓢虫幼虫分散之前用药,效果最好。

采用 80%敌敌畏乳油或 90%晶体敌百虫或 50%马拉硫磷 1 000 倍液;50%辛硫磷乳油 1 500～2 000 倍液;2.5%溴氰菊酯乳油或 20%氰戊菊酯或 40%菊杂乳油或菊马乳油 3 000 倍液;21%灭杀毙乳油 6 000 倍液喷雾。

2. 马铃薯块茎蛾

马铃薯块茎蛾 *Phthorimaea operculella* (Zeller)，又称马铃薯麦蛾、烟潜叶蛾等；属鳞翅目麦蛾科。在国内分布于 14 个省份，以云、贵、川等地受害较重。主要为害茄科植物，其中以马铃薯、烟草、茄子等受害最重，其次辣椒、番茄。幼虫潜叶蛀食叶肉，严重时嫩茎和叶芽常被害枯死，幼株甚至死亡。在田间和贮藏期间幼虫蛀食马铃薯块茎，蛀成弯曲的隧道，严重时吃空整个薯块，外表皱缩并引起腐烂，是国际和国内检疫对象(图 11-2-3)。

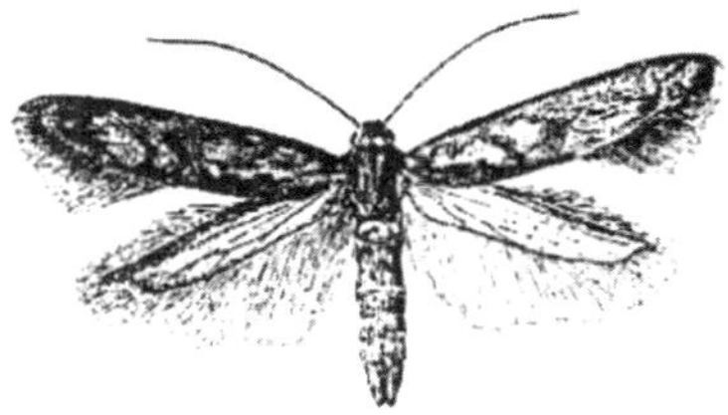

图 11-2-3 马铃薯块茎蛾

(1)形态特征 成蛾 8～10 mm，翅展 14～16 mm，雌成虫体长 5.0～6.2 mm，雄体长 5.0～5.6 mm。灰褐色，稍带银灰光泽。触角丝状。下唇须 3 节，向上弯曲超过头顶，第一节短小，第二节下方被覆疏松、较宽的鳞片，第三节长度接近第二节，但尖细。前翅狭长，鳞片黄褐色。雌虫翅臀区鳞片黑色如斑纹。雄虫翅臀区无此黑斑，有 4 个黑褐色鳞片组成的斑点；后翅前缘基部具有一束长毛，翅缰一根。雌虫翅缰 3 根。雄虫腹部外表可见 8 节，第七节前缘两侧背方各生一丛黄白色的长毛，毛从尖端向内弯曲。卵椭圆形，微透明，长 0.5 mm，初产时乳白色，孵化前变黑褐色。空腹幼虫体乳黄色，为害叶片后呈绿色。末龄幼虫体长 11～13 mm，头部棕褐色，每侧各有单眼 6 个，胸节微红，前胸背板及胸足黑褐色，臀板淡黄。腹足趾钩双序环形，臀足趾钩双序弧形。蛹棕色，长 6～7 mm，宽 1.2～2.0 mm，臀棘短小而尖，向上弯曲，周围有刚毛 8 根，生殖孔为一细纵缝，雌虫位于第八腹节，雄虫位于第八腹节，雄虫位于第九腹节。蛹茧灰白色，长约 10 mm。

(2)生活习性 一年发生 9～11 代。只要有适当食料和温湿条件，冬季仍能正常发育，主要以幼虫在田间残留薯块、残株落叶、挂晒过烟叶的墙壁缝隙及室内贮藏薯块中越冬。1 月份平均气温高于 0 ℃地区，幼虫即能越冬。越冬代成虫于 3—4 月份出现。成虫白天不活动，潜伏于植株叶下，地面或杂草丛内，晚间出来活动，有弱趋光性，雄蛾比雌蛾趋光性强些。成虫飞翔力不强。多在田间烟草残株上产卵，如无烟草亦可产在马铃薯块茎芽眼、破皮裂缝及泥土等粗糙不平处。每雌产卵 150～200 粒，多者达 1 000 多粒。卵期一般 7～10 d，第一代全期 50 d 左右。

分布于我国西部及南方，以西南地区发生最重。在西南各省年发生 6～9 代，以幼虫或蛹在枯叶或贮藏的块茎内越冬。田间马铃薯以 5 月份及 11 月份受害较严重，室内贮存块茎在 7—9 月份受害严重。成虫夜出，有趋光性。卵产于叶脉处和茎基部，薯块上卵多产在芽眼、破皮、裂缝等处。幼虫孵化后四处爬散，吐丝下垂，随风飘落在邻近植株叶片上潜入叶内为害，在块茎上则从芽眼蛀入。卵期 4～20 d；幼虫期 7～11 d；蛹期 6～20 d。

在中国主要发生在山地和丘陵地区。海拔 2 000 m 以上仍有发生，随海拔高度降低危害程度相应减轻，沿海地区未发生。为害田间的烟草、马铃薯及茄科植物，也为害仓储的马铃薯。

(3)为害特点 最嗜寄主为烟草，其次为马铃薯和茄子，也为害番茄、辣椒、曼陀罗、枸杞、龙葵、酸浆等茄科植物。是最重要的马铃薯仓储害虫，广泛分布在温暖、干旱的马铃薯地区。此虫能严重危害田间和仓储的马铃薯。在田间为害茎、叶片、嫩尖和叶芽，被害嫩尖、叶芽往往枯死，幼苗受害严重时会枯死。幼虫可潜食于叶片之内蛀食叶肉，仅留上下表皮，呈半透明状。其可使产量减少 20%～30%。在马铃薯贮存期为害薯块更为严重，在 4 个月左右的马铃薯储藏期中为害率可达 100%，以幼虫蛀食马铃薯块茎和芽。

(4)防治方法

①认真执行检疫制度，不从有虫区调进马铃薯。

②通过采用适当的农业措施，特别是避免马铃薯和烟草相邻种植，可减免为害。

③生物防治：有研究证明，利用斯氏线虫(Steinernema 科)防治马铃薯块茎蛾有良好效果，每块茎蛾幼虫上的致病体 120 个以上时，3 d 内可使该幼虫死亡率达 97.8%，从每蛾幼虫产生的有侵染力线虫的幼虫数最高达 1.3 万～1.7 万个。

四、操作方法及考核标准

(一)操作方法与步骤

1. 病害症状观察

(1)马铃薯早疫病和晚疫病的观察　比较马铃薯两种疫病的症状差别，注意观察叶片上病斑的形状、颜色和轮纹情况。

(2)马铃薯枯萎病和青枯病的观察　观察马铃薯枯萎病和青枯病的发病症状，比较它们之间的症状差别，注意分析枯萎病和青枯病发生时期与气候因素和栽培水平的关系。

扩展学习 11-2　马铃薯病虫害形态识别

(3)马铃薯白绢病和炭疽病的观察　观察马铃薯白绢病和炭疽病的发病症状，比较它们之间的症状差别。

(4)马铃薯粉痂病和疮痂病的观察　观察马铃薯粉痂病和疮痂病的发病症状，比较它们之间的症状差别。

2. 病原观察

(1)取马铃薯晚疫病、早疫病、白绢病、炭疽病的叶片封套标本或者新鲜病叶，挑取叶片背面霉层，镜检，观察病原物的特征。

(2)取马铃薯青枯病新鲜病株，切断发病组织，挑取菌脓，做成涂片，并进行革兰氏染色，油镜镜检，观察病原细菌的特征。

3. 害虫形态观察

(1)取马铃薯二十八星瓢虫成虫和幼虫标本或者生活史标本，观察成虫和幼虫的形态，注意成虫鞘翅上斑点的数量和位置组合方式。

(2)取马铃薯块茎蛾成虫和幼虫标本或者生活史标本，观察成虫和幼虫的形态，注意成虫雌雄之间翅面斑纹的区别。

(二)技能考核标准

见表 11-2-1。

表 11-2-1　马铃薯生长期植保技术技能考核标准

考核内容		评分标准	标准分值	考核方法
职业技能（100 分）	1. 病虫识别	根据识别病虫的种类多少酌情扣分	10	1～3 项为单人考核口试评定成绩
	2. 病虫特征介绍	根据描述病虫特征准确程度酌情扣分	10	
	3. 病虫发病规律介绍	根据叙述的完整性及准确度酌情扣分	10	
	4. 病原物识别	根据识别病原物种类多少酌情扣分	10	4～7 项以组为单位考核，根据上交的标本、方案及防治效果等评定成绩
	5. 标本采集	根据采集标本种类、数量、质量多少酌情扣分	10	
	6. 制订病虫害防治方案	根据方案科学性、准确性酌情扣分	20	
	7. 实施防治	根据方法的科学性及防效酌情扣分	30	

五、练习及思考题

1. 分析马铃薯晚疫病发生与气候之间的关系，制订马铃薯综合防治方案。

2. 马铃薯青枯病和黑胫病在症状上有什么不同？如何防治？

3. 蚜虫对马铃薯有哪些危害？如何进行防治？

参考答案 11-2

典型工作任务十二

棉花病虫害防治技术

项目1 棉花病害防治技术

一、技能学习目标

能识别棉花主要病害的症状及病原特征，掌握棉花病害的发生规律，从而制订有效的综合防治措施。

课程学习 12-1

二、教学资源

1. 材料与工具

棉花病害标本、新鲜标本、挂图、教学多媒体课件（包括幻灯片、录像带、光盘等影像资料）、放大镜及记载用具等。

2. 教学场所

教学实训场所（温室或田间）、实验室或实训室。

3. 师资配备

每 20 名学生配备一位指导教师。

三、原理与知识

（一）棉苗病害

棉花从播种到出苗后的整个苗期，可受到多种病害。主要分为两类：一类是引起烂种烂芽、烂根和茎基腐为主，多数棉苗病害属于这类；另一类是以为害幼苗叶片和茎为主，如炭疽病等。我国棉苗病害以立枯病、炭疽病、红腐病等分布最广、为害最重。棉苗受害，轻者出现生育迟缓，重者造成缺苗断垄，甚至毁种。此外，炭疽病、红腐病还为害棉铃，导致烂铃。

1. 症状识别

①立枯病　病苗茎基部出现黄褐色病斑，逐渐环绕缢缩，变为黑褐色。地上部直立干枯而死，拔起时易断成毛刷状，病部及附近土壤裂缝处常有白色蛛丝状菌丝体，上面常黏附小土粒。子叶被害多为黄褐色不规则形病斑，且易脱落穿孔（图 12-1-1）。

②炭疽病　棉苗出土后，常在茎基部先发病，茎基部出现红褐色梭形条斑，稍下陷，干缩后成紫黑色，表皮纵裂，地上部失水萎蔫。子叶受害多在叶缘形成褐色近圆形病斑，病斑脱落后可使叶片边缘残缺不全，子叶中部发病则形成褐色圆形病斑，边缘色深。潮湿时，病部表面散生许多小黑点及橘红色黏质团，即病菌的分生孢子盘和分生孢子团（图 12-1-1）。

③红腐病　幼芽、嫩茎基部呈黄褐色，水肿状腐烂，后变黑褐色，幼苗稍大时形成数段水浸状条斑，子叶及真叶上有淡黄色近圆形至不规则形斑。潮湿时，病斑表面产生粉红色霉层（图 12-1-1）。

2. 病原

棉立枯病菌（*Rhizoctonia solani* Kühn）属半知菌亚门丝核菌属。菌丝初为无色，后变褐色，分枝处多呈直角，分枝基部缢缩。菌核暗褐色，表面粗糙，形状不规则，不产生孢子。

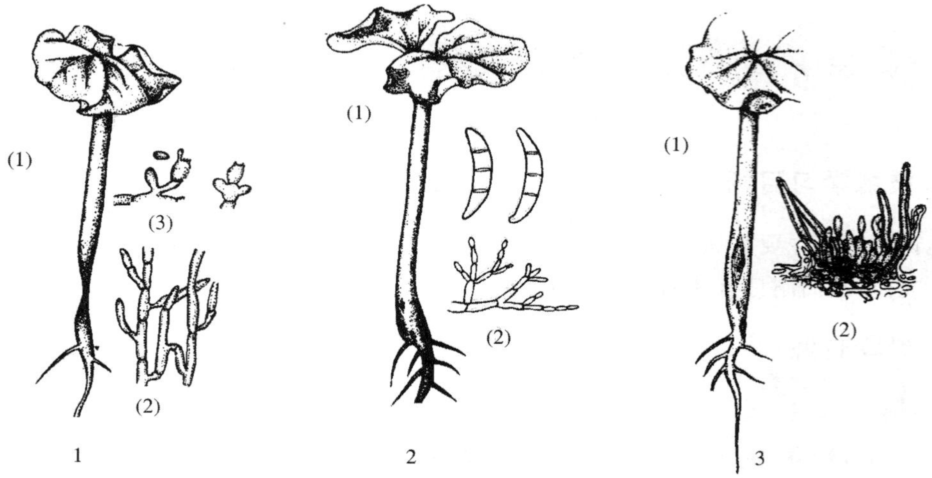

图 12-1-1　棉苗病害

（仿 作物病虫害防治.程亚樵.2007）

1.立枯病 (1)病苗 (2)菌丝体 (3)担子及担孢子

2.红腐病 (1)病苗 (2)分生孢子梗及分生孢子

3.炭疽病 (1)病苗 (2)分生孢盘及分生孢子

棉炭疽病菌(*Colletotrichum gossypii* Southw.)属半知菌亚门刺盘孢属。分生孢子盘四周生有褐色刚毛。分生孢子单胞、无色、长椭圆形,聚集一堆时呈橘红色黏质物。

棉红腐病菌(*Fusarium moniliforme* Sheld.)属半知菌亚门镰孢属。分生孢子有两种:大型分生孢子镰刀形,多数有 3～5 个隔膜;小型分生孢子椭圆形,无色,单胞或双胞。

3.发病规律

棉花苗期病害的初侵染来源主要是土壤、病株残体和种子。

棉立枯病是土传病害,病菌主要以菌丝、菌核在土壤中或病残体上越冬,第二年可直接侵入幼茎为害棉苗,病菌可在土壤中存活 2～3 年,棉苗子叶期最易感病。病菌通过流水、耕作活动等传播。立枯丝核菌可抵抗高温、冷冻、干旱等不良环境条件,适应性很强,且耐酸碱。

棉炭疽病除危害棉苗外,还为害棉铃,主要以分生孢子和菌丝体潜伏在种子内外越冬,其分生孢子在棉籽上可存活 1～3 年,故种子带菌是主要侵染来源,但病菌也可在病残体上存活。第二年棉籽发病后侵入幼苗,以后在病株上产生大量分生孢子,病菌随风雨或昆虫等传播,形成再次侵染。

红腐病菌既能在土壤和病残体上越冬,也可以分生孢子及菌丝体潜伏在种子内外越冬。该菌在棉花生长季节营腐生生活。棉铃期,分生孢子或菌丝体借风、雨、昆虫等媒介传播到棉铃上,从伤口侵入造成烂铃,病铃使种子内外部均带菌,形成新的侵染循环。

棉花苗期病害的发生主要受气候影响。一般在低温多雨时发病重,寒流阴雨常诱发苗病流行。棉花播种过深或播种时土温较低,棉苗出土缓慢,容易烂籽、烂芽。棉田地势低洼、排水不良、土壤黏重等均利于病害的发生和流行。

4. 防治方法

棉苗病害的防治应采取"以栽培管理为主,种子处理和喷药保护为辅"的策略。

(1)合理轮作,精细整地　棉花与禾本科作物轮作或水旱轮作。实行秋耕冬灌,早春整地,施足底肥。

(2)精选棉种　俗话说:"好种出好苗",因此,要精选种子,保证种子质量,选开足的腰花留种,同时,在播前1个月要晒种,促进种子后熟,提高发芽力和发芽势。

(3)适期播种,提高播种质量　一般在5 cm土温稳定在12 ℃以上时播种为宜,采用地膜覆盖或进行营养钵育苗移栽,苗床选在地势高,排水良好的地块,用无病土作苗床。播深要适度、促使出苗快、齐、壮,以减轻发病。

(4)加强苗期管理　出苗后应及时中耕、疏苗,并清理病苗。寒流来临前,注意防寒暖苗,可撒草木灰或增施磷、钾肥,提高植株抗病力。

(5)种子处理

①药剂拌种。可用50%多菌灵可湿性粉剂按种子质量的0.5%～0.8%拌种,或40%拌种双可湿性粉剂按种子质量的0.5%拌种。

②药液浸种。可用0.3%多菌灵胶悬剂浸种14 h,或用70%乙蒜素乳油2 000倍液,在55～60 ℃下浸闷30 min,晾干后播种。

③温汤浸种。将棉籽在55～60 ℃的温水中浸泡30 min后,立即转入冷水中冷却,捞出后晾至绒毛发白,再用适量的拌种剂和草木灰配成药灰搓种,要现搓现用。

(6)喷雾防治　在病害发生初期,特别是预报有低温降雨天气时,应抢在雨前喷药。可用40%多菌灵悬浮剂500倍液,或70%甲基硫菌灵可湿性粉剂800倍液,或3%甲霜恶霉灵水剂600～800倍液,或用1∶1∶200波尔多液喷雾防治。

(二)棉花枯萎病和黄萎病

棉花枯萎病、黄萎病是棉花的毁灭性病害,有棉花"癌症"之称,我国大多数地区为枯、黄萎病混发区,长江流域以枯萎病为主,越往北方黄萎病相对越重。两种病害均可造成棉花明显减产,品质下降,严重制约着我国棉花生产。

1. 症状识别

两种病害在不同的生育期及气候条件下,常分别表现出不同的症状类型,尤以枯萎病的症状更为复杂,如棉花枯萎病在气候适宜时,多表现为黄色网纹型,气温较低时,常出现紫红型或黄化型,暴雨突晴后,常出现青枯型(表12-1-1、图12-1-2、图12-1-3、图12-1-4)。

维管束变色是鉴定田间棉株是否发生枯、黄萎病的最可靠办法,所以对其怀疑时,可剖开茎秆或掰下空枝(或叶柄)检查维管束是否变色。田间枯、黄萎病常混合发生,甚至同一病株上可表现出两种病害的症状。以枯萎病为主的混生型病株,主茎及果枝节间缩短,株型常丛生矮化,病株大部分叶片皱缩变小,叶色变深或呈现黄色网纹的典型枯萎症状,但在病株中下部叶片叶脉间呈现黄色掌状斑驳或掌状枯斑的典型黄萎病症状。以黄萎病为主的混生型病株,大部分叶片呈现块状斑驳或掌状枯斑的典型黄萎病症状。但顶端叶片皱缩、叶片加深,有时个别叶片也呈现黄色网纹的典型枯萎症状。

表 12-1-1　棉花枯、黄萎病症状比较

项目	棉花枯萎病	棉花黄萎病
病害始发期	幼苗期	现蕾期
发病盛期	现蕾前后(5月中旬至6月中旬)及9月	开花结铃期(7—8月)
病叶发展趋势	多由下及上,有时也从上向下发展形成"顶枯",常早期即脱落成"光秆",仅残留顶端小叶	由下部叶片向上发展,不形成顶枯,较少落叶,重病株一般在后期落叶
病茎剖面	有深褐色条纹(即导管变为深褐色)	有浅褐色条纹(即导管变为浅褐色)
苗期或初期症状	黄色网纹型,即病叶全部或局部叶脉褪绿变黄,叶肉保持绿色,呈黄色网纹状	黄色斑驳,即叶脉及其附近叶肉保持绿色,稍远些的叶肉及叶缘变黄焦枯,病叶呈黄褐色掌状斑驳,叶缘常向上翻卷
成株期	青枯型:叶片保持绿色,全株或植株一边的叶片萎蔫干枯。矮缩型:除表现有苗期症状外,还表现为病株矮小,节间缩短,叶面皱缩变厚。另外有紫红型、黄化型等症状类型	常见症状为黄色斑驳。另外有急性凋萎型,即病株铃期,在雨后突晴或灌溉之后,叶片主脉间产生水渍状淡绿色斑块,并很快萎蔫,似开水烫过一样,随即脱落
病征	天气潮湿时,枯死的茎秆上出现粉红色霉层	天气潮湿时,病叶上可长出白色霉层

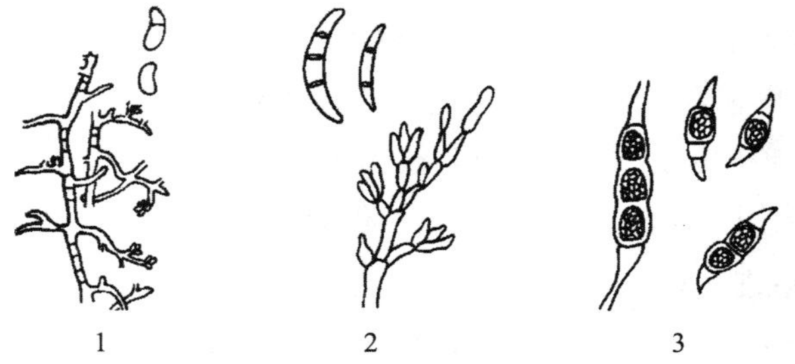

图 12-1-2　棉花枯萎病

(仿 程亚樵. 作物病虫害防治. 2007)

1. 小型分生孢子和分生孢子梗　2. 大型分生孢子和分生孢子梗　3. 厚垣孢子

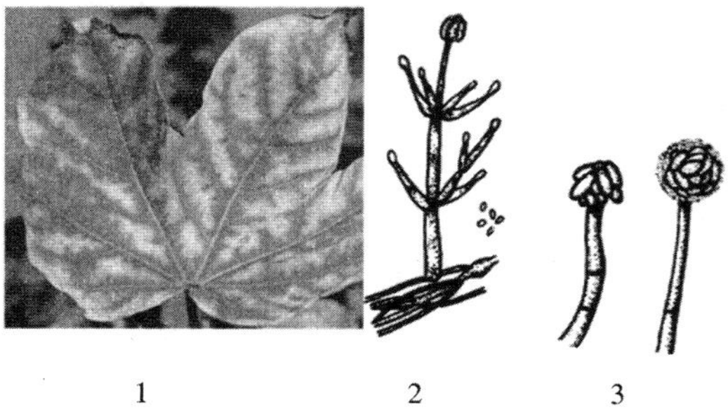

图 12-1-3　棉花黄萎病

(仿 程亚樵. 作物病虫害防治. 2007)

1. 病叶　2. 分生孢子梗　3. 分生孢子

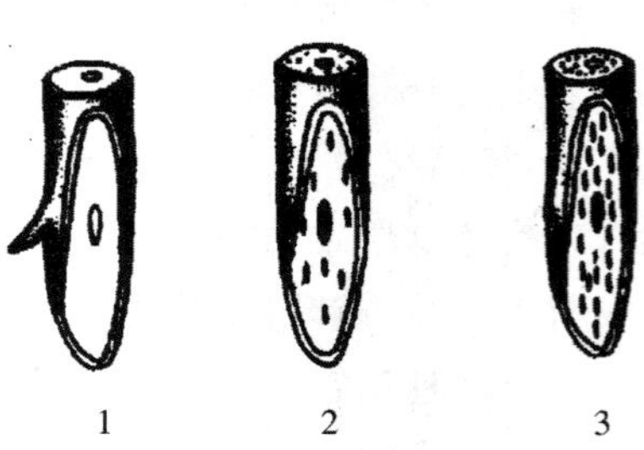

图 12-1-4　茎部剖面比较

(仿 程亚樵. 作物病虫害防治. 2007)

1. 健株茎　2. 黄萎病病茎　3. 枯萎病

2.病原

两种病菌的寄主范围差别很大。棉花枯萎病菌的寄主范围很窄;棉花黄萎病菌的寄主范围极为广泛,除棉花外,还能危害马铃薯、茄子、辣椒、番茄、烟草、芝麻等200多种植物,但不危害大麦、小麦、玉米、高粱和水稻等禾本科作物。

①棉花枯萎病菌 *Fusarium oxysporium* Schl. f. sp. *vasinfectum*(Atk. Snyder & Hansen)属半知菌亚门,镰孢属。菌丝无色,多分隔。可产生3种无性孢子:大型分生孢子无色,镰刀型,有2~5个隔膜,多为3个;小型分生孢子无色,椭圆形,多为单胞;厚垣孢子,卵黄色,近圆形,单胞,壁厚,表面光滑,单生或串生(图12-1-4)。

②棉花黄萎病菌(*Verticillium dahliae* Kleb.)属半知菌亚门,轮枝孢属。菌丝初时无色,老熟时褐色,多分隔。分生孢子梗有2~4层轮状分枝,每层有3~5个小枝。分生孢子椭圆形,无色,单胞。有时菌丝上某些细胞形成厚垣孢子;菌丝也可膨胀集结形成瘤状拟菌核。厚垣孢子和拟菌核都可抵抗不良环境(图12-1-5)。

3.发病规律

棉花枯、黄萎病菌以菌丝、厚垣孢子,拟菌核在土壤、棉籽、棉籽壳、棉饼、病残体及粪肥上越冬,并可随之传播。病菌可在土壤中逐年积累,长时间存活,所以带菌土壤是主要的初侵染来源。病菌一旦传入棉田,就不易根除,而且还可借人畜、农具和流水等途径进行近距离传播扩散,使病情逐年加重。异地调运带菌种物,可造成病菌的远距离传播,使病害从疫区传到无病区。

棉花枯、黄萎病是典型的维管束寄生的系统性病害。病菌主要在苗期从根梢或根部伤口侵入,经过皮层进入导管后,在导管内繁殖并扩展至茎、枝、叶、铃、种等部位。病菌通过繁殖堵塞导管,同时还产生毒素传送至整个植株,破坏植株正常生理活动,使病株表现出各种症状,甚至枯死。

棉花枯萎病在25~28℃形成发病高峰,33℃以上停止发展,所以该病有两个发病高峰:第一次高峰在棉花定苗后至现蕾期,一般在5月中旬到6月中旬;7—8月份症状隐蔽,至9月份气温下降,又出现第二个发病高峰。棉花黄萎病对温度的要求与枯萎病相近,但气温超过35℃才停止发展。棉株在花铃盛期易感染黄萎病,而苗期很少发病,所以7—8月份为发病盛期。

4.田间调查与预测

(1)调查时间　在发病盛期进行调查,枯萎病以棉花现蕾期为宜,需补查时,可在6月份、9月份进行;黄萎病以花铃期为宜,一般在7—8月份。若两病同时调查,以7月上中旬为宜。

(2)调查方法　在老病区,要选有代表性的田块,用对角线5点取样法,每点随机调查200株,记载病株数、死株数和健株数,计算发病株率。新病区或可疑地区,可先查全田的所有病株数,然后根据全田总株数折算成发病株率。

(3)病田划分　病田的统一划分标准如下。

无病田:没有病株;

零星病田:发病株率在0.1%以下;

轻病田:发病株率在0.1%~5%;

重病田:发病株率在5%以上。

5. 防治方法

采取加强检疫，种植抗病品种和加强栽培管理为主的综合防治措施。

(1)加强植物检疫，保护无病区　应严格禁止落叶型病区黄萎病随调种传入无病区和普通黄萎病区。

(2)选用抗病品种　抗枯萎病的品种有中棉所27、中棉所35、中棉所36、豫棉19等，抗黄萎病的品种有川737，川2802、86-6、BD18、陕416、中棉12、78-088等。

(3)实行轮作倒茬　棉花与禾本科作物实行3年以上轮作，或实行2年水旱轮作，可明显降低发病率。施用净肥，增施磷、钾肥，避免大水漫灌，雨季及时排水。

(4)铲除病株，消灭零星病区　零星病区是向重病区发展的过渡阶段，要及早铲除病株，使之恢复为无病区。方法是将病株及其落叶原地铲除烧毁，对病株周围1 m^2 进行土壤处理。也可用棉隆原粉70 g拌入30～40 cm的土层中，然后用净水覆盖或浇水封闭，或强氯精15 g加水7.5 kg浇灌土壤。

(5)精选种子和种子消毒　要严格执行植物检疫制度，认真把好种子关，杜绝病害通过任何途径传入。选种时去瘪、去劣，无病、无虫，并进行消毒处理，用40%多菌灵悬浮剂配成含有有效成分0.3%的药液1 000 kg浸种400 kg，在常温下浸泡14 h，稍加吹干后播种，药液可连续使用2～3次。

(6)药剂灌根　对轻病株及时用70%甲基硫菌灵可湿性粉剂500～1 500倍液，或50%多菌灵可湿性粉剂1 000倍液，或3%广枯灵水剂500倍液，每株500 mL灌根。另外，喷洒缩节胺对棉花黄萎病也有一定的控制作用。

(三)棉铃病害

棉铃病害是棉花生长后期的常发病害。常见的有棉铃炭疽病、红腐病、疫病等，常造成僵瓣、烂铃，甚至整铃腐烂，影响棉花产量和品质。

1. 症状识别

(1)炭疽病　病斑初为暗红色或红褐色小点，随后变成暗褐色或墨绿色，表面稍皱缩，微凹陷，高湿条件下病斑扩展迅速，并在铃壳表面形成橘红色黏质物(图12-1-5)。

(2)红腐病　多从铃尖、铃缝或铃基部发生，病斑初为墨绿色水渍状，逐渐变为黑褐色，病斑无固定形状，扩大后可使整铃腐烂，病部有粉红色致密霉层(图12-1-5)。

(3)疫病　多发生在棉铃基部及尖端，初期病斑呈墨绿色水渍状，迅速扩展后使全铃为黄褐色至青褐色，铃内棉籽也为青褐色，病铃表面生有黄白色疏松霉层。

(4)黑果病　病铃变黑、变硬、僵缩，表面密生小黑点，并布满一层煤烟状物，病铃不开裂，内部纤维也变黑腐烂(图12-1-5)。

2. 病原

棉铃炭疽病、红腐病病原分别与棉苗炭疽病、红腐病病原相同。

①棉铃疫病病菌(*Phytophthora boehmeriae* Sawada)属鞭毛菌亚门疫霉属。孢囊梗无色，孢子囊无色或淡黄色，卵圆形，有乳状突起，卵孢子球形。

②黑果病病菌为棉色二孢(*Diplodia gossypina* Cooke)属半知菌亚门真菌。分生孢子器黑色，球形，埋生于表皮下，顶端有孔口。分生孢子梗细，不分枝。分生孢子椭圆形，初无色，单胞，成熟时黑褐色，双胞。

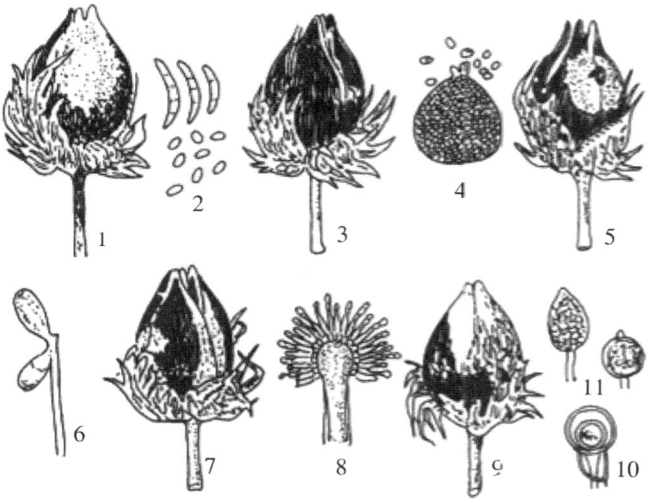

图 12-1-5　棉铃病害

1,2.红腐病　3,4.黑果病　5,6.红粉病　7,8.由霉病　9,10,11.疫病

3.发病规律

棉铃病害的病菌多以孢子黏附于种子表面或以菌丝体潜伏于种子内越冬,也可随病残体在土壤中越冬。翌春,越冬病菌侵染棉苗或其他作物,病部产生的病菌借风雨、流水及昆虫等进行传播和再侵染,至棉花铃期又传至棉铃上为害。

根据病菌对棉铃侵染力的强弱,可将棉铃病害分为两种类型:一类是侵染力较强的,如炭疽病、疫病等,病菌可直接侵染完好的铃,引起青铃发病,它们不仅直接造成棉铃损失,而且为另一类弱寄生菌的侵入创造条件;另一类是侵染力较弱的,如红腐病等,病菌可从铃缝、虫伤或机械伤口侵入。

棉花烂铃是棉花本身抗病性、病菌、气候、栽培条件和其他病虫害综合作用的结果。多数棉铃病害适宜于高温高湿条件下发生,所以 7—8 月份多雨,利于铃病发生。大水漫灌,棉田郁蔽,地势低洼及偏施、迟施氮肥造成植株徒长,发病重。地膜棉比露地棉发病重,早播、早发棉发病较重,植株下部 1～5 果枝上的棉铃易感病。钻蛀棉铃的害虫如棉铃虫、红铃虫为害严重时,棉铃伤口多,有利于病害发生。

4.防治方法

(1)加强肥水管理　施足基肥,巧施追肥,重施花铃肥,氮、磷、钾配合施用;及时排灌,避免棉田长期积水,灌溉时要采用沟灌,以减轻铃病发生。

(2)改进栽培技术　提倡大小垄种植,合理密植,及时整枝、打顶、摘除老叶,对旺长棉田可喷施缩节胺、矮壮素及乙烯利催熟。通过加强管理减轻棉铃虫、红铃虫等钻蛀性害虫的危害。

(3)及时采摘病铃　在铃病流行的雨季,要抢在雨前及时摘除病铃、开口铃,以减少损失。

(4)药剂防治　在铃病发生初期,用 50%多菌灵可湿性粉剂 500 倍液,或 70%代森锰锌可湿性粉剂 600 倍液,或 58%甲霜灵锰锌 500 倍液喷雾防治。一般在 8 月上、中旬开始,间隔 7～10 天喷 1 次,视病情及天气情况确定喷施次数。要重点喷洒中下部果枝。

四、操作方法及考核标准

(一)操作方法与步骤

(1)结合教师讲解及棉花病害症状的仔细观察,分别描述棉花病害症状识别特征。

扩展学习 12-1　棉花病害形态识别(一)

(2)结合教师讲解及棉花病原形态的仔细观察,分别描述棉花病原的形态特征。

(3)根据田间棉花病害的症状和发生情况进行预测预报,从而制订棉花病害的综合防治措施。

(二)技能考核标准

见表 12-1-2。

表 12-1-2　棉花病害防治技术技能考核标准

考核内容		评分标准	标准分值	考核方法
基础知识考核(100 分)	1.叙述棉花各种病害症状的识别特征	根据叙述棉花各种病害症状特征的多少酌情扣分	25	单人考核 口试评定成绩
	2.叙述棉花各种病害在各个时期或部位的为害状	根据叙述棉花各种病害为害状的准确程度酌情扣分	25	
	3.叙述棉花各种病害的病原特征	根据叙述棉花各种病害病原特征的准确程度酌情扣分	25	
	4.制订棉花病虫害的综合防治措施	根据叙述棉花病害的综合防治措施准确程度酌情扣分	25	

五、练习及思考题

参考答案 12-1

1.如何区别棉花枯萎病和黄萎病?如何进行综合防治?

2.常见棉花苗期病害有哪些?如何进行综合防治?

3.棉花角斑病的识别特征是什么?

项目 2　棉花虫害防治技术

一、技能学习目标

课程学习 12-2

能识别棉花主要害虫的为害状及形态特征,掌握棉花害虫的发生规律,从而制订有效的综合防治措施。

二、教学资源

1. 材料与工具

棉花害虫标本、新鲜标本、挂图、教学多媒体课件(包括幻灯片、录像带、光盘等影像资料)、放大镜及记载用具等。

2. 教学场所

教学实训场所(温室或田间)、实验室或实训室。

3. 师资配备

每 20 名学生配备一位指导教师。

三、原理与知识

(一)棉蚜

棉蚜(*Aphis gossypii* Glover)属同翅目蚜科,别名蜜虫、腻虫、油汗等,是棉花苗期和蕾铃期的主要害虫,除为害棉花外还可为害茄子、辣椒、瓜类、花椒等。棉蚜以刺吸口器刺入棉叶背面或嫩头,吸食汁液。苗期受害,棉叶卷缩,开花结铃期推迟;成株期受害,上部叶片卷缩,中部叶片现出油光,下位叶片枯黄脱落,叶表有蚜虫排泄的蜜露,招致霉菌寄生,影响棉株光合作用的正常进行。蕾铃受害,易落蕾,影响棉株发育。同时,棉蚜又是传播多种病毒的媒介。

1. 形态特征(图 12-2-1)

干母:体长约 1.6 mm,茶褐色,触角 5 节,约为体长的一半。

无翅胎生雌蚜:体长 1.5～1.9 mm,夏季黄色或黄绿色,春、秋季蓝黑色或深绿色。触角 6 节,有感觉孔 2 个,复眼暗红色。腹管黑色或青色,长 0.2～0.27 mm,粗而呈圆筒形,基部略宽。

有翅胎生雌蚜:体长 1.2～1.9 mm,宽 0.45～0.62 mm,夏季腹部黄绿色,秋季深绿色。触角 6 节,比身体短。翅膜质,中脉三分叉。

卵:长 0.5 mm,椭圆形,初产时橙黄色,后转为深褐色,6 d 变为漆黑色。

无翅若蚜:共 4 龄,未龄若虫触角为六节,夏季体色淡黄,秋季体色灰黄,腹部背面第一、六节中侧和节二、节中侧及两侧各有白圆斑一个。

有翅若蚜:形状同无翅若蚜、第二龄出现翅蚜,其翅蚜后半部为灰黄色。

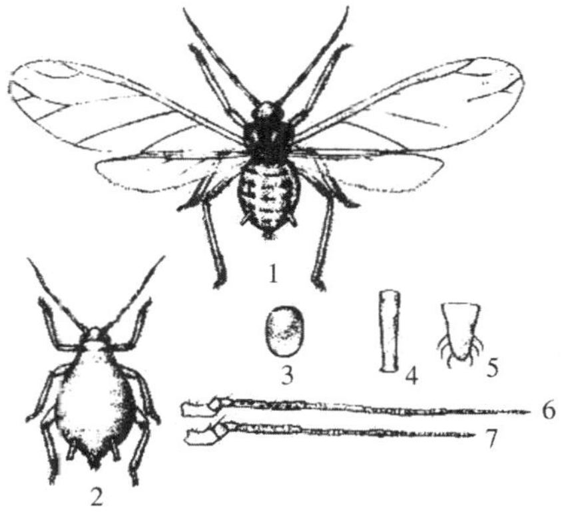

图 12-2-1 棉蚜
(仿 作物病虫害防治. 程亚樵. 2007)
1. 有翅胎生雌蚜 2. 无翅胎生雌蚜
3. 卵 4. 腹管 5. 尾片
6. 有翅胎生雌蚜触角 7. 无翅胎生雌蚜触角

2. 发生规律

辽河流域棉区一年发生 10～20 代,黄河流域、长江及华南棉区 20～30 代。北方棉区以卵在越冬寄主上越冬。翌年春季越冬寄主发芽后,越冬卵孵化为干母,孤雌生殖 2～3 代后,产生有翅胎生雌蚜,4—5 月份迁入棉田为害刚出土的棉苗。然后在棉田繁殖，5—6月份进入为害高峰期，6月下旬后蚜量减少，但干旱年份为害期多延长。在长江流域棉区，5月中旬至6月上中旬是棉蚜为害的主要时期，这个时期发生的棉蚜称为苗蚜。7月中下旬至8月上旬，可形成伏蚜猖獗为害。10月中下旬产生有翅性母蚜，迁回越冬寄主，产生无翅有性雌蚜和有翅雄蚜进行交配，受精雌蚜在越冬寄主枝条缝隙或芽腋处产卵越冬。

棉蚜繁殖的适宜温度为18～25 ℃，适宜相对湿度为55%～75%。冬季雨雪少，早春持续干旱，气温回升快，寒潮少，棉蚜种群繁殖量大，为害较重。若7月份以后，天气时晴时雨，温度在26～28 ℃，相对湿度在55%～85%，棉蚜从棉株下部向中上部蔓延，形成伏蚜猖獗为害。若此期间3日平均气温在29 ℃以上，相对湿度在50%以下，或连阴雨，对伏蚜都有抑制作用，若持续阴雨5～6 d及以上或有暴雨冲刷，则对蚜害抑制作用显著。

麦棉间作、棉油菜间作等可减轻苗蚜为害。此外，棉田底肥少，追肥多，棉株疯长，蚜虫发生重。相反，底肥足，棉株生长健壮，稳长，蚜虫发生轻。

3.田间调查与预测

(1)越冬基数调查　从早春开始，选花椒、石榴、木槿等各选一株，每株上各选上、中部枝条3～5枝，每枝调查16 cm长一段，每5 d 1次，计算卵量、孵化率、有翅蚜和无翅蚜的数量。

(2)棉田虫情调查　从棉苗出土开始，选有代表性的棉田2～3块，用5点取样法，每块地调查5点，每点顺棉行连查20株。每5 d调查1次，调查全株蚜量。计算蚜株率、百株蚜量和卷叶株率。棉苗4片真叶以后，每点改查10株，调查方法及项目同3叶前。成株期伏蚜发生时，每点仍调查10株，每株只调查上、中、下3片叶的蚜量，计算卷叶株率和百株3叶蚜量，并记载下部叶起油情况。在以上调查中，均应同时调查田间天敌情况。

(3)短期预测　若棉田瓢蚜比达1∶150，或蜘蛛与蚜虫比例达1∶300，或百头蚜虫有异绒螨百头以上，或蚜茧蜂寄生率达20%以上时，蚜虫数量会迅速下降。在调查时，益虫与害虫比达不到控制程度时，其防治指标如下：

苗蚜为3叶前卷叶株率10%，百株蚜量1 500头；4叶后卷叶株率30%，百株蚜量3 000头。伏蚜为卷叶株率10%，百株3叶蚜量10 000头。

4.防治方法

(1)合理布局　冬、春两季铲除田边、地头杂草，早春往越冬寄主上喷洒氧化乐果，消灭越冬寄主上的蚜虫。实行棉麦套种，棉田中播种或地边点种春玉米、高粱、油菜等，招引天敌控制棉田蚜虫。一年两熟棉区，采用麦棉、油菜棉、蚕豆棉等间作套种，结合间苗、定苗、整枝打杈，把拔除有蚜棉苗带至田外，集中烧毁。

(2)保护利用天敌　天敌主要有寄生蜂、螨类、捕食性瓢虫、草蛉、蜘蛛、食虫蝽类等。其中瓢虫、草蛉控制作用较大。田间瓢虫和蚜虫的比例达到1∶120时可不用药，以发挥天敌的自然控制作用。

(3)药剂拌种　可用10%吡虫啉有效成分50～60 g拌棉种100 kg。

(4)苗期点涂　用40%氧化乐果乳油150～200倍液，每667 m^2 用对好的药液1～1.5 kg，用喷雾器在棉苗顶心3～5 cm高处滴心1 s，使药液似雪花盖顶状喷滴在棉苗顶心上。

(5)田间喷药　苗蚜3片真叶前，卷叶株率5%～10%，4片真叶后卷叶株率10%～20%，伏蚜卷叶株率5%～10%或平均单株上、中、下部3叶蚜量150～200头，及时喷洒

10%吡虫啉乳油 2 000 倍液、25%噻虫嗪水分散粒剂 8 000～10 000 倍液喷雾。

(二)棉叶螨

棉叶螨又称棉花红蜘蛛,属蛛形纲蜱螨目叶螨科害虫、各棉区均有发生,除危害棉花外,还为害玉米、高粱、小麦、大豆等,寄主广泛。我国为害棉花的叶螨有朱砂叶螨、二斑叶螨等。其中朱砂叶螨[*Tetranychus cinnatarinus* (Boisduval)]分布最广,为害最重,是棉区的重要害虫。棉叶螨主要在棉花叶面背部刺吸汁液,使叶面出现黄斑、红叶和落叶等危害症状,形似火烧,俗称火龙。暴发年份,造成大面积减产甚至绝收。它在棉花整个生育期都可为害。

1.形态特征(图 12-2-2)

朱砂叶螨成虫:雌螨体长 0.5 mm 左右,椭圆形,体红褐色或锈红色,体背两侧有黑色斑 1 块,从头胸部末端延伸到腹部后端。有时黑斑分为 2 块,前面一块略大。雄成螨体长 0.26～0.36 mm,头胸部前端近圆形,腹末稍尖。卵:球形,初产时无色,以后变黄色,带红色;卵初孵的幼螨,体近圆形,长约 0.15 mm,浅红色、稍透明,具足 3 对。若螨体椭圆形,体色变深,体侧出现深色斑点,具足 4 对。

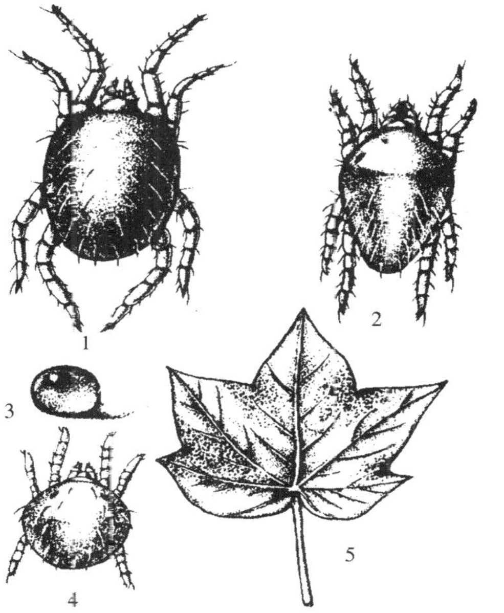

图 12-2-2 朱砂叶螨

(仿 作物病虫害防治. 程亚樵. 2007)

1.雌成螨 2.雄成螨 3.卵

4.幼螨 5.被害棉叶

2.发生规律

棉叶螨 1 年发生代数因地区气候条件而异。在北方棉区 1 年发生 12～15 代;长江流域棉区 18～20 代;华南棉区在 20 代以上。以雌成螨及其他虫态在冬绿肥、杂草、土缝内、枯枝落叶下越冬,第二年 2 月下旬至 3 月上旬开始,首先在越冬或早春寄主上为害,待棉苗出土后再移至棉田为害。每年 6 月中旬为苗螨为害高峰,以麦茬棉为害最重,7 月中旬至 8 月中旬以伏螨为害棉叶。9 月上中旬晚发迟衰棉田棉叶螨也可为害。

成螨主要生殖方式为两性生殖,少数孤雌生殖。卵多单粒散产于叶背。幼、若和成螨畏光,栖息于叶背。当发生量较多时,叶背往往有稀薄的丝网。棉叶螨主要通过爬行或随风扩散,也可随水流转移。杂草上的棉叶螨是棉田主要螨源。棉叶螨通常首先在毗邻沟渠、地头及虫源植物的田边点片发生,然后逐渐向田中间蔓延,在植株上则由下部向上部扩散。

天气是影响棉叶螨发生的首要条件。天气高温干旱、久晴无降雨,棉叶螨将大面积发生,造成叶片变红,落叶垮秆。而大雨、暴雨对棉叶螨有一定的冲刷作用,可迅速降低虫口密度,抑制和减轻棉叶螨为害。

3.田间调查与预测

(1)调查方法

①大田普查 分别于苗期、蕾花期、花铃期棉叶螨为害高峰前各进行 1 次普查。大面积

防治前，普查10块以上有代表性的棉田。按照“Z”形多点目测踏查。每块田每次查50株，对有被害状的棉株，现蕾前查全株，现蕾后查主茎上(最上主茎展开叶)、中、下(最下果枝位叶)部各一片叶，记载有螨株率和螨害级别。

②系统调查　选择不同棉田各一块。从出苗开始到秋季棉叶螨下降时为止，每5 d调查1次，每地随即顺垄目测500株，发现有螨棉株时，改为每3 d施1次，每块地调查5点，共查50株，每株查上、中、下3叶。

棉花开花后改查25株上、中、下3叶，统计螨株率和百株3叶螨量。

螨害严重程度分级标准(以朱砂叶螨为主的地区)为

0级：无危害；

1级：叶面有零星黄色斑块；

2级：红色斑块占叶面1/3以下；

3级：红色斑块占叶面1/3以上。

(2)短期预测　将苗期红斑株率达33%、蕾铃期红斑株率达38%的棉田定为防治对象田。掌握在5月中下旬和6月中下旬棉花叶螨的两次扩散期，采取发现一株打一圈，发现一点打一片的施药方法，将叶螨控制在点片发生阶段。当百株3叶有螨500头，螨株率达50%时，即进行药剂防治。

4.防治方法

棉叶螨分布广、寄主多、易暴发成灾，因此，在防治上应采取压前控后的策略。以挑治为主，辅以普治。

(1)农业防治　早春季节，清除杂草减少螨源。培育壮苗，增施复合肥，提高棉株抗虫性。发现带螨芽叶，及时摘除带出田外销毁，防止蔓延扩散。

(2)生物防治　棉叶螨的天敌较多，有食螨瓢虫、食螨蜘蛛、食螨蓟马、草蛉幼虫等，在防治上应保护利用天敌，以达到以虫治虫的目的。

(3)化学防治　当棉田有螨株率达3%～5%时应进行防治。发现一株打一圈，发现一点打一片，可选用5%噻螨酮乳油1 500～2 000倍液、1.8%阿维菌素乳油2 000倍液、73%炔螨特乳油2 000～2 500倍液于发病初期喷洒，重点喷洒叶背，每隔7 d防治1次，连喷2～3次。

(三)棉盲蝽

棉盲蝽是棉花上主要害虫，在我国棉区为害棉花的盲蝽有5种：绿盲蝽(*Lygus lucorum* Meyer-Dur)、苜蓿盲蝽(*Adelphocoris lineolatus* Goeze)、中黑盲蝽(*A. suturalis* Lakovlev)、三点盲蝽(*A. fasciaticollis* Reuter)、牧草盲蝽(*L. pratensis* Linnaeus)。均属半翅目，盲蝽科。其中，绿盲蝽分布最广，南北均有分布，且具一定数量，中黑盲蝽和苜蓿盲蝽分布于长江流域以北的省份；而三点盲蝽和牧草盲蝽分布于华北、西北和辽宁。棉盲蝽以成虫、若虫刺吸棉株汁液，造成蕾铃大量脱落、破头叶和枝叶丛生。子叶期被害，顶芽焦枯变黑称为枯顶；真叶期顶芽被刺伤出现破头疯；幼叶被害形成破叶疯；幼蕾被害则由黄变黑，形似荞麦粒，2～3 d后脱落；中型蕾被害则形成张口蕾，不久即脱落；幼铃被害伤口呈水渍状斑点，重则僵化脱落；顶心或旁心受害，枝叶丛生疯长，形成扫帚棉。

1.形态特征

5种棉盲蝽形态特征如表12-2-1和图12-2-3、图12-2-4、图12-2-5、图12-2-6、图12-2-7所示。

表 12-2-1　5 种棉盲蝽的形态特征

虫态	绿盲蝽	中黑盲蝽	苜蓿盲蝽	三点盲蝽	牧草盲蝽
成虫	体长 5 mm，绿色，触角比体短。前胸背板上有小刻点，前翅绿色。膜区暗灰色	体长 6～7 mm，黄褐色，触角比体长。前胸背板中央有 2 个小黑圆点，小盾片与爪区的大部分黑褐色	体长 7.5 mm，黄褐色，触角比体长。前胸背板后缘有 2 个黑圆点，小盾片中央有 T 形黑纹	体长 7 mm，黄褐色，触角与体等长，小盾片与 2 个楔片呈明显的 3 个黄绿色三角形斑	体长 5.5～6 mm，黄绿色，触角比体短。前胸背板中部有 4 条纵纹，小盾片黄色，中央黑褐色下陷
卵	约 1 mm，卵盖奶黄色	1.2 mm，卵盖有黑斑	1.3 mm，卵盖平坦	1.2 mm，卵盖有杆形丝状体	1.[illegible] mm，卵盖边缘有一向内弯曲柄状物，卵盖中央稍下陷
若虫	体鲜绿色，身上许多黑色绒毛，翅芽尖端蓝色	体深绿色，翅全绿色	体黄绿色，翅密布黑点	体黄绿色，翅芽末端黑色	体绿色，翅为绿色

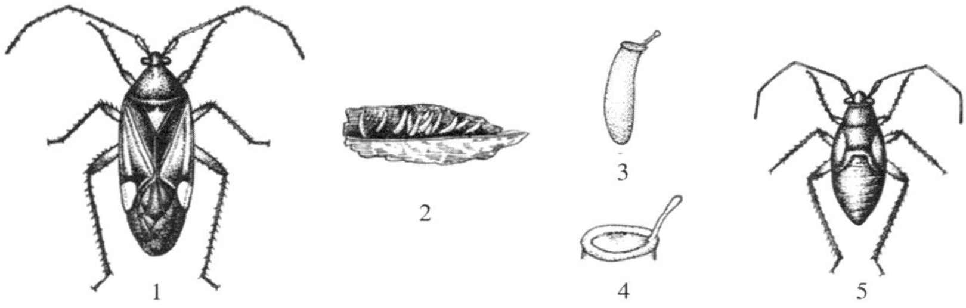

图 12-2-3　三点盲蝽

（仿 农业昆虫学. 袁锋. 2001）

1. 成虫　2. 树皮内越冬卵　3. 卵　4. 卵盖顶面观　5. 第 5 龄若虫

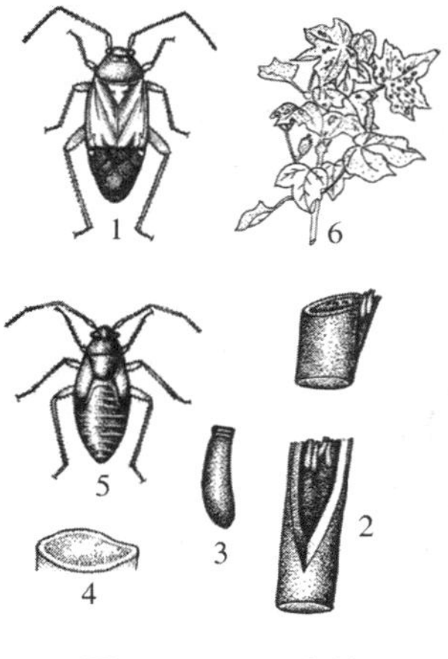

图 12-2-4　绿盲蝽

（仿 农业昆虫学. 袁锋. 2001）

1. 成虫　2. 苜蓿茬内的越冬状　3. 卵放大
4. 卵盖顶面观　5. 第 5 龄若虫　6. 棉株被害状

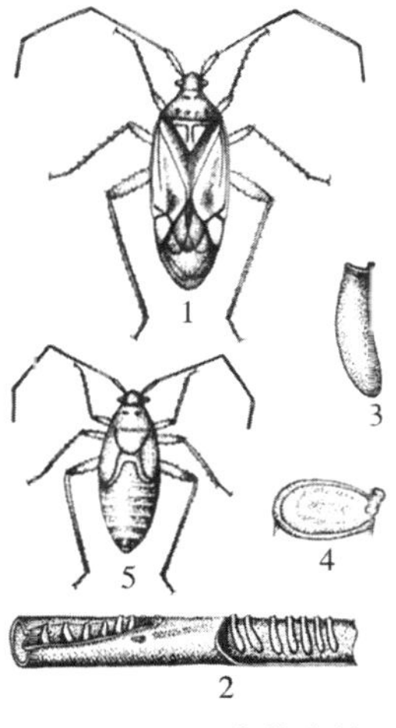

图 12-2-5　苜蓿盲蝽

（仿 农业昆虫学. 袁锋. 2001）

1. 成虫　2. 棉叶柄上产卵状　3. 卵
4. 卵盖顶面观　5. 第 5 龄若虫

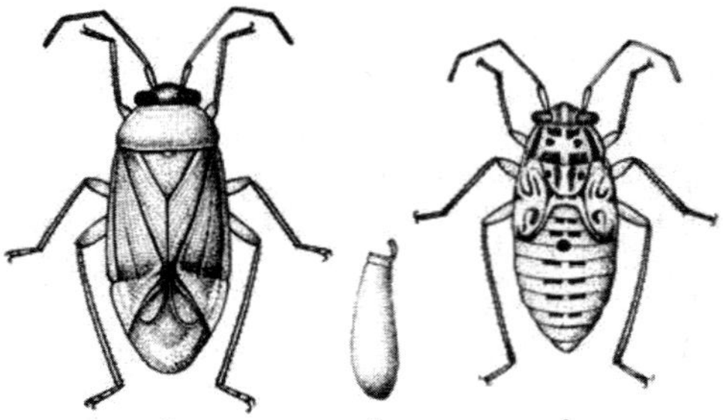

1　　2　　3

图 12-2-6　牧草盲蝽

(仿 农业昆虫学. 袁锋. 2001)

1. 成虫　2. 卵　3. 若虫

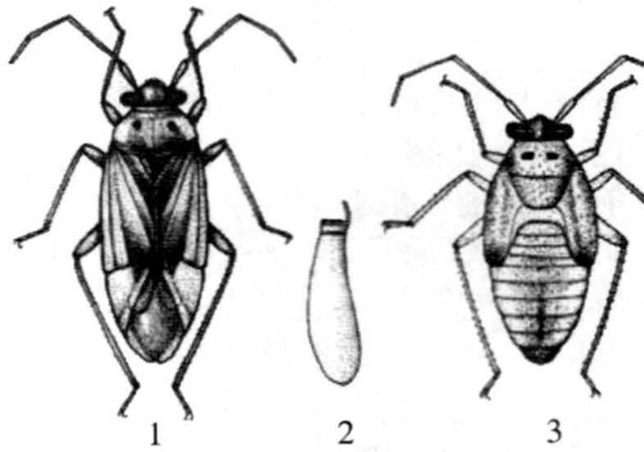

1　　2　　3

图 12-2-7　中黑盲蝽

(仿 农业昆虫学. 袁锋. 2001)

1. 成虫　2. 卵　3. 若虫

2. 发生规律

绿盲蝽、中黑盲蝽和苜蓿盲蝽多以卵在苜蓿及其他杂草的茎秆组织内越冬，三点盲蝽以卵在槐、杨、柳、榆、柏等树干上有疤痕的树皮内越冬；牧草盲蝽以成虫在苜蓿地、杂草下、树皮裂缝和枯枝落叶内越冬。每年发生代数一般都在 3 代以上。春季先在越冬寄主或早春繁殖寄主上取食，然后才转入棉田为害，尤以现蕾期为害最重，为害时间多在 6—8 月份。成虫怕强光，白天多隐伏，17 时左右开始活动，阴雨天则全天活动。飞翔力强，行动活泼。对黑光灯有趋性。有趋向现蕾开花期植物产卵的习性，在棉花上多产在幼叶主脉、叶柄、幼蕾或苞叶的表皮下。产卵方式为聚产，排列成“一”字形。6—8 月份多雨、温暖、高湿有利于发生。棉花生长茂密，现蕾早，蕾花多，覆盖度高，光照弱，有利于发生。棉田靠近苜蓿地，或周围杂草丛生，特别是蒿类杂草多时，受害重。棉盲蝽天敌有寄生蜂、草蛉、蜘蛛、小花蝽等。

3. 防治方法

(1)农业防治　3 月份以前结合积肥除去田埂、路边和坟地的杂草，消灭越冬卵，减少早春虫口基数，收割绿肥不留残茬，翻耕绿肥时全部埋入地下，减少向棉田转移的虫量。科学合理施肥，控制棉花旺长，减轻盲蝽的为害。

(2)化学防治　在二、三龄若虫盛期，用 2.5%溴氰菊酯乳油稀释 3 000 倍，或 2.5%高效氯氟氰菊酯乳油 3 000 倍液，或 50%辛硫磷乳油 1 000～1 500 倍液，或 10%吡虫啉 1 500 倍液，或 5%啶虫脒乳油 3 000 倍液喷雾防治。

(四)棉铃虫

棉铃虫(*Heliothis armigera* Hübner)俗称蛀虫，属鳞翅目夜蛾科。分布于全国各地，是食性杂、为害广的蛀食性大害虫。寄主有番茄、辣椒、茄子、西瓜、甜瓜、南瓜等蔬菜、瓜类及棉、烟、麦、豆等多种农作物。棉铃虫为害棉花，主要在棉花蕾花铃期蛀食蕾、花、铃，其中花蕾被蛀，苞叶张开发黄，2～3 d 随即脱落；蛀花食害柱头和花药，不能授粉结铃；蛀害青铃造成孔洞，影响棉铃生长并诱发病害，造成污染烂铃。取食棉花嫩叶，造成孔洞或缺刻；取食嫩尖后造成无头棉，严重影响棉花的正常生长发育。

1. 形态特征(图 12-2-8)

①成虫：体长 15～20 mm，翅展 31～40 mm。前翅色深，后翅色浅，雌蛾前翅赤褐色，雄蛾前翅灰绿色。前翅翅尖突伸，外缘较直，斑纹模糊不清，中横线由肾形斑下斜至翅后缘，末

端达环形斑正下方；亚缘线锯齿较均匀，与外缘近于平行。后翅灰白色，沿外缘有黑褐色宽带，宽带中央有 2 个灰白斑不靠外缘。

②卵：为半球形，初产时乳白色，具纵横网格。

③幼虫：6 龄。老熟幼虫体长 40～50 mm。体色变化极大，常见为绿色型及红褐色型，背线、亚背线和气门上线呈深色纵线，气门白色，腹足趾钩为双序中带。两根前胸侧毛连线与前胸气门下端相切或相交。体表密生长而尖的小刺。

④蛹：为纺锤形，赤褐至深褐色。

2. 发生规律

棉铃虫在山东、河南每年发生 4 代，新疆、甘肃等地 1 年发生 3 代，在长江以南发生 5～7 代。均以蛹在土中越冬。在华北 4 月下旬开始羽化，成虫羽化以 19 时至次晨 2 时最盛，具强趋光性和趋化性。2～3 年生杨树枝对成蛾的诱集能力很强，可利用此习性，在棉田插杨树枝把诱集成虫。成虫羽化后当晚即可交配，2～3 d 开始产卵，卵散产，较分散。卵多产在叶背面，也有产在正面、顶芯、叶柄、嫩茎上或杂草等其他植物上，大体在 5 月中下旬、6 月中下旬、8 月上中旬和 9 月中下旬，依次为 1 代、2 代、3 代、4 代幼虫发生为害盛期。幼虫发育温度 25～28 ℃、湿度 75%～90%最为适宜，当月降水 100 mm 以上，相对湿度 70%以上为害最重。幼虫有转株为害的习性，转移时间多在夜间和清晨，这时施药易接触到虫体，防治效果最好。另外土壤浸水能造成蛹大量死亡。

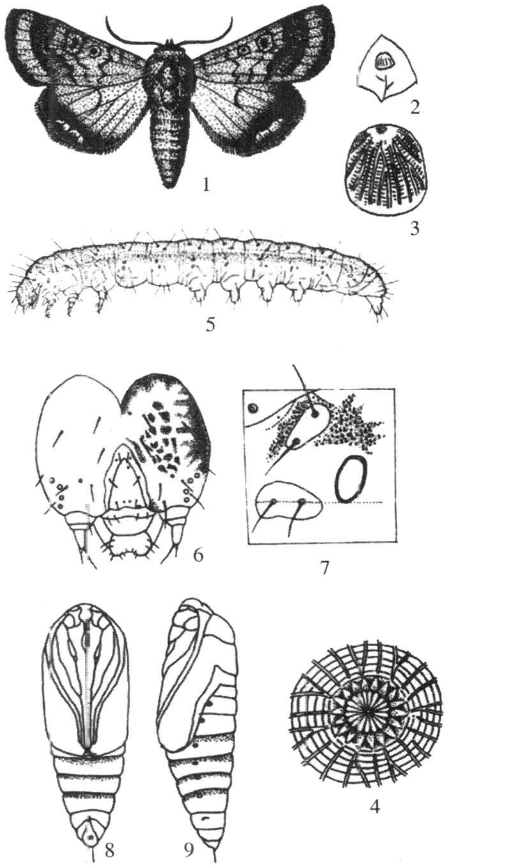

图 12-2-8 棉铃虫

(仿 袁锋. 农业昆虫学. 2001)

1. 成虫 2. 卵 3. 卵放大
4. 卵顶部花冠放大 5. 幼虫
6. 幼虫头部正面 7. 幼虫前胸侧面
8. 蛹腹面 9. 蛹侧面

3. 田间调查与预测

(1)调查方法

1)杨树枝把或黑光灯诱蛾

①杨树枝把诱蛾：6 月至 9 月底进行。选生长好的棉田 2 块，每块田 $2 \times 667\ m^2$ 以上，将长 67 cm 左右的二年生杨树带叶枝条 10 根，晾萎蔫之后捆成一束，插入棉田，上部高于棉株 15～30 cm，每块田 10 束。

每天日出之前用塑料袋套住枝把，使成虫跌入袋中，分别记录雌、雄虫数。杨树枝把每 7～10 d 更换 1 次，以保持诱蛾效果。统计平均 10 把诱蛾量。

②黑光灯诱蛾：在常年适于成虫发生的场所，设置 1 台多功能自动虫情测报灯(或 20 W 黑光灯)，置于视野开阔地，要求其四周没有高大建筑物和树木遮挡。虫情测报灯的灯管下端与地表面垂直距离为 1.5 m，需每年更换一次新的灯管。黄河流域、长江流域和新疆南疆

棉区的诱蛾时间从 4 月初开始;新疆北疆棉区从 4 月中旬开始;辽河流域从 5 月上旬开始,10 月底结束。每日统计一次成虫发生数量,将雌蛾、雄蛾分开记载。

2)查卵和查幼虫

①卵量调查:选择有代表性的一块棉田一块,5 点取样。第二代每点顺行连续调查 20 株,共查 100 株;第三、四、五代每点顺行连续调查 10 株,共查 50 株。每块田采用定点定株调查方式,第二代查棉株顶端及其以下 3 个枝条上的卵量,第三、四、五代查群尖和嫩叶上的卵量。每次选择在上午调查,每 3 d 调查 1 次。

②幼虫调查:北方棉区查第二、三、四代,南方棉区查第二、三、四、五代,各代分别选择一块不打药的棉田,面积不少于 334 m^2,采用 5 点取样,定点调查。第二代每点查 10 株,第三、四、五代每点查 5 株,每 5 d 调查 1 次。分别记载卵、幼虫的数量和龄期,调查后将卵和幼虫抹掉。同时调查捕食性天敌。统计百株卵量、百株 1~3 龄虫量和总虫量。

(2)短期预测　初孵幼虫高峰期(即发蛾高峰期后 6~10 d)为防治适期。将棉田百株卵量达 100 粒或百株幼虫达 10 头的田块列为防治对象田。

4. 防治方法

(1)农业防治　一是在整枝时打顶、打杈要带出田外销毁,以消灭有效卵量;二要打去老叶,改善通风状况,抑制幼虫为害;三要在受害作物田种植玉米诱集带,诱成虫集中产卵杀灭。

(2)诱杀防治

①杨树枝把诱杀:发蛾高峰期,将长 60~70 cm 的杨树枝条 7~8 枝扎成一把,于每天傍晚插到棉田,枝把高出棉株,每公顷田插 150 把,第二天日出前用塑料袋套把捕杀成虫。

②灯光诱杀:每 3 hm^2 棉田安装频振式杀虫灯 1 盏,灯距地面 1.6 m,在成虫盛发期,19 时开灯,次日 7 时关灯进行诱杀。

(3)生物防治　于产卵高峰期喷洒 2 次 Bt 乳剂,或棉铃虫核型多角体病毒(防治幼虫)。或从棉铃虫产卵盛期开始,每隔 3~5 d,连续释放赤眼蜂 2~3 次,每次每公顷 22.5 万头,卵寄生率可达 60%~80%。

(4)化学防治　于卵孵化盛期至 2 龄幼虫期,选用 2.5%高效氯氟氰菊酯乳油+50%毒死蜱乳油 1 500~2 000 倍液,或 2.5%功夫乳油、2.5%天王星乳油 3 000 倍液喷雾。着重喷洒植株上部幼嫩部位,每隔 6~7 d 喷洒 1 次,连续喷 3~4 次。

四、操作方法及考核标准

(一)操作方法与步骤

(1)结合教师讲解及棉花害虫形态特征的仔细观察,分别描述棉花害虫成幼虫识别特征。

(2)结合教师讲解及棉花害虫为害状的仔细观察,分别描述棉花害虫的为害状。

(3)根据田间棉花害虫形态观察和发生情况进行预测预报,从而制订棉花害虫的综合防治措施。

扩展学习 12-2　棉花病虫害形态识别(二)

(二)技能考核标准

见表 12-2-2。

表 12-2-2　棉花虫害防治技术技能考核标准

考核内容		评分标准	标准分值	考核方法
基础知识考核（100 分）	1. 叙述棉花各种害虫的识别特征	根据叙述棉花各种害虫特征的多少酌情扣分	40	单人考核 口试评定成绩
	2. 叙述棉花各种害虫在各个时期或部位的为害状	根据叙述棉花各种害虫为害状的准确程度酌情扣分	40	
	3. 制订棉花病虫害的综合防治措施	根据叙述棉花病虫害的综合防治措施准确程度酌情扣分	20	

五、练习及思考题

1. 棉蚜的为害状有哪些？如何防治？

2. 简述棉铃虫的识别特征。制订棉铃虫的综合防治措施。

3. 棉叶螨的为害状是什么？

4. 常见的棉盲蝽有哪些？简述棉盲蝽如何为害植物。

参考答案 12-2

典型工作任务十三

甘薯、烟草及糖料作物病虫害防治技术

项目1　甘薯、烟草及糖料作物病害防治技术

项目2　甘薯、烟草及糖料作物虫害防治技术

项目1 甘薯、烟草及糖料作物病害防治技术

一、技能学习目标

通过实训，使学生能够认识薯类、烟草及糖料作物主要病害的症状特点及病原菌的形态特征；掌握薯类、烟草及糖料作物主要病害的诊断要点、发病规律及主要防治技术；能够制订切实可行的综合防治方案；能够根据病害发生的种类开展有效的防治。

课程学习 13-1

二、教学资源

1. 材料与工具

甘薯黑斑病、甘薯软腐病、烟草黑胫病、烟草病毒病、甘蔗凤梨病、甜菜褐斑病、甜菜根腐病等实物标本、新鲜材料，病原菌玻片、挂图、教学课件（包括幻灯片、录像带、光盘等影像资料）。

多媒体教学设备（投影仪、计算机）、显微镜、载玻片、盖玻片、挑针、纱布、蒸馏水、刀片、徒手切片夹持物、镜头纸、0.1%氯化汞、无菌水等。

2. 教学场所

教室、实验（训）室或大田。

3. 师资配备

每20名学生配备一位指导教师。

三、原理与知识

本任务中的甘薯主要病害包括甘薯软腐病和甘薯黑斑病等；烟草主要病害包括烟草黑胫病、烟草赤星病、烟草病毒病等；甜菜及甘蔗主要病害包括甘蔗凤梨病、甜菜褐斑病、甜菜根腐病等。全世界已报道甘薯病害50多种，我国已发现近30种。发生普遍且为害较重的有黑斑病、根腐病、甘薯瘟、茎线虫病和软腐病等。

（一）甘薯黑斑病

甘薯黑斑病又称甘薯黑疤病，世界各甘薯产区均有发生。1890年首先发现于美国，1905年传入日本，1937年由日本鹿儿岛传入我国辽宁省盖州市。目前是我国甘薯产区为害普遍而严重的病害之一，常年损失为5%～10%，此外，病薯中可产生甘薯黑疱霉酮等物质，家畜食用后，引起中毒，严重者死亡。用病薯块做发酵原料时，能毒害酵母菌和糖化酶菌，延缓发酵过程，降低酒精产量和质量。

1. 症状识别

苗期、生长期及贮藏期均可发生。主要为害薯苗、薯块，不为害绿色部分。

苗期受害，幼芽基部产生凹陷的圆形或梭形小黑斑，后逐渐纵向扩大至3～5 mm，重时则环绕苗基部形成黑脚状。地上部病苗衰弱，矮小，叶片发黄，重病苗死亡。湿度大时，病部可产生灰色霉状物（菌丝体和分生孢子），后期病斑丛生黑色刺毛状物及粉状物（子囊壳和厚垣孢子）。病苗移栽到大田后，病重的不能扎根而枯死，病轻的在接近土面处长出少数侧根，

但生长衰弱，叶片发黄脱落，遇干旱易枯死，造成缺苗断垄；即使成活，结薯也少。薯蔓上的病斑可蔓延到新结的薯块上，多在伤口处产生黑色斑块，圆形或不规则形，中央稍凹陷，生有黑色刺毛状物及粉状物。病斑下层组织墨绿色，病薯变苦。贮藏期薯块上的病斑多发生在伤口和根眼上，初为黑色小点，逐渐扩大成圆形、椭圆形或不规则形膏药状病斑，稍凹陷，直径 1～5 cm 不等，轮廓清晰。病部组织坚硬，可深入薯肉 2～3 cm，薯肉呈黑绿色，味苦。温湿度适宜时病斑上可产生灰色霉状物或散生黑色刺状物（子囊壳），顶端常附有黄白色蜡状小点（子囊孢子）。贮藏后期常与其他真菌、细菌病害并发，引起腐烂（图 13-1-1）。

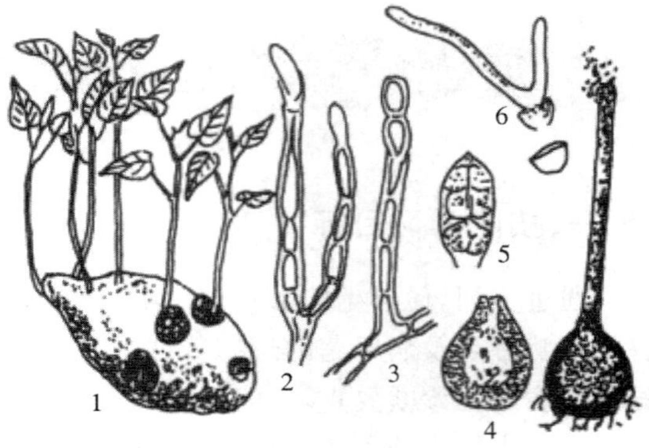

图 13-1-1　甘薯黑斑病

1. 症状　2. 内生分生孢子　3. 厚垣孢子　4. 子囊壳　5. 子囊及子囊孢子　6. 子囊孢子及其萌发

诊断要点：受害薯块病斑黑褐色，圆形或不规则形，中央稍凹陷，轮廓清晰，病斑上常生灰色霉层和黑色刺状物，切开病薯，可见病斑下组织呈黑色或墨绿色，薯肉有苦味。

2. 病原

病原菌为甘薯长喙壳 *Ceratocystis fimbriata* Ellis et Halsted，属子囊菌亚门长喙壳属真菌。菌丝体初无色透明，老熟后深褐色或黑褐色，寄生于寄主细胞间或偶有分枝伸入细胞内。无性繁殖产生内生分生孢子和内生厚垣孢子。分生孢子无色，单胞，圆筒形或棍棒形。厚垣孢子暗褐色，球形或椭圆形，具厚壁。有性生殖产生子囊壳，子囊壳呈长颈烧瓶状，基部球形，颈部极长，称壳喙。子囊梨形或卵圆形，子囊壁薄，成熟后自溶，子囊孢子散生在子囊壳内。子囊孢子无色，单胞，钢盔形。

3. 发病规律

病菌以子囊孢子、厚垣孢子和菌丝体在薯块或土壤中病残体上越冬。在田间 7～9 cm 深处的土壤内，病菌能存活 2 年以上。带菌种薯和种苗是主要的初侵染来源，其次是带有病残组织的土壤和肥料。鼠害、地下害虫、收获和运输过程中人的操作、农机具、种薯接触有利于病菌的传播和侵染。入窖前，如果已造成大量创伤，入窖后温、湿度适宜病菌侵入，可造成大量潜伏侵染，春季出窖病薯率明显增加。

甘薯品种之间抗病性存在着差异，薯块易发生裂口的或薯皮较薄易破裂、伤口愈合速度较慢的品种发病较重。植株不同部位感病差异明显。种苗地下部的白色部分组织幼嫩，易于病原菌侵入，较地上部的绿色部位感病。

温度影响寄主木栓层的形成和植物保卫素的产生，从而影响寄主的抗病性，在 20～38 ℃以内，温度越高，寄主抗病性越强。甘薯贮藏期间，15 ℃以上利于发病，最适发病温度为 23～27 ℃，10～14 ℃较轻，35 ℃抑制发病。

田间发病与土壤含水量有关。在适温范围内，土壤含水量在 14%～60%时，病害随湿度的增高而加重，超过 60%，又随湿度的增加而递减。多雨年份，地势低洼，土壤黏重的地块发病重；地势高燥，土质疏松的发病轻。

伤口是病原菌侵入的主要途径。薯块裂口多或虫鼠为害重，有伤口的薯块，病害也相应加重。在收获、运输和贮藏过程中造成大量伤口，附着在薯块表面的病菌乘机侵入，加之此时薯块呼吸强度大，散发水分多，病害蔓延较快。

4. 防治技术

(1)做好收获和贮藏工作　贮藏期是黑斑病为害重、损失大的时期，做好安全贮藏是保证丰产丰收的关键。贮藏期菌源主要来自田间的带病薯块，病菌通过运输造成的伤口侵入薯块，贮藏初期，高温高湿能促使病害发展，在 15 ℃以上病菌发展较快，10 ℃以下薯块易受冻。所以贮藏适温应控制在 10～14 ℃，相对湿度在 80%～90%，这是安全贮藏防治黑斑病的关键。

(2)培育无病种苗　育苗时要严格挑选无病种薯，并对种薯、种苗进行消毒处理。

①温汤浸种　用 51～54 ℃温水浸 10～12 min，在种薯下种后要大量吸热降温，所以在下水前水温应调节在 58～60 ℃，从种薯下水时计算浸种时间，然后维持 51～54 ℃，浸够规定时间后立即取出。浸种时将精选的种薯装在漏水的筐里，浸种过程中，应上下提动薯筐，使水温均匀。

②药液浸种　用 50%代森铵 200～300 倍液浸种 10 min 或用 50%甲基托布津 500 倍液浸种 5 min 或 10%多菌灵可湿粉剂 300～500 倍液浸种 10 min。

为了抑制黑斑病在苗床内扩展蔓延，应采取高温育苗，即在种薯入床后 3 d 内把床温保持在 38 ℃左右，出苗前床温保持在 28～32 ℃，出苗后可将床温降到 25～28 ℃，有利于种薯伤口愈合和抑制黑斑病菌侵入。由于土壤和粪肥也能染病，因此育苗所用土壤及粪肥应清洁无菌。

(3)杜绝种苗向大田侵染

①高剪苗　根据黑斑病菌在苗期侵害薯苗靠近地面的白色部分，而很少侵染绿色部分的特点，实行高剪苗可减少大田病菌来源。1 次高剪苗在离地面 5 cm 以上剪苗；2 次高剪苗在离地面 2 cm 以上剪苗，将剪下的苗插在苗圃中，待栽甘薯时，再在苗圃中离地面 5 cm 以上处剪苗。

②药剂处理种苗　将薯苗基部 2 cm 左右，用 50%代森铵或 50%甲基托布津 500～800 倍液或多菌灵 800～1 000 倍液浸苗基部 3～5 min，随即栽插，防病效果显著。

(4)建立无病留种基地　在黑斑病严重的地区，应建无病留种地，要求做到净地、净苗、净肥、净水，防治地下害虫。一般要在 3 年以上未种过甘薯的地块用作留种基地。

(5)轮作　对发病重的地块，实行 2 年以上轮作，防病效果好。

(二)甘薯软腐病

甘薯软腐病为甘薯贮藏期的主要病害之一。分布广泛，全国各甘薯生产区均发生严重。

1. 症状识别

甘薯软腐病，俗称水烂，是采收及贮藏期重要病害。薯块染病，初在薯块表面长出灰白色霉，后变暗色或黑色，病组织变为淡褐色水浸状，后在病部表面长出大量灰黑色菌丝及孢子囊，黑色霉毛污染周围病薯，形成一大片霉毛，病情扩展迅速，2～3 d 整个块根即呈软腐状，发出恶臭味。

诊断要点：薯块发病，初表生灰白色霉，后变暗色或黑色，病组织变为淡褐色水浸状，最后病部生大量黑色霉毛，薯块软腐，有恶臭味。

2. 病原

病原菌为黑根霉 *Rhizopus nigricans* Ehr.，属接合菌亚门根霉属真菌。菌丝初无色，后变暗褐色，形成匍匐根，无性态由根节处簇生孢囊梗，直立，暗褐色，顶端着生球状孢子囊1个，囊内产生很多暗色圆形孢子，单胞，由匍匐根的根节处又形成孢囊梗；有性态产生黑色接合孢子，球形表面有突起。

3. 发病规律

该菌存在于空气中或附着在被害薯块上或在贮藏窖越冬，由伤口侵入。病部产生孢子囊借气流传播进行再侵染，薯块有伤口或受冻易发病。发病适温 15～25 ℃，相对湿度 76%～86%；气温 29～33 ℃，相对湿度高于 95%不利于孢子形成及萌发，而利于薯块愈伤组织形成，发病轻。

4. 防治技术

（1）适时收获　避免冻害，夏薯应在霜降前后收完，秋薯应在立冬前收完，收薯宜选晴天，小心从事，避免伤口。

（2）入窖前精选健薯　汰除病薯，把水气晾干后适时入窖。提倡用新窖，旧窖要清理干净，或把窖内旧土铲除露出新土，必要时用硫黄熏蒸，每立方米用硫黄 15 g。

（3）加强管理　对窖贮甘薯应根据甘薯生理反应及气温和窖温变化进行三个阶段管理。一是贮藏初期，即甘薯发干期，甘薯入窖 10～28 d 应打开窖门换气，待窖内薯堆温度降至 12～14 ℃时可把窖门关上。二是贮藏中期，即 12 月份至翌年 2 月份低温期，应注意保温防冻，窖温保持在 10～14 ℃，不要低于 10 ℃。三是贮藏后期，即变温期，从 3 月份起要经常检查窖温，及时放风或关门，使窖温保持在 10～14 ℃。

（三）烟草黑胫病

烟草黑胫病是烟草上常见的重要病害，俗称“瘟兜”“地下症”“黑根”“黑秆疯”，常年发病率为 1%～8%，严重地区可达 25%～35%。

1. 症状识别

此病可发生在烟草的整个生育期，但为害重的是在烟草定植后至团棵期，主要受害部位是成株茎基部，发病后通常整株死亡。

苗期发病先在茎秆基部产生黑斑，以后向上蔓延至茎部。气候干燥时，病株变黑干缩枯死；气候潮湿时黑斑迅速蔓延，病部产生白色菌丝，严重的可由土表传染至附近烟苗，造成成片枯死。

大田成株期发病主要在茎秆基部和根部，先是茎基变黑，再向上蔓延，叶片从脚叶依次变黄下垂，气温高时常萎蔫，俗称“穿大褂”，数日后枯死。烟田湿度大或积水时，下部叶常产生圆形、近圆形大型褐色斑块，俗称“猪屎斑”，上呈水渍状浓淡相间轮纹。病斑发展快，数日内可通过主脉叶基到达茎秆，造成“烂腰”至全株枯死。病株根部常变黑，部分侧根、须根腐烂，髓部呈黑褐色干缩碟片状，碟片之间长满白色菌丝，这一特征在剖检茎部时可与茎褐腐病区别开来。黑胫病无论在茎上、叶上发病，湿度大时病部表面均可产生一层白色菌丝层，这是与其他根、茎病的区别。

诊断要点：苗期发病常引起猝倒；成株期病株常表现为黑胫、穿大褂、碟片状。

2. 病原

病原菌为寄生疫霉烟草变种 *Phytophthora parasitica* var. *nicotianae*（Breda de Haan）

Tuker，属鞭毛菌亚门疫霉属。菌丝无色透明，无隔膜，有分枝。孢囊梗分化不明显，菌丝状，从气孔伸出，孢子囊顶生或侧生，梨形或椭圆形，顶部有乳状突。游动孢子圆形或肾形，侧生两根不等长的鞭毛。

3. 发病规律

以厚垣孢子或休眠菌丝体在土壤中、病株残体上可存活 3 年左右。大田初次侵染源主要来自带菌土壤及带菌肥料。部分老病区，育苗时土壤消毒不严，常致幼苗带病，植入大田后，发展为发病中心。病株上产生的孢子囊和游动孢子可通过流水或雨水溅散至健株进行再侵染，而蔓延扩展。烟叶成熟采收后，病菌随病株残体落入田间、肥料中越冬，成为第二年的初次侵染源。

黑胫病发生的有利气候条件是高温高湿。一般平均气温低于 20 ℃时发病较少，幼苗在 16 ℃以下很少发病，24～32 ℃时有利于侵染，28～32 ℃时发病最快。雨季来得越早，降雨量越大，发病亦严重。6—7 月份的雨量对本病流行起重大作用，每次降雨后常出现发病高峰期，冬烟期、春烟期发病较轻。

地势低凹、排水性差、黏重的土壤有利发病；田烟发病较地烟重；土壤碱性过大有利于发病；土壤中钙、镁离子增加，此病加重；重氮轻磷发病严重；连作田发病亦重。

4. 防治技术

防治黑胫病采取种植抗病品种和轮作为中心的综合防治措施。

(1)选用抗病品种　云南引进的抗病品种有 K326 和 NC89，选育出抗病或中抗品种有云烟 85、云烟 87、云烟 97、云烟 100 等，国内其他烟区有 G140、G28、NC82、G70、G80、郴桂 1 号，晒烟抗病品种有金英、青梗等；白肋烟有 B104、B105 等。

(2)加强栽培管理

①适时早栽　云南烟区近几年于 2 月底至 3 月初育苗，4 月底至 5 月初定植。一般烟株进入旺长期后雨季来临，此时烟株已木栓化，对黑胫病抗性明显增强，从而减轻发病，使感病阶段躲过高温多雨季节。

②合理轮作　实行 3 年以上轮作可有效减少土壤的菌源，减轻发病，轮作时不与豆科、茄科、葫芦科作物轮作，而实行水旱轮作。平整土地，采用高畦独垄种植，发病减轻。

③适当稀植　一般密度可据各地情况灵活掌握，适当稀植，有利于植株生长，增强抗性，可减轻发病。云南田烟达 1 100 株/667 m^2，地烟达 1 300 株/667 m^2。

④及时中耕除草烟苗移栽后及时施肥，促烟苗健壮；畦垄间的杂草及时拔除，特别是封行后应加强；对病叶和病株及时清除，以防蔓延；病残体不落入田间，应带出田外，集中后深埋。

⑤高垄栽培　使地面流水不与茎基部接触。

(3)药剂防治

①苗床用药　播种后 2～3 d，用 25%甲霜灵可湿粉剂 2 kg/hm^2，加水喷洒苗床；移栽前再喷 25%甲霜灵可湿粉剂，可带药移栽。

②移栽时穴施　可用 95%敌磺钠可湿粉剂 5.25～7.5 kg/hm^2 与干细土拌匀移栽时穴施。

③发病初期用药　可用 25%甲霜灵可湿粉剂 1.8～2.7 kg/hm^2 或 72%普力克、64%杀毒矾喷防，每隔 10～15 d 用药 1 次，连续 2～3 次。

(四)烟草病毒病

烟草病毒病在烟区普遍发生,发病率一般为5%~20%,少数严重田块可达90%以上。苗期受害损失大,严重导致绝收,现蕾后受害,对产量影响较小,但还影响烟叶品质。

1.症状识别

因引起烟草病毒病的种类和品种抗病性不同及存在不同病毒复合侵染现象,症状表现有差异。发病初期新叶叶脉变浅,形成明脉。明脉出现后,叶脉两侧褪绿,呈黄绿相间状,褪绿面积小的称为斑驳;褪绿面积大的称为花叶。若花叶叶片厚薄不匀、形成泡状突起、叶片皱缩、扭曲畸形、叶片细长状,有时叶向叶背纵卷的称为重花叶。幼苗受侵染,使植株节间缩短,明显矮化,不能正常开花结实。叶脉呈灰褐色或红褐色坏死,叶柄维管束变褐,茎秆上有红褐色或黑褐色坏死条斑。

诊断要点:叶脉褪绿呈明脉,叶片斑驳、花叶、皱缩、卷曲,植株矮化,维管束变褐。

2.病原及发病规律

烟草病毒病的病原主要有烟草花叶病毒(TMV)、黄瓜花叶病毒(CMV)和马铃薯病毒(PVY),TMV可由汁液、土壤和大型线虫传毒,CMV可由汁液传播或蚜虫作非持久性传毒,PVY可由蚜虫、汁液摩擦和嫁接传毒。

TMV在土壤、肥料、种子、病残体及烘烤过的烟叶上越冬,成为次年的初侵染源。在干燥的病组织中可存活50多年;在田间病健株接触,田间管理中的手、工具、衣物等接触病株后,再接触健株可传播病毒,引起多次再侵染。最适合发生的温度为25~27 ℃。CMV在越冬的农作物、蔬菜、杂草和树木等寄主上越冬,在田间主要由蚜虫传播,传毒蚜虫有桃蚜和棉蚜,春天以有翅蚜带毒迁移至烟田传毒并蔓延。PVY在马铃薯种薯、越冬蔬菜和田间杂草上越冬,传毒蚜虫有烟蚜、马铃薯长管蚜等。

持续高温干旱,蚜虫发生量大,前茬为茄科、十字花科蔬菜的烟草田块,连作田块,施用带病残体肥料,靠近蔬菜田的烟地,管理粗放烟地都会加重病毒病发生。

3.防治技术

(1)农业防治　选用抗烟草花叶病毒(TMV)和黄瓜花叶病毒属(CMV)的品种。苗床远离烟叶晾晒场和烤烟房,选非烟草、蔬菜地块的表土作床土。在无病株上采种,剔除种子中的病毒残屑。不移栽病苗,避免连作,与非茄科、十字花科作物实行2~3年轮作,安排烟田远离菜田,合理的烟草与小麦套种。田间农事活动中的工具和手要用肥皂水消毒。

(2)药剂防治　发病初期,用1.5%的植病灵、2%宁南霉素喷雾,苗期用药2~3次,移栽前用药1次,移栽后用药1~2次。或用50%抗蚜威等喷药防防治蚜虫,控制病毒病。

(五)甘蔗凤梨病

甘蔗凤梨病是甘蔗生产的重要病害,发生严重时造成发芽率低,可达到50%以上。

1.症状识别

受害蔗株初期在切口处变红,并有凤梨味,以后切口组织变黑,内部组织变红,节间中心部分变煤黑色呈微粒状,在切口外部可长出黑色针刺状物,继而节间内的薄壁组织腐烂,蔗皮内仅剩黑色发状纤维和大量煤黑色粉状物。

诊断要点:初期切口处变红,有凤梨味;后切口组织变黑,内部组织变红,节间中部呈黑色微粒状,在切口外有黑色刺状物;最后蔗皮内仅剩黑色发状纤维和大量煤黑色粉状物。

2. 病原

病原菌无性态为奇异根串珠霉 *Thielaviopsis paradoxa* (de Seynes) V. Höhn，属半知菌亚门根串珠霉属真菌；有性态为奇异长喙壳菌 *Ceratocystis paradoxa* (Dode) Moreau，属子囊菌亚门长喙壳属真菌。无性态有大小两种类型孢子。小型孢子为内生分生孢子，圆筒形，无色。大型分生孢子壁厚，单生或串生，椭圆形，初色浅，老熟后呈黑褐色，表面有刺状突起。子囊壳近球形，深褐色，具长喙，喙部开口处裂成须状。子囊卵形，内含 8 个子囊孢子。子囊孢子椭圆形，无色，单胞。成熟时子囊壁消解，子囊孢子从长喙孔口释出。

3. 发病规律

该菌是伤口寄生菌，主要为害种蔗、宿根蔗和受伤蔗茎。病菌从切口侵入，种蔗受害重。病菌以菌丝体或大型分生孢子在病组织中或落在土壤内越冬，存活时间长，条件适宜时大型分生孢子萌发从伤口侵入。初侵染源是带菌种蔗、土壤及蔗田旁其他寄主。低温或高湿有利于发病，连作地发病重。

4. 防治技术

(1)农业防治　选用抗病品种。选蔗茎大小中等、节间无病的梢头苗留种；窖贮蔗种，在入窖前要防止霜冻，窖藏期间加强温湿管理。加强栽培管理。蔗种用 2%石灰水浸 12～24 h，可起促萌发、早发根、早生长、减少病菌侵染。催芽是防治此病的重要措施，冬季可使用地膜覆盖、栽植时宜浅土覆盖可促早萌发。黏重或地下水位高地块搞好排水，重病区实行 1～2 年水旱轮作。

(2)药剂防治　可用 50%多菌灵可湿粉剂或 50%甲基托布津或 50%苯来特 1 000 倍浸种 10 min；窖贮种蔗，在入窖前也可用 50%多菌灵或 50%甲基托布津可湿粉剂 500 倍浸种切口，可防腐烂。

(六)甜菜褐斑病

甜菜褐斑病是甜菜生产的重要病害，一般发生可造成甜菜减产 10%～20%，严重时减产 30%～40%，含糖量降低。

1. 症状识别

叶片发病初期，产生褐色至紫褐色圆形至不规则形小斑点，以后扩大为 3～4 mm 的病斑。病斑四周形成褐色或赤褐色边缘，病斑中间薄而易碎，中央产生灰白色霉状物，连片使叶片枯死。病菌可为害叶柄、根头、花枝、种球。叶柄上病斑呈卵形或梭形(图 13-1-2)。

诊断要点：发病初期，叶片产生褐色斑点，后病斑扩展，四周呈褐色，中央生灰白色霉状物，严重时叶片枯死。

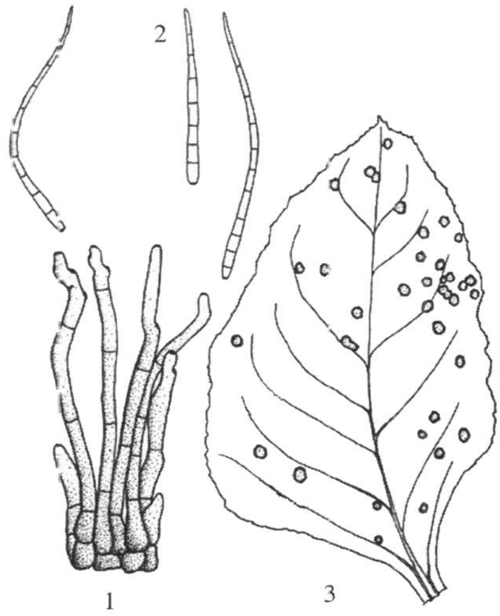

图 13-1-2　甜菜褐斑病

1. 病原菌分生孢子梗　2. 分生孢子
3. 叶片为害状

2. 病原

病原菌为甜菜生尾孢 *Cercospora beticola* Sacc.，属半知菌亚门尾孢属真菌。菌丝橄榄色，集结成菌丝团。分生孢子梗褐色，2～17 根束生，顶端色淡或无色，不分枝。分生孢子着生于梗顶端，无色，鞭形或披针形，具6～12个隔膜。分生孢子发育适温25～28 ℃，高于37 ℃或低于5 ℃发育停滞，45 ℃处理10 min死亡。萌发最适湿度98%～100%，在水滴中最好。

3. 发病规律

病菌以菌丝体在病残体、留种株根头、种球上越冬，条件适宜可形成分生孢子。分生孢子可借风、雨水传播，从气孔侵入，在叶片细胞间蔓延，形成病斑。降雨、大雾或灌水能形成分生孢子，田间湿度大，病害加重，连作地发生也重。

4. 防治技术

(1)农业防治　选用抗病品种；清除病残体，做饲料、沤肥或烧毁；深翻地块；实行轮作；当年甜菜田与去年甜菜田要保持500～1 000 m距离，采种田也必须远离原料甜菜生产田。

(2)药剂防治　发病初期，可用50%多菌灵1 000倍液或50%扑海因或65%甲霉灵1 500～2 000倍液喷雾防治，隔10～15 d喷1次，连喷2～3次。

(七)甜菜根腐病

甜菜根腐病是由多种真菌和细菌侵染后引起生长期块根腐烂的总称。其危害性强，损失大，一般受害株呈全株性死亡，很难控制，易造成绝收。一般发生时减产达10%～30%，若遇多雨或低湿地块发生严重。

1. 症状及病原

甜菜根腐病为土传病害，不同病原菌引起的根腐病症状不同，常见的有5种：

(1)镰刀菌根腐病　病原菌主要为黄色镰刀菌 *Fusarium culmorum* (W. G. Smith) Sacc.，属半知菌亚门镰刀菌属。是块根维管束病害，病菌侵染根部使维管束呈浅褐色，木质化；病菌侵染主根和侧根使导管褐变或硬化，块根呈黑褐色干腐状，根内出现空腔。发病轻病株生长缓慢，叶丛萎蔫，发生重病株块根腐烂，叶丛干枯死亡。

(2)丝核菌根腐病(根颈腐烂病)　病原菌为立枯丝核菌 *Rhizoctonia solani* Kühn，属半知菌亚门丝核菌属。先在根冠部及叶柄基部产生褐色斑点，逐渐从上向下扩展，腐烂处凹陷，形成裂痕，病部呈褐色或黑色，可见稠密褐色菌丝。发生严重整个块根腐烂。

(3)蛇眼菌黑腐病　病原菌无性态为甜菜茎点霉 *Phoma betae* Frank，属半知菌亚门茎点霉属，有性态为甜菜格孢腔菌 *Pleospora betae*，属子囊菌亚门格孢腔菌属。先从根部出现黑色云纹状斑块，略凹陷，从根内向外腐烂，表皮烂穿后出现裂口，除导管外全部变黑。

(4)白绢型根腐病(菌核病)　病原菌无性态为 *Sclerotium rolfsii* Sacc.，属半知菌亚门小核菌属。根头先发病，向下蔓延，病部软凹陷，呈水渍状腐烂，块根表皮和根冠土表处有白色绢丝状菌丝体，后期产生油菜籽大小的深褐色菌核。

(5)细菌性根腐(根尾腐烂病)　病原菌为胡萝卜欧文氏菌甜菜亚种 *Erwinia carotovora* subsp. *betavasculorum* Thomson, Hildebrad et Schroth，属薄壁菌门欧文氏杆菌属细菌。病菌先从根尾开始侵染，由下向上扩展蔓延，病部变为暗灰色至铅黑色水浸状软腐，严重时全根腐烂，常溢有黏液，并有腐败酸臭味。

诊断要点：发病根部变黑、腐烂，严重时整株死亡。

2. 发病规律

引起甜菜根腐病的真菌以菌丝、菌核或厚垣孢子在土壤、病残体上越冬，而细菌是在土壤、病残体中越冬，第二年借雨水、灌溉水及耕作传播。主要是从根部损伤和其他伤口处侵染。田间的畸形根、虫伤根、人为机械创伤根、生育不良根有利病菌侵入；黑土、黑黏土，土壤湿度大，低洼地块，排水不良地块发病重。

3. 防治技术

(1)农业防治　选育抗病品种，选地下水位低、土壤肥沃田块；采取轮作，4年与禾本科作物轮作；不用蔬菜、大豆作前茬；深耕，及时中耕；干旱及时灌水；增施速效磷肥。

(2)药剂防治　用福美双、恶霉灵(土菌消)、敌克松按种子质量的0.8%拌种。

(3)加强防治地下害虫。

四、操作方法及考核标准

(一)操作方法与步骤

(1)选择病害发生较为严重的甘薯、烟草、甘蔗等田块，调查病害发生种类、为害状况及为害特点。

(2)结合调查结果，查询学习资料，获得相关知识。

(3)结合教师讲解及对病害症状观察，识别薯类、烟草及糖料作物常见病害。

(4)通过显微镜镜检，识别薯类、烟草及糖料作物常见病害的病原菌形态特征。

(5)根据薯类、烟草及糖料作物主要病害发生规律，制定综合治理措施。

(6)撰写实训报告。

扩展学习 13-1　甘薯、烟草及糖料作物病害识别

(二)技能考核标准

见表13-1-1。

表 13-1-1　薯类、烟草及糖料作物病害防治技术技能考核标准

考核内容		评分标准	标准分值	考核方法
薯类、烟草及糖料作物病害识别(40分)	1. 采集、识别10种病害	根据采集病害标本特征、病害识别情况酌情扣分，每错一种扣2分	20	单人考核口试评定成绩
	2. 判断10种病害病原分类(属)	病原物属的名称每错一种扣1分	10	
	3. 描述病害的识别要点	症状描述不正确每种扣1分	10	
病原菌形态识别(30分)	1. 玻片标本制作	根据玻片擦拭、病菌挑取、盖玻片放置等符合要求情况酌情扣分	15	单人操作考核
	2. 病菌观察识别	根据显微镜操作熟练程度，病原菌形态清晰度，特征明显与否酌情扣分	15	
综合防治技术(30分)	1. 制订综防措施	根据薯类、烟草及糖料作物病害发生的种类制订综合防治措施，依据是否符合要求酌情扣分	15	单人操作考核
	2. 可行性和可操作性	根据制定的综防措施是否具有可操作性和可行性酌情扣分	15	

五、练习及思考题

参考答案 13-1

1. 制订烟草黑胫病的综合防治方案。

2. 参与甘薯病害全程综合防治工作，如选用无病种薯、种薯及苗床消毒、高剪苗、种苗消毒及生长期和窖藏期药剂防治等病害防治技术。

3. 比较甘薯黑斑病和软腐病的症状特点、病原特征和发生条件。

项目2 甘薯、烟草及糖料作物虫害防治技术

课程学习 13-2

一、技能学习目标

通过实训，使学生能够认识当地薯类、烟草及糖料作物常发性害虫的种类，了解其发生规律，制订综合防治方案，并指导防治工作。

二、教学资源

1. 材料与工具

当地气象资料、甘薯、烟草及糖料作物主要害虫的历史资料、栽培品种及生产技术方案、害虫种类及分布为害情况等资料。

甘薯麦蛾、烟青虫、甘蔗螟虫、甜菜跳甲等当地常发性害虫成虫、幼虫（若虫）盒装标本和浸渍标本。

体视显微镜、显微镜、放大镜、镊子、挑针、蒸馏水、培养皿、载玻片、泡沫塑料板、挂图、彩色照片及多媒体课件等。

2. 教学场所

教室、实验（训）室或大田。

3. 师资配备

每20名学生配备一位指导教师。

三、原理与知识

甘薯害虫有100多种，为害较重的有甘薯麦蛾、甘薯叶甲、甘薯天蛾、甘薯锥象甲、斜纹夜蛾等，另外蛴螬、小地老虎等地下害虫也严重为害甘薯。

（一）甘薯麦蛾

甘薯麦蛾 *Brachmia macroscopa* Meyrick，又名甘薯卷叶虫，属鳞翅目，麦蛾科。甘薯麦蛾除新疆、宁夏、青海、西藏等地未见报道外，全国各地发生普遍，且以南方各省份发生较重。甘薯麦蛾主要为害甘薯、蕹菜（空心菜）、月光花和牵牛花等旋花科植物。以幼虫吐丝卷叶，在卷叶内取食叶肉，留下白色表皮，状似薄膜。幼虫尚能食害嫩茎和嫩梢，发生严重时大部分薯叶被卷食，叶肉几乎被食尽，整片地呈现“火烧”现象，严重影响甘薯产量和品质（图

13-2-1)。

1. 形态特征

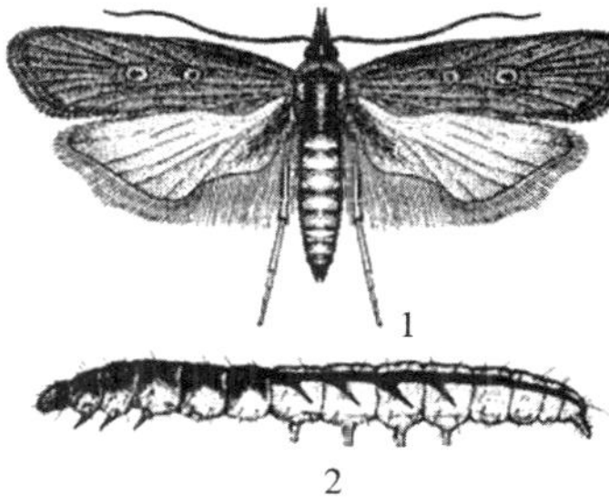

图 13-2-1 甘薯麦蛾

（仿 农业昆虫学．袁锋.）

1. 成虫 2. 幼虫

(1)成虫 体长5～7 mm，翅展15～16 mm，体黑褐色。前翅狭长，暗褐色或锈褐色，中室内有2个黑色小点，翅外缘有5个小黑点。后翅宽，淡灰色，缘毛长。

(2)卵 长约0.6 mm，椭圆形，表面具细纵横脊纹。初产时灰白色，后变为淡黄色。

(3)幼虫 老熟幼虫体长18～20 mm，头稍扁，黑褐色。前胸背板褐色，两侧暗褐色，呈倒“八”字形。中胸至第二腹节背面黑色，以后各节乳白色，亚背线黑色，第二至第六腹节每节两侧各有1条黑色斜纹。

(4)蛹 体长7～8 mm，纺锤形，头钝尾尖，黄褐色，末端有钩刺8个。

2. 发生规律

甘薯麦蛾在不同的地区每年发生的世代数不同，我国从北到南1年发生3～9代，在北方以蛹在残株落叶下越冬，在南方多以成虫在田间杂草丛中或屋内阴暗处越冬。世代重叠。甘薯麦蛾的成虫趋光性强，且行动活泼，喜食花蜜。白天潜伏于薯叶背面或茎蔓基部隐蔽处，夜间进行交尾、产卵。卵通常散产于叶背面的叶脉之间，也有少数卵产于新芽和嫩茎上。幼虫共4龄，其中1龄幼虫只在叶面剥食叶肉，不进行卷叶，但吐丝下坠；2龄幼虫即开始吐丝作小部分卷叶，并在卷叶内取食叶肉；3龄以后，幼虫的食量大增，卷叶程度也增大，且有转移为害的习性，一头幼虫从小到大能为害十几片叶子，影响薯株正常生长和薯块膨大。幼虫除主要为害叶片外，也取食嫩茎和嫩梢。幼虫老熟后在卷叶或土缝里化蛹。

高温低湿是甘薯麦蛾严重发生的重要因子，在气温25～28 ℃，相对湿度60%～65%的条件下，发育繁殖最为旺盛。甘薯植株在生长前期受害会影响营养的供应，延缓甘薯的生长；甘薯块根膨大时期如虫口密度增大，大量的叶片被害，光合作用降低，会阻碍薯块膨大，产量损失可达10%以上。甘薯品种不同，受害程度不同，一般叶片肥厚的品种比叶片薄的品种受害重。

3. 防治技术

(1)农业防治 秋后要及时清洁田园，处理残株落叶，清除杂草，消灭越冬蛹，降低田间虫源；田园内初见幼虫卷叶为害时，要及时捏杀新卷叶中的幼虫或摘除新卷叶。

(2)保护利用天敌 甘薯麦蛾的天敌有步甲、茧蜂、白僵菌等，这些天敌对其发生有一定的抑制作用。

(3)化学防治 药物防治应掌握在幼虫发生初期施药，喷药时间以16—17时为宜，此时防治效果较好。首选药剂48%乐斯本乳油1 000～1 500倍液喷雾防治，防效可达90%以上。蕹菜上选用20%除虫脲悬浮剂1 500～2 000倍液、Bt乳剂(100亿个孢子/mL)400～600倍液喷雾防治，效果均较好。

(二)烟青虫

烟青虫 *Helicoverpa assulta* Guenee 又叫烟夜蛾，属鳞翅目夜蛾科。分布广，寄主多，除烟草外,可取食辣椒、棉花、番茄、玉米、麻类、豌豆等多种植物。

以幼虫为害,多集中在烟草植株上部叶片取食,造成透明斑痕、孔洞、缺刻或无头苗,严重时吃光叶肉,仅留下叶脉。

1. 形态特征

(1)成虫　虫体黄褐色,前翅黄褐色,斑纹及横线明显,中横线较直,未达到环形纹正下方,外横线末端达肾形纹边缘下方,亚外缘线锯齿排列参差不齐,亚外缘线至外缘线之间为褐色宽带;后翅黄褐色,外缘黑褐色横带较窄,外侧有黄斑直达外缘。

(2)幼虫　体色常随气候和食料变化,夏季为绿色或青绿色,秋季为黄褐、红褐、绿褐或黑褐色,体背散生小白点(图 13-2-2)。

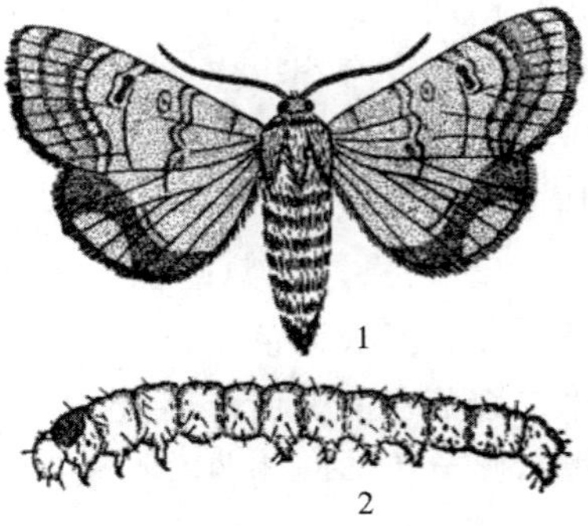

图 13-2-2　烟青虫

(仿 农业昆虫学. 西北农学院.)

1. 成虫　2. 幼虫

2. 发生特点

一年发生 2～6 代,云南、华南部分烟区可全年繁殖;世代重叠明显;成虫昼伏夜出,趋光性弱,趋蜜源性强;在叶正、反面具绒毛处、嫩茎、花蕾和果实上产卵;后期成虫对杨树枝把有明显趋性;初孵幼虫先食卵壳,后吐丝下垂转移,取食烟叶,现蕾后蛀食花蕾、青果,取食花蕊和未成熟种子;3 龄白天潜伏,夜间、清晨取食,4～6 龄食量大增,占幼虫总食量的 90%以上,幼虫有假死性、自残性,老熟后在土中作室化蛹越冬。一般白肋烟草品种、长势茂密浓绿和套种辣椒地块受害重。

3. 防治技术

(1)农业防治　在部分地区可改夏烟为春烟,能减轻为害;秋翻地块或冬灌水淹地;及时打顶抹杈;移栽缓苗后可在 8—9 时人工捕捉幼虫;成虫发生期可用杨树枝把诱成虫,于每天清晨套袋捕杀。

(2)生物防治　保护天敌;喷洒 Bt 乳剂(100 亿个活孢子/mL)或杀螟杆菌粉(100 亿个活孢子/g)300～400 倍液,防 3 龄前幼虫;可用棉铃虫核型多角体病毒防治,一般比化学农药提前 3～4 d 喷施。

(3)药剂防治　最佳时期在 3 龄前,每百株虫量为 24.5 头时喷药。可用 90%敌百虫 800～1 000 倍液;50%辛硫磷、80%敌敌畏乳油 1 000～2 000 倍液;25%溴氰菊酯乳油 3 000～4 000 倍液等。

(三)甘蔗螟虫

甘蔗螟虫是一类蛀食害虫的总称,常见有 5 种,均属鳞翅目,其中黄螟 *Argyroploce schistaceana* Snellen 属卷叶蛾科;大螟 *Sesamia inferens* Walker 属夜蛾科;二点螟 *Chilo infuscatellus* Snellen、白螟 *Scirpophaga nivella* Fabricius、条螟 *Proceras venosatum* Walker 均属螟蛾科。甘蔗螟虫发生普遍,为害严重。甘蔗从苗期至收获前均可受害。苗期受害幼虫蛀食生长点,形成枯心苗;生长中、后期,幼虫蛀入蔗茎,造成螟害节,易遭风折,虫伤处常引起赤腐病发生,造成甘蔗糖分降低,影响甘蔗产量和品质。

1. 形态特征

见表 13-2-1。

表 13-2-1　甘蔗螟虫形态比较

种类		黄螟	二点螟	条螟	白螟	大螟
成虫	体色	暗灰黄褐色	雌为灰黄色 雄为暗灰褐色	灰黄色	白色，有光泽	除腹部黄白色，其余淡黄褐色
	前翅	深褐色，斑纹复杂，翅中央有“Y”形黑纹	灰褐色，长三角形，顶角较锐，外缘近圆形，中室顶端有2个暗灰色斑点，外缘有7个小黑点	灰褐色，翅脉明显，有黑褐色纵条纹，顶角尖锐，中室有1个小黑点，外缘有一列小黑点	白色，有光泽，长而顶角尖	略呈长方形且较宽阔；翅中部及外缘暗褐色
	后翅	暗灰色	白色，有光泽	白色	白色	黄白色
幼虫	体色	淡黄色至灰黄色，头部赤褐色	淡黄色，背线暗灰色，亚背线及气门上线淡紫色，头部红褐色	淡黄色，亚背线及气门上线粗为紫色，头部黄褐色至褐色	体乳黄白色，前胸背板淡橙黄色	体背面淡紫色，腹面淡黄色，气门黑色
	胸腹部	前胸背板黄褐色，臀板暗灰黄色，体生小毛瘤	腹背两侧生梯形排列的淡黄色小毛瘤	腹背两侧有正方形排列的暗褐色粗大毛瘤	虫体肥大而柔软，多横皱，胸足短小，腹足退化	体形较肥大

2.发生特点

黄螟主要分布于我国的广东、广西、福建等地的主要蔗区，每年可发生6～7代，世代重叠，昼伏夜出，趋光性弱；卵散产，在春季甘蔗拔节前，多产在蔗苗基部枯老蔗鞘上，8月份以后多产在蔗茎表面；初孵幼虫由叶鞘间隙下潜至芽或根带处入蛀，蛀口外常留有虫粪堆，幼虫老熟后在蛀孔处作茧化蛹越冬；在冬季南方蔗区卵多产在近地面的干叶鞘上，幼虫、蛹多在地面下10 cm内的蔗茎内。1、2、3代主要为害蔗苗，4、5、6代主要为害蔗茎。

二点螟是大部分蔗区的主要害虫，卵块多产在蔗株1～4叶的叶背面；初孵幼虫吐丝下垂，爬行至叶鞘组织间取食入蛀蔗茎，蛀口周缘不枯黄，茎内蛀道直，老熟幼虫在受害茎内化蛹，以幼虫、蛹在蔗茎地上部越冬。1、2代为害蔗苗，3代以后为害蔗茎。

条螟在全国各蔗区都有分布，卵多产在叶面，以老熟幼虫在叶鞘内侧及蔗茎内越冬。初孵幼虫有取食卵壳习性，群集在心叶取食，被害叶上留有半透明不规则小斑点，3龄后幼虫由叶鞘蛀入蔗茎取食，多为数头幼虫蛀入同一茎，蛀口有虫粪，老熟幼虫多在叶鞘间或叶鞘外结白茧化蛹。

白螟主要分布我国华南地区和台湾地区，每年发生4～5代，有趋光性，飞行力弱，1个块平均14～15粒卵，喜欢在蔗苗上产卵，多产在第2～5叶内侧中部，卵面被有橙黄色绒毛；初孵幼虫吐丝下垂，由心叶蛀入取食，向下食成一条直道，被蛀心叶展开，蛀孔呈带状横列排孔，食痕周围呈褐色而逐渐枯死；甘蔗受害呈枯心时，抽出大量侧芽，使被害株呈扫帚状。1、2代为害蔗苗，3、4代为害蔗茎，第4代以老熟幼虫，少数以第5代老熟，在生长蔗株梢部隧道内越冬。发株早的甘蔗受害较重。

大螟在全国各蔗区都有分布，除甘蔗外，还可取食其他的禾本科作物和杂草。卵块多产在叶鞘内侧；初孵幼虫有群集性（与条螟相同），先食害叶鞘内侧（与条螟不同），2～3龄后分散蛀入蔗茎,被害叶鞘内侧常有新鲜虫粪,茎道内有腐臭味,老熟幼虫在叶鞘间化蛹;一年中以3、4月发生数量多,5月后锐减,转移为害水稻,12月又为害秋植蔗苗。冬季温暖干燥,连作和宿根蔗地,以小麦、水稻为前作或蔗稻混栽、蔗麦套种,枯心率高;叶阔下垂品种,蔗茎较软、纤维量少的品种,均受害重。

较干燥坡地上甘蔗以二点螟发生为主,条螟和黄螟次之;低洼地或水田蔗地则以黄螟为主,二点螟和条螟次之。

3. 防治技术

(1)农业防治　收获后,用开垄倒蔗、低斩蔗茬、火烧残茎、水浸蔗头等方法处理;选无螟虫害的健壮种苗;在当地螟虫盛发时及时剥枯叶,以减少幼虫钻蛀;选栽抗虫品种;适时早栽,减少甘蔗地插花种植或套种高粱、玉米、小麦、水稻等禾本科植物;实行稻蔗轮作或与豆类、蔬菜、番薯等轮作。

(2)药剂防治　选择在螟卵盛孵期用药,注意保护和利用天敌。苗期防治,以蚁螟孵化始盛期和高峰期各施药1次,用50%杀螟丹水剂1.125(新植蔗)～1.875(宿根蔗) kg/hm^2,兑水40 kg,或90%敌百虫晶体1.125 kg兑水75 kg喷雾,连喷2～3次,间隔15 d喷1次,重点喷甘蔗三杈口以下部位;甘蔗下种后先盖上基肥或薄土,后用3%克百威颗粒剂均匀撒入种植沟内再按正常厚度覆土。

(四)甜菜跳甲

为害甜菜的跳甲,常见的有南方跳甲 *Chaetocnema breviuscula* Faldermann 和甜菜凹胫跳甲 *Chaetocnema discreta* Baly,均属鞘翅目叶甲科。此虫除取食甜菜外,还可取食野生的藜科和蓼科杂草,以成虫食害甜菜幼苗,将子叶和真叶咬成孔洞和缺刻,或咬断幼苗,造成毁种。

1. 形态特征

见表13-2-2。

表13-2-2　两种跳甲的形态比较

种类	南方跳甲	甜菜凹胫跳甲
体形体色	椭圆形,末端稍尖,黑色暗绿有光泽	体端较圆,其余相似南方跳甲
头部	触角间不隆起	触角间隆起成脊形
前胸	前胸背板密布刻点,后缘不向下凹陷,鞘翅刻点成列	前胸背板后缘有粗刻点,向下凹陷
足	各足胫节及遗传跗节棕黄色,中后足胫端有着生短毛凹槽,后足腿节肥大	前中足胫、跗节暗褐色

2. 发生特点

南方跳甲分布于新疆甜菜栽培区,每年发生2代;甜菜凹胫跳甲在各甜菜区均有分布,特别以黑龙江西部及北部干旱地区发生普遍,在黑龙江每年发生1代。均以成虫在田边、地埂土块下、草丛根际土层中越冬,次年春甜菜苗出土后,向甜菜田转移。未向甜菜转移前以藜科等野生杂草为食。成虫产卵于寄主根附近2～5 cm土层中或侧根上,经两周后孵化,幼虫在20 cm以上土层内活动,取食细根,老熟幼虫在土层中作茧化蛹。春季干旱少雨,土壤干燥,靠近森林、护田林边缘及荒草滩的地块,发生重。

3. 防治技术

(1)农业防治　消灭田内外杂草,特别是藜科杂草;实行轮作;配合春耕秋翻精耕细作。

(2)药剂防治　以药剂拌种防治最有效，可用35%多克福种衣剂 4 L 拌种 100 kg。

甜菜幼苗期也可田间喷药防治，可用 80%敌敌畏乳油 1 500 倍液或 50%辛硫磷乳油 1 000 倍液。也可用 2%杀螟松粉剂 1～1.5 kg，拌细土 15～20 kg 制成毒土，撒在甜菜苗周围，均有防效。

四、操作方法及考核标准

(一)操作方法与步骤

(1)选择害虫发生较为严重的田块或薯窖，调查薯类、烟草及糖料作物害虫发生种类、为害状及为害程度。

(2)结合调查结果，查询学习资料，获得相关知识。

(3)通过体视显微镜镜检，对害虫形态特征进行仔细观察，识别薯类、烟草及糖料作物常见害虫种类。

(4)根据薯类、烟草及糖料作物主要害虫发生规律，制订综合治理方案。

扩展学习 13-2　甘薯、烟草及糖料作物的害虫形态识别

(5)撰写实训报告。

(二)技能考核标准

见表 13-2-3。

表 13-2-3　甘薯、烟草及糖料作物其他害虫防治技术技能考核标准

考核内容		评分标准	标准分值	考核方法
薯类、烟草及糖料作物害虫识别(50 分)	1. 识别 10 种害虫	害虫名称每错一种扣 1 分	10	单人考核口试评定成绩
	2. 列出 10 种害虫目、科名称	害虫目名每错一种扣 1 分，害虫科名称每错一种扣 1 分	10 10	
	3. 描述主要害虫的识别要点	描述害虫形态特征不正确酌情扣分	20	
综合防治技术(50 分)	1. 制订综防措施	根据薯类、烟草及糖料作物害虫发生种类制订综合防治措施，依据符合要求情况酌情扣分	30	单人操作考核
	2. 可行性和可操作性	根据制订的综防措施是否具有可操作性和可行性酌情扣分	20	

五、练习及思考题

1. 选择 1～2 块烟草及甘蔗田或 1～2 个甘薯窖，调查薯类、烟草及糖料作物害虫发生种类和为害情况。
2. 根据烟草主要害虫发生种类制订综合防治技术方案。
3. 根据甘蔗螟虫的生活史和习性制订综合防治方案。

参考答案 13-2

典型工作任务十四

果树病虫害防治技术

科技阅读窗

有一种水果，因味道鲜美，营养丰富而被人们称为“果中之王”。其原产于中国，而大规模的人工种植却是在外国的土地上，成为某国的支柱产业。在国内，他历尽艰辛，50多年如一日，致力于中华猕猴桃学科的研究与推广，首次揭开了猕猴桃的“神秘面纱”，扣开了猕猴桃由野生变家生、大面积人工栽培的成功之门，他就是被国内外学界誉为“猕猴桃之父”的朱鸿云。

思政学习7
服务人民，勇于攀登

项目1 果树主要病害防治技术

一、技能学习目标

课程学习 14-1

通过对本项目的学习，了解果树病害的分布、危害及发生特点。掌握常见病害的识别要点。熟悉病原物形态特征。能识别果树主要病害，能进行发生情况调查，能制订防治方案并实施防治。

二、教学资源

1. 材料与工具

当地园艺植物主要病害的腊叶标本、浸渍标本、病原菌玻片标本。如苹果树腐烂病、苹果轮纹病、苹果早期落叶病、梨黑星病、桃褐腐病、桃缩叶病、桃叶穿孔病、葡萄霜霉病、葡萄炭疽病、葡萄白腐病、葡萄黑痘病等，显微镜、体视显微镜、放大镜、镊子、挑针、刀片、滴瓶、蒸馏水、载玻片、盖玻片、采集袋、标本夹、剪刀、锯、挂图、多媒体课件(包括幻灯片、录像带、光盘等影像资料)、记载用具等。

2. 教学场所

教学实训场所果园，实验室或实训室。

3. 师资配备

每 20 名学生配备一位指导教师。

三、原理，知识

(一)苹果树腐烂病

苹果树腐烂病，俗称烂皮病，是我国北方苹果树重要病害。华北、东北、西北地区发生普遍。

1. 症状识别

苹果树腐烂病常见有两种症状类型：

(1)腐烂型　多发生于主干、主枝及枝杈处，初为不定型红褐色、水渍状、略隆起的病斑。病部皮层组织松软，易撕破，有酒糟味。春季发病部位扩展很快，烂透树皮，至 5 月初逐步停止扩展，病部干缩下陷，四周与健部产生裂缝，表面长出许多小黑点。潮湿时，黑点中涌出金黄色丝状“孢子角”。

(2)枝枯型　多发生在树势极弱的小枝上，病部红褐色。病害迅速蔓延，枝条很快失水干枯，后期长出许多小黑点(图 14-1-1)。

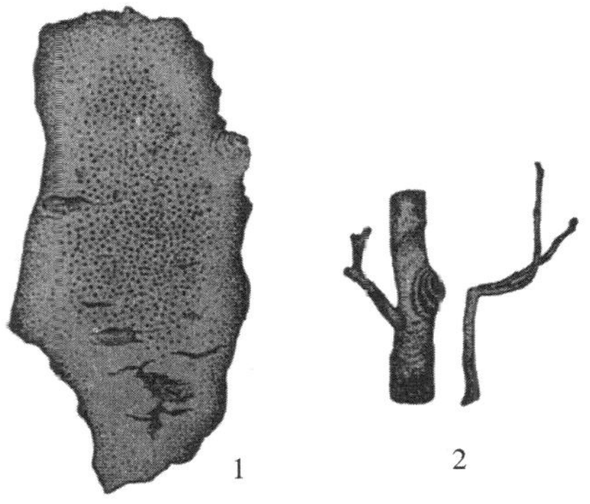

图 14-1-1　苹果树腐烂病

1. 溃疡型　2. 枯枝型

2. 病原

苹果黑虎皮壳菌 *Valsa mali* Miyabe et Yamada,

属子囊菌亚门黑虎皮壳属，秋季形成子囊壳，子囊孢子无色，单胞。无性阶段属半知菌亚门壳囊孢属，于树皮下形成分生孢子座（小黑点），产生多个分生孢子器。分生孢子无色，单胞，腊肠形。病菌除危害苹果树外，还危害海棠，花红等果树（图 14-1-2）。

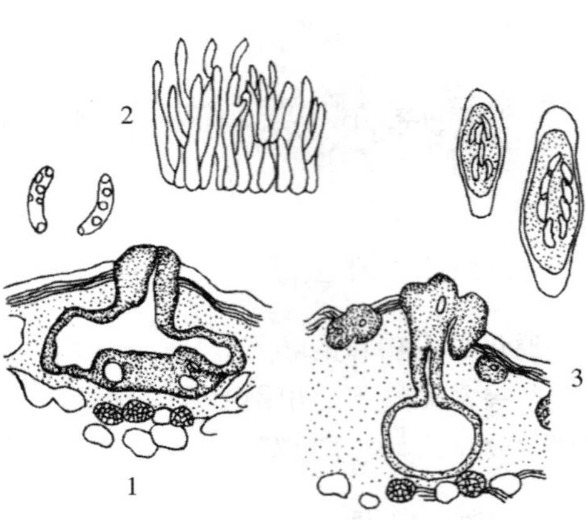

图 14-1-2　苹果树腐烂病病原菌
1. 分生孢子器　2. 分生孢子梗和分生孢子
3. 子囊壳　4. 子囊

3. 发病规律

病菌以菌丝体，分生孢子器或子囊壳在病树皮和木质部表层蔓延越冬。以分生孢子为主借风雨传播。主要通过伤口侵入，如剪锯口、冻伤、日烧、脱落皮层、虫伤、创伤等伤口，从自然孔口也可以侵入，如皮孔，叶、果柄脱落处等。长势强的果树，病菌侵入后可长时期潜伏，待周围组织衰弱，抗病力降低时病菌才能活动扩展，致使树皮腐烂。在辽宁南部地区，病害一般在 2 月下旬开始发生，至 5 月上中旬停止扩展，3 月下旬至 4 月下旬腐烂扩展最快，6 月末病菌基本停止活动，9 月中旬病部又开始扩展，但比较缓慢。

植株受冻害，管理粗放，施肥不足，结果过多，其他病虫危害重，树势衰弱，易导致腐烂病大发生。

4. 防治方法

（1）农业防治　合理负载，整形修剪，注意疏花疏果。合理灌溉，果园建立良好的排灌系统，春灌秋控做到旱能浇水，涝能排水。合理施肥，氮，磷，钾配合施用，增施有机肥，改善土壤供养状况。及时剪除病枝、病桩，刮除病疤。及时清理，剪除的病枝和刮除的病皮，减少病菌。桥接和脚接主干或主枝病重部位，辅助恢复树势。

（2）药剂防治　清园期用 25％腈菌唑乳油 2 000 倍液喷雾，或 20％丁香菌酯悬浮剂 150 倍液涂抹刮除后的病疤。

（二）苹果轮纹病

苹果轮纹病又称粗皮病，轮纹烂果病，分布在我国各苹果产区，以华北、华东、东北果区为重，一般果园的发病率为 20％～30％，重者可达 50％以上。

1. 症状识别

主要为害树干和果实，有时也为害叶片。病菌侵染枝干，多以皮孔为中心，初期出现水渍状暗褐色的小斑点，逐渐扩大形成圆形或近圆形的褐色瘤状物。病部与健部之间有较深的裂纹，后期病组织干枯并翘起，中央突起处周围出现散生的黑色小颗粒，主干和主枝上发病严重时，病部树皮粗糙，呈粗皮状。果实进入成熟期开始发病，发病初期在果实上面以皮孔为中心出现圆形，黑至黑褐色小斑，逐渐扩大形成轮纹，果肉变褐，湿腐。后期表面长出粒状小黑点，分散排列（图 14-1-3）。

2. 病原

苹果轮纹菌 *Physalospora piricola* Nose，有性阶段属子囊菌亚门囊孢壳属。无性阶段属半知菌亚门，大茎点属 *Macrophoma kawatsukai* Hara，其小黑点是病菌的子座。1 个子座含 1 个分生孢子器或子囊腔室。分生孢子无色，单胞，长椭圆形。病菌除危害苹果外，还危害梨、杏、桃、花红、木瓜、海棠、枣等果树(图 14-1-3)。

3. 发病规律

病菌以菌丝体或分生孢子在病部越冬。翌春当气温在 20 ℃，相对湿度 75%以上时产生大量分生孢子。分生孢子主要借雨水传播，由皮孔或伤口侵入。在果实生长期病菌均能入侵，从落花后的幼果期到 8 月上旬侵染最多，在 32～36 ℃时，3～5 d 全果腐烂。病菌侵入枝干后，约 2 周后表现症状，一般从 8 月份开始以皮孔为中心形成病斑，翌年病斑继续扩大。

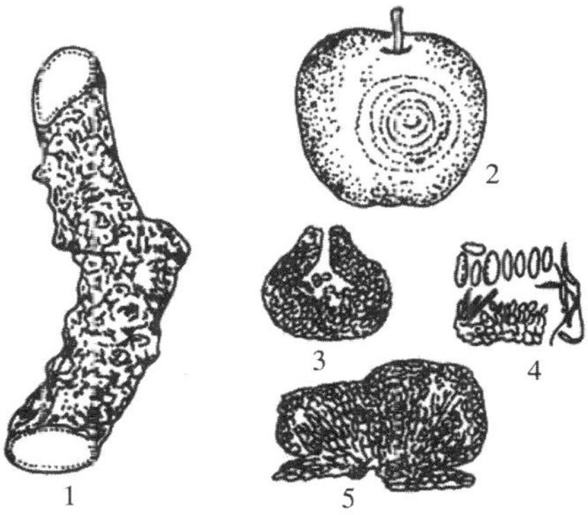

图 14-1-3　苹果树轮纹病

1. 病枝干　2. 病果　3. 分生孢子器　4. 分生孢子　5. 子囊壳

果园管理差，树势衰弱，发病重。土壤黏重或偏酸性土壤上的植株易发病，被害虫严重危害的枝条和果实发病重。品种间抗病性差异很大。

4. 防治方法

(1)农业防治　清除病残体，发芽前刮除病斑。幼果期进行果实套袋。加强水肥管理。

(2)药剂防治　发芽前可喷一次 2～3 波美度石硫合剂。

5—7 月份可对病树刮皮后喷 5%菌毒清水剂 30 倍液。

生长季节可喷施 70%甲基硫菌灵可湿性粉剂 800～1 000 倍液，或 20%异菌脲·多菌灵悬浮剂400～600 倍液，30%戊唑醇悬浮剂 2 000～3 000 倍液，40%多菌灵可湿性粉剂 1 000～1 500 倍液。

(三)苹果早期落叶病

苹果早期落叶病是几种叶部病害的总称，主要有褐斑病、灰斑病、圆斑病、轮斑病和斑点落叶病，其中以褐斑病和斑点病危害较大。苹果早期落叶病严重影响苹果树的正常生长发育，并加重枝干病害的发生。

1. 症状识别

(1)褐斑病　主要为害叶片，果实有时也受害。病斑褐色，边缘绿色不整齐，故又称绿缘褐斑。病斑有 3 种类型：

①同心轮纹型　叶片发病初期在正面出现黄褐色小点渐扩大为圆形，中间暗褐色，四周黄色，外围有绿色晕圈，后期病斑中间出现小黑点，呈同心轮状排列。叶背病斑暗褐色，周围浅褐色。

②针芒型　褐色，斑点较小，呈放射状，病斑背面为绿色。病斑小，遍布全叶，后期叶片变黄。

③混合型　病斑很大，近圆形或不规则形，也有放射状小病斑，病斑暗褐色，后期中心为灰白色，但边缘保持绿色(图 14-1-4)。

(2)圆斑病　主要为害叶片。叶片发病初呈黄绿色小圆斑，后变淡褐至灰色，病斑上有一环纹，直径 1～5 mm 中央有一针尖大的小黑点，即分生孢子器(图 14-1-4)。

(3)灰斑病　主要为害叶片，也危害嫩枝，叶柄及果实。叶片发病初期，产生圆形褐色斑点，边缘清晰，有时数个病斑融合在一起，形成不规则大斑。枝条发病，多在 1～2 年生枝条或新梢上，病斑褐色，后期变灰色，上面生小黑点，枝条顶端枯死(图 14-1-4)。

(4)轮斑病　主要为害叶片，初期为淡褐色小点，后扩展为有明显轮纹状淡褐色圆斑。高温、高湿时病斑背面可长出黑色霉状物。有时也危害果实，果实上病斑在成熟后发生，暗黑色，最后果实中心软化腐烂(图 14-1-4)。

(5)斑点落叶病　主要为害叶片，也可危害枝及果实，叶片发病后，首先出现极小的褐色小点，后逐渐扩大为直径 3～6 mm 的病斑，病斑红褐色，边缘为紫褐色，病斑的中心往往有一个深色小点或呈同心轮纹状。

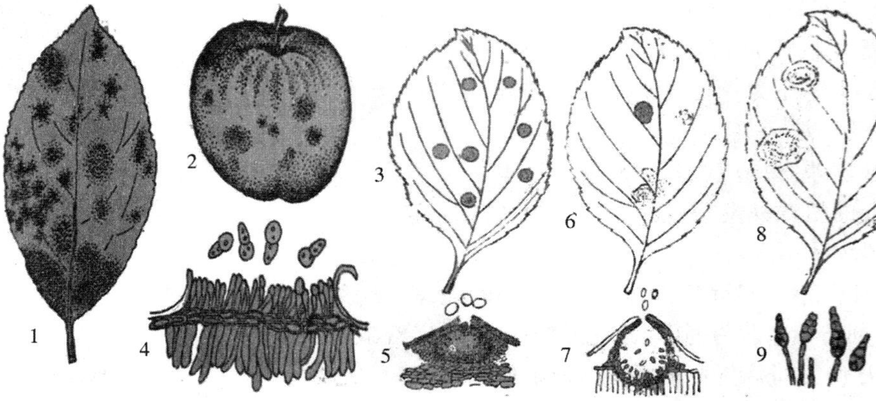

图 14-1-4　苹果早期落叶病

苹果褐斑病(1.病叶 2.病果 4.病原菌) 苹果圆斑病(3.病叶 5.病原菌)

苹果灰斑病(6.病叶 7.病原菌)　苹果轮斑病(8.病叶 9.病原菌)

2.病原

(1)褐斑病　苹果盘二孢 *Marssonina coronaria* (Ell. et Davis.) Davis，属半知菌亚门。分生孢子盘初埋生于角质层下，成熟后外露。分生孢子梗呈栅状排列，无色，棍棒状。孢子梗顶生分生孢子，分生孢子无色，双胞，中间缢缩，上大且圆，下小而尖，呈倒葫芦状(图 14-1-4)。

(2)圆斑病　孤生叶点霉菌 *Phyllositic solitaria*，属半知菌类亚门。分生孢子器椭圆形或近球形，埋生于表皮下，上端具一孔口，深褐色；分生孢子单胞，无色，卵形或椭圆形(图 14-1-4)。

(3)灰斑病　梨叶点霉菌 *Phyllosticta pirina*，属于半知菌亚门球壳孢目孢科叶点霉属。分生孢子器埋生于表皮下，球形或扁球形，深褐色，分生孢子梗极短，无分隔；分生孢子单胞，无色，卵形或椭圆形(图 14-1-4)。

(4)轮斑病和斑点落叶病　两者均属于半知菌亚门链格孢属真菌。分生孢子梗自气孔伸出，丛生，暗褐色，合轴状，多胞。分生孢子顶生或侧生，偶有链状、短倒棍棒形，暗褐色，具纵横隔膜。

3.发病规律

病菌主要以菌丝体在落叶上越冬。翌年 4—5 月份多雨时，地面上的落叶湿润后，可产生大量的孢子，并借风雨传播。病害一般在 5—6 月份开始发生，7—8 月份发病较多。

清园不及时，不彻底，病菌基数大，一旦遇到合适的气候条件，病害易迅速传播流行。树势较弱，通风透光不良，土壤瘠薄，地势低洼，偏施氮肥，枝细叶嫩等均有利于病害发生。春、秋两次抽梢期降雨多，则可引起病害大发生。苹果不同品种间感病程度有明显差异。新红星、红元帅、印度、青香蕉、北斗等易感病；嘎拉、国光、红富士等中度感病、秦冠、金冠、红玉等发病较轻；乔纳金比较抗病。

4. 防治方法

(1)农业防治　苹果园应建在背风向阳、土层深厚、排水条件良好的地块。改造密闭果园，采用合理树形，科学修剪，使果园通风透光。加强土肥水管理，增施有机肥，进行配方施肥。增强树势，以提高树体抗病能力。及时清除落叶，结合修剪，剪除病叶，集中销毁。雨季及时排除积水。

(2)生物防治　用中生菌素在苹果落花后 10 d 左右至采收前，每隔 10～15 d 喷药 1 次。

(3)药剂防治　发病初期喷施保护剂 80%代森锌可湿性粉剂 500～700 倍液，或 65%多抗霉素·克菌丹可湿性粉剂1 000～1 200 倍液。生长前期喷施 60%多菌灵·代森锰锌可湿性粉剂480～600 倍液，或 50%异菌脲·福美双可湿性粉剂600～800 倍液。叶片大量病斑出现时，喷施 43%戊唑醇悬浮剂 5 000～7 000 倍液，或 50%醚菌酯水分散粒剂 3 000～4 000 倍液。

(四)梨黑星病

梨黑星病又称疮痂病，是为害梨树的重要病害，在我国各梨产区均有发生。

1. 症状识别

主要为害叶、新梢、果实等。严重时，叶片脱落，枝条和树梢枯死。为害果实，使之失去商品价值。在发病部位产生黑霉，是此病的主要特征。梨黑星病能够侵染所有的绿色幼嫩组织。叶片受害后，在叶正面出现圆形或不规则形的淡黄色斑，叶背密生黑霉，为害严重时，整个叶背布满黑霉，在叶脉上也可产生长条状黑色霉斑，并造成大量落叶。幼果发病后，果面上出现淡黄色圆斑，常覆盖有黑色霉层，后病部凹陷，组织硬化、龟裂，导致果实畸形。大果受害后，粗糙，病疤黑色，表皮硬化；叶柄和果柄上的病斑为长条形，凹陷，常引起落叶和落果。新梢受害，初生黑色或黑褐色椭圆形病斑，后逐渐凹陷，产生黑霉，后呈红褐色疮痂状。芽、花受害处长有黑色霉(图 14-1-5)。

图 14-1-5　梨黑星病

1. 病叶　2. 被害新梢　3. 被害幼果　4. 病果　5. 假囊壳　6. 子囊及子囊孢子　7. 分生孢子梗及分生孢子

2. 病原

梨黑星菌 *Venturia pirina* (Cke) Adh，有性阶段属子囊菌亚门、黑星菌属。子囊壳圆球形或扁球形，黑褐色。子囊棍棒状。子囊孢子双胞，上大下小。无性阶段属半知菌亚门黑星孢属 *Fusicladium pirinum* (Lib.) Fuck.。分生孢子梗丛生或散生，粗而短，暗褐色，无分枝，直立或弯曲。分生孢子淡褐色或橄榄色，两端尖，纺锤形，单胞

(图 14-1-5)。

3. 发生规律

病菌以分生孢子、菌丝体在芽鳞内越冬,也可以分生孢子、未成熟的子囊壳在落叶上越冬。春季气温升高后,越冬的分生孢子或子囊壳放射的子囊孢子,借风雨传播到开始萌动的梨树上,侵染幼嫩组织,条件适宜时约经 20 d 的潜育期,即可显现症状。病部位产生的分生孢子可进行再侵染,从展叶到采收,病害不断发展,逐渐加重。春季降雨早而多、夏季雨水充沛的年份发病较重。梨树种植过密或枝叶过多也会加重病情。病害严重程度与品种及树势强弱也有密切关系。树势衰弱、地势低洼、土壤瘠薄的梨园,发病严重。梨树品种间抗性差异显著,一般鸭梨、秋白梨发病较重,砀山梨、蜜梨等抗性较强。

4. 防治方法

(1)选用抗病品种。

(2)农业防治　清扫落叶和落果,剪除病枯枝,集中处理,消灭越冬菌源。增施有机肥,增强树势,提高抗病力。合理修剪,及早摘除发病花序、病芽及病梢等。及时中耕,排除积水,降低果园湿度。

(3)药剂防治　梨树发芽前,结合其他病虫防治喷施 1～3 波美度石硫合剂,或硫酸铜 10 倍液淋灌喷洒。梨芽膨大期用 0.1%～0.2%代森铵液对枝条喷雾。

梨芽萌动时,喷施 30%氟菌唑可湿性粉剂 3 000～4 000 倍液,或 50%多菌灵·福美双可湿性粉剂400～600 倍液,或 50%甲基硫菌灵·代森锰锌可湿性粉剂600～900 倍液。

花后、幼果期及梨果成熟前 30 d 左右,是防治关键时期,各施药 1 次。可用 60%多·福可湿性粉剂400 倍液,或 21%氟硅唑·多菌灵悬浮剂2 000～3 000 倍液、15%烯唑醇 800～1 200 倍液等。

(五)桃褐腐病

1. 症状识别

桃褐腐病又名果腐病,危害桃树的花叶、枝梢及果实,其中以果实受害最重。果实染病最初在果面产生褐色圆形病斑,如环境适宜,病斑在数日内便可扩及全果,果肉也随之变褐软腐。继而在病斑表面生出灰褐色绒状霉丛,常成同心轮纹状排列,病果腐烂后易脱落,有的失水后变成僵果,悬挂枝上经久不落(图 14-1-6)。

图 14-1-6　桃褐腐病

1. 病果　2. 分生孢子堆　3. 假菌核

2. 病原

桃褐腐病菌 *Monilinia fructicola*（Wint.）Honey，属子囊菌亚门链核盘属，在自然界广泛分布。桃褐腐病菌主要为害桃树的花、叶、枝及果实，果实受害最重，果实成熟前后、储藏期均可发病（图 14-1-6）。

3. 发病规律

病菌以菌丝体随僵果内或在枝梢的溃疡斑部位越冬，借风雨、昆虫传播，通过病虫伤、机械伤或自然孔口侵入。花期低温、潮湿多雨，易引起花腐。果实成熟期温暖多雨易引起果腐。病虫伤、冰雹伤、机械伤、裂果等引起的伤口，会加重该病发生。树势衰弱、管理不善、枝叶过密、地势低洼的果园发病重。

4. 防治方法

（1）消灭越冬菌源　结合修剪做好清园工作，彻底清除僵果、病枝，并集中处理，同时进行土壤深翻。及时防治桃食心虫、桃蛀螟等害虫。幼果期进行果实套袋。

（2）药剂防治　桃树发芽前喷 5 波美度石硫合剂，或 45%晶体石硫合剂 30 倍液。

落花后 10 d 左右，用 65%代森锌可湿性粉剂 500 倍液，或 50%多菌灵 1 000 倍液，或 70%甲基托布津 800～1 000 倍液，或 50%异菌脲可湿性粉剂 2 000 倍液，或 24%腈苯唑悬浮剂 2 500～3 000 倍液喷雾防治。花褐腐病发生多的地区，在初花期（花开约 20%时）需要加喷 1 次。

（六）桃缩叶病

桃缩叶病是春季常见的一种病害，该病主要危害桃、碧桃、樱桃、杏、李等。

1. 症状识别

危害桃嫩梢、新叶及幼果，严重时梢、叶畸形扭曲，幼果脱落。病叶卷曲畸形，病部肥厚质脆，红褐色，上有一层白色粉状物，发病后期叶片变为褐色，干枯脱落。新梢发病后病部肥肿，黄绿色，病梢扭曲，生长停滞，节间缩短，甚至干枯死亡。幼果发病后变畸形，果面开裂，很快脱落（图 14-1-7）。

图 14-1-7　桃缩叶病

1. 症状　2. 子囊层及子囊孢子

2. 病原

桃缩叶菌 *Taphrina deformans*（Berk）Tul.，属子囊菌亚门外囊菌属。病菌有性时期形成子囊及子囊孢子，多数子囊栅状排列成子实层，形成灰白色粉状物。子囊圆筒形，顶端扁平，底部稍窄，无色（图 14-1-7）。

3. 发病规律

病菌主要以子囊孢子在树皮和桃芽鳞片上越夏、越冬。翌年桃树萌芽时侵染叶片。病菌刺激细胞分裂，细胞壁增厚，致使叶片肥厚皱缩变色。桃缩叶病只在早春侵染 1 次，一般无再侵染。病菌喜冷凉潮湿气候，在春寒多雨的年份，桃树抽梢展叶慢，发病较重。5 月下旬后气温升至 20 ℃以上时，发病即自然停止。一般在沿海及地势低洼、早春气温回升缓慢的桃园，发病较重。

4.防治方法

(1)农业防治　及时剪除病梢病叶,集中销毁。发病严重的桃园,注意增施有机肥,促进树势恢复,增强抗病能力。

(2)药剂防治　桃芽顶端开始露红时,用0.5波美度石硫合剂,或1∶1∶100波尔多液,或70%代森锰锌可湿性粉剂500倍液喷雾防治。

(七)桃叶穿孔病

桃穿孔病是桃、李、杏和樱桃等核果类果树的主要病害之一,在各核果类果树产区都有发生。根据病原种类的不同,桃叶穿孔病分为细菌性穿孔病、霉斑穿孔病和褐斑穿孔病3种。

1.症状识别

(1)细菌性穿孔病　为害叶片、新梢及果实。叶片上病斑初为油渍状小点,逐渐扩大成圆形或不规则形病斑,紫褐色至黑褐色,病斑周围有黄绿色晕圈。湿度大时,病斑背面溢出黏性菌脓,病斑易脱落形成穿孔。枝条发病分为春季溃疡和夏季溃疡两种。春季溃疡:发生在上年受侵染的枝条上,春季展叶时,枝条上出现暗褐小疮痂,病斑可向枝条纵横扩展,严重时枝条枯死。夏季溃疡:发生在当年新梢上,以皮孔为中心,出现油渍状、褐色至紫褐色、圆形或椭圆形、稍凹陷的病斑,但病斑扩展有限。果实受害,果面出现暗紫色圆形病斑,中央微凹陷,潮湿时病斑上有黄白色黏质,干燥时病斑有裂纹(图14-1-8)。

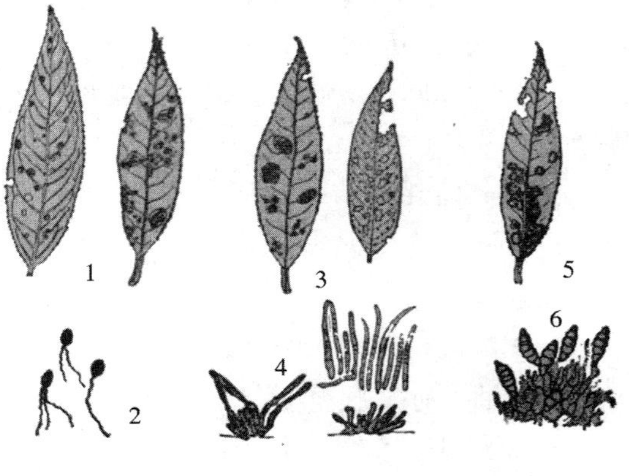

图 14-1-8　桃叶穿孔病

桃细菌性穿孔病　1.病叶　2.病原细菌

桃褐斑穿孔病　3.病叶　4.分生孢子梗及分生孢子

桃霉斑穿孔病　5.病叶　6.分生孢子梗及分生孢子

(2)霉斑穿孔病　为害叶片、枝梢、花芽和果实。叶片上病斑初为黄绿色,后变为红褐色或褐色斑点,圆形或不规则形,直径2～6 mm,具红色晕圈,病斑易脱落形成穿孔,穿孔边缘整齐,不残留坏死组织。幼叶受害,大多焦枯,不形成穿孔。湿度大时,在病斑背面长出灰色霉状物。枝梢受害,以芽为中心形成长椭圆形病斑,边缘紫褐色,并发生裂纹和流胶。果实受害,形成初为紫色,渐变褐色,边缘红色,中央凹陷的病斑(图14-1-8)。

(3)褐斑穿孔病　为害叶片、新梢和果实。在叶片两面产生圆形或近圆形的病斑,边缘为紫色或红褐色略带环纹,大小1～4 mm,后期病斑上长出灰褐色霉状物,中部干枯脱落,形成穿孔。穿孔的边缘整齐,穿孔外常有一圈坏死组织。在新梢和果实上形成褐色、凹陷、边缘红褐色病斑,上面有灰色霉状物(图14-1-8)。

2.病原

(1)桃细菌性穿孔病病菌 *Xanthomonas pruni* (Smith) Dowson,属黄单胞杆菌属。病原细菌呈短杆状,两端圆,大小为(0.4～1.7) μm×(0.2～0.8) μm(图14-1-8)。

(2)桃霉斑穿孔病病菌 *Clasterosporium carpophilum* (Lew) Aderh,属半知菌亚门丝孢目,嗜果刀孢霉。分生孢子梗丛生,有分隔。分生孢子棍棒形或纺锤形(图14-1-8)。

(3)桃褐斑穿孔病病菌 *Pseudocercospora circumscissa* (Sacc.) Liuet Guo,属半知菌亚门假尾孢属。子囊座球形至扁球形,子囊孢子纺锤形,双细胞,无色(图 14-1-8)。

3. 发病规律

(1)细菌性穿孔病　病原细菌在病枝条组织内越冬,翌春开始活动。桃树开花前后,病菌从病组织中溢出,借风雨或昆虫传播,经叶片的气孔、枝条的芽痕和果实的皮孔侵入,潜育期 7～14 d。春季溃疡斑中的病菌在干燥条件下经 10～13 d 即死亡。气温 19～28 ℃、相对湿度 70%～90%有利于发病。该病一般于 5 月份出现,7—8 月份发病重。树势强的发病较轻且发病较晚。地势低洼、排水不良、通风透光差、偏施氮肥等果园,发病重。早熟品种比晚熟品种发病轻。

(2)霉斑穿孔病　病菌以菌丝体或分生孢子在被害叶、枝梢或芽内越冬。翌年越冬病菌产生分生孢子,借风雨传播,先从幼叶侵入,产生新的分生孢子后侵染枝梢或果实。该病在叶片上的潜育期一般为 5～14 d,枝条上 7～11 d。低温多雨有利于发病,一年当中病害的发病高峰一般出现在雨水多的时期。

(3)褐斑穿孔病　病菌以菌丝体在病叶或枝条病组织内越冬,也可以子囊壳越冬。翌年气温回升后,遇雨时形成子囊孢子或分生孢子,借风雨或气流传播,侵染叶片。一般在 5—6 月份开始发病表现明显症状,7—8 月份为发病盛期,至 10 月份亦可侵染发病。

4. 防治方法

(1)农业防治　加强肥水管理,增施有机肥,氮、磷、钾肥配合施用,避免大水漫灌,雨后及时排除园内积水。结合冬剪,剪除病虫枝,清除枯枝僵果落叶,刮除树干翘裂皮,集中销毁。生长季节及时修剪,保持果园通风、透光。

(2)药剂防治　早春桃树萌芽前,可喷 3～5 波美度石硫合剂,或 1∶1∶100 波尔多液铲除越冬菌源。

桃树展叶后及生长期多雨季节,可用 65%代森锌可湿性粉剂 500 倍液,或 50%多菌灵可湿性粉剂 800 倍液,或 70%甲基硫菌灵可湿性粉剂 800 倍液倍液,或 50%多菌灵可湿性粉剂 800 倍液喷雾防治。对桃细菌性穿孔病用 72%农用链霉素 3 000 倍液喷雾效果较好。

(八)葡萄霜霉病

1. 症状识别

葡萄霜霉病主要为害叶片,也能侵染新梢、卷须、花序和幼果等幼嫩组织。叶片发病初期产生淡黄色水渍状边缘不清晰的小斑点,以后逐渐扩大为褐色不规则形或多角形病斑,潮湿时叶片背面病斑部位产生白色霉层。发病严重时,多个病斑汇合成不规则形大斑,病叶焦枯脱落。嫩梢受害,形成水渍状斑点,后变为褐色略凹陷的病斑,潮湿时病斑表面产生白色霉层,严重时新梢扭曲,生长停止,甚至枯死。卷须、穗轴、叶柄、花序有时也能被害,其症状与嫩梢相似。幼果受害,表面产生白色霉层,病部褪色,变硬下陷,很易萎缩脱落。果粒半大时受害,病部褐色至暗色,软腐早落。果实着色后不再受侵染。

2. 病原

葡萄生单轴霉菌 *Plasmopara viticola* (Berk. et Curtis) Berl. et de Toni,属鞭毛菌亚门单轴霉属。孢囊梗单根或成丛自气孔伸出,单轴分枝(图 14-1-9)。孢子囊球形或卵形,有乳突,易脱落。

3. 发病特点

病菌以卵孢子在病叶组织及土壤中越冬，可存活 1～2 年。翌年环境条件适宜时，借风雨传播，通过叶背气孔侵入，进行初次侵染。一个生长季内可进行多次侵染。孢子囊及游动孢子的萌发和侵入需在水滴中进行，要求相对湿度 95%～100%，温度范围 12～30 ℃，适宜温度 18～24 ℃。葡萄霜霉病的流行与天气条件关系密切，一般多雨、多露和冷凉的气候条件或年份有利于霜霉的发生与流行。除此之外，栽植密度过大，架面低矮郁蔽，偏施氮肥、树势衰弱也有利于霜霉病的发生。

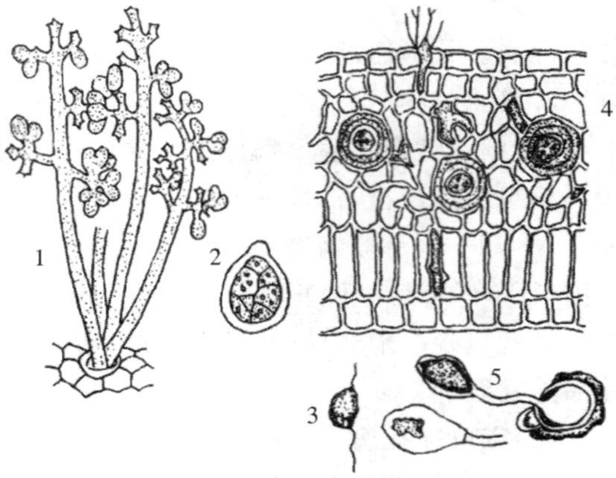

图 14-1-9　葡萄霜霉病病原菌

1. 孢囊梗　2. 孢子囊　3. 游动孢子　4. 病组织中卵孢子　5. 卵孢子萌发

4. 防治方法

(1)选用抗病品种　一般欧美杂交种抗病性较强，欧亚种次之。

(2)农业防治　休眠期彻底清扫果园，剪除病枝、病果，揭老树皮，集中销毁。合理密植。采用避雨栽培模式，采用滴灌或微喷等节水灌溉措施，降低土表湿度。加强架面树体和新梢管理，保证通风透光。加强葡萄园土壤管理，增施有机肥和磷、钾肥，防止过量施氮肥。采用疏花疏果技术，控制负载量，保持树体健壮。

(3)药剂防治　发芽前喷 3～5 波美度石硫合剂，以杀灭菌源。

发病初期，可用 50%嘧菌酯水分散粒剂 5 000～7 000 倍液，或 25%甲霜灵可湿性粉剂 500～800 倍液，或 10%氰霜唑悬浮剂 2 000～2 500 倍液，或 12.5%噻唑菌胺可湿性粉剂 1 000 倍液，或 50%烯酰吗啉可湿性粉剂 1 000～1 800 倍液等内吸性杀菌剂进行治疗。

(九)葡萄炭疽病

葡萄炭疽病又名晚腐病，是葡萄重要病害之一，对葡萄产量和质量影响较大，分布于我国东北、西北、华北、华中、华东、西南等地。

1. 症状识别

主要为害果实，也可浸染叶片、叶柄、嫩梢、穗轴和果梗等绿色组织。在幼果期，发病果粒表现为黑褐色、蝇粪状病斑，但症状不明显。果实着色或成熟后出现明显症状，初期果面出现淡褐或紫色斑点，水渍状，圆形或不规则形，逐渐扩大，后期变褐至黑褐色，腐烂凹陷。天气潮湿时，病斑表面涌出粉红色黏稠点状物，呈同心轮纹状排列，病斑可蔓延至半个或整个果粒，造成颗粒腐烂或脱落。叶片受侵染，初为淡褐或紫色斑点，逐渐扩展成椭圆形或圆形、大小不等、具有同心轮纹的褐色病斑，严重时叶片焦枯脱落。嫩梢、叶柄、穗轴和果梗受害后出现梭形或圆形褐色凹陷斑，果梗、穗轴发病严重时可使果粒和果穗脱落或干缩。

2. 病原

葡萄炭疽病菌有性阶段 *Glomerella cingulata*（Stonem.）Schr. et Spauld，属子囊菌亚门小丛壳属(图 14-1-10)。子囊壳丛生在寄主表皮下，常埋生或半埋生，顶部露出，子囊孢子无色，单胞。无性阶段 *Colletotrichum gloeosporioides* Penz.（*Gloeosporium fructigenum*

Berk.)，属半知菌亚门炭疽菌属，分生孢子单胞、无色。

3.发病规律

病菌以菌丝体在一年生枝蔓表层、叶痕、叶柄、穗梗和卷须处越冬，也可在病果、枯枝、落叶等病组织内越冬。春季，当气温达到 15 ℃以上，降雨量高于 15 mm 时，病菌即可借气流、风雨、昆虫传播，在幼嫩器官引起初侵染。病菌可以伤口、皮孔或直接穿透表皮侵入。病菌对果实侵染一般从幼果期开始，多不表现症状，当果实开始着色至成熟时，病菌在果实内迅速生长发育，达到发病高峰，造成果实腐烂。病菌在一年内可进行多次再侵染。

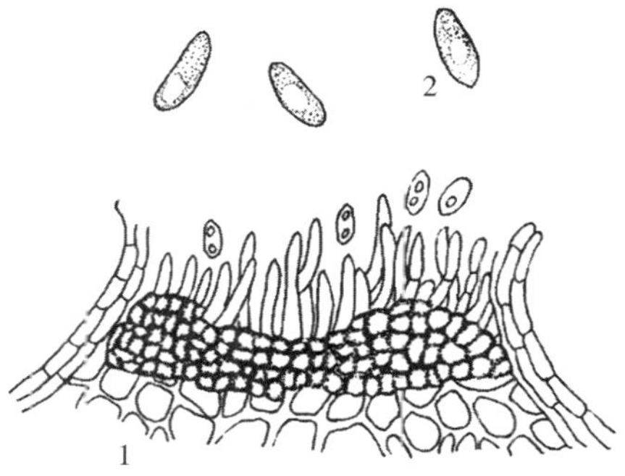

图 14-1-10　葡萄炭疽病病原菌

1.分生孢子盘　2.分生孢子

高温多雨、空气潮湿是炭疽病流行的主要条件。葡萄园地势低洼、排水不良、架面低矮、杂草滋生、通风透光不良等环境条件有利于发病。炭疽病一般在 7—10 月份均可发生，气温高、降雨早，发病早；反之发病晚。发病期间如遇大雨或连阴雨，可加速病害流行。

4.防治方法

(1)选用抗病品种　一般欧美杂交种抗病，欧亚种次之。

(2)农业防治　休眠期彻底清扫果园，剪除病枝、病果，揭老树皮，集中深埋。进行避雨栽培和果实套袋。合理密植，加强架面管理，保证通风透光，增施有机肥和磷、钾肥，避免偏施氮肥。采用滴灌或微喷等节水灌溉措施，降低空气湿度。合理控制负载量，保持树体健壮。

(3)药剂防治　果树发芽前喷施 3～5 波美度石硫合剂，铲除菌源。

开花前、落花后至套袋前是防治葡萄炭疽病的关键时期，可用 25%咪鲜胺乳油 800～1 500 倍液，或 40%氟硅唑乳油 8 000～10 000 倍液，或 10%苯醚甲环唑水分散粒剂 2 000～3 000 倍液，或 60%噻菌灵可湿性粉剂 1 500～2 000 倍液等喷雾防治。

果实套袋后，重点保护叶片，可选用 80%代森锰锌可湿性粉剂 600～800 倍液，或 1∶1∶200 波尔多液喷雾防治。

(十)葡萄白腐病

葡萄白腐病又名腐烂病，分布于东北、西北、华北、华东等地，是葡萄产区的重要病害之一。一般年份果实损失率达 20%～30%，病害流行年份达 70%～80%(图 14-1-11)。

1.症状识别

主要为害果穗，也可为害枝蔓和叶片。果穗受害，多发生在果实着色期，一般近地面的果穗尖端首先发病，在穗轴和果梗上产生淡褐色、水渍状、边缘不明显的病斑，进而病部皮层腐烂，手捻极易与木质部分离脱落，并有土腥味。果粒受害，多从果梗处开始，而后迅速蔓延至果粒，使整个果粒呈淡褐色软腐，严重时全穗腐烂，病果极易脱落。枝蔓多在有机械伤或接近地面的部位发病，最初出现水渍状、红褐色、边缘深褐色病斑，以后逐渐扩展成沿纵轴方向发展的长条斑，色泽由浅褐色变为黑褐色，病部稍凹陷，后期病斑表面密生灰白色小粒点。叶片受害，多在叶尖、叶缘或有损伤的部位形成淡褐色、水渍状、近圆形或不规则形的病斑，并略具同心轮纹，其上散生灰白色至小粒点，后期病斑干枯易破裂。

2. 病原

葡萄白腐盾壳霉菌 *Coniothyrium diplodiella* (Speg.)Sacc,属半知菌亚门、盾壳霉属,病部长出的灰白色小粒点,即病菌的分生孢子器。分生孢子器球形或扁球形,壁较厚,灰褐色至暗褐色。

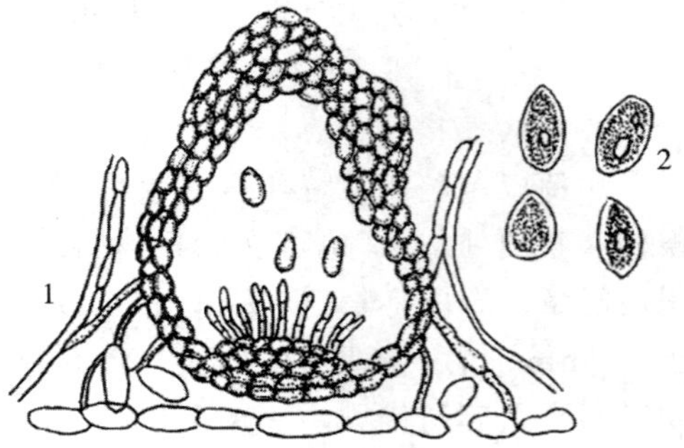

图 14-1-11 葡萄白腐病病原菌
(仿 中国果树病虫志.)
1. 分生孢子器 2. 分生孢子

3. 发病规律

病菌主要以分生孢子器、菌丝体随病残组织在地表和土中越冬,也能在枝蔓病组织上越冬。翌年春天条件适宜时,靠雨水溅散传播,经伤口或皮孔侵入而形成初次侵染。潜育期 3～5 d 后即可发病,可再次侵染。白腐病原菌有潜伏侵染现象,有时可在展叶后即侵染幼嫩器官。

高温、高湿和伤口存在是病害发生和流行的主要条件,因此,多雨年份或冰雹过后,极易引起白腐病发生和流行。土壤黏重、排水不良、架面郁闭等也有利于白腐病发生与流行。不同地区发病的早晚因气候条件而异,北方地区一般 6 月份开始发病,7—8 月份为发病盛期。

4. 防治方法

(1)选用抗病品种　一般欧美杂交种对葡萄白腐病抗性较强,欧亚种次之。

(2)农业防治　结合冬季修剪,清除病残组织。生长期及时修剪,保持架面通风透光。夏季结合修剪摘除病部,并销毁。尽量减少伤口出现。避免大水漫灌,雨后及时排水。增施有机肥料,合理调节负载量,进行果穗套袋。

(3)药剂防治　在葡萄发芽前,用 3～5 波美度石硫合剂,或 50%硫悬浮剂 200 倍液进行树体喷雾。

病害发生前或遇暴雨、雹灾,可用 75%百菌清可湿性粉剂 600～800 倍液,或 80%代森锰锌可湿性粉剂 600～800 倍液。

病害发生后,可用 25%戊唑醇水乳剂 2 000～3 000 倍液,或 25%嘧菌酯悬浮剂 800～1 250 倍液,或 40%氟硅唑乳油 8 000～10 000 倍液,或 10%苯醚甲环唑水分散粒剂 2 500～3 000 倍液喷雾防治。多雨季节防治 3～4 次,每次间隔 10～15 d。

(十一)葡萄黑痘病

葡萄黑痘病又名疮痂病,在我国葡萄产区均有发生,长江流域及多雨潮湿地区发生严重,北方地区发病较轻(图 14-1-12)。

1. 症状识别

主要为害葡萄幼嫩器官。嫩叶发病初期,叶面出现红褐色斑点,周围有褪绿晕圈,逐渐形成圆形或不规则形病斑,病斑中部凹陷,呈灰白色,边缘呈暗紫色,后期常干裂穿孔。新梢、叶柄、果柄发病形成长圆形褐色病斑,后期病斑中间凹陷开裂,呈灰黑色,边缘紫褐色,数斑融合,常使新梢上段枯死。幼果发病,果面出现深褐色斑点,渐形成圆形病斑,四周紫褐色,中部灰白色,形如鸟眼,故俗称“鸟眼病”。

2. 病原

葡萄黑痘病病菌 *Sphaceloma ampelium* (de Bary)，属半知菌亚门痂圆孢菌属，病菌在病斑的外表形成分生孢子盘，半埋生于寄生组织内。分生孢子梗短小，椭圆形。分生孢子细小、透明、卵形。

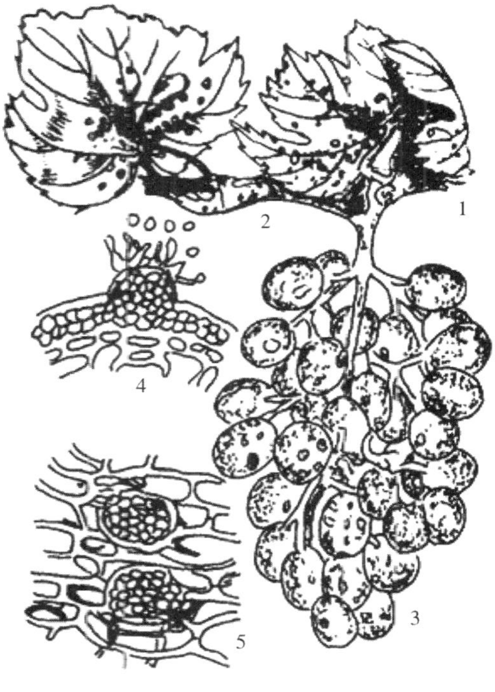

图 14-1-12　葡萄黑痘病

1. 病叶　2. 病蔓　3. 病穗　4. 分生孢子盘及分生孢子　5. 菌丝及菌丝块

3. 发病规律

病菌主要在病蔓、病叶、病果及卷须等病残组织内越冬。翌春，产生大量分生孢子，随风、雨传播至幼嫩的叶片或新梢上，引起初侵染，可反复进行再侵染。葡萄黑痘病只侵染幼嫩器官，对着色果实、老化叶片和枝条不能侵染。

多雨高湿是病害流行的主要因素。地势低洼、排水不良、土壤黏重、氮肥过多、枝叶过密以及树势衰弱等有利于发病。黄河故道地区一般在 5 月份开始发病，6 月份、8 月份为发病盛期。夏季天气干燥时，发病速度缓慢；初秋多雨时，发病速度加快，出现发病高峰。

4. 防治方法

(1)选用抗病品种。

(2)农业防治　结合冬季修剪去除病蔓、病梢、剥去老皮并及时销毁。生长期发现病果、病叶、病梢及时处理。加强架面枝蔓管理，防止枝叶过密，保持通风透光。及时排除园内积水。避免偏施氮肥，增施磷、钾肥。

(3)药剂防治　春季萌芽前，用 5 波美度石硫合剂，或 1%硫酸铜铲除越冬菌源。

葡萄开花前和幼果期是防治黑痘病的关键时期。发病初期，可用 1∶2∶(160～200)波尔多液，或 70%甲基硫菌灵可湿性粉剂 800～1 000 倍液，或 25%嘧菌酯悬浮剂 800～1 250 倍液喷雾防治。病害发生严重时，可用 40%氟硅唑乳油 8 000～10 000 倍液，或 50%咪鲜胺锰盐可湿性粉剂 1 500～2 000 倍液，或 10%苯醚甲环唑水分散粒剂 2 000 倍液喷雾防治。

四、操作方法及考核标准

(一)操作方法与步骤

1. 病害症状观察

(1)观察同种病害在不同器官上症状表现　观察发病部位、病斑形状、颜色，病部是否有病征。

(2)果树枝干病害观察　取同种果树枝干上发生的不同病害，比较病斑形状、大小颜色及病征的差别。

扩展学习 14-1　果树病害形态识别

(3)果实病害观察　取同种果实上的不同病害，

比较病斑形状、大小、颜色、轮纹的有无、果面凸凹情况及病征的差别。

(4)叶片病害观察　取同种叶片上的不同病害，比较病斑形状、大小、颜色、病斑正面、背面及病征的差别。

2. 病原观察

取当地常见果树病害病原玻片标本，观察病菌菌丝、有性子实体或无性子实体的特征。

3. 田间病害观察和标本采集

(1)果树休眠期观察　观察果树休眠期田间病株的枝、芽等部位的特征。

(2)果树生长期观察　观察当地果树常见病害的发病部位、不同发病时期的症状特征。

(3)采集标本　采集的标本应有一定的复份，一般应在5份以上，以便用于鉴定、保存和交流。

(4)走访调查　走访农户，对果树品种、密度、水肥条件、修剪及病害发生情况进行调查，分析果树病害发生于栽培管理之间的关系。

(5)记载　将观察和调查的主要内容填入表14-1-1中。

表 14-1-1　果树病害发病情况记录表

病害名称	发病部位	病状	病征	发病条件	备注

(二)技能考核标准

见表14-1-2。

表 14-1-2　果树病害植保技术技能考核标准

考核内容		评分标准	标准分值	考核方法
职业技能(100分)	1. 病害识别	根据识别病虫的种类多少酌情扣分	10	1～3项为单人考核口试评定成绩
	2. 症状描述	根据描述病虫特征准确程度酌情扣分	10	
	3. 发病规律介绍	根据叙述的完整性及准确度酌情扣分	10	
	4. 病原物识别	根据识别病原物种类多少酌情扣分	10	4～7项以组为单位考核，根据上交的标本、方案及防治效果等评定成绩
	5. 标本采集	根据采集标本种类、数量、质量酌情扣分	10	
	6. 制订病害防治方案	根据方案科学性、准确性酌情扣分	20	
	7. 实施防治	根据方法的科学性及防效酌情扣分	30	

五、练习及思考题

参考答案 14-1

1. 列举2种苹果果实病害的识别要点。
2. 对于苹果树腐烂病应采用哪些综合防治措施？
3. 对苹果树轮纹病综合防治的重点是什么？
4. 怎样防治苹果早期落叶病？
5. 梨黑星病的化学防治有哪两个关键时期？

6. 怎样通过栽培防病措施预防桃褐腐病？

7. 桃褐腐病的化学防治措施有哪些？

8. 怎样防治桃缩叶病？

9. 对桃细菌性穿孔病如何进行药剂防治？

10. 根据葡萄白腐病的发病规律制订综合防治方案。

11. 请说明气候条件、栽培管理对葡萄霜霉病发生和流行的影响。

12. 调查当地发生的葡萄病害主要有哪些，制订葡萄病害综合防治方案。

项目 2　果树主要虫害防治技术

一、技能学习目标

课程学习 14-2

了解当地果树害虫的种类及发生、为害特点，掌握当地主要害虫形态特征和防治要点，能识别当地果树主要害虫，能制订防治方案并实施防治。

二、教学资源

1. 材料与工具

当地园艺植物主要害虫的针插标本、浸渍标本、生活史标本、玻片标本等。如桃小食心虫、梨星毛虫、桃蛀螟、葡萄透翅蛾、天牛类、蚜虫类、螨类、介虫类等。体视显微镜、放大镜、镊子、挑针、滴瓶、蒸馏水、载玻片、盖玻片、采集袋、指形管、剪刀、锯、挂图、多媒体课件（包括幻灯片、录像带、光盘等影像资料）、记载用具等。

2. 教学场所

教学实训场所果园，实验室或实训室。

3. 师资配备

每 20 名学生配备一位指导教师。

三、原理与知识

（一）桃小食心虫

桃小食心虫 *Carposina niponensis* Walsingham，又名桃蛀实蛾，属鳞翅目果蛀蛾科。主要分布在我国北部及西北部苹果、梨及枣产区。以幼虫为害苹果、梨、枣、桃、杏、海棠以及山楂等果实。初期由蛀孔处流出泪珠状汁液，干后成白色蜡质物，去除蜡质物可见黑色小蛀孔。幼虫主要在果实膨大期危害，受害果面凹陷成畸形，有“猴头果”之称。果内有纵横潜道和红褐色虫粪，形成“豆沙馅”，失去食用价值（图 14-2-1）。

1. 形态识别

成虫体长 5～8 mm，灰褐色，前翅近前缘中部处有 1 个蓝黑色近似倒三角形的大斑。成熟幼虫体长 10～16 mm，头、前胸背板、胸足和臀板褐色，胴部桃红色。

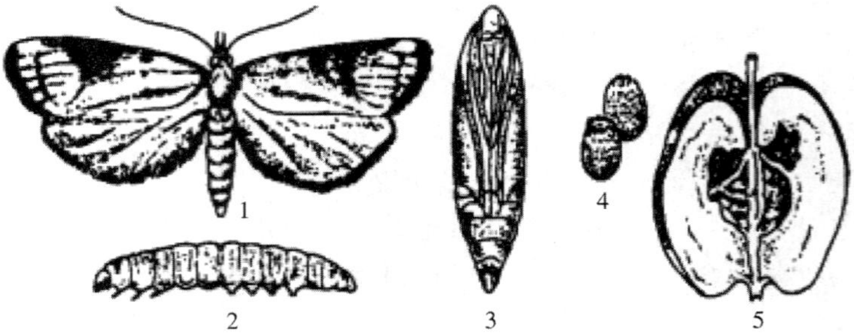

图 14-2-1　桃小食心虫

(仿 植物保护学.蔡银杰. 2006)

1.成虫　2.幼虫　3.蛹　4.卵放大　5.为害状

2.发生规律

1年发生1～2代。以老熟幼虫在土中作冬茧越冬，越冬深度以3～8 cm深处最多。越冬幼虫的平面分布范围主要在树干周围1 m以内。5—6月份越冬幼虫出土，在地表作夏茧化蛹，6—7月份羽化。成虫昼伏夜出，趋光性和趋化性不明显，但对性外激素敏感。在苹果树上，卵主要散产在果萼洼处；枣树上，卵多产在枣叶背面基部，少数产在果萼洼处。幼虫孵化后，先在果面爬行，啃食果皮，多从果实近顶部和中部蛀入。幼虫蛀入果实后，先在果皮下潜食，果面可见到淡褐色潜痕，不久便可蛀至果核，在果核周围边取食、边排粪便，使果核四周充满虫粪。幼虫在果内为害约20 d，老熟后咬孔脱果。早期脱果幼虫到地表作夏茧化蛹，继续发生第二代。晚期脱果幼虫则进入土中作冬茧越冬，不再发生第二代。少量未脱果幼虫随果实转运到堆果场等处越冬。

3.防治方法

(1)农业防治　在越冬幼虫出土前，在距树干1 m的范围内、将深14 cm的土壤挖出，更换无冬茧的新土，或用宽幅地膜覆盖在树盘地面上，防止越冬代成虫飞出产卵。在第一代幼虫脱果前，及时摘除虫果，并带出果园集中处理。7月下旬幼虫脱果前在树冠下堆土诱集越冬幼虫，11月上、中旬将土散开，将其消灭。

(2)生物防治　在幼虫初孵期，喷施Bt乳剂1 000倍液。桃小食心虫的寄生蜂以桃小早腹茧蜂和中国齿腿姬蜂的寄生率较高。

(3)物理防治　用桃小性诱剂在越冬代成虫发生期诱杀。

(4)药剂防治　在越冬幼虫出土期，进行地面防治。喷施50%辛硫磷乳油800倍液，或20%灭扫利乳油2 000倍液防治。

幼虫初孵期，进行树上防治。树冠喷施50%辛硫磷乳油1 000倍液，或20%杀灭菊酯乳油2 000倍液防治。

(二)梨星毛虫

梨星毛虫 *Illiberis pruni*，又名梨叶斑蛾，属鳞翅目斑蛾科，是梨树的重要食叶性害虫。以幼虫食害花芽和叶片，除为害梨树外，还为害苹果、海棠、桃、杏、樱桃和沙果等果树。以幼虫食害芽、花蕾及叶片。花芽和花蕾被害后出现孔洞，流出黄褐色黏液，轻者不能正常开花，受害重的花芽和花蕾变黑枯死。为害叶片时，幼虫吐丝将叶片缀连成饺子状的叶苞，潜藏期中蚕食叶肉和叶脉，仅留表皮。被害叶片易早期脱落（图 14-2-2）。

1. 形态识别

成虫体长 10 mm 左右，体翅黑色，翅半透明，翅脉明显，翅面上有黑色短绒毛。雄虫触角羽状，雌虫锯齿状。老熟幼虫体长 18～20 mm，黄白色，纺锤形。中胸至第 8 腹节两侧各有 1 个圆形黑斑。

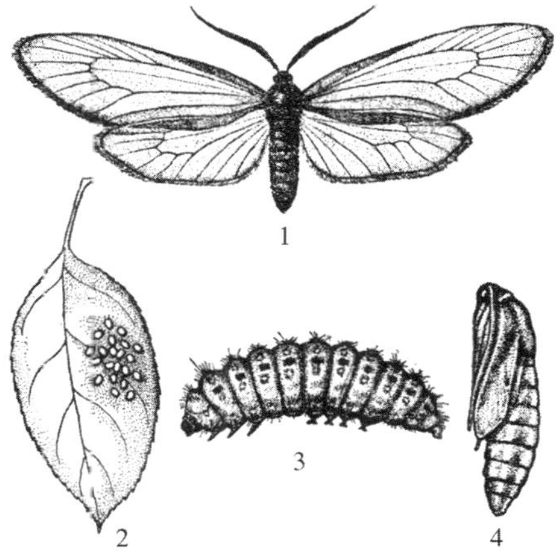

图 14-2-2　梨星毛虫

1. 成虫　2. 卵　3. 幼虫　4. 蛹

2. 发生规律

梨星毛虫每年发生 1～2 代。以幼龄幼虫在树干粗皮裂缝内、树干附近土中结茧越冬。翌春，梨树花芽萌动时，越冬幼虫开始出蛰，幼虫出蛰后先食害花芽，有时钻入芽内取食，继而为害花蕾和幼叶。梨树展叶后，为害叶片。幼虫有转苞为害习性，1 头幼虫可转害 7～8 片叶。幼虫老熟后在叶苞内化蛹。在 2 代发生区，越冬代成虫高峰期在 6 月上旬，第一代成虫高峰期在 7 月上旬至 8 月。成虫昼伏夜出，飞翔力不强，遇惊易落，卵块产于叶背。

3. 防治方法

（1）农业防治　果树休眠期刮除老树皮，并集中处理，或在幼树树干周围压土，消灭越冬幼虫。果树生长季，人工摘除虫苞、虫叶集中处理。早晚气温低时，利用成虫的假死性震树消灭成虫。

（2）药剂防治　药剂防治关键时期在梨树花芽膨大期、越冬幼虫出蛰期和幼虫孵化盛期。可用 0.5%印楝素乳油 1 000～1 500 倍液，或 1.8%阿维菌素乳油 2 000～3 000 倍液，或 2.5%溴氰菊酯乳油 2 000～4 000 倍液，或 25%灭幼脲乳油 1 000～2 000 倍液等喷雾防治。

（三）桃蛀螟

桃蛀螟 *Dichocrocis punctiferalis* Guence，属于鳞翅目螟蛾科，是桃树的重要蛀果害虫，分布于全国各地。以幼虫蛀食为害，多从果柄基部进入果核，蛀孔处常流出黄褐色透明胶液，周围堆积有大量红褐色虫粪。除桃树外，还能为害梨、苹果、樱桃、李、梅、山楂、石榴、板栗、荔枝、龙眼、枇杷、向日葵等多种果树及玉米、高粱等作物（图 14-2-3）。

1. 形态识别

成虫体长 10 mm 左右，鲜黄色，体背及翅面有许多不规则黑斑。成熟幼虫体长 22 mm 左右，灰褐色或暗红色，头及前胸背板褐色，腹背各节有毛片 4 个。

2. 发生规律

在华北地区每年发生 2～3 代，以老熟幼虫在玉米、向日葵、高粱等残株内结茧越冬。成虫夜间活动，有较强趋光性。卵多产于生长茂密的树上，以及两果相接处。幼虫孵化后多从果蒂部位，果、叶相接处或两果相接处蛀入，蛀入后直达果心。被害果内和果外均有大量虫粪和黄褐色胶液。幼虫老熟后多在果柄处或两果相接处化蛹。

3. 防治方法

（1）农业防治　冬季及时清理玉米、高粱、向日葵等作物残株，消灭越冬幼虫。合理修剪，合理留果，避免枝叶和果实密接。在越冬代成虫产卵盛期前（5 月下旬前）及时套袋保护，可兼防桃小食心虫、梨小食心虫和卷叶蛾等多种害虫。桃园内不可间作玉米、高粱、向日葵等作物，减少虫源。

(2)药剂防治　各代卵期喷洒 1.8% 阿维菌素乳油 2 000～4 000 倍液，或 4.5% 氯氟氰菊酯水乳剂 4 000～5 000 倍液，或 4.5% 高效氯氰菊酯乳油 1 000～2 000 倍液等。

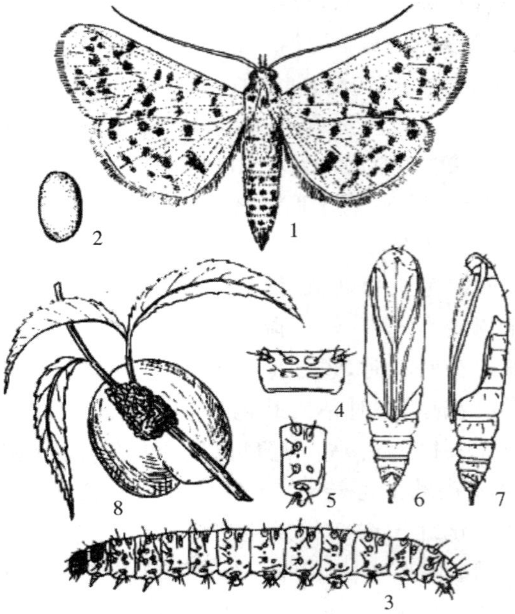

图 14-2-3　桃蛀螟

(仿 植物保护学. 蔡银杰. 2006)

1. 成虫　2. 卵　3. 幼虫　4. 幼虫第 4 腹节背面观　5. 幼虫第 4 腹节侧面观　6. 雌蛹腹面观　7. 蛹侧面观　8. 桃被害状

(四)葡萄透翅蛾

葡萄透翅蛾 *Paranthrene regalis* Butler，属鳞翅目，透翅蛾科。分布于东北、华东、华北、华中、西北等地。葡萄透翅蛾以幼虫蛀食嫩梢和 1～2 年生枝蔓，致使嫩梢枯死或枝蔓受害部肿大呈瘤状，内部形成较长的孔道，妨碍树体营养的输送，使叶片枯黄脱落。

1. 形态识别

成虫体长约 20 mm，蓝黑色。前翅红褐色，前缘及翅脉黑色，后翅膜质透明，腹部有 3 条黄色横带。雄虫腹末有毛束。成熟幼虫体长约 38 mm，圆筒形，头部红褐色，体黄白色，近化蛹时紫红色，前胸背板有倒"八"字纹。

2. 发生规律

1 年发生 1 代，以老熟幼虫在葡萄枝蔓内越冬。翌春，越冬幼虫在被害处的内侧咬一圆形羽化孔，在蛹室结茧化蛹。6 月上旬至 7 月上旬羽化，卵散产于嫩梢腋芽处。7 月上旬之前，幼虫在当年生的枝蔓内为害；7 月中旬至 9 月下旬，幼虫多在二年生以上的老蔓中为害，蛀孔附近常堆积虫粪，被害处上部凋萎枯死；10 月份以后幼虫进入老熟阶段，继续向植株老蔓和主干集中，返蛀食髓部及木质部内层。使孔道加宽，并刺激为害处膨大成瘤，形成越冬室，之后老熟幼虫便进入越冬阶段。

3. 防治方法

(1)农业防治　结合冬剪，剪除有虫枝蔓，集中处理。生长季节，及时剪除被害新梢；受害蔓较粗时，可用铁丝钩杀幼虫。

(2)药剂防治　葡萄开花后 3～4 d，喷施 2.5% 溴氰菊酯乳油 3 000 倍液，或 2.5% 氯氟氰菊酯乳油 1 000 倍液。老蔓受害时，沿虫道塞入浸有 50% 敌敌畏乳油 100～200 倍液的棉球，并用泥封口，以熏杀幼虫。

(五)天牛类

天牛属鞘翅目、天牛科，其种类较多。很多天牛是果树常见害虫，由于天牛类害虫进行钻蛀，幼期生活隐蔽，生活周期长，寄主范围广，天敌控制能力弱等，致使种群一旦建立，其数量即稳定增长，故常造成毁灭性灾害。对果树危害较重的种类主要有星天牛 *Anoplophora chinensis* (Forster)、桑天牛 *Apriona germari*（Hope）、桃红颈天牛 *Aromia bungii*、梨眼天牛 *Bacchisa fortunei* (Thomson)等。

1. 为害特点

为害果树的天牛，按其为害特点可以分为 3 种类型。

(1)为害树干基部和根部型　主要种类有星天牛、桃红颈天牛。幼虫在树干基部木质部钻蛀成弯曲隧道，造成皮层脱落，树势衰弱，常引起整株树枯死。星天牛幼虫还可蛀入主根，在根颈及根部皮下蛀害，造成许多孔洞，甚至全部蛀空。

(2)为害主干或主侧枝型　主要是桑天牛。幼虫钻蛀树干和主要侧枝，影响水肥输导，致使树势衰弱，虫害严重时，可使枝条枯萎、甚至整株死亡。

(3)为害枝梢和枝条型　梨眼天牛一般只危害枝条，致使枝梢枯萎，发生多时严重影响树势。

2. 形态特征

(1)星天牛　成虫体长 30 mm 左右，漆黑色。鞘翅基部密布颗粒，翅面上有许多白毛斑，前胸背板中瘤明显，侧刺突粗壮。成熟幼虫体长 45～67 mm，黄白色，前胸背板前方有 1 对黄褐色飞鸟形斑纹，中胸腹面、后胸和第 1～7 腹节背腹面均有移动器。

(2)桃红颈天牛　成虫体长 35 mm 左右，体黑色，有光泽，前胸背板棕红色，少数黑色，两侧各有刺突 1 个，背面有 4 个瘤突，翅面光滑。成熟幼虫体长 52 mm 左右，乳白色，前胸宽，背板前端横列 4 块黄褐斑，各节有横皱纹。

(3)桑天牛　成虫黑褐至黑色密被青棕或棕黄色绒毛。头部中央有一条纵沟，前胸背面有横行皱纹，鞘翅基部密布黑色光亮的颗粒状凸起，翅端内、外角均呈刺状突出。幼虫圆筒形乳白色，头黄褐色。蛹纺锤形，初淡黄后变黄褐色。

(4)梨眼天牛　成虫体长 8～10 mm 略呈圆筒形，橙黄色，体表密被绒毛，鞘翅蓝绿色或紫蓝色有金属光泽，密布刻点。触角丝状，基部橙黄色，端部色较深。幼虫体长 18～21 mm，初孵时乳白色，随龄期增加体色渐深，呈淡黄或黄色，无足。头、前胸背板黄褐色。

3. 发生规律

(1)星天牛　1 年发生 1 代。以幼虫在树干基部或主根木质部蛀道内越冬。翌春气温回升时，越冬幼虫开始活动，4 月开始化蛹，5 月成虫开始羽化。成虫羽化后取食嫩枝条的皮层和叶片，刻槽产卵，卵槽接近"T"形，产卵部位以树干基部以上 10 cm 处为多。初孵幼虫先在皮层下盘旋蛀食，排出褐色粪粒及蛀屑。经 1～2 个月后再深入木质部，并逐渐向根部蛀食。11 月幼虫在树体内越冬。

(2)桃红颈天牛　2～3 年发生 1 代。以幼虫在寄主枝干内越冬。翌春，幼虫继续蛀食，在虫道外有红褐色木屑状虫粪。第三年 4—6 月幼虫老熟后在虫道末端筑蛹室化蛹，6—9 月陆续羽化。成虫于午间活动。卵散产于树皮裂缝中，初孵幼虫首先在皮下蛀食，蛀入处多有流胶及细小蛀屑，第 2 年开始蛀食木质部。

(3)桑天牛　1 年发生 1 代，以幼虫在枝条内越冬。寄主萌动后开始为害，落叶时休眠越冬。6 月中旬开始出现成虫，7 月上中旬开始产卵，成虫多在晚间取食嫩枝皮和叶，以早、晚较盛，取食 15 d 左右开始产卵，卵经过 15 d 左右开始孵化为幼虫。7—8 月份为成虫盛发期。

(4)梨眼天牛　2年发生1代，以4龄以上的幼虫在蛀道内越冬。次年3月下旬开始活动为害，继续在蛀道内取食，4月中旬幼虫老熟后在蛀道内化蛹，5—6月份出现成虫。成虫羽化后，在枝内停留2～5 d才从坑道顶端一侧咬洞钻出。成虫白天活动，卵多产于直径15～25 mm枝条上。幼虫孵化后先在韧皮部蛀食，随虫龄增大，逐渐注入木质部，并向外咬孔，由此排出粪便和木屑，约到10月份幼虫停止取食并用木屑或粪便堵塞洞口，进入越冬。

4.防治方法

(1)农业防治　新建园时严防有虫苗木植入。成虫发生期，及时捕杀成虫。对为害根颈部的天牛，定期在树根颈部培土，到产卵盛期，扒去泥土，除去卵粒和初孵幼虫再培土覆盖。

(2)物理防治　梨眼天牛发生时及时剪除受害嫩枝；星天牛、桃红颈天牛产卵初期树干涂白以阻止产卵。发现树干有流胶，树冠下有虫粪、木屑时，用细铁丝掏出木屑捕杀幼虫。

(3)药剂防治　对已蛀入树体的幼虫，清除蛀孔内的粪便及木屑后，用注射器注入80%敌敌畏乳油20倍液熏杀幼虫，注药后封堵洞孔。

(六)蚜虫类

蚜虫属同翅目蚜总科。果树蚜虫种类多、危害大。蚜虫以成、若虫刺吸果树汁液，使叶片褪绿、卷曲、皱缩。同时很多蚜虫能传播植物病毒病，从而造成更大的危害。另外，蚜虫排泄蜜露易诱发煤污病，影响植物光合作用，导致叶片枯黄脱落。果树蚜虫的主要种类有：苹果棉蚜（*Eriosoma lanigerum* Hausmann）、梨黄粉蚜[*Aphanostigma jakusuiense* (Kishida)]、桃蚜[*Myzus persicae* (Sulzer)]等。

1.为害特点

(1)苹果棉蚜　为害苹果、山定子、沙果、花红、山楂、海棠等植物的枝干，地面根和果实。被害部形成平滑而圆的瘤状突起，后期成畸形裂口。常因该处破裂，阻碍水分、养分的输导，严重时树体逐渐枯死。幼苗受害，可使全枝死亡。

(2)梨黄粉蚜　食性单一，只为害梨。以成、若蚜为害果实。常群集于果实萼洼部位刺吸为害，被害处初变黄稍凹陷，后逐渐变黑，表皮硬化龟裂形成大黑疤，俗称“膏药顶”。受害严重的果实，组织逐渐腐烂，最后全果脱落。

(3)桃蚜　为害桃、李、杏、梅、苹果、梨、山楂、樱桃、柑橘、柿等植物。于芽、叶、嫩梢上刺吸危害。叶被害后向背面不规则的卷曲皱缩。此外，桃蚜对桃梢、桃叶具极强的卷曲和抑制生长的能力，严重影响桃枝正常生长。

2.形态识别

(1)苹果棉蚜　无翅胎生雌蚜体长2 mm左右，暗赤褐色，腹部有白色蜡质绵毛，腹管退化，呈半圆形裂口。有翅胎生雌蚜头部、腹部黑色，翅透明，腹部暗赤褐色，覆盖绵毛。有翅雌蚜体长0.8 mm左右，口器退化，头、触角和足均为淡黄绿色，腹部红褐色。有性雌蚜体长0.6 mm，黄绿色。

(2)梨黄粉蚜　体长0.7～0.8 mm，卵圆形，鲜黄色，足短小，无翅，无腹管及尾片。有性型成蚜包括雌雄两性，雌蚜体长0.5 mm左右，雄蚜0.35 mm左右，长椭圆形，鲜黄色，无翅及腹管。

(3)桃蚜　无翅孤雌蚜体长约2.6 mm，体色有黄绿色、红褐色等。腹管长筒形，尾片黑褐色。有翅孤雌蚜体长 2 mm。腹部有黑褐色斑纹，翅无色透明，翅痣灰黄或青黄色。

有翅雄蚜体长 1.3～1.9 mm，体色有深绿色、灰黄色、暗红色等。头胸部黑色。

3. 发生规律

（1）苹果棉蚜　1 年发生 10 余代。以若蚜在树皮裂缝，剪锯口缝隙等处越冬。4 月上中旬若虫开始为害，5 月下旬至 7 月初是全年发生和繁殖盛期。7—8 月份受气温及天敌抑制，发生量减少。9 月中旬后数量增加，10 月出现第二次高峰，11 月中旬进入越冬状态。

（2）梨黄粉蚜　1 年发生 8～10 代，以卵在树皮裂缝、剪锯口、果台等处越冬。梨树开花时，在翘皮下为害繁殖，6 月中下旬后，若蚜开始为害果实，由果实萼洼处逐渐蔓延至果面。7 月中下旬至 8 月上中旬是为害果实的高峰期。8 月下旬至 9 月上旬出现有性蚜，产卵越冬。梨黄粉蚜发生轻重与 5、6、7 月份降雨有关，温暖干燥有利于发生，而雨量大或持续降雨则对其发生不利。另外，梨黄粉蚜有背光性，套袋果实受害较重。

（3）桃蚜　1 年发生 10～30 代，北方以卵在枝稍、芽腋等裂缝处越冬。生活史复杂。次年 3 月份开始孵化为害，5 月上旬繁殖最快，为害最盛，至 6 月份不断产生有翅蚜迁飞至蜀葵、十字花科植物上为害繁殖 10—11 月份返迁至桃、李、樱桃、梨等树木上，以受精卵越冬。早春雨水均匀，有利于发生；高温高湿对其不利。

4. 防治方法

（1）农业防治　苗木出圃时，汰除有蚜株。冬春刮除老树皮，并用 3～5 波美度石硫合剂喷淋树体。

（2）保护利用天敌　如食蚜蝇、草蛉、芽茧蜂等。

（3）黄色板诱杀。

（4）药剂防治　蚜虫发生初期，用 10% 烟碱乳油 1 000～1 500 倍液，或 10% 吡虫啉 3 000～4 000 倍液，或 3% 啶虫脒乳油 2 500 倍液等喷雾防治。

苹果棉蚜发生严重的果园，在果树发芽开花前将树干周围 1 m 内的土壤扒开，露出根部，灌注药剂；梨黄粉蚜发生严重的果园，在果实套袋前喷药或将袋口浸药。

（七）介壳虫类

介壳虫属同翅目总科。介壳虫类种类繁多，习性相近，蔓延迅速，常群集于枝、叶、果上为害，是果树的重要害虫。常见种类有朝鲜球坚蚧 *Didesmococcus koreanus* Borchs、梨圆蚧 *Aspidiotus Pernieiosus* Comst、桑白蚧 *Pseudaulacaspis pentagona*（Targioni Tozzetti）、康氏粉蚧 *Pseudococcus comstocki* Kuwana 等。

1. 为害特点

（1）朝鲜球坚蚧　为害桃、李、海棠、苹果、杏等果树。以若虫和雌成虫吸食枝、叶片汁液。果树受害后生长不良，甚至干枯死亡，并易招致吉丁虫等的为害。

（2）梨圆蚧　为害梨、苹果及核果类等多种果树。主要为害枝条、果实和叶片。以若虫和雌成虫刺吸汁液。枝干受害后，皮层木栓化，生长受抑制，常导致早期落叶，枝梢干枯甚至整株死亡。果实受害，多在萼洼和梗洼处，围绕介壳形成紫红色斑点，严重时造成果面龟裂。叶片被害呈灰黄色，逐渐干枯脱落。

（3）桑白蚧　为害桃、李、杏、桑、柿、枇杷、无花果等多种果树。以雌成虫和若虫群集固着在枝干上吸食养分，严重时灰白色的介壳密集重叠，枝条表面凹凸不平，导致树势衰弱、枯枝增多，甚至全株死亡。

(4)康氏粉蚧　为害苹果、梨、桃、李、杏、山楂、葡萄等果树及林木和花卉。以若虫和雌成虫刺吸芽、叶、果实、枝及根部汁液，嫩枝和根部受害常肿胀且易纵裂而枯死。幼果受害多成畸形果。

2.形态识别

(1)朝鲜球坚蚧　雌成虫半球形，直径 3～45 mm，后端直截，前端和身体两侧的下方弯曲，初期介壳黄褐色，后红褐色至黑褐色。雄成虫体长 1.5 mm，赤褐褐色，前翅发达白色半透明，腹部末端两侧各具 1 条白色长丝。

(2)梨圆蚧　雌成虫体扁圆形，直径 1.2 mm 左右，橙黄色，足退化，背覆灰白色圆形介壳，有同心轮纹，壳点黄色或褐色。雄成虫体长 0.6 mm，橙黄色，有翅 1 对，足发达，口器退化(图 14-2-4)。

(3)桑白蚧　雌成虫橘红色，扁平，瓜仁状，介壳灰白色，近圆形，宽约 1.5 mm，背面隆起，有螺旋纹。雄成虫橘红色，体长约 0.8 mm，有一对翅，触角和足正常。

(4)康氏粉蚧　雌成虫扁平，椭圆形，体粉红色，表面被有白色蜡质物，体缘具有 17 对白色蜡丝。雄成虫体紫褐色，翅 1 对，透明。

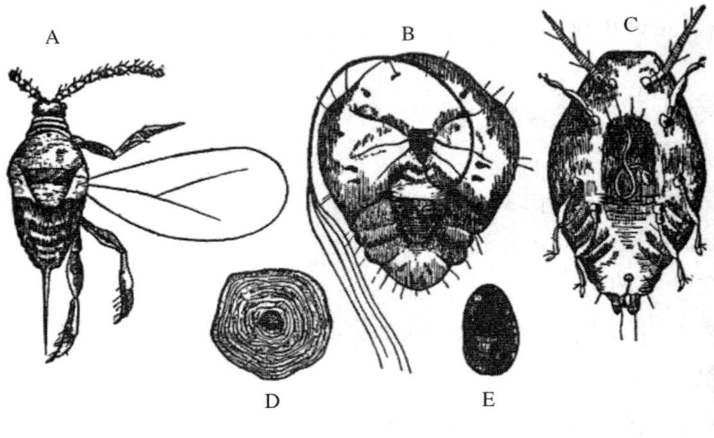

图 14-2-4　梨圆蚧

A.雄性成虫　B.雌性成虫　C.幼虫　D.雌性介壳　E.雄性介壳

3.发生规律

(1)朝鲜球坚蚧　1 年发生 1 代，以 2 龄若虫固着在枝条上越冬。5 月上旬开始于母体下产卵。5 月中旬为若虫孵化盛期，初孵化若虫大多于枝条裂缝处和枝条基部叶痕处固定。初孵若虫分散到枝、叶背为害，落叶前叶上的虫转回枝上，以叶痕和缝隙处居多，10 月中旬后越冬。

(2)梨圆蚧　1 年发生 2～3 代，多以 2 龄若虫在枝上越冬。翌年春梨芽萌动时，越冬若虫开始为害。5 月中下旬至 6 月上旬羽化为成虫，雌虫 6 月中旬开始产卵，持续 20 多 d。第 1 代成虫羽化期 7 月下旬至 8 月上旬，8 月下旬至 10 月上旬产卵，持续 38 d 左右，第 2 代若虫发育到 2 龄便进入越冬状态。以 2～5 年生枝条上较多，少数可在叶和果上固定为害。

(3)桑白蚧　1年一般发生3代，以受精雌成虫在枝干上越冬。初孵幼虫善爬行，经蜕皮后触角和足消失，并开始分泌蜡质，形成介壳。1～3代一龄若虫期分别为4、7、9月上旬。一般第1代若虫主要为害枝干，第2代若虫除为害枝干和果实，第3代若虫还为害枝干、果实和新梢。

(4)康氏粉蚧　1年发生3代，以卵在树体裂缝、翘皮下及树干基部附近土缝处越冬。果树萌芽时越冬若虫开始活动，第1代若虫盛发期为5月中下旬，第2代若虫盛发期在7月上中旬，第3代若虫8月下旬开始孵化，8月下旬至9月上旬进入盛期，9月下旬开始羽化，交配产卵越冬。

4. 防治方法

(1)植物检疫　加强苗木和接穗的检疫，防止扩散蔓延。

(2)农业防治　结合整形修剪剪除虫枝。在成虫介壳已形成，虫卵孵化之前，刮除雌虫。果实套袋时，扎紧袋口，防止若虫进入袋内为害。

(3)保护利用自然天敌　自然界中介壳虫的天敌很多，如中多种瓢虫和寄生蜂等，应注意保护利用。

(4)药剂防治　早春果树发芽前，用3～5波美度石流合剂喷淋树体。

生长期间在各代若虫发生初期介壳未形成前，及时喷雾防治，可用0.3波美度石硫合剂，或2.5%氟氯氢菊酯乳油2 500～3 000倍液，或10%吡虫啉可湿性粉剂2 000～4 000倍液等药剂。

(八)螨类

为害果树的螨类属蜱螨目叶螨科，以成、若、幼螨刺吸叶片为主。常见种类有苹果全爪螨 *Panonychus ulmi*(Koch)、山楂叶螨 *Tetranychus vinnensis*、二斑叶螨 *Tetranychus urticae* 等。

1. 为害特点

(1)苹果全爪螨　主要为害苹果、梨、桃、杏、山楂、海棠、樱桃、沙果等，幼、若螨及雄性成螨主要在叶片背面取食，雌性成螨多在叶片正面为害，受害叶片初期呈现失绿小斑点，随后汇成斑块，在叶片上常有螨蜕，严重时叶片上出现苍白色或焦枯斑块。

(2)山楂叶螨　主要为害苹果、梨、桃、樱桃、杏、李、山楂、核桃等。常以小群体在叶片背主脉两侧吐丝结网、产卵，受害叶片先从近叶柄的主脉两侧出现灰黄斑，严重时叶片枯焦并早期脱落。

(3)二斑叶螨　主要为害苹果、梨、桃、杏、葡萄以及棉花等多种植物，以幼螨、若螨、成螨群集在寄主叶背取食，刺穿细胞，吸食汁液和繁殖。叶片受害初期，在叶主脉两侧出现许多细小失绿斑点，随着为害程度加重，叶片严重失绿，呈现苍灰色并变硬变脆，引起落叶，严重影响树势。

2. 形态识别

(1)苹果全爪螨　雌成螨体半圆球形，背部隆起，红色至暗红色。雄成螨体卵圆形，腹部末端尖削；初为橘红色，后变成深红色。卵为球形稍扁，夏卵橘红色，冬卵深红色。幼螨、若螨圆形，橘红色，背部有刚毛。夏卵孵出的幼螨初为浅黄色，后变为橘红色或深绿色。若螨足 4 对。

(2)山楂叶螨　雌成虫体卵椭圆形，体背前方隆起，黄白色。雌成虫分冬、夏两型，冬型体朱红色，夏型暗红色。雌虫略小，尾部较尖，淡黄绿色，取食后变成淡绿色，老熟时橙黄色，体背两侧有黑绿色斑纹。卵雌成虫圆球形、光滑、前期产的卵橙红色，后期产的卵橙黄色，半透明。幼虫体卵圆形，黄白色，取食后淡绿色。若虫前期若虫卵圆形，体背开始出现刚毛，淡橙黄色至淡翠绿色，体背两侧有明显的黑绿色斑纹。后期若虫翠绿色，与成虫体形相似，可辨别雌雄。

(3)二斑叶螨　雌成螨呈椭圆形，体色变化较大，主要有浅绿色、浅黄色等，体背两侧各有一个"山"形褐斑，老熟时体色为橙黄色或洋红色。雄成蜡体略小呈菱形，尾端尖，浅绿色或黄绿色。卵圆球形，有光泽，初产时无色透明，后变为红黄色。幼螨半球形，淡黄色或无色透明，足 3 对，眼红色，体背上无斑或斑不明显。若螨体椭圆形，黄绿色、浅绿色或深绿色，足 4 对，眼红色，体背有两个斑点。

3. 发生规律

(1)苹果全爪螨　每年发生 6～9 代，以卵在短果枝、果台和小枝皱纹处密集越冬。次年花芽萌发期越冬卵开始孵化，花序分离时为孵化盛期。落花期是越冬代雌成螨盛期。5 月下旬是卵孵化盛期，此时是一个有利的防治时期。6 月上中旬是第一代成螨盛期。在黄河故道地区只有春秋雨季发生较重，越冬卵多，春夏之交能造成一定危害。

(2)山楂叶螨　每年发生 5～9 代，以受精雌成螨在主枝、主干的树皮裂缝内及老翘皮下越冬，在幼龄树上多集中到树干基部周围的土缝里越冬，也有部分在落叶、枯草或石块下越冬。翌年春天，当芽膨大时开始出蛰，先在内膛的芽上取食、活动，到 4 月中、下旬，为出蛰高峰期，出蛰成虫取食 1 周左右开始产卵。若虫孵化后，群集于叶背吸食为害。5 月上旬为第一代幼螨孵化盛期。6 月中旬到 7 月中旬繁殖最快，为害最重，常引起大量落叶。9 月上旬以后受精雌成螨陆续潜伏越冬，雄虫死亡。

(3)二斑叶螨　在南方每年发生 20 代以上，北方 12～15 代，高温干旱年代发生代数增加，以受精雌成螨在树干翘皮下、粗皮裂缝内、果树根际周围土壤缝隙和落叶、杂草下群集越冬。3 月下旬至 4 月中旬，越冬雌成螨开始出蛰。4 月底至 5 月初为第 1 代卵孵化盛期。上树后先在徒长枝叶片上为害，然后再扩展至全树冠。7 月份螨量急剧上升，进入大量发生期，其发生高峰为 8 月中旬至 9 月中旬，气温降至 17 ℃以下时，出现越冬雌成螨。

4. 防治方法

(1)农业防治　早春越冬螨出蛰前，刮除树干上的翘皮、老皮、清除果园里的枯枝落叶和杂草，集中深埋或烧毁，消灭越冬雌成螨；春季及时中耕除草，特别要清除阔叶杂草，及时剪除树根上的萌蘖，消灭其上的二斑叶螨。

(2)药剂防治　果树发芽前喷洒 95%机油乳剂 50 倍液，铲除越冬雌成螨或越冬卵果树生长期，分别于果树发芽后至初花期、花后 7～10 d 及害螨大发生时，用 20%哒螨灵可湿性粉剂 2 000～4 000 倍液，或 25%三唑锡可湿性粉剂 1 500～2 000 倍液，或 20%四螨嗪悬浮剂 2 000～2 500 倍液，或 5%噻螨酮乳油 1 500～2 000 倍液喷雾防治。

四、操作方法及考核标准

(一)操作方法与步骤

1. 果树害虫形态观察

(1)用放大镜或体视显微镜观察果树上常见鳞翅目害虫成、幼的形态特征,注意比较其大小、体色等的差别。

(2)观察常见天牛成虫的触角、复眼、鞘翅特征,观察天牛幼虫的头部、前胸背板等的特征,注意比较各种天牛间的形态差别。

(3)观察常见介壳虫的虫态结构,比较常见介壳虫虫态、介壳形状的差别。

(4)用体视显微镜观察常见蚜虫体色、腹管、尾片等特征。

扩展学习 14-2 果树害虫形态识别

(5)用体视显微镜观察常见螨类的体形、体色、色斑等特征。

2. 果树害虫田间观察及标本采集

(1)虫害调查 调查当地果树害虫的主要种类、为害部位、为害特征。比较不同品种不同管理水平下果树的受害情况。

(2)采集标本 采集的标本应有一定数量的复份,一般应在 5 份以上,以便用于鉴定,保存和交流。

(3)调查记载 将调查的主要内容填入表 14-2-1 中。

表 14-2-1 果树害虫调查记录表

害虫名称	为害部位	为害特点	为害程度	与栽培条件关系

(二)技能考核标准

见表 14-2-2。

表 14-2-2 果树病害植保技术技能考核标准

考核内容		评分标准	标准分值	考核方法
职业技能(100 分)	1. 害虫识别	根据识别病虫的种类多少酌情扣分	10	1～3 项为单人考核口试评定成绩
	2. 形态描述	根据描述害虫特征准确程度酌情扣分	10	
	3. 发生规律介绍	根据叙述完整性及准确度酌情扣分	10	
	4. 发生条件介绍	根据叙述完整性及准确度酌情扣分	10	4～7 项以组为单位考核,根据上交的标本、方案及防治效果等评定成绩
	5. 标本采集	根据采集标本种类、数量、质量酌情扣分	10	
	6. 制订害虫防治方案	根据方案科学性、准确性酌情扣分	20	
	7. 实施防治	根据方法的科学性及防效酌情扣分	30	

五、练习及思考题

1. 防治桃小食心虫的方法有哪些？
2. 简要说明防治梨小食心虫的时间和方法。
3. 蚜虫的天敌主要有哪些？简要说明果树蚜虫的防治方法。
4. 桃蛀螟的寄主植物主要有哪些？
5. 简要介绍葡萄透翅蛾的为害特点。
6. 食叶害虫的发生特点有哪些？以梨星毛虫为例说明防治措施？
7. 常见的吸汁害虫有哪些？发生的特点有哪些？以介壳虫为例介绍其综合防治措施？
8. 以天牛类害虫为例介绍果树蛀干害虫的防治措施。

参考答案 14-2

典型工作任务十五

蔬菜病虫害防治技术

项目1　蔬菜主要病害防治技术

课程学习 15-1

一、技能学习目标

能识别不同蔬菜主要病害的症状及病原特征和主要害虫的为害状及形态特征，掌握不同蔬菜病害的发生规律，从而制订有效的综合防治措施。

二、教学资源

1. 材料与工具

蔬菜病害标本、新鲜标本、挂图、教学多媒体课件（包括幻灯片、录像带、光盘等影像资料）、放大镜及记载用具等。

2. 教学场所

教学实训场所（温室或田间）、实验室或实训室。

3. 师资配备

每 20 名学生配备一位指导教师。

三、原理与知识

（一）苗期立枯病

1. 症状识别

又称“死苗”，刚出土的幼苗和大苗均可受害，多发生在育苗的中、后期，主要为害幼苗茎基部或地下根部。发病初期，幼苗茎基部产生椭圆形，暗褐色病斑，病株停止生长，叶片失水，萎蔫下垂。以后病斑绕茎一周扩展，缢缩、干枯，根部变黑枯死，由于病苗大多数直立而枯死，故称为“立枯”。发病轻的幼苗，仅在茎基部形成褐色病斑，幼苗生长不良，但不枯死。潮湿条件下，病部有褐色菌丝体和土粒状菌核（图 15-1-1）。

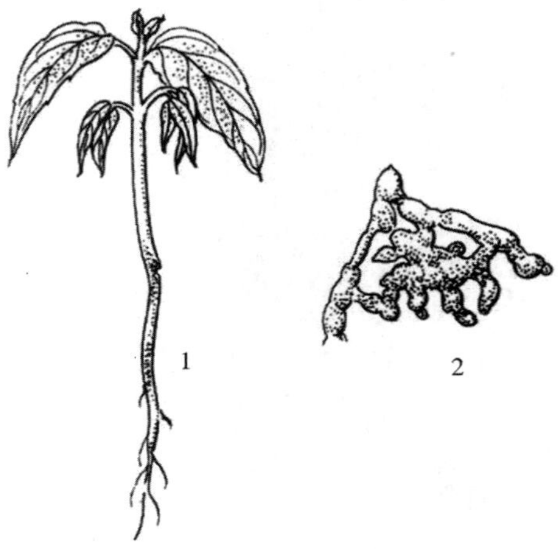

图 15-1-1　幼苗立枯病

（仿 园艺植物保护概论．黄宏英，程亚樵．2006）

1．症状　2．孢囊梗及孢子囊

2. 病原

由立枯丝核菌 *Rhizoctonia solani* Kuhn 侵染引起，属半知菌亚门丝核菌属。菌丝体初期无色，老熟时浅褐色至黄褐色，有隔膜，分枝处成直角，基部稍缢缩。病菌生长后期，由老熟菌丝交织在一起形成菌核。菌核暗褐色，不定型，质地疏松，表面粗糙。病菌不产生无性孢子。

立枯病菌主要寄生为茄子、番茄、辣椒、马铃薯、黄瓜、菜豆、甘蓝、白菜及棉花等植物。

3.发病特点

以菌核在土壤中和病残体上越冬。腐生性较强，病菌在土壤中能够长期存活，混有病残体的未腐熟的堆肥，以及在其他寄主植物上越冬的菌丝体和菌核，均可成为病菌的初侵染来源。病菌通过雨水、流水、沾有带菌土壤的农具以及带菌的堆肥传播，从幼苗茎基部或根部伤口侵入，也可穿透寄主表皮直接侵入为害。病菌可借雨水、农具等传播。苗床高湿，播种过密，光照不足，通风条件差，均有利于发病。

4.防治要点

防治应采取以加强苗床管理为主，药剂保护为辅的综合防治措施。

(1)加强苗床管理　苗床应设在地势较高、排水良好且向阳的地块，选用无病新土作床土。如使用旧床，床土应进行消毒处理。播种不宜过密，播种后盖土不要过厚，以利于出苗。苗床要做好保温、通风换气和透光工作，防止低温或冷风侵袭，促进幼苗健壮生长，提高抗病性。避免低温高湿条件出现，苗床洒水应看土壤湿度和天气情况。阴雨天不要浇水，以晴天上午浇水最好，每次量不宜过多。

(2)床土消毒　苗床土壤处理可用福尔马林处理。一般在播种前2～3周进行，先将床土耙松，每33 cm^2 床土用福尔马林50 mL加适量水(加水量视土壤干湿度而定)浇于床面，用塑料薄膜覆盖4～5 d，然后揭去薄膜，并将床土耙松，让药液充分发挥，两周后播种。也可选用五氯硝基苯等处理，用70%五氯硝基苯和50%福美双等量混合均匀，或70%五氯硝基苯与65%代森铵等量混合均匀，每平方米用药量8 g，加10～15 kg细土拌匀成药土。播种前一次浇透底水，待水渗下后，取1/3药土撒在床面上作为垫土，另外2/3药土均匀撒在种子上作为覆土，下垫上覆，使种子夹在中间，预防病害发生。

(3)种子处理　可用40%拌种灵·福美双可湿性粉剂或50%苯菌灵可湿性粉剂等拌种，用药量为种子质量的0.2%，此外，也可用25%甲霜灵可湿性粉剂与70%代森锰锌以9∶1混合浸种，待风干后播种。

(4)药剂防治　苗床已经发现少数病苗，应及时拔除，并喷药保护，以防止病害蔓延。常用药剂有：50%甲基硫菌灵可湿性粉剂800倍液，或20%甲基立枯磷乳油1 200倍液，或50%福美双可湿性粉剂500倍液，或50%克菌丹可湿性粉剂500倍液防治。苗床喷药后，往往造成湿度过大，可撒草木灰或细干土降低湿度。

(二)苗期猝倒病

1.症状识别

从种子发芽到幼苗出土前染病，造成烂种、烂芽，出土后不久幼苗最易发病。

初期幼苗茎基部呈水渍状斑，后逐渐变为淡褐色，并凹陷缢缩成线状。病斑迅速绕茎基部一周，幼苗倒伏，幼叶依然保持绿色，最后病苗腐烂或干枯。当土壤湿度较高时，病苗及附近土表常有白色絮状物出现，即菌丝体(图15-1-2)。

2.病原

由多种腐霉菌引起，其中最主要的是鞭毛菌亚门、腐霉属、瓜果腐霉菌 *Pythium aphanidermatum*(Eds.) Fitzp.。菌丝体发达多分枝，无色，无隔膜。孢囊梗分化不明显。孢子囊着生于菌丝顶端或中间，顶端膨大成球形的泡囊。游动孢子双鞭毛，肾形。有性生殖产生卵孢子，卵孢子球形、光滑。病菌腐生性较强，能在土壤中长期存活。

猝倒病菌寄主范围广，茄子、番茄、辣椒、黄瓜、莴苣、芹菜、洋葱、甘蓝等幼苗均能被害。

此外，还能引起茄子、番茄、辣椒、黄瓜等果实腐烂。

3. 发病特点

病菌以卵孢子在土壤或病残体上越冬。病原菌腐生性很强，菌丝体可以在土壤中的病残体或腐殖质上营腐生生活，在土壤中长期存活。在适宜的环境条件下，卵孢子萌发，产生孢子囊或游动孢子，借气流、灌溉水和雨水传播，也可由带菌的播种土和种子传播，引起幼苗发病和蔓延。育苗土湿度大、播种过密，有利于猝倒病的发生。连作或重复使用病土，发病严重。

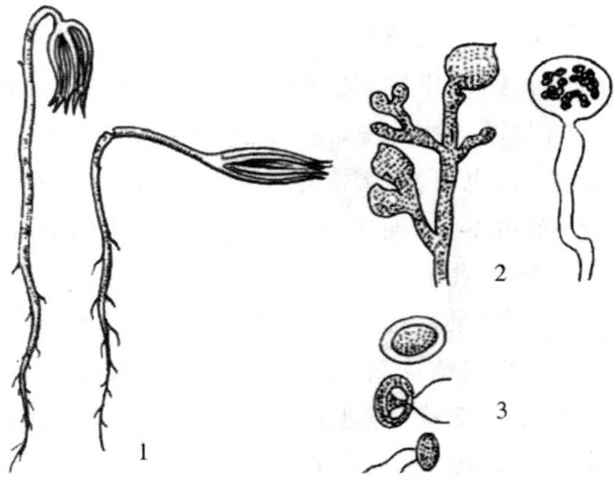

图 15-1-2　幼苗猝倒病

（仿 园艺植物保护概论. 黄宏英，程亚樵. 2006）

1. 症状　2. 孢囊梗及孢子囊　3. 卵孢子和游动孢子

4. 防治要点

(1)选择排水较好、通风透光的地段育苗。苗床尽量建在未育过苗的生茬地上。不要建在老苗床上。在老苗床上建床，必须更换病菌较少的大田土，或者进行土壤消毒。施用肥料必须腐熟。

(2)苗期要控制浇水量，土壤不宜过湿，播种不宜过密。

(3)病害严重的地区，避免连作，或播种前对土壤进行消毒，使用 50%多菌灵可湿性粉剂，或 50%福美双可湿性粉剂 60～100 倍液喷施，用塑料布覆盖 7 d 左右，1 周后方可播种。

(4)发病初期，使用 25%甲霜灵可湿性粉剂 800 倍液，或 70%代森锰锌可湿性粉剂 500 倍液，或 40%乙磷铝可湿性粉剂 200～400 倍液，或 75%百菌清可湿性粉剂 600 倍液喷雾。每 7～10 d 喷 1 次，连喷 2～3 次。

(三)白菜软腐病

1. 症状识别

又称水烂、烂疙瘩。大白菜生长期及储藏期均可发病。以莲座期至包心期发病最为严重，显著特征是病部软腐，并伴有恶臭味。常见症状有 3 种：一是在植株外叶上，叶柄基部与根茎交界处先发病。初呈水渍状，后变灰褐色腐烂，病叶瘫倒露出叶球，并伴有恶臭；二是病菌先从菜心基部开始侵入引起发病，而植株外叶生长正常，由心叶逐渐向外腐烂，充满黄色黏液，病株用手一拔即起，湿度大时腐烂并散发出恶臭；三是从叶球顶部的叶片开始发病，叶片呈水渍状淡褐色腐烂，干燥时呈薄纸状紧贴于叶球上(图 15-1-3)。

2. 病原

白菜软腐病病原属于胡萝卜软腐欧氏杆菌、胡萝卜软腐致病型 *Erwinia carotovora* Dv. *carotovora* (Jones)Bergey *et al*. 属细菌薄壁菌门、欧文氏菌属。菌体短杆状，周生鞭毛 2～8 根，无荚膜，不产生芽孢，革兰氏染色反应阴性。病菌生长最适温度 25～30 ℃，病菌生长要求高湿度，不耐干旱和日晒，在室内干燥 2 min 或在培养基上暴晒 10 min 即会死亡；致死温度为 50 ℃。在土壤中未腐烂寄主组织中可存活较长时间。但当寄主死亡腐烂后，单独只能存活两个星期左右。病菌除为害十字花科蔬菜外，还侵染茄科、百合科、伞形花科及菊科蔬菜。

3. 发病特点

病菌在土壤、堆肥、种菜窖内以及害虫体内越冬。借雨水、灌溉水、带菌肥料、昆虫(如黄条跳甲、甘蓝蝇、花条蝽、菜粉蝶等)等传播。病菌易通过自然裂口、机械伤口和虫伤口侵入,可进行多次再侵染。梅雨季节、多雨年份、连作、地势低洼、虫害严重地块发病严重。贮藏期内缺氧,温度高,湿度大,通风散热不及时,容易烂窖。

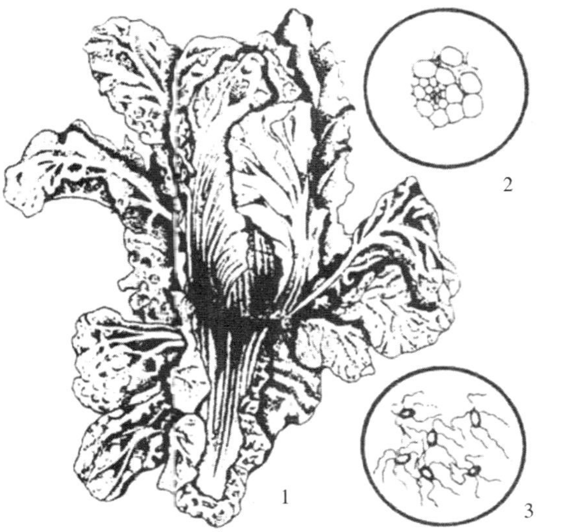

图 15-1-3 白菜软腐病

(仿 植物保护技术. 肖启明,欧阳河. 2002)

1. 病株 2. 病组织内的病原细菌 3. 病原细菌放大

4. 防治要点

应采取加强栽培管理、防治害虫、利用抗病品种为主,结合药剂防治的综合措施。

(1)选用适宜本地种植的丰产优质抗病品种。一般青帮直筒类型的品种较抗病。

(2)实行轮作,避免连作。选择地势高、地下水位低的地种植;提前 2～3 周深翻晒垡,促进病残体腐烂分解;适期晚播,高垄栽培;增施有机肥。

(3)发现病株及时拔除,并用生石灰消毒。

(4)及时防治黄条跳甲、猿叶甲、小菜蛾等害虫,减少伤口。

(5)发病初期用 20%噻菌酮悬浮剂 800 倍液、47%氧氯化铜可湿性粉剂 800 倍液、72%农用硫酸链霉素可溶性粉剂 3 000 倍液、47%加瑞农可湿性粉剂 750 倍液,或新植霉素 3 000～4 000 倍液喷雾,视病情间隔 5～7 d 喷 1 次。重点喷洒病株基部及近地表,使药液流入菜心效果为好。

(四)白菜霜霉病

1. 症状识别

俗称白霉病、霜叶病等。在大白菜各生育期均有发生,主要为害叶片。子叶发病时,叶背出现白色霉层,幼苗的真叶正面无明显症状,严重时幼苗枯死。成株期,叶片正面出现水渍状、淡黄色或黄绿色边缘不明显的病斑,后扩大为黄褐色病斑,受叶脉限制而呈多角形或不规则形,叶背密生白色霉层。病斑多时相互连接,使病叶局部或整叶枯死。包心期后,条件适宜时,叶片上病斑增多并连片,叶片枯黄、皱卷,病叶由外叶向内叶发展,层层干枯,最后仅存中心的包球。种株受害时,花梗、花器肥大畸形,花瓣绿色,种荚淡黄色,细小弯曲,结实不良,常未成熟先开裂或不结实,叶、花梗、花器、种荚上都可长出白霉(图 15-1-4)。

2. 病原

为真菌性病害,属于鞭毛菌亚门、卵菌纲、霜霉属寄生霜霉 *Peronospora parasitica* (Pers.) Fr.。菌丝体无色,无隔,吸器为囊状、球状或分叉状。无性繁殖时,从菌丝上生出孢囊梗,由气孔伸出,无色,无隔,单生或 2～4 根束生,主枝基部稍膨大,重复的两杈分枝,顶端 2～5 次分枝,主轴和分枝呈锐角,顶端的小梗尖锐,弯曲,每端长一个孢子囊。孢子囊无色,单胞，长圆形至卵圆形，萌发时多从侧面产生芽管，不形成游动孢子。卵孢子单胞，球形，黄褐色，表面皱缩或光滑，抗逆性强，条件适宜时可直接萌生芽管侵染寄主。

病菌为专性寄生菌，有明显的生理分化现象。病菌发育要求较低的温度和较高的湿度。菌丝发育适温 20～24 ℃；孢子囊形成适温 8～12 ℃，萌发温度为 3～35 ℃，适温为 7～13 ℃，在水滴中和适温下，孢子囊经 3～4 h 即可萌发。

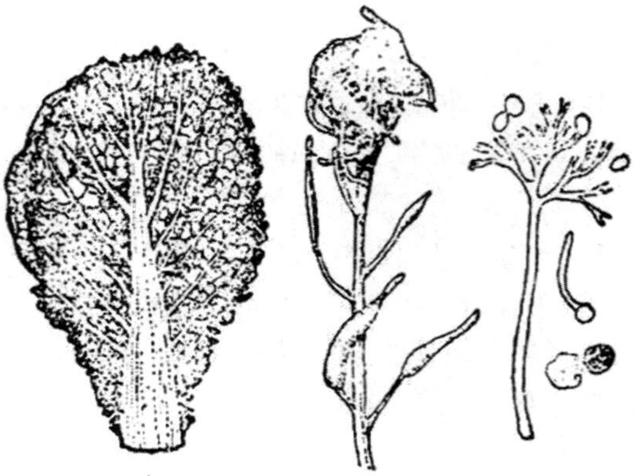

1　　2　　3

图 15-1-4　白菜霜霉病

（仿 植物保护技术. 肖启明，欧阳河. 2002）

1. 叶片症状　2. 花梗为害状　3. 病原菌

3. 发生特点

霜霉病主要在春、秋两季发生。病菌主要以卵孢子在病残组织里、土壤中越冬，翌春引起春菜发病，以后病斑上产生孢子囊进行再侵染。病菌也可以菌丝体在菜种株内越冬，翌年病组织上产生孢子囊反复进行侵染。此外，病菌还能以卵孢子附着于种子表面或以病残体混在种子内越冬，次年播种后侵染后幼苗。

病害发生的适温为 16～20 ℃，相对湿度为 70％左右。大白菜进入莲座期以后，随着植株迅速生长，外叶开始衰老，如遇阴雨天气，光照不足，雾多露重，病害发生严重。在生产中播种过早、密度过大、田间通透性差、植株疯长或生长期严重缺肥等病害发生严重。

4. 防治要点

应以加强栽培管理和消灭初侵染来源为主，合理利用抗病品种，加强预测预报，配合药剂防治等综合措施。

①选用抗病品种　抗花叶病品种也抗霜霉病，各地可因地制宜选用。

②加强栽培管理　选用无病株留种。适期播种，适当稀植；施足底肥，增施磷、钾肥。早间苗，晚定苗，适度蹲苗。小水勤灌，雨后及时排水。清除病苗，收获后及时清除田间病残体并带出田外集中深埋或烧毁。

③药剂防治　种子处理，可采用温水浸种 2 h，再用 72.2％霜霉威盐酸盐水剂 500 倍液浸种 1 h，也可用 53％甲霜灵·代森锰锌水分散粒剂或3.5％咯菌腈·精甲霜悬浮种衣剂、25％甲霜灵可湿性粉剂按种子质量的 0.3％拌种。发病初期可用 72％代森锰锌·霜脲氰可湿性粉剂、47％代森锌·甲霜灵可湿性粉剂、72％甲霜灵·百菌清可湿性粉剂800 倍液，76％丙森锌·霜脲氰可湿性粉剂1 500 倍液，57％烯酰吗啉·丙森锌水分散粒剂2 000 倍液或 20％唑菌酯悬浮剂 3 000 倍液喷施，视病情隔 7～10 d 施 1 次。

（五）番茄病毒病

番茄病毒病是番茄生产上的重要病害之一，田间症状多种多样。同一植株上有时会同时出现两种或两种以上不同症状类型。症状表现主要有 3 种类型，即花叶型、蕨叶型、条斑型。其中以条斑型造成的损失最严重，其次是蕨叶型。

1. 症状识别

见表 15-1-1、图 15-1-5。

表 15-1-1 番茄病毒病症状特征

症状类型	症状特征
花叶型	最常见的症状类型，植株苗期和成株期均可出现。常见两种类型：一种是轻型花叶，叶片平展，大小正常，植株不矮化，只在较嫩的叶片上出现深绿或浅绿相间的斑驳，使叶片呈花叶状，对产量影响不大；另一种是重型花叶，叶片不平展，凹凸不平，扭曲畸形，叶片变小，嫩叶上花叶症状明显，病株略矮，果实小，果表多呈花脸状
蕨叶型	由上部叶片开始，上部新叶全部或部分变成条状，中、下部叶片向上微卷，花瓣增大，植株不同程度矮化。发病早时，植株不能正常结果
条斑型	可侵染茎、叶、果实。叶片上表现茶褐色斑点或花叶，叶脉紫色，茎上出现暗绿色到黑褐色下陷的油渍状坏死条斑，病茎质脆，易折断，果实上多形成不同形状的褐色斑块，但变色部分仅在表层组织，不深入到茎和果肉内部，随着果实发育，病部凹陷而成为畸形僵果

图 15-1-5 番茄病毒病

（仿 植物保护技术. 肖启明，欧阳河. 2002）

1. 条斑型及病果 2. 蕨叶型 3. 花叶型

2. 病原

番茄病毒病的毒源有 20 多种。我国报道的主要有 6 种：烟草花叶病毒（Tobacco mosaic virus，TMV）、黄瓜花叶病毒（Cucumber mosaic virus，CMV）、马铃薯 X 病毒（Potato virus X，PVX）、马铃薯 Y 病毒（Potato virus Y，PVY）、烟草蚀纹病毒（Tobacco etch virus，TEV）、苜蓿花叶病毒（Alfalfa mosaic virus，AMV）。我国北方以 TMV 为主，南方以 CMV 为主，长江中下游地区 TMV 和 CMV 都是重要毒源。

TMV 病毒粒体杆状，主要引起各种类型的花叶，果实和叶脉上的枯斑和茎秆上的条状枯死斑，失毒温度 90～93 ℃、10 min，稀释限点 1 000 000 倍，体外保毒期 72～96 h，在无菌条件下致病力达数年，在干燥病组织内存活 30 年以上。

CMV 病毒粒体球状，主要引起花叶、畸形、蕨叶、丛枝与严重矮化等症状，失毒温度 65～70 ℃、10 min，稀释限点 1 000～10 000 倍，体外保毒期 3～4 d，不耐干燥。

番茄黄化曲叶病毒病原为中国番茄黄化曲叶病毒（Tomato yellow leaf curl virus，TYLCV），称双生病毒（亚组Ⅲ），简称 TY，是一种具有孪生颗粒形态的单链环状 DNA 植物病毒。其不能经种子、机械摩擦等途径传播，主要由烟粉虱传播，也可通过嫁接传播。烟粉虱在有毒寄主植物上最短获毒时间为15～30 min，一旦获毒可终身带毒，属于持久性传毒类型。

3. 发病特点

一般春季大棚番茄生长前期发病较轻，进入5月份以后，蕨叶和花叶症状开始加重。秋延后番茄病毒病比春大棚严重，主要为蕨叶和条斑病毒。棚室昼夜温差小，播期早，定植苗龄大，均可加重病毒病的为害。高温、干旱，蚜虫为害重，植株生长势弱，重茬等，均易引起病毒病的发生。病毒病主要通过田间操作接触传播，也可通过蚜虫、机械传播。

4. 防治要点

采用以农业防治为主的综合防治策略，创造有利于植株生长健壮的条件。

(1)选用抗病品种　根据当地主要毒源，因地制宜选用抗(耐)病品种。

(2)加强栽培管理　适时播种，培育壮苗。定植后适当蹲苗，促进根系发育；施足底肥，增施磷钾肥，实施根外追肥，提高植株抗病性。坐果期，避免缺水缺肥；避免人为传播，农事操作时，及时清除病株和病残体，注意手和工具的消毒，防止病害扩展蔓延。

(3)种子处理　在播前用清水浸泡种子4 h后放入10%磷酸三钠液中浸20 min，捞出用清水冲洗干净后催芽播种，或用0.1%高锰酸钾溶液浸种30 min。

(4)早期避蚜治蚜　提倡采用防虫网育苗、栽培，防止蚜虫传毒。利用蚜虫趋黄习性，悬挂黄板诱杀。或用银灰色反光膜驱蚜，以减少蚜虫传播CMV。防治蕨叶病应抓好苗期灭蚜和避蚜工作，同时及时喷药灭蚜。蚜虫点片发生时，用10%吡虫啉可湿粉剂2 000～2 500倍液，或0.4%杀蚜素水剂200～400倍液喷雾，减少蚜虫传毒机会。

(5)药剂防治　发病初期可用20%病毒A可湿性粉剂500倍液、20%盐酸吗啉胍乙酸铜可湿性粉剂500倍液、5%菌毒清水剂300～500倍液喷雾防治。每隔5～7 d喷1次，连续喷2～3次。

(六)番茄晚疫病

1. 症状识别

幼苗、成株的叶、茎、果均可发病。以成株期的叶片和青果受害较重。幼苗感病，叶片出现暗绿色水渍状病斑，并向主茎发展，使叶柄和茎变细呈黑褐色而腐烂倒伏，全株萎蔫。成株期发病，多从下部叶片开始，形成暗绿色水渍状边缘不明显的病斑，扩大后呈褐色。湿度大时叶背病健交界处出现白霉，干燥时病部干枯，脆而易破。茎部发病，初期病斑呈黑色凹陷，后变黑褐腐烂，引起病部以上枝叶萎蔫。青果发病，病斑呈油渍状暗绿色，病部较硬，稍凹陷，呈黑褐色腐烂，边缘呈明显的云纹状。湿度大时病部产生白色霉层(图15-1-6)。

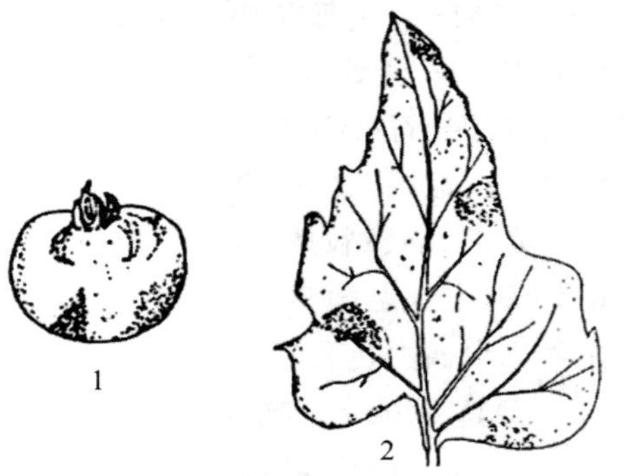

图15-1-6　番茄晚疫病

(仿 植物保护技术. 肖启明，欧阳河. 2002)

1.病果　2.病叶

2. 病原

致病疫霉菌 *Phytophthora infestans* (Mont.) de Bary，属鞭毛菌亚门疫霉属。菌丝分枝，无色无隔，较细，多核。孢囊梗无色，单根或多根成束从气孔长出，有3～4个分枝，当孢囊梗顶端形成一个孢子囊后，孢囊梗又向上生长而把孢子囊推向一侧，形成新的孢子囊，孢囊梗膨大呈节状，顶端尖细。孢子囊单胞无色，卵圆形，顶端有乳状突起。温度

15 ℃以上时，孢子囊不产生游动孢子，直接产生芽管侵入寄主，低温下萌发释放游动孢子，游动孢子肾形，双鞭毛，水中游动片刻后静止，鞭毛收缩，变为圆形休止孢，休止孢萌发产生芽管侵入寄主。卵孢子不多见。菌丝生长温度为 10～25 ℃，最适温度为 20～23 ℃。孢子囊形成温度为 7～25 ℃，最适温度为 18～22 ℃。相对湿度 97％以上易产生孢子囊，孢子囊及游动孢子都需要在水膜中才能萌发。病菌可为害番茄和马铃薯，对番茄的致病力强。

3. 发病特点

主要以菌丝体在保护地番茄及马铃薯块茎中越冬，为翌年发病的初侵染来源。次年春季，在适宜的条件下，产生孢子囊，借气流或雨水传播，从气孔或表皮直接侵入，在田间形成中心病株。菌丝体在寄主细胞间或细胞内扩展蔓延，经 3～4 d 病部长出孢子囊，借风雨传播，进行多次重复侵染，引起病害流行。低温、潮湿是病害发生流行的主要条件，在相对湿度 95％～100％且有水滴或水膜条件下，病害易流行。田间地势低洼，排灌不良，过度密植，行间郁蔽，导致田间湿度大，易诱发病害发生。

4. 防治要点

(1)选用抗病品种。

(2)与非茄科作物实行 3 年以上轮作。

(3)合理密植，及时整枝，改善通风透光条件；晴天浇水，并防止大水漫灌，保护地浇灌后适时通风；施足底肥，采用配方施肥。

(4)及时清除中心病株后，选用 72％杜邦克露可湿性粉剂 800 倍液，或 60％安克锰锌可湿性粉剂 1 500 倍液，或 40％疫霉灵可湿性粉剂 250 倍液等喷雾防治。

(七)番茄灰霉病

1. 症状识别

花、果、叶、茎均可发病。花部被害，柱头或花瓣先被侵染，后向果实或果柄扩展，致使果皮呈灰白色，并生有厚厚的灰色霉层，呈水腐状。叶片发病多从叶尖开始，沿支脉间成“V”形向内扩展。初呈水渍状，展开后为黄褐色，边缘有深浅相间的线纹。病、健组织界限分明。茎发病，初呈水渍状小点，后扩展成浅褐色、长圆形或条状病斑，严重时病部以上枯死。潮湿时，病斑表面有灰色霉层(图 15-1-7)。

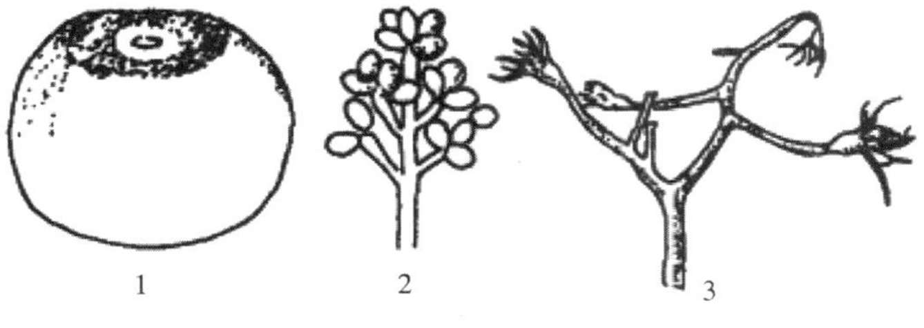

图 15-1-7　番茄灰霉病

1. 病果　2. 分生孢子梗及分生孢子　3. 有病花蕾

2. 病原

灰葡萄孢菌 *Botrytis cinerea* Pers. ex Fr. 属半知菌亚门葡萄孢属。分生孢子梗细长丛生，不分枝或分枝，直立，顶端簇生分生孢子。分生孢子成葡萄穗状，椭圆形或卵圆形、单细胞，无色或灰色。

3. 发病特点

主要发生在大棚内。病菌主要以菌核在土壤中，或以菌丝体及分生孢子在病残体上越冬或越夏。条件适宜时，菌核萌发，产生菌丝体和分生孢子。病菌借气流、灌溉水及农事操作传播。蘸花是主要的人为传播途径。病菌从伤口、衰老器官等枯死的组织上侵入，花期是侵染高峰期。一般 12 月份至翌年 5 月份，气温达 20 ℃左右，相对湿度持续在 90%以上易发病。

4. 防治要点

(1)定植时施足底肥，避免阴、雨天浇水，晴天浇水后应放风排湿，发病后控制浇水和施肥。

(2)及时摘除病果、病叶，清除病残体集中处理。

(3)移栽前用 50%速克灵可湿性粉 1 500～2 000 倍液，或 50%扑海因可湿性粉剂 1 500 倍液喷淋幼苗；定植后结合蘸花，在配好的防落素稀释液中加入 0.1%的 50%扑海因可湿性粉剂，或 0.2%～0.3%的 25%甲霜灵可湿性粉剂进行蘸花或涂抹；初发病时，选用 60%防霉宝超微粉剂 600 倍液，或 2%阿司米星水剂 150 倍液，或 50%农利灵可湿性粉剂 1 500 倍液等喷雾防治。

(八)茄子黄萎病

1. 症状识别

又称凋萎病，俗称“半边疯”。一般在茄坐果后开始表现症状，多自下而上或从一边向全株发展。初期先从叶缘及叶脉间变黄，逐渐发展至半边叶片或整张叶片。发病早期，病叶在晴天中午前后表现萎蔫，但早晚可以恢复正常。后期病叶萎蔫后不再恢复。病叶色泽由黄变褐，有时叶缘向上卷曲，萎蔫下垂或脱落，严重时病株叶片脱光仅留茎秆。植株可全株发病，或从一边发病，半边正常，故称“半边疯”。剖视病茎和病根等部，可见维管束变褐色。病株着生的果实变小，质硬，纵切病株上成熟的果实，维管束也呈黑褐色。

2. 病原

大丽花轮枝孢菌 *Verticillium dahliae* Kleb. 属半知菌亚门轮枝孢属。病菌分生孢子梗直立，细长，上有数层轮状排列的小梗，梗顶生椭圆形、单胞、无色的分生孢子。厚垣孢子褐色，卵圆形。可形成许多黑色微菌核。病菌除为害茄子外，还为害辣椒、番茄、马铃薯等茄科植物。

3. 发病特点

以菌丝体、厚垣孢子和拟菌核随病残体在土壤中越冬。土壤带菌是此病的主要侵染源。一般在土壤中可存活 6～8 年。翌年在环境条件适宜时，病菌从茄根部伤口，或直接从幼根的表皮及根毛侵入，引起发病。病菌在维管束内不断扩展、繁殖，并扩展到枝叶。该病在当年不再进行重复侵染。茄子黄萎病发病适温为 19～24 ℃，一般气温 20～25 ℃，土温 22～26 ℃和湿度较高条件下发病重，久旱、高温发病情。气温高于 28 ℃或低于 16 ℃时症状受到抑制。一般气温低，定植时根部伤口愈合慢，利于病菌从伤口侵入。地势低洼、施用未腐熟的有机肥，灌水不当及连作地发病重。定植过早，栽苗过深，起苗带土少，伤根多等因素，会加重发病。

4. 防治要点

(1)选用抗病品种。

(2)用温水浸种　播种前种子用 50%多菌灵 2 h 或 55 ℃温水浸种 15 min，冷水冷却后催芽、播种。

(3)实行轮作　与非茄科作物实行 4 年以上轮作，实行水旱轮作 1 年效果更好。

(4)加强栽培管理　合理密植，适时追肥，及时清除病残体，集中处理。

(5)药剂防治　发病初期用 10%治萎灵水剂 300 倍液，或 50%琥胶肥酸铜可湿性粉剂 350 倍液，或 12.5%增效多菌灵浓可溶剂 200～300 倍液灌根。

(九)茄子绵疫病

1. 症状识别

又称茄子疫病。茄子各生育阶段均可受害。主要为害果实，也能侵染幼苗叶、花器、嫩枝、茎等部位。幼苗期发病，茎基部呈水浸状，常引发猝倒，使幼苗枯死。成株期叶片感病，多从叶缘或叶尖开始，初期产生水浸状不规则形病斑，有明显的轮纹，但边缘不明显，褐色或紫褐色，潮湿时病斑上长出少量白霉。茎部受害呈水浸状缢缩，有时折断，并长有白霉。花器受侵染后，呈褐色腐烂。果实受害最重，多从近地面的果实先发病，初期果实腰部或脐部出现水浸状圆形斑点，边线不明显，稍凹陷，黄褐色至黑褐色。病部果肉呈黑褐色腐烂状，在高湿条件下病部表面长有白色絮状菌丝，病果易脱落或干瘪收缩成僵果。

2. 病原

病原为寄生疫霉为 *Phytophthora melongenae* Saw.，属鞭毛菌亚门真菌。菌丝白色，棉絮状，无隔，分枝多，孢囊梗无色，纤细，无隔膜，一般不分枝；孢子囊无色或微黄，卵圆形、球形至长卵圆形，孢子囊顶端乳头状突起明显，菌丝顶端或中间可生大量黄色圆球形厚垣孢子，单生或串生。病菌发育温度为 8～38 ℃，最适温度为 30 ℃，相对湿度在 95%以上时，菌丝生长良好。

3. 发病特点

病菌在土壤中病株残留组织上越冬。病菌在土中可存活 3～4 年。病菌经雨水溅到植株体上从寄主表皮直接侵入，可借雨水或灌溉水传播，使病害扩大蔓延。茄子生长期间，如气候条件适宜田间可发生多次再侵染。高温高湿有利于病害发展。一般气温 25～35 ℃，相对湿度 85%以上，叶片表面结露、地势低洼、排水不良、土壤黏重、管理粗放、偏施氮肥、过度密植、连茬栽培等条件下，病害发展迅速而严重。

4. 防治要点

(1)农业防治　与非茄科、葫芦科作物实行 2 年以上轮作。选择高燥地块种植茄子，深翻土地。采用高畦栽培，覆盖地膜以阻挡土壤中病菌向地上部传播，促进根系发育。雨后及时排除积水。施足腐熟有机肥，预防高温、高湿。增施磷、钾肥，促进植株健壮生长，提高植株抗性。及时整枝，适时采收，发现病果、病叶及时摘除，集中深埋。

(2)药剂防治　发病初期，可喷施 25%吡唑醚菌酯乳油 3 000～4 000 倍液、75%百菌清可湿性粉剂 500 倍液、58%甲霜灵·锰锌可湿性粉剂500 倍液、50%安克锰锌可湿性粉剂 500 倍液、72%克露可湿性粉剂 800 倍液、72.2%普力克水剂 500 倍液或 64%杀毒矾可湿性粉剂 400 倍液。喷药要均匀周到，重点保护茄子果实。一般每隔 7 d 左右喷 1 次，连喷 2～3 次。

(十)辣椒炭疽病

1. 症状识别

主要为害果实，特别是近成熟期的果实更容易发生，也侵染叶片和果梗。叶片发病，初为褪绿、水渍状斑点，逐渐变为中间淡灰色，边缘褐色的病斑，其上轮生小黑点。果柄受害，产生不规则褐色凹陷斑，易干裂。果实被害，初现水渍状黄褐色圆斑或不规则斑，斑面有隆起的同心轮纹状小黑点，低湿条件下病部干缩呈膜状，易破裂，潮湿时病斑表面溢出红色黏稠物(图 15-1-8)。

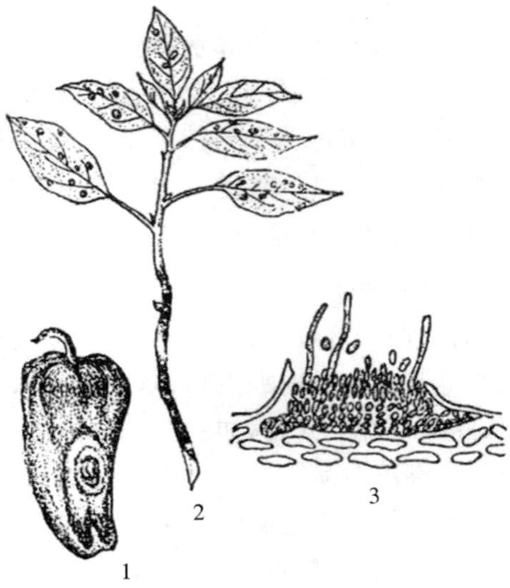

图 15-1-8　辣椒炭疽病

(仿 园艺植物保护概论. 黄宏英，程亚樵. 2006)

1. 病果　2. 病株　3. 分生孢子盘及分生孢子

2. 病原

引起辣椒炭疽病的病原为辣椒炭疽菌 *Cotletotrichum capsici*(Syd.)Butl&Bisby. 和辣椒刺盘孢菌 *Vermicularia capsici* Syd. 均属半知菌亚门、炭疽菌属，为弱寄生菌。病斑上的黑色小粒点和红色黏状溢出物为病菌的分生孢子盘和分生孢子。分生孢子盘初生于寄主表皮下，成熟后突破表皮外露，黑色，盘状或垫状，其上生有暗褐色刚毛和分生孢子梗，刚毛具 2～4 个隔膜。分生孢子梗短粗，圆柱状，单胞，无色，顶端产生分生孢子。分生孢子新月形或镰刀形，端部尖，单胞，无色。有的分生孢子盘上少见，分生孢子椭圆形，无色，单胞。分生孢子萌发适宜温度为 25～30 ℃，相对湿度在 95%以上，有利于分生孢子萌发，而相对湿度低于 20%不利于分生孢子萌发。

3. 发病特点

以分生孢子在种子表面或以菌丝体在种子内部或随病残体在土壤中越冬。翌年在适宜条件下产生分生孢子，通过风雨、昆虫等传播，从伤口侵入，引起初侵染和多次再侵染。棚室种植条件下，由于湿度大，温度高，往往发病较重。受日灼伤害以及受各种损伤的果实炭疽病发生严重。种植密度大，排水不良以及施肥不当或氮肥过多，也会加速该病的发生、扩展和蔓延。

4. 防治要点

(1)选用抗病品种　一般辣味强的品种较抗病。

(2)轮作和加强栽培管理　发病严重的地块与茄科和豆科蔬菜实行 2～3 年轮作。合理密植，使辣椒封行后行间不郁蔽，果实不暴露；适当增施磷、钾肥，促使植株生长健壮，提高抗病力；低湿地种植要做好开沟排水工作，防止田间积水，以减轻发病；及时采果，果实采收后，清除田间遗留的病果及病残体，集中烧毁或深埋，并进行一次深耕，将表层带菌土壤翻至深层，促使病菌死亡。

(3)种子处理　可用 55 ℃温水浸种 10 min，进行种子处理。或用凉水预浸 1～2 h，然后用 55 ℃温水浸 10 min，再放入冷水中冷却后催芽播种。也可先将种子在冷水中浸 10～12 h，再用 1%硫酸铜浸种 5 min，或用 50%多菌灵可湿性粉剂 500 倍液浸 1 h，捞出后用草木灰或少量石灰中和酸性，再进行播种。

(4)药剂防治　发病初期或果实着色时开始喷药。可用 50%炭疽福美可湿性粉剂

300～400 倍液，或 10%世高水分散剂 6 000～8 000 倍液，或 6%氯苯嘧啶醇可湿性粉剂 4 000～5 000 倍液，或 25%使百克乳油 1 000～1 500 倍液防治。隔 7～10 d 喷 1 次，连喷 2～3 次。

(十一)黄瓜霜霉病

1.症状识别

主要危害叶片。子叶被害，在叶正面产生不规则褪绿水渍状黄斑，潮湿时在叶背病斑上产生灰黑色霉层，造成子叶干垂，幼苗死亡。成株期发病，初期在叶背产生水渍状斑点，病斑逐渐由淡黄色转为黄色，最后呈淡褐色干枯。因受叶脉限制，病斑呈三角形，病斑边缘明显。潮湿时叶背长出灰黑色霉层。发病严重时，多个病斑连接成片，全叶变为黄褐色干枯、收缩而死亡(图 15-1-9)。

图 15-1-9　黄瓜霜霉病

(仿 植物保护技术. 肖启明，欧阳河. 2002)

1.被害叶　2.孢囊梗及孢子囊　3.孢子囊放大　4.游动孢子　5.孢子萌发

2.病原

黄瓜假霜霉菌 *Pseudoperonospora cubensis* (Berk. et Curt.)Rostov.，属鞭毛菌亚门、假霜霉属，是一种专性寄生菌。病菌的孢子囊梗无色，单生或 2～5 根丛生，从气孔伸出，上部呈 3～5 次锐角分枝，分枝末端着生一个孢子囊；孢子囊卵形或柠檬形，顶端具乳状突起，单胞，淡褐色。孢子囊可萌发长出芽管，或孢子囊释放出游动孢子，变为圆形休止孢子，再萌发产生芽管，侵入寄主。卵孢子球形，黄色，表面有瘤状突起。

3.发病特点

病菌以孢子囊在土壤或病株残体，或以菌丝体在种子内越冬或越夏。孢子囊随风雨传播，从寄主叶片表皮直接侵入，引起初次侵染。以后随气流和雨水进行多次再侵染。

黄瓜霜霉病发病和流行的关键因素是湿度。多雨、多露、多雾、昼夜温差大、阴晴交替等气候条件有利于病害的发生。一般气温在 10 ℃以上，湿度合适，即开始发病。20～24 ℃最利于发病，潜育期短。当平均气温达 30 ℃以上时，即使湿度合适，病害发展也很缓慢。一般保护地发病重于露地。定植过密、氮肥使用过多、开棚通风不及时、肥力差、地势低的瓜地发病重。

4.防治要点

(1)选用抗病品种　各地因地制宜选用抗病品种。

(2)加强栽培管理　选地势高燥，通风透光，排水性能好的田块种植。栽前施足有机肥，增施磷、钾肥；生长前期适当控制浇水次数，提高植株本身的抗病性。

(3)生态防治　棚室黄瓜要选用无滴膜，生长期控制浇水次数，适当放风通气，降低棚内湿度至 90%以下，叶面无结露现象。发病初期，还可进行高温闷棚灭菌。具体方法是：选择在晴天中午，闷棚前先灌足底水，使土壤湿润，以增强高温下黄瓜生长的适应性。在黄瓜生长点附近，安放温度计，以检查温度的上升限度。闷棚的温度掌握在 45～47 ℃，持续 0.5～1.5 h，黄瓜生长点部位的温度不能超过 47 ℃，否则会造成烧伤。若闷棚过程中出现温度过高的现象，应及时轻度通风降温。闷棚结束时，逐渐揭膜通风降温，切忌温度大起大落，闷棚后 2 d 内及时追施适量速效肥。每隔 10～15 d 闷棚 1 次，共进行 2～3 次。

(4)药剂防治　发病初期可选用 58%甲霜灵锰锌可湿性粉剂 600 倍液，或 72%杜邦克露可湿性粉剂 800 倍液，或 69%安克锰锌可湿性粉剂 1 000 倍液等喷雾；大棚可使用 45%百菌清烟熏剂熏蒸。

(十二)黄瓜细菌性角斑病

全国各地都有发生，是大棚、温室前期，露地黄瓜中、后期常见的病害。

1. 症状识别

主要危害叶片和果实。叶片被害，初生针头大小，水渍状斑点，后扩大，受叶脉限制而呈多角形、黄褐色病斑。湿度大时，病斑上产生乳白色黏液，干后为一层白膜或白色粉末。干燥时，病斑干裂、穿孔。果实、茎、叶柄发病，初呈水渍状，近圆形，后呈淡灰色病斑，中部常产生裂纹，潮湿时病部产生菌脓。果实上的病斑常向内部扩展，后期腐烂，有臭味。幼苗发病，子叶上产生圆形或卵圆形水渍状凹陷病斑，后变褐色，干枯。

2. 病原

黄瓜角斑假单胞菌 *Pseudomonas syringae* pv. *lachrymans*(Smith et Bryan) Young, Dye & Wilkie，属细菌薄壁菌门假单胞菌属。菌体短杆状相互连接成链状，端生 1～5 根鞭毛，有夹膜，无芽孢，革兰氏染色阴性。除侵染黄瓜外，还危害南瓜、甜瓜、西瓜等多种葫芦科植物。

3. 发病特点

病菌在种子内或随病残体落入土中越冬。病菌在种子内可存活 1 年，在土壤中的病残体上可存活 3～4 个月。种子萌发，附着的细菌即侵染黄瓜子叶，造成烂种或死苗。土壤中的细菌随雨水或灌溉水溅至茎、叶片和果实上，从伤口、气孔或水孔侵入体内引起发病。病斑上的菌体借雨水、昆虫、农具、农事操作等传播，进行再侵染。病害发生的适宜温度是 18～25 ℃，相对湿度 75%以上。降雨多、湿度大、地势低洼、管理不当、多年重茬的地块，病害严重。保护地黄瓜，通风不良，湿度高，发病严重。品种间抗病性有差异。

4. 防治要点

(1)选用抗病品种。

(2)加强田间管理　培育无病种苗，用无病土苗床育苗；与非瓜类作物实行 2 年以上轮作。黄瓜收获后及时清洁田园，并深翻土壤，消灭菌源。保护地适时放风，降低田间湿度，发病后控制灌水，促进根系发育增强抗病能力；露地实施高垄覆膜栽培，平整土地，完善排灌设施，收获后清除病残体，翻晒土壤等。在基肥和追肥中注意加施偏碱性肥料。

(3)种子处理　播种前，用 52 ℃温水浸种 20 min；或用 50%代森铵水剂 500 倍液浸种 1 d，清水洗净后催芽播种。

(4)药剂防治　定植前或发病初期，喷洒 30% DT 可湿性粉剂 500 倍液，或 47%加瑞农可湿性粉剂 500～600 倍液，或 15%～20%农用链霉素可湿性粉剂、90%新植霉素可溶性粉剂 5 000 倍液喷雾防治，每 7 d 喷 1 次，连喷 3～4 次。

(十三)黄瓜棒孢叶斑病

1. 症状识别

黄瓜靶斑病,又称褐斑病、靶斑病、黄点病,近年来在许多蔬菜产区日趋加重。因田间症状易与黄瓜霜霉病、细菌性角斑病和炭疽病混淆,给正确识别和防治带来了困难。该病主要为害叶片,多发生在黄瓜生长中、后期,由中下部叶片向上发展,幼叶发生轻,严重时蔓延至叶柄、茎蔓。田间症状可分为三种类型

①小型斑　易在低温低湿时出现。病斑直径 1～5 mm,呈黄褐色小点。病斑扩展后,叶片正面病斑略凹陷,病斑近圆形或稍不规则,病健交界处明显,黄褐色,外围颜色稍深、中部稍浅,淡黄色,叶片背面病部稍隆起,黄白色。

②大型斑　易在高温高湿时产生。病斑圆形或不规则形,直径 20～50 mm,整体褐色,中央灰白色、半透明,叶片正面病斑粗糙不平,隐约有轮纹,湿度大时,叶片正、背面均可产生大量灰黑色毛絮状物。

③角状斑　多与小型斑、大型斑及霜霉病混合发生。病斑黄白色,叶片正、背两面病斑大小相同,均可产生灰黑色霉层,多角形,病健交界处明显且病斑粗糙不平,直径 5～10 mm。

以上 3 种症状均可不断蔓延发展,后期病斑在叶面大量散生或连成片,造成叶片穿孔、枯死、脱落。

2. 病原

病原由半知菌亚门、丝孢目、棒孢属 *Corynespora cassiicola* (Berk & Curt) Wei 真菌引起。分生孢子梗单生,较直立,细长,初淡色,成熟后褐色,光滑,不分枝,有 1～8 个分隔。分生孢子顶生于梗端,倒棒形、圆筒形、线形或"Y"形,单生或串生,直立或稍弯曲,基部膨大,较平,顶端钝圆,浅橄榄色至深褐色,假隔膜分隔。

3. 发病特点

该菌以菌丝体、厚垣孢子或分生孢子随病残体、杂草在土中越冬。翌年借气流或雨水飞溅传播,进行初侵染;侵入后潜育期一般 5～7 d,之后病部新生病原菌,并经叶缘吐水、棚膜结露珠等途径进行再侵染,使病害逐渐蔓延。温暖、高湿或通风透气不良等条件下易发病。发病温度 20～30 ℃,相对湿度 90%以上。温度 25～30 ℃和湿度饱和时,病害发生较重。

4. 防治要点

(1)加强管理　与非瓜类作物实行 2～3 年及以上轮作,适时中耕除草,浇水追肥,同时放风排湿,改善通风透气性能。

(2)种子消毒　该病菌的致死温度为 55 ℃、10 min,可采用温汤浸种:种子用温水浸种 15 min 后,转入 55～60 ℃热水中浸种 10～15 min,并不断搅拌,然后让水温降至 30 ℃,继续浸种 3～4 h,捞起沥干后置于 25～28 ℃处催芽,可有效消除种皮病菌。

(3)药剂防治　发病前可用 70%甲基托布津可湿性粉剂 600 倍液、80%大生可湿性粉剂 600 倍液喷雾预防。发病初期可用 40%腈菌唑乳油 3 000 倍液、10%苯醚甲环唑水分散粒剂 1 500 倍液,或 70%甲基硫菌灵可湿性粉剂 500 倍液,或 30%醚菌酯可湿性粉剂 2 000 倍液喷雾防治,每隔 7～10 d 天喷 1 次,连喷 2～3 次,在药液中加入适量的叶面肥效果更好。由于病菌很容易产生抗药性,所以要尽可能减少用药次数,轮换使用不同类型的药剂和使用复配药剂。

(十四)黄瓜枯萎病

1. 症状识别

黄瓜枯萎病又名萎蔫病、蔓割病、死秧病,是一种由土壤传染,从根或根颈部侵入,在维管束内寄生的系统性病害,是黄瓜生产上较难防治的病害之一,常造成较大损失。枯萎病在整个生长期均能发生,以开花结瓜期发病最多。根、茎发病,生长点呈失水状,根部腐烂,茎蔓稍缢缩,维管束变黄褐到黑褐色并向上延伸。茎纵裂有松香状胶质物流出。湿度大时病部产生粉红色霉层,茎维管束变褐色。被害株初期表现部分叶片萎蔫,中午下垂,晚上恢复,以后萎蔫叶片增多直至全株萎蔫死亡。幼苗染病,子叶先变黄萎蔫,茎基部缢缩,变褐腐烂,易造成植株倒伏死亡(图 15-1-10)。

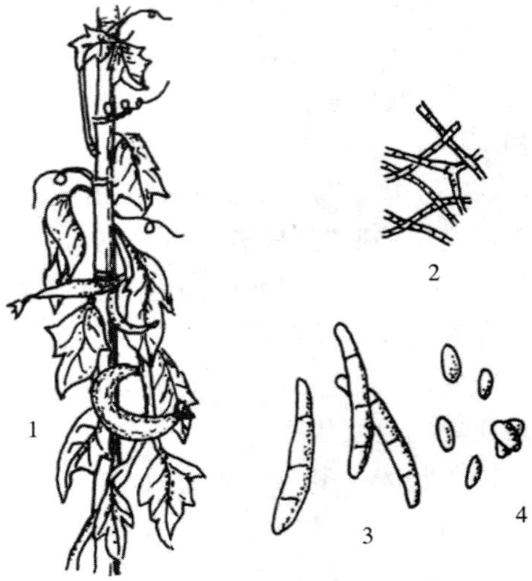

图 15-1-10　黄瓜枯萎病

(仿 园艺植物保护概论. 黄宏英,程亚樵. 2006)

1. 病株　2. 菌丝体　3. 大型分生孢子　4. 小型分生孢子

2. 病原

病原为尖镰孢菌黄瓜专化型 *Fusarium oxysporum* (Schl.) f. sp. *cucumerinum* Owen.,属半知菌亚门镰刀菌属。病菌产生大小两种类型分生孢子,大型分生孢子镰刀形,无色透明,顶细胞圆锥形,有的微呈钩状,基部倒圆锥截形,具隔膜 1～3 个。小型分生孢子,椭圆形或腊肠形,无色透明,无隔膜,单生或聚生。

3. 发病特点

以厚垣孢子或菌核随病残体在土壤中或种子上越冬,成为次年初侵染源。病菌可在土中存活 5～6 年。病菌借雨水、灌溉水和昆虫等传播。可从根部伤口、自然裂口或根毛细胞侵入,也可从茎基部的裂口侵入。后进入维管束,堵塞导管,造成植株萎蔫。连作、土壤湿度大、地下害虫多的地块病重。病菌喜温暖潮湿的环境,时晴时雨或阴雨天气,病害容易发生和流行。长江中、下游地区一般在 5—6 月份为发病盛期。

4. 防治要点

黄瓜枯萎病应采取以种植抗病品种为主,结合栽培管理、药剂防治等综合防治措施。除选用抗病品种外,重病地主要实行轮作及嫁接防治,轻病地实行综合管理和药剂防治。

(1)选用抗病品种　因地制宜选用抗病品种。

(2)加强栽培管理　避免连作,与十字花科作物实行 3～5 年轮作,或水旱轮作。采用地膜栽培;施用腐熟有机肥,增施磷、钾肥和根外追肥;雨后及时开沟排水;保护地注意通风透光,增强植株抗病力。

(3)嫁接防病　用南瓜作砧木,嫁接黄瓜,有明显的防病增产效果。

(4)药剂防治　发现中心病株,选择 40%瓜枯宁可湿性粉剂 1 000 倍液,或 50%多菌灵 500 倍液、30%恶霉灵 500～1 000 倍液等进行灌根防治。每隔 5～7 d 施 1 次,连续 2～3 次,病株周围都应该浇灌。

四、操作方法及考核标准

(一)操作方法与步骤

(1)结合教师讲解及蔬菜病害症状的仔细观察,分别描述蔬菜病害症状识别特征。

(2)结合教师讲解及蔬菜病原形态的仔细观察,分别描述蔬菜病原的形态特征。

(3)根据田间蔬菜病害的症状和发生情况进行预测预报,从而制订蔬菜病害的综合防治措施。

扩展学习 15-1 蔬菜病害形态识别

(二)技能考核标准

见表 15-1-2。

表 15-1-2 蔬菜病害植保技术考核标准

考核内容		评分标准	标准分值	考核方法
基础知识考核(100 分)	1.叙述蔬菜各种病害症状的识别特征	根据叙述蔬菜各种病害症状特征的多少酌情扣分	25	单人考核口试评定成绩
	2.叙述蔬菜各种病害在各个时期或部位的为害状	根据叙述蔬菜各种病害为害状的准确程度酌情扣分	25	
	3.叙述蔬菜各种病害的病原特征	根据叙述蔬菜各种病害病原特征的准确程度酌情扣分	25	
	4.制定蔬菜病虫害的综合防治措施	根据叙述蔬菜病害的综合防治措施准确程度酌情扣分	25	

五、练习及思考题

参考答案 15-1

1.如何识别白菜软腐病?怎样进行防治?

2.如何识别番茄病毒病?怎样进行防治?

3.番茄灰霉病应采取哪些具体措施进行防治?

4.黄瓜枯萎病的症状特点是什么?主要防治措施有哪些?

5.茄褐纹病的主要症状特点是什么?应采取哪些措施进行防治?

6.防治辣椒炭疽病应采取哪些具体措施?

项目 2 蔬菜主要虫害防治技术

一、技能学习目标

能识别蔬菜主要害虫的为害状及形态特征,掌握棉花害虫的发生规律,从而制订有效的综合防治措施。

课程学习 15-2

二、教学资源

1. 材料与工具

蔬菜害虫标本、新鲜标本、挂图、教学多媒体课件(包括幻灯片、录像带、光盘等影像资料)、放大镜及记载用具等。

2. 教学场所

教学实训场所(温室或田间)、实验室或实训室。

3. 师资配备

每20名学生配备一位指导教师。

三、原理与知识

(一)菜蚜

危害十字花科蔬菜的蚜虫种类很多,主要有桃蚜(又名烟蚜)*Myzus persicae* Sulzer、菜缢管蚜(又名萝卜蚜)*Lipaphis erysimi*(Kaltenbach)、甘蓝蚜 *Brevicoryne brassicae* L.,均属同翅目,蚜科,俗名腻虫、蜜虫、菜虱。除危害十字花科蔬菜外,还危害茄科蔬菜、桃、李、杏、梅、石榴、柑橘、月季、菊花、海棠、芍药、牡丹、兰花、蜀葵、茉莉、蔷薇等300多种植物。菜蚜以成、若蚜吸食寄主植物体内的汁液,造成菜株严重失水和营养不良,叶片卷缩,由于蚜虫分泌蜜露,可诱发污病的发生,影响叶片的光合作用;蚜虫还是多种蔬菜病毒病的传播媒介。

1. 形态识别

见图15-2-1。

(1)桃蚜　无翅雌蚜体色差异大,有绿、黄绿、橘黄、红褐等,体上无白粉,也无黑点。有翅雌蚜头胸部黑色,腹部有绿、黄绿、红褐等,并有明显的暗色横纹。腹管细长,腹部显得狭长。

(2)萝卜蚜　无翅雌蚜体黄绿色,被有少量白色蜡粉。有翅雌蚜头胸部黑色,腹部绿色。它们的腹管前各腹节两侧都有黑点,腹管较短,腹部显得宽圆。

(3)甘蓝蚜　无翅雌蚜体暗绿色,有明显蜡粉。有翅雌蚜头胸部黑色,腹部黄绿色,全身覆有明显的白色蜡粉。腹管短。

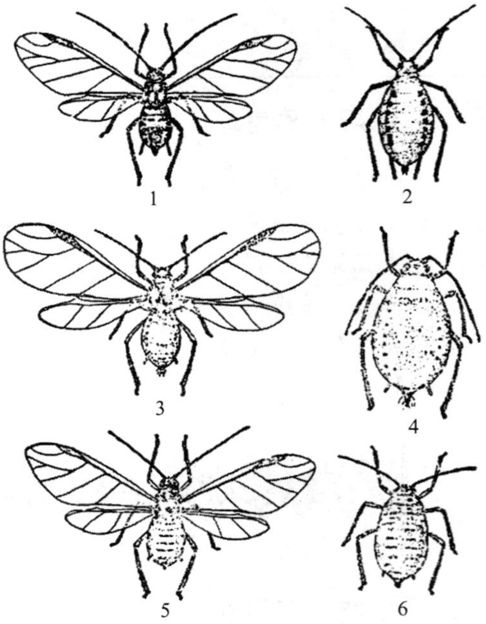

图15-2-1　三种菜蚜

(仿 植物保护技术. 肖启明,欧阳河. 2002)

1,2. 桃蚜　3,4. 萝卜蚜　5,6. 甘蓝蚜

(有翅蚜和无翅蚜)

2. 发生特点

(1)桃蚜　在华北地区1年发生10余代。北方各地以卵在桃树、菠菜心或窖藏大白菜上越冬,也可以成蚜在菠菜心越冬。越冬成蚜3月份就可进入菜地危害。越冬卵于第二年3—4月份孵化,繁殖几代后,4月下旬产生有翅蚜向菜地迁飞,5月底、6月初在十字花科蔬菜上严重发生。夏季迁到茄子、烟草等植物上取

食。秋季又迁回到十字花科蔬菜或桃树上繁殖，产生性蚜，交尾产卵越冬。

（2）萝卜蚜　萝卜蚜在东北、华北地区每年发生10～20代。可以卵在贮藏的白菜或田间越冬的十字花科蔬菜枯叶背面越冬，也可以无翅雌蚜在菜窖内越冬。翌年3—4月份，卵孵化为干母，在越冬寄主上繁殖数代后，产生有翅蚜，向春播十字花科蔬菜迁飞。5—6月份危害严重。9月中旬开始在萝卜、白菜等上繁殖，10月中旬达到发生高峰。直到秋菜收获才产生性蚜，交尾产卵越冬，以无翅蚜随秋菜采收进入菜窖内越冬。

（3）甘蓝蚜　每年发生8～20代。以卵在甘蓝、白菜等上越冬，温暖地区无越冬现象。越冬卵于第二年3—4月份孵化，在十字花科蔬菜留种株上危害，之后陆续转移到大田蔬菜。秋季甘蓝蚜集中在晚甘蓝、冬萝卜、冬白菜上取食危害，直到10月份陆续产生性蚜，交配产卵越冬。

3种菜蚜在菜田混合发生。萝卜蚜有明显的趋嫩性，桃蚜多集中在底叶背面危害。3种菜蚜均有趋黄习性，对银灰色有负趋性。

菜蚜喜温暖干旱气候条件，萝卜蚜繁殖适温为15～26 ℃，桃蚜为24 ℃，甘蓝蚜为20～25 ℃。当温度高于30 ℃或低于6 ℃，相对湿度高于80%或低于50%时，繁殖受到抑制。因此，菜蚜一年中有两次虫口高峰，即春季（3—4月份）和秋季（9—11月份），发生量大，危害严重。

蚜虫的天敌种类很多，有异色瓢虫、龟纹瓢虫、食蚜蝇和草蛉等。

3. 防治要点

防治蔬菜蚜虫，应掌握好防治时适期，及时喷药压低基数，控制为害。如果考虑防治病毒病，则必须将蚜虫消灭在毒源植物上，有翅蚜迁飞之前。

（1）农业防治　蔬菜收获后，及时处理残株败叶，结合中耕打去老叶、黄叶及病虫叶，并立即清出田间加以处理，可消灭部分菜蚜。

（2）物理防治　利用黄板诱蚜或银色薄膜避蚜。

（3）生物防治　保护利用天敌。

（4）药剂防治　在点片发生阶段用3.2%烟碱川楝素水剂200～300倍液，或0.36%苦参碱水剂1 000～1 500倍液，或50%抗蚜威可湿性粉剂1 000～2 000倍液，或10%吡虫啉可湿性粉剂2 000～4 000倍液，或2.5%溴氰菊酯乳油2 000～3 000倍液，或20%甲氰菊酯2 000～3 000倍液等喷雾防治。菜蚜多聚集在蔬菜心叶或叶背皱缩隐蔽处，喷药要求细致周到，尽可能选择兼具有触杀、内吸、熏蒸作用的药剂，保护地为宜选用烟雾剂或常温烟雾施药技术。

（二）菜粉蝶

菜粉蝶 *Pieris rapae*（Linnaeus.），属鳞翅目粉蝶科，别名菜白蝶，幼虫又称菜青虫，全国各地均有分布。嗜食十字花科植物，特别偏食厚叶片的甘蓝、花椰菜、白菜、萝卜等。幼虫咬食叶片，2龄前仅啃食叶肉，留下一层透明表皮，3龄后蚕食叶片造成孔洞或缺刻，严重时叶片全部被吃光，只残留粗叶脉和叶柄，啃食后造成的伤口易引起软腐病的发生。幼虫排出的粪便还可污染菜心，使蔬菜品质变坏，并引起腐烂，降低蔬菜的产量和品质。

1. 形态识别

成虫体长12～20 mm，灰黑色，有白色绒毛，前翅基部和前缘灰黑色，顶角有三角形黑斑，中央有两个黑色圆斑，后翅近前缘有1个黑斑，翅展开时与前翅后方的黑斑相连接。雄虫前翅正面灰黑色部分较小，翅中下方的2个黑斑仅前面一个较明显。成熟幼虫体长28～35 mm，青绿色，背线淡黄色。体表密被瘤状小突起，上有细毛，各体节有4～5条横皱纹，体侧有黄斑。卵散产，竖立呈瓶状。初产时淡黄色，后变为橙黄色，孵化前为淡紫灰色。卵壳表面有许多纵横列的脊纹，形成长方形的小格。蛹长18～21 mm，纺锤形，两端尖细，中部膨大而有棱角状突起（图15-2-2）。

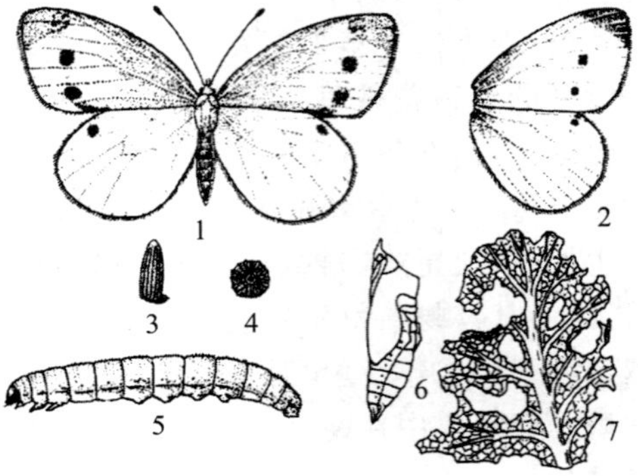

图15-2-2　菜粉蝶

（仿 农业昆虫学．洪晓月，丁锦华．2016）

1.雌成虫　2.雄成虫前翅　3.卵侧面观　4.卵正面观　5.幼虫　6.蛹　7.被害菜叶

2.发生特点

发生世代数因地而异，从北向南发生3～9代。以蛹在向阳的屋檐，篱笆、枯枝落叶下越冬。越冬蛹于第二年3—4月份开始羽化，因越冬环境差异大，羽化时间参差不齐，前后可长达1个月之久。4月份以后田间可同时见到各个虫期，世代重叠现象明显。

成虫白天活动，喜食花蜜，对芥子油气温的植物有趋性，最喜欢到芥蓝、甘蓝、芥菜等十字花科蔬菜产卵。卵散产于叶背。初孵幼虫先食卵壳，后取食叶肉，留下表皮，长大后食叶成孔洞或缺刻，甚至吃光叶片，仅剩叶脉和叶柄。幼虫老熟后，在叶背、叶柄、枝条等处化蛹。

菜粉蝶的发生受气候、食料及天敌等的综合影响。幼虫发育最适温度为20～25 ℃，相对湿度76%左右，与十字花科蔬菜栽培的适宜条件一致。故一年出现两次为害高峰。菜粉蝶的天敌种类很多，主要有赤眼蜂、绒茧蜂、姬蜂、金小蜂、寄生蝇、白僵菌、青虫菌等。

3.防治要点

（1）农业防治　清洁田园　清除枯枝落叶集中处理，减少产卵场所、并消灭其中隐藏的幼虫和蛹。人工捕杀受害植株上的幼虫和蛹。

（2）生物防治　用每克含活孢子量80亿～100亿的杀螟杆菌粉或青虫菌粉500倍液，也可用Bt乳剂200倍液或苏云金杆菌的一个变种“HD-1”800～1 000倍液喷雾，或用菜青虫颗粒体病毒防治。此外，在成虫产卵期，喷3%过磷酸钙浸出液，能拒避产卵。

（3）药剂防治　在低龄幼虫期用Bt乳剂500倍液，或1%苦参碱可溶液剂800～1 200倍液，或5%农梦特乳油1 000～1 500倍液，或5%卡死克乳油1 000～1 500倍液，或90%晶体敌百虫1 000～1 500倍液喷雾防治。

（三）小菜蛾

小菜蛾 *Plutella xylostella* L.，属鳞翅目菜蛾科，又名菜蛾、方块蛾、两头尖、小青虫，属世界性害虫，全国各地均有分布，危害白菜、甘蓝、紫罗兰、桂竹香、香雪球等40多种十字花科植物。初孵化的幼虫半潜在叶内为害，1～2龄幼虫仅能取食叶肉，留下表皮，在菜叶上造成许多透明的斑块；3～4龄幼虫把菜叶食成孔洞或缺刻，有时能把叶肉吃光，仅留下网状的叶脉。

1. 形态识别

成虫体长 6～7 mm，灰黑色，前后翅有长缘毛。前翅后缘有黄白色 3 度曲折的波状纹，停息时，两翅折叠呈屋脊状，翅尖翘起如鸡尾，黄白色部分合并成 3 个斜方块。成熟幼虫体长 10～12 mm，淡绿色，纺锤形，身体上被有稀疏的长而黑的刚毛。头部淡褐色，前胸背板上有由淡褐色小点组成的 2 个"U"形纹。腹部第 4～5 节膨大，臀足伸向后方，卵长椭圆形，长约 0.5 mm，初产乳白色，后变黄绿色，表面光滑。蛹长 5～8 mm，呈纺锤形，初为淡绿色，后变灰褐色。体外有网状薄茧，外观可透见蛹体（图 15-2-3）。

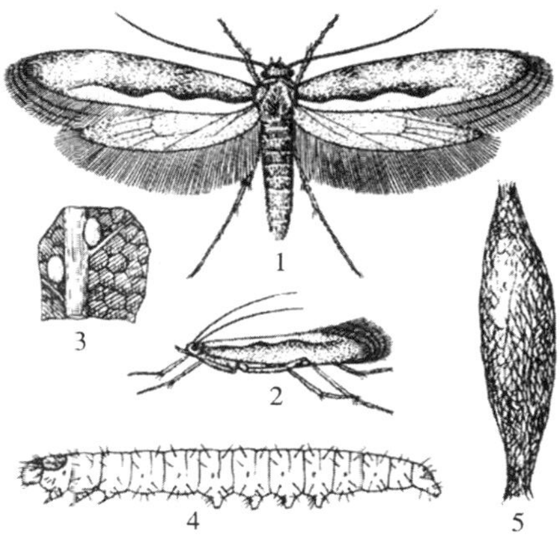

图 15-2-3 小菜蛾

（仿 农业昆虫学. 洪晓月，丁锦华. 2016）

1. 成虫 2. 成虫侧面观 3. 菜叶上卵 4. 幼虫 5. 茧

2. 发生特点

发生世代数因地而异，从北向南递增。一般每年 3～6 代。世代重叠明显。以蛹在土中越冬。4—5 月份羽化。成虫昼伏夜出，飞翔力弱，有趋光性和取食花蜜习性。卵散产于叶背。初孵幼虫潜入表皮取食叶肉，或集中心叶吐丝结网，取食心叶，3～4 龄食叶成孔洞或缺刻。幼虫活泼，受惊扭动身体，倒退，吐丝下垂。幼虫老熟后，在叶背或枯叶等处结茧化蛹。

小菜蛾发育的最适温度为 20～30 ℃，故一年中以春（4—6 月份）、秋（8—11 月份）两季发生重。降雨尤其是暴风雨对初孵幼虫有冲刷作用，故雨水偏多年份对其发生不利。凡在十字花科蔬菜周年连作地区，菜蛾往往发生严重。菜蛾的天敌也很多，重要的有绒茧蜂、啮小蜂及颗粒体病毒等。

3. 防治要点

(1)农业防治　避免十字花科植物连作或邻作，减少虫源。十字花科蔬菜和花卉收获后，清除枯枝落叶集中处理。

(2)利用黑光灯或性诱剂诱杀成虫。

(3)生物防治　同菜粉蝶。

(4)药剂防治　在低龄幼虫期用 Bt 乳剂 500 倍液、或 5%农梦特乳油 1 000～1 500 倍液，或 5%卡死克乳油 1 000～1 500 倍液，或 2.5%功夫乳油 3 000 倍液，25%灭幼脲 3 号悬浮剂 500～800 倍液喷雾防治。

(四)夜蛾类

危害蔬菜的夜蛾类害虫种类多，主要有甘蓝夜蛾 *Barathra brassicoe* L.，斜纹夜蛾 *Prodenia litura* Fabr.，银纹夜蛾 *Argyrogramma aganata* Staudiner，甜菜夜蛾 *Laphygma exigua* Hübner 等，属鳞翅目夜蛾科，常混合发生。分布于全国各地，寄主范围广泛，以幼虫为害十字花科蔬菜等多种植物。初孵幼虫取食叶肉，2 龄后分散为害，食叶成孔洞、缺刻，大发生时将叶片吃光。

1. 形态识别

见表 15-2-1、图 15-2-4、图 15-2-5、图 15-2-6、图 15-2-7。

表 15-2-1　四种夜蛾形态特征

种类	甘蓝夜蛾	斜纹夜蛾	银纹夜蛾	甜菜夜蛾
成虫	体长 15～25 mm，灰褐色。前翅从前缘向后缘有许多不规则的黑色曲纹。前翅有明显的肾状纹和环状纹。后翅灰白，无斑纹	体长 14～20 mm，深褐色。前翅灰褐色，多斑纹，从前缘中部到后缘有 1 条灰白色带状斜纹，后翅白色，无斑纹。前后翅常有水红色至紫红色闪光	成虫体长 14～17 mm，灰褐色。前翅深褐色，其上有 2 条银色横纹，中央有一显著的“U”形银纹和 1 个近三角形银斑，后翅暗褐色，有金属光泽	体长 10～14 mm，灰褐色。前翅灰黄褐色，内、外横线黑色，亚外缘线灰白色，外缘有 1 列三角形黑斑。肾状纹、环状纹黄褐色。后翅白色，翅缘褐色
卵	半球形，黄白色，卵粒表面有三条放射状纵棱。卵块无绒毛	扁半球形，表面有网纹。块产，不规则重叠成两层或 3 层，卵块上覆盖灰黄色绒毛	半球形，白色至淡黄绿色，表面具网纹	半球形，白色。卵粒重叠成块，卵块上覆盖白色鳞片
幼虫	成熟幼虫体长 26～40 mm，头部黄褐色。体背暗褐色到灰黑色。背线及亚背线灰黄而细，各节背面中央两侧有黑色条纹，似倒“八”字。气门下线为一条白色宽带直通臀足。1、2 龄幼虫前面两对腹足退化	成熟幼虫体长 38～51 mm，头部黑褐色，背线、亚背线及气门下线均为灰黄色及橙黄色。从中胸至第九腹节在亚背线内侧有 1 对半月形或三角形黑斑，其中以第一、七、八腹节的最大	成熟幼虫体长 25～30 mm，体淡绿色。体前端细后端粗，背线、亚背线白色，气门线黑色，气门黄色，第 1、2 对腹足退化，行走时体背呈拱曲状	成熟幼虫体长约 25 mm。头褐或黑褐色，体色有绿色、暗绿色至黑褐色。腹部体侧气门下线为明显的黄白色纵带，有的带粉红色，带的末端直达腹部末端，不弯到臀足上
蛹	腹部 4、5 节后缘和 6、7 节前缘有深褐色横带。5～7 节前缘有小刻点	腹部第 4 节背面前缘和第 5～7 节前缘密布圆形刻点	初期背面褐色，腹面绿色，末期整体黑褐色，茧薄	3～7 节背面、5～7 节腹节有粗刻点

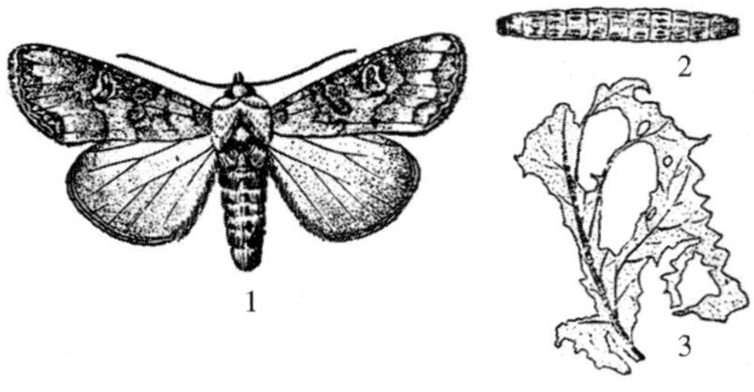

图 15-2-4　甘蓝夜蛾

（仿 农业昆虫学. 洪晓月，丁锦华. 2016）

1. 雌成虫　2. 幼虫　3. 为害状

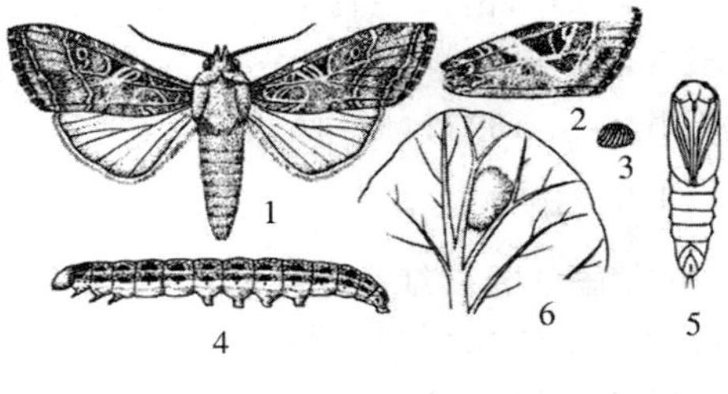

图 15-2-5　斜纹夜蛾

（仿 农业昆虫学. 洪晓月，丁锦华. 2016）

1. 雌成虫　2. 雄成虫前翅　3. 卵
4. 幼虫　5. 蛹　6. 叶片上的卵块

2. 发生特点

见表 15-2-2。

表 15-2-2　4 种夜蛾发生特点

种类	甘蓝夜蛾	斜纹夜蛾	银纹夜蛾	甜菜夜蛾
发生特点	1 年发生 2～3 代。以蛹在土壤中越冬。成虫日伏夜出，有强烈趋光性和趋化性。卵产于叶背。初孵幼虫群集叶背为害，后分散，4 龄后日伏夜出，食料缺乏时有成群迁移习性。幼虫老熟后入土结茧化蛹	1 年发生 4～9 代。主要以蛹或幼虫在土壤中越冬。南方无明显越冬现象。成虫早晚及夜间活动。对糖、酒、醋液及黑光灯有强烈趋性。卵块产于叶背。初孵幼虫群集叶背为害，2 龄后分散，日伏夜出，食料缺乏时有成群迁移习性。幼虫老熟后入土化蛹	1 年发生 3～7 代。以蛹在土壤中越冬。成虫昼伏夜出，有趋光性，趋化性弱。卵散产于叶背。幼虫为害植物叶片，老熟后多在叶背结粉白色茧化蛹	1 年发生 4～5 代。以蛹在土室内越冬。成虫日伏夜出，有趋光性。卵多块产在植株叶背面。1～2 龄幼虫群集，吐丝结网为害。3 龄后分散危害，有假死性和互残杀性。一般 5—9 月份发生，以 7—8 月份为害严重

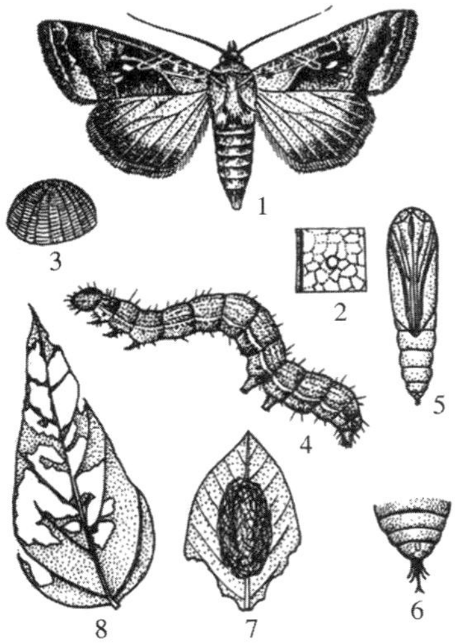

图 15-2-6　银纹夜蛾

（仿 农业昆虫学. 袁锋. 2001）

1. 成虫　2. 卵　3. 卵放大　4. 幼虫　5. 蛹　6. 蛹端末放大　7. 茧　8. 为害状

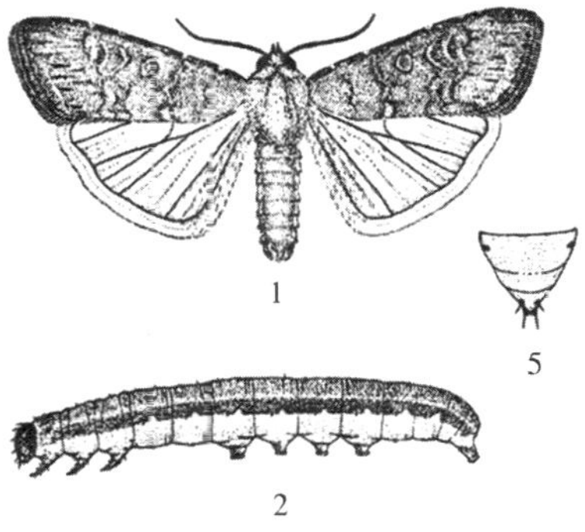

图 15-2-7　甜菜夜蛾

（仿 农业昆虫学. 洪晓月，丁锦华. 2016）

1. 成虫　2. 幼虫　3. 蛹腹面观　4. 蛹背面观　5. 蛹末端背面

3. 防治要点

(1)农业防治　清除杂草，收获后翻耕晒土或灌水，以破坏或恶化其化蛹场所，有助于减少虫源。结合园艺植物管理，人工摘除卵块和初孵幼虫为害的叶片，集中处理。

(2)物理防治　在成虫盛发期，利用糖醋毒液（糖∶醋∶酒∶水＝3∶4∶1∶2）加少量敌百虫诱蛾或黑光灯诱杀成虫。

(3)生物防治　保护利用自然天敌,如各种寄生蜂、寄生蝇等,充分发挥其自然控制作用。

(4)药剂防治　在低龄幼虫期用Bt乳剂500倍液,或10%吡虫啉乳油1 500倍液,或50%辛硫磷乳油1 000～2 000倍液,或20%甲氧虫酰肼(美满)悬浮剂2 000倍液,或25%灭幼脲3号悬浮剂500～1 000倍液,在下午或傍晚喷雾防治。

(五)黄曲条跳甲

黄曲条跳甲 *Phyllotreta strialata* Fabr.,属鞘翅目、叶甲科,又名地蹦子。主要危害十字花科蔬菜幼苗,受害较重的有白菜、油菜、萝卜、芥菜、菜花等。成虫主要咬食叶片,食叶成孔洞。受害严重的幼苗不能继续生长而死亡,造成缺苗毁种。幼虫在土中蛀食根表皮,形成弯曲虫道,咬断须根,致使地上部分的叶片变黄而萎蔫枯死,影响齐苗。成虫和幼虫取食造成的伤口还能诱发软腐病。

1. 形态识别

成虫体长约2.2 mm,椭圆形,黑色,有光泽。鞘翅上有两条黄色曲纹,后足腿节膨大,善于跳跃。成熟幼虫体长约4 mm,长圆筒形,头部及前胸背板淡褐色,胸腹部黄白色,各节都有突起的肉瘤,卵长约0.3 mm,椭圆形,初产时淡黄色,后变乳白色。蛹椭圆形,乳白色,长约2 mm(图15-2-8)。

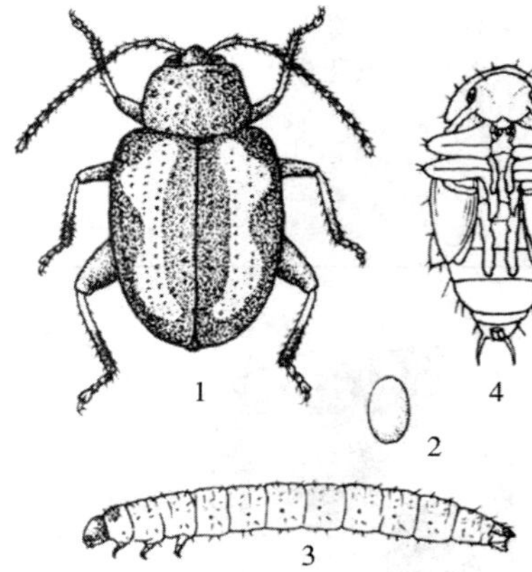

图15-2-8　黄曲条跳甲

(仿 农业昆虫学. 洪晓月,丁锦华. 2016)

1.成虫　2.卵　3.幼虫　4.蛹

2. 发生特点

在我国1年发生4～8代,世代重叠。以成虫在地面的菜叶反面或残株落叶及杂草丛中越冬。翌年气温上升到10℃以上开始活动、取食。在华南地区可终年繁殖,无越冬现象。成虫善于跳跃,高温时还能飞翔,早晚及阴雨天常躲藏在叶背和土块下,一般中午前后活动最盛。成虫有趋光性,对黑光灯敏感。卵散产于植株周围湿润的土隙中或细根上。卵在潮湿的条件下才能孵化,初孵幼虫即在土中为害根部,老熟幼虫在3～7 cm土中筑土室化蛹。一般春、秋季危害严重,并且秋季重于春季。

3. 防治要点

(1)实行轮作　与非十字花科蔬菜轮作,以减轻虫害。

(2)农业防治　清除残株落叶和杂草,以减少虫源。播种前深耕晒土,消灭部分幼虫、蛹。

(3)药剂防治　成虫发生初期用50%辛硫磷乳油1 500倍液,或20%速灭杀丁,或2.5%敌杀死乳油2 500倍液,从田边向田内喷雾;幼虫为害期用50%辛硫磷乳油1 500倍液,或40%乐斯本乳油,或300 g/L氯虫·噻虫嗪悬浮剂灌根。

(六)温室白粉虱

温室白粉虱 *Trialeurodes vaporariorum* (Westwood),属同翅目粉虱科。分布于华南、

西南、华东、华中、华北等地区及北方温室。为害黄瓜、菜豆、茄子、番茄、青椒、甘蓝、甜瓜、西瓜、花椰菜、白菜、油菜、萝卜、莴苣、魔芋、芹菜等各种蔬菜。成虫和若虫吸食植物汁液，被害叶片褪绿、变黄、萎蔫，甚至全株枯死。此外，成、若虫所排蜜露污染叶片，影响光合作用，且可导致煤污病及传播多种病毒病。

1. 形态识别

成虫体长 1～1.5 mm，淡黄色，体翅覆盖有白粉，翅脉简单。卵长椭圆形，有卵柄，初产时淡黄色，以后逐渐变为黑褐色。若虫长卵圆形，扁平，黄绿色，体表具长短不一的蜡质丝状突起。伪蛹也成假蛹，蛹壳椭圆形，扁平，黄褐色，体背有 11 条长短不齐的蜡丝(图 15-2-9)。

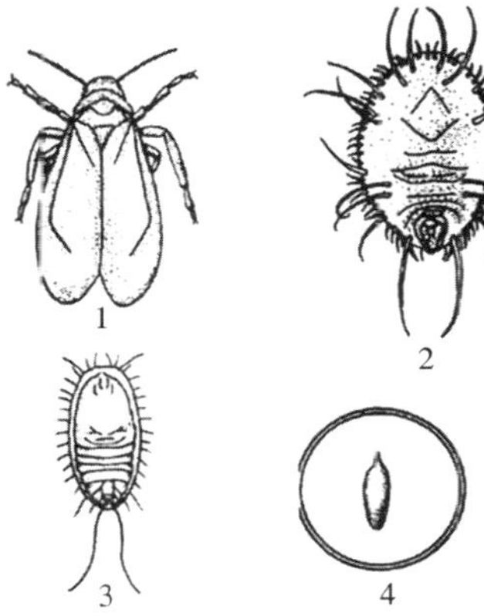

图 15-2-9　温室白粉虱

(仿 植物保护. 陈啸寅，朱彪. 2015)

1. 成虫　2. 伪蛹背面观　3. 若虫　4. 卵

2. 发生特点

北方温室 1 年发生 10 余代，世代重叠，以各种虫态在温室蔬菜上越冬，也可以成虫和蛹在露地背风向阳处及花卉、杂草上越冬。第二年春季，从越冬场所向阳畦和露地蔬菜迁移扩散，至 7—8 月份田间虫口密度急剧增长，8—9 月份危害最重，10 月下旬后开始向温室内迁移危害，继续繁殖并越冬。成虫活动力较弱，受惊动时作短距离飞行。具有趋黄，避白色及银灰色习性。卵散产于叶背面。初孵若虫在叶背面作短距离爬行后，固定刺吸危害。成虫活动的最适温度为 25～30 ℃，当温度高至 40 ℃时，活动能力下降。

3. 防治要点

(1)严格检疫。

(2)农业防治　合理布局，轮换种植，结合栽培管理摘除带虫枝叶，减少虫源。

(3)物理防治　利用其趋性，黄板诱杀成虫或用银灰色膜驱虫。

(4)生物防治　保护利用自然天敌，如中华草蛉、粉虱黑蜂等。

(5)化学防治　在若虫孵化期交替喷洒 25%噻嗪酮可湿性粉剂 1 500 倍液，或 10%吡虫啉可湿性粉剂 2 000～4 000 倍液，或 10%联苯菊酯乳油 2 000 倍液，或 1.8%阿维菌素乳油 1 000～1 500 倍液喷雾防治。温室大棚可采用 15%异丙威烟剂或 5%高效氯氰菊酯烟剂进行熏蒸。

(七)美洲斑潜蝇

美洲斑潜蝇 *Liriomyza sativae* Blanchard，属双翅目潜蝇科，为多食性害虫。分布于华南、华北、华东、华中、西南、东北等地区。为害葫芦科、豆科、菊科、十字花科蔬菜及锦葵科、旋花科、伞形科、藜科、大戟科花卉等 100 多种植物。成虫和幼虫均可危害植物。雌虫以产卵器刺伤寄主叶片，形成小白点。幼虫取食叶片正面叶肉，形成先细后宽的蛇形弯曲或蛇形盘绕虫道，其内有交替排列整齐的黑色虫粪，老虫道后期呈棕色的干斑块区，一般 1 虫 1 道，1 头老熟幼虫 1 d 可潜食 3 cm 左右。

1. 形态识别

成虫体长 1.5～2.4 mm，淡灰黑色。头部和小盾片后缘鲜黄色，胸背黑色，有光泽，腹面黄色。卵米色，半透明。幼虫蛆状，初无色，后变为浅橙黄色至橙黄色，体长 3 mm 左右。蛹椭圆形，橙色，腹面稍扁平，大小 1.7～2.3 mm(图 15-2-10)。

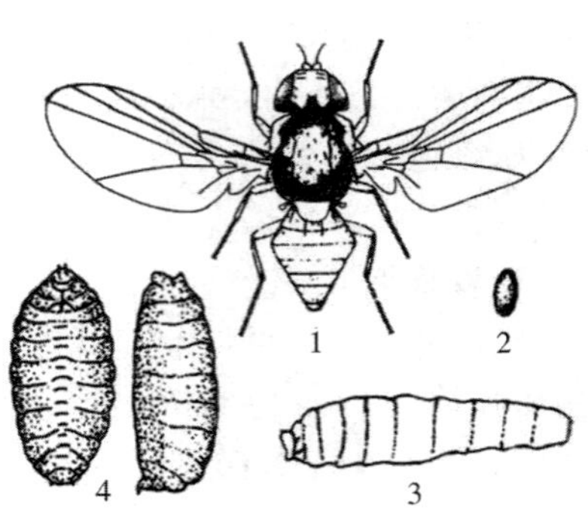

图 15-2-10 美洲斑潜蝇
(仿 农业昆虫学. 洪晓月，丁锦华. 2016)
1.成虫 2.卵 3.幼虫 4.蛹

2.发生特点

发生世代数 10～12 代，具有暴发性。以蛹在枯叶下或土壤中越冬。春季先在大棚中为害春菜及夏菜秧苗，高峰期在 5 月中旬至 6 月上旬。5 月上旬成虫通过迁飞，幼虫随幼苗移栽陆续转移到露地菜田，6 月中旬到 9 月上旬集中在露地菜田为害；6 月下旬至 8 月上旬，为夏、秋菜受害高峰期；9 月中旬又迁回大棚，至翌年 5 月份前集中在棚室为害。

成虫飞翔力弱，白天活动，具有趋光、趋绿、趋黄、趋蜜等特点，取食补充营养。成虫以产卵器刺伤叶片，吸食汁液。雌虫把卵散产在部分伤孔表皮下。幼虫潜食叶肉，形成蛇形虫道，虫道两侧缘有黑色虫粪。老熟后咬破叶表皮在叶面或表土层化蛹。

3.防治要点

(1)严格检疫 保护无虫区，严禁从有虫地区调用菜苗。

(2)实行轮作 在美洲斑潜蝇为害重的地区，要考虑蔬菜布局，把美洲斑潜蝇嗜好的瓜类、茄果类、豆类与不受其为害的作物进行套种或轮作。

(3)清洁田园 作物收获完毕，田间植株残体和杂草及时彻底清除。作物生长期尽可能摘除下部虫道较多且功能丧失的老叶片。

(4)黄板诱杀成虫 在保护地可用黄板诱杀成虫。也可用灭蝇纸诱杀成虫，在成虫始盛期至盛末期，每公顷设置 225 个诱杀点，每个点放置 1 张诱蝇纸诱杀成虫，3～4 d 更换 1 次。或用美洲斑潜蝇诱杀卡，使用时把诱杀卡揭开，挂在美洲斑潜蝇多的地方。室外使用时每 15 d 换 1 次。

(5)药剂防治 在卵孵化高峰期喷洒 73%潜克可湿性粉剂 2 500～3 000 倍液，或 10%赛波凯乳油 3 000 倍液，或 2%阿维菌素乳油 2 000 倍液、1.8%爱福丁乳油 2 000 倍液等药剂防治。喷药宜在早晨或傍晚，注意交替用药。

(八)茶黄螨

茶黄螨 *Polyphagotarsonemus latus* Banks，又名侧多食跗线螨，属蛛形纲蜱螨目跗线螨科，是为害蔬菜较重的害螨之一，食性极杂，寄主植物广泛。主要为害黄瓜、茄子、辣椒、马铃薯、番茄、瓜类、豆类、芹菜、木耳菜、萝卜等蔬菜。成、若螨刺吸嫩叶、嫩茎的汁液，被害部呈黄褐色或灰褐色。严重时叶片反卷，叶肉增厚，叶质硬而脆，嫩梢卷曲畸形。为害花部，导致畸形花，甚至花瓣完全不能产生。由于虫体较小，肉眼难以发现，为害症状和病毒病或生理性病害相似，生产上注意区别。

1.形态识别

雌成螨体长约 0.2 mm，椭圆形，淡黄至橙黄色，有光泽。雄成螨体小，体末端较尖，肉眼不易见到。幼螨半透明，淡绿色，体被有一白色纵带。若螨长椭圆形(图 15-2-11)。

2. 发生特点

1 年发生 20 代左右。以雌成螨和卵在寄主和土中越冬。主要靠爬行、风力、农事操作等传播蔓延。翌年日平均温度上升至 15 ℃以上时开始为害和繁殖。全年以 6—7 月份为害严重。卵散产于嫩梢和幼叶背面。幼螨主要在嫩叶背面为害，少数在叶片正面。多雨年份发生量大，为害严重，最适气候条件为温度 16～27 ℃，相对湿度 45%～90%，30 ℃以上炎热干旱季节对其有抑制作用。茶黄螨除靠本身的爬行外，还能通过被人携带和借风力进行远距离扩散。

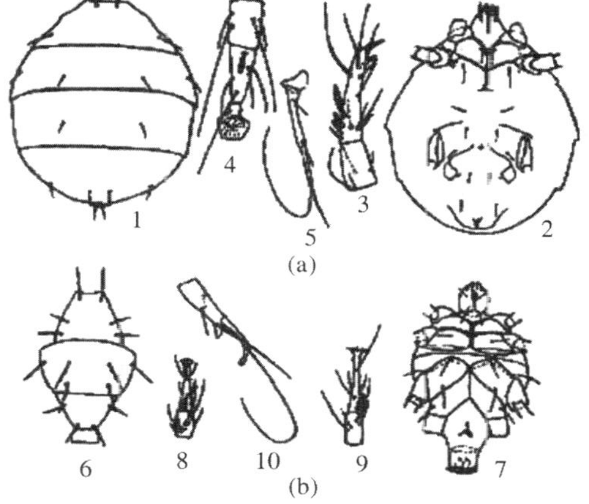

图 15-2-11　茶黄螨

(仿 农业昆虫. 刘宗亮. 2009)

(a)雌螨　1. 背面观　2. 腹面观　3～5. 足

(b)雄螨　6. 背面观　7. 腹面观　8～10. 足

3. 防治要点

(1)实行检疫　引进苗木经检验无螨后方可使用。

(2)农业防治　压低越冬虫口基数，搞好冬季保护地害螨的防治工作。铲除田间地头杂草，清除枯枝落叶并集中烧毁。人工摘除被害叶、花，集中处理。

(3)生物防治　保护利用捕食螨、瓢虫等天敌。释放德氏钝绥螨，每亩释放 15 000～20 000 头，时间以 9 月份至翌年 3 月份为适。

(4)药剂防治　在发生初期可喷施 20%哒螨酮可湿性粉剂 3 000～5 000 倍液，或 20%浏阳霉素乳油 1 000～1 500 倍液，或 2.5%联苯菊酯乳油 3 000 倍液等防治。每隔 7～10 d 喷 1 次，连喷 2～3 次，喷药重点是植株上部嫩叶、嫩茎、花器和嫩果，注意轮换用药。

四、操作方法及考核标准

(一)操作方法与步骤

(1)结合教师讲解及蔬菜害虫形态特征的仔细观察，分别描述蔬菜害虫成幼虫识别特征。

(2)结合教师讲解及蔬菜害虫为害状的仔细观察，分别描述蔬菜害虫的为害状。

(3)根据田间蔬菜害虫形态观察和发生情况进行预测预报，从而制定蔬菜害虫的综合防治措施。

扩展学习 15-2　蔬菜害虫形态识别

(二)技能考核标准

见表 15-2-3。

表 15-2-3 果蔬病害植保技术考核标准

考核内容		评分标准	标准分值	考核方法
基础知识考核（100 分）	1.叙述蔬菜各种害虫的识别特征	根据叙述蔬菜各种害虫特征的多少酌情扣分	40	单人考核口试评定成绩
	2.叙述蔬菜各种害虫在各个时期或部位的为害状	根据叙述蔬菜各种害虫为害状的准确程度酌情扣分	40	
	3.制定蔬菜病虫害的综合防治措施。	根据叙述蔬菜病虫害的综合防治措施准确程度酌情扣分	20	

五、练习及思考题

1.简述菜蚜的发生为害特点，并制定综合防治措施。

2.菜粉蝶发生为害特点是什么？应怎样进行防治？

3.根据菜蛾的主要生活习性，应采取哪些措施进行防治？

4.当地蔬菜上常见的夜蛾类害虫有哪些？如何进行防治？

5.黄曲条跳甲对蔬菜的为害状是什么？应如何加以防治？

6.茶黄螨的主要为害特点是什么？在生产上应采取什么方法进行防治？

7.调查当地菜地的蔬菜害虫种类及发生为害和防治情况。

参考答案 15-2

参考文献

[1] 安徽省宿县农业学校，黑龙江佳木斯农业学校．农业昆虫学实验实习指导．北京：农业出版社，1984．

[2] 北京农业大学．昆虫学通论（上册）．北京：农业出版社，1980．

[3] 北京农业大学．农业植物病理学．北京：农业出版社，1982．

[4] 陈利锋，徐敬友．农业植物病理学（南方本）．北京：中国农业出版社，2001．

[5] 陈啸寅，马成云．植物保护．2 版．北京：中国农业出版社，2008．

[6] 成卓敏．新编植物医生手册．北京：化学工业出版社，2008．

[7] 丁锦华，苏建华．农业昆虫学（南方本）．北京：中国农业出版社，2002．

[8] 董金皋．农业植物病理学（北方本）．北京：中国农业出版社，2001．

[9] 方中达．普通植物病理学．南京：江苏人民出版社，1964．

[10] 方中达．中国农业植物病害．北京：中国农业出版社，1996．

[11] 管致和，秦玉川，由振国，等．植物保护概论．北京：北京农业大学出版社，1995．

[12] 河北保定农业学校．植物病理学．北京：农业出版社，1993．

[13] 何振昌．中国北方农业害虫原色图鉴．沈阳：辽宁科学技术出版社，1997．

[14] 华南农学院，河北农业大学．植物病理学．北京：农业出版社，1988．

[15] 华南农学院．农业昆虫学．北京：农业出版社，1981．

[16] 赖传雅．农业植物病理学（华南本）．北京：科学出版社，2004．

[17] 雷彤，许文贤．陕西农业害虫天敌．杨凌：天则出版社，1990．

[18] 李清西，钱学聪．植物保护．北京：中国农业出版社，2002．

[19] 李涛，张圣喜．植物保护技术．北京：化学工业大学出版社，2009．

[20] 李云瑞．农业昆虫学（南方本）．北京：中国农业出版社，2002．

[21] 林达．植物保护学总论．北京：中国农业出版社，1997．

[22] 刘正坪，庞保平．园艺植物保护技术．呼和浩特：内蒙古大学出版社，2005．

[23] 刘宗亮．农业昆虫．北京：化学工业出版社，2009．

[24] 马成云．农学专业技能实训与考核．北京：中国农业出版社，2006．

[25] 马成云．作物病虫害防治．北京：高等教育出版社，2009．

[26] 南京农学院．普通植物病理学．北京：农业出版社，1978．

[27] 南开大学，中山大学，北京大学，等．昆虫学（上册）．北京：人民教育出版社，1980．

[28] 陕西省汉中农业学校．农业昆虫学．北京：农业出版社，1993．

[29] 陕西省农林学校，湖南省长沙农业学校．农作物病虫害防治学实验实习指导．北京：农业出版社，1982．

[30] 邰连春.作物病虫害防治.北京:中国农业大学出版社,2007.
[31] 王连荣.园艺植物病理学.北京:中国农业出版社,2000.
[32] 王林瑶,张广学.昆虫标本技术.北京:科学出版社,1983.
[33] 吴郁魂,彭素琼,周建华,等.作物保护.成都:天地出版社,1998.
[34] 仵均祥.农业昆虫学(北方本).西安:世界地图出版社,1999.
[35] 仵均祥.农业昆虫学(北方本).北京:中国农业出版社,2002.
[36] 武三安.园林植物病虫害防治.2版.北京:中国林业出版社,2007.
[37] 夏声广,唐启义.水稻病虫草害防治原色生态图谱.北京:化学工业出版社,2008.
[38] 叶恭银.植物保护学.杭州:浙江大学出版社,2006.
[39] 叶钟音.现代农药应用技术全书.北京:中国农业出版社,2002.
[40] 袁峰.农业昆虫学.3版.北京:中国农业出版社,2001.
[41] 张红燕,石明杰.园艺作物病虫害防治.北京:中国农业大学出版社,2009.
[42] 张随榜.园林植物保护.北京:中国农业出版社,2001.
[43] 张学哲.作物病虫害防治.北京:高等教育出版社,2002.
[44] 张中社,江世宏.园林植物病虫害防治.北京:高等教育出版社,2005.
[45] 张中义.植物病原真菌学.成都:四川科学技术出版社,1986.
[46] 宗兆锋,康振生.植物病理学原理.北京:中国农业出版社,2002.